Controlling für Dummies

Controlling für Dummies – Schummelseite

Drei hilfreiche Websites für Controller

`www.controllerspielwiese.de`

Die Startseite dieser Webseite mit dem schönen Namen ist übersichtlich in verschiedene Themengebiete gegliedert. In der Toolbox finden Sie zum Beispiel Kennzahlen, Reports, diverse Berechnungen und Excel-Tools. Unter den Links `News`, `Wörterbuch`, `Königsdisziplin` und `Themenspeicher` gibt es kurze Erläuterungen zu den wichtigsten Themen.

`www.controllerverein.de`

1975 gründeten Controller den Internationalen Controllerverein e.V. mit heute über 4.000 Mitgliedern, hauptsächlich aus dem deutschsprachigen Raum.

`www.controlling-portal.org`

Im Controlling-Portal des österreichischen Controller-Instituts können Sie Beiträge zu diversen Themen abrufen. Besonders positiv: Hier handelt es sich nicht nur um kurze Erläuterungen oder Leseproben, sondern um komplette Artikel.

Sieben wichige Begriffe

- ✔ Im Controller-Jargon bezeichnet man die einzelnen Monatszahlen als *Month To Date (MTD* – die einzelnen Monate werde auch gerne als *Monatsscheiben* bezeichnet. Und die kumulierte Jahressicht heißt *Year To Date (YTD).*
- ✔ Werden alle Einzel- und Gemeinkosten – egal ob fix oder variabel – auf einzelne Produkte heruntergerechnet, haben Sie es mit einer *Vollkostenrechnung* zu tun. Werden lediglich die variablen Einzel- und Gemeinkosten auf das Erzeugnis angerechnet, nennt man das eine *Teilkostenrechnung*.
- ✔ Die Prozesskostenrechnung kann Ihnen auch unter dem Decknamen *ABC (Activity Based Costing)* über den Weg laufen. Gemeint ist aber dasselbe.
- ✔ IAS bedeutet *International Accounting Standards*. Seit 2005 sind diese Bilanzierungsregeln EU-weit für alle kapitalmarktorientierten Unternehmen Pflicht. Als IFRS (International Financial Reporting Standards) hat die EU-Kommission sie zum zukünftigen Standard erhoben.
- ✔ Der *Deckungsbeitrag* ist derjenige Betrag, den ein Produkt zur Deckung von Fixkosten leistet. Übrigens: Falls Ihnen jemand mit dem Begriff »Overheads« daherkommt, meint derjenige nichts anderes als die Fixkosten – nur eben auf Denglish …
- ✔ Ein *Business Case* ist eine Wirtschaftlichkeitsrechnung.
- ✔ Mit Hilfe der Break-Even-Analyse können Sie ermitteln, ab welcher abgesetzten Menge ein Produkt die Gewinnzone betritt. Dieser Wert heißt dann *Break-Even-Point*.

Controlling für Dummies – Schummelseite

Vier Excel-Tipps

Pivot-Tabellen

Markieren Sie in Excel die Tabelle, die Sie als Kreuztabelle darstellen wollen, und wählen Sie DATEN|PIVOTTABLE UND PIVOTCHART-BERICHT. Klicken Sie bei den folgenden beiden Dialogboxen jeweils auf WEITER und dann auf FERTIG STELLEN.

Nun erscheint die Rohform der Pivot-Tabelle, die Sie durch Bestimmen von Seitenfeldern, Zeilenfeldern, Spaltenfeldern und Datenfeldern nun selbst mit Leben füllen können. Ziehen Sie hierfür einfach die Felder aus der erscheinenden Dialogbox auf die jeweilige Kategorie.

Entfernen des lästigen »#DIV/0!«

Wenn die Funktion in einer Excel-Tabelle z.B. `C3/C4`lautet, erscheint stets `#DIV/0!`, solange die Zelle C4 keinen Wert annimmt.Dies können Sie umgehen, indem Sie die Formel wie folgt abändern: `=WENN(C4="";"";C3/C4)`. Dann zeigt Excel nichts an, wenn auch die Zelle C4 nichts enthält. Sind in C4 Daten, erscheint das Ergebnis der Berechnung `C3/C4`.

Excel-Tabellen drehen

Markieren Sie die komplette Tabelle und kopieren Sie sie, zum Beispiel mit der Tastenkombination [Strg]+[C]. Danach klicken Sie die erste Zelle auf einer freien Fläche in diesem oder in einem anderen Arbeitsblatt an, wo die gedrehte Tabelle hin soll.

Jetzt klicken Sie mit der rechten Maustaste und wählen im nun erscheinenden Menü INHALTE EINFÜGEN aus. In der erscheinenden Dialogbox klicken Sie unten rechts TRANSPONIEREN an, bestätigen das Ganze mit OK und schon erscheint die gedrehte Tabelle.

Die Excel-Funktion SummeWenn

Geben Sie in eine freie Zelle `=SUMMEWENN(` ein. Dann markieren Sie den Tabellenbereich, in dem die Ausgangsdaten, z. B. Lieferantennamen und -daten, stehen, tippen ein Semikolon ein und schreiben den gesuchten Namen in Anführungszeichen in die Formel. Jetzt geben Sie noch einmal ein Semikolon ein und markieren abschließend den Tabellenbereich, in dem die bestellten Mengen stehen. Klammer zu und fertig.

Die Formel sieht dann so aus: `=SUMMEWENN(A1:A1000;"Müller";B1:B1000)`.

Ein Druck auf die Eingabetaste zeigt die Summe aller bestellten Mengen beim Lieferanten Müller an und zwar ohne aufwändiges Filtern, Sortieren oder Pivot-Tabellen-Basteln.

Michael Griga, Arthur Kosiol
und Raymund Krauleidis

Controlling für Dummies

WILEY-
VCH

WILEY-VCH Verlag GmbH & Co. KGaA

Bibliografische Information Der Deutschen Bibliothek
Die Deutsche Bibliothek verzeichnet diese Publikation
in der Deutschen Nationalbibliografie;
detaillierte bibliografische Daten sind im Internet über
http://dnb.ddb.de abrufbar.

1. Auflage 2005

Printed in Germany

Gedruckt auf säurefreiem Papier

Korrektur Petra Heubach-Erdmann, Petra Mies
Satz Conrad und Lieselotte Neumann, München
Druck und Bindung M.P. Media-Print Informationstechnologie, Paderborn

ISBN-13: 978-3-527-70153-7
ISBN-10: 3-527-70153-2

Cartoons im Überblick

von Rich Tennant

»Und sag Herrn Schmitz, dass er zurückkommen kann. Ich habe einen Weg gefunden, wie wir unser Projektbudget doch noch hinbekommen.«

Seite 23

»Wenn wir die Dividende streichen, das Inventar reduzieren und uns mit einer Zeitmaschine ins 13. Jahrhundert zurückversetzen lassen, sollten wir ein weiteres Jahr überleben können.«

Seite 67

Die obere Linie zeigt unsere Einnahmen, die mittlere unseren Bestand und die untere meinen Haarausfall im selben Zeitraum.

Seite 187

»Den Investoren gefällt unser Businessplan, besonders unsere detaillierte Konkurrenzanalyse. Deshalb haben sie sich entschieden, dass Sie lieber dort hinein investieren wollen.«

Seite 245

»Diese neuen Technologien sind wirklich praktisch, wenn man sich besser organisieren will. Ich lege einfach die Projektberichte immer unter den PC, die Budgets unter den Laptop und die Memos unter das Handy.«

Seite 315

Fax: 001-978-546-7747
Internet: www.the5thwave.com
E-Mail: richtennant@the5thwave.com

Inhaltsverzeichnis

Einführung

Wir heißen Sie herzlich willkommen zu *Controlling für Dummies*, in der Welt der vermeintlichen Erbsenzähler und Zahlenknechte, die zum Lachen in den Keller gehen.

Da Sie dieses Buch gerade lesen, gehen wir davon aus, dass Sie sich von gängigen Klischees nicht haben abschrecken lassen und ein echtes Interesse am Controlling haben oder auch haben müssen. Wie dem auch sei, Sie werden sehen, dass alles gar nicht so schlimm ist und dass Controller auch nur Menschen sind, die ihren Job machen. Und das übrigens schon seit geraumer Zeit: Die ersten Controller gab es bereits im 15. Jahrhundert am englischen Königshof.

Wir können Ihnen an dieser Stelle auch versichern, dass Controller viel und gerne lachen und zwar nicht nur über andere. Wir hoffen, dass Sie während der Lektüre des Buches auch das eine oder andere Mal lachen können und Sie neben der Freude über neu gewonnene Erkenntnisse vor allem eins beim Lesen haben werden: Spaß!

Über dieses Buch

Es mag für den einen oder anderen utopisch erscheinen, das zugegebenermaßen oft trockene Thema *Controlling* auf lockere und humorvolle Art rüberzubringen. Dennoch haben wir versucht, das Unmögliche für Sie möglich zu machen.

Erwarten Sie bitte kein mit Theorie und unappetitlichen Formeln voll gepacktes Lehrbuch. Was Sie vor sich haben, ist ein praxisorientierter und gut verständlicher Überblick über die bedeutendsten Aufgaben und Facetten des Controllings, gespickt mit praxisorientierten Tipps und Anekdoten rund um den Controller-Alltag.

Erfahren Sie unter anderem,

- ✔ in welcher Form der gemeine Controller im Unternehmen auftauchen kann
- ✔ was die Hauptaufgaben des Controllings sind
- ✔ wo die Stolpersteine liegen könnten und wie Sie diese elegant umgehen
- ✔ warum Controller häufig zu später Stunde an Tankstellen anzutreffen sind

Am Ende des Buchs erwartet Sie dann noch ein umfangreiches Glossar mit den wichtigsten Controlling-Begriffen und -Floskeln. Damit können Sie jederzeit mitreden.

Wir geben Ihnen somit das notwendige Controller-Grundhandwerkszeug mit auf den Weg. Und das nicht nur in Buchform: Sie haben sicherlich schon entdeckt, dass dem Buch etwas Rundes, Silberfarbenes beigelegt ist, mit dem Sie nicht nur wacklige Schränke fixieren oder ein Mobile bauen können. Dieser Silberling – auch CD-ROM genannt – enthält viele nützliche und praxisbezogene Vorlagen, die Ihren Arbeitsalltag erleichtern können. Die übersichtliche Benutzerführung lässt Sie schnell zu dem gelangen, was Sie auch wirklich suchen.

Testen Sie doch einfach mal die Dateien aus, denn wie heißt es so schön: Probieren geht über Studieren. Und wenn Sie schon immer wissen wollten, wie man die Themen *Balanced Scorecard* und *Cockpit Charts* filmisch umsetzen kann, wird Ihnen die CD auch hierauf eine Antwort geben. Sie ergänzt das im Buch Geschriebene somit hervorragend.

Konventionen in diesem Buch

Keine Sorge: In diesem Buch verlangen wir an keiner Stelle von Ihnen, dass Sie irgendetwas eingeben, ausfüllen oder mitschreiben sollen. Somit gibt es hier nichts weiter zu beachten. Alles weitere Wissenswerte über *Controlling für Dummies* erfahren Sie, wenn Sie diese Einführung weiterlesen.

Törichte Annahmen über den Leser

Da Sie jetzt gerade dieses Buch in der Hand halten, unterstellen wir Ihnen törichterweise ein gewisses Grundinteresse für das Thema Controlling. Dieses Grundinteresse, ob freiwillig oder gezwungenermaßen begründet, ist die Mindestanforderung, die wir an Sie stellen.

Beim Schreiben dieses Buches gingen wir naiverweise davon aus, dass noch mindestens einer der folgenden Punkte auf Sie zutrifft:

- ✔ Sie sind im Controlling tätig oder arbeiten eng mit Controllern zusammen.
- ✔ Sie wollen endlich einmal wissen, was Ihre Kollegen im Controlling denn so den ganzen Tag treiben.
- ✔ Sie müssen sich in der Ausbildung oder im Studium mit der Materie herumschlagen.
- ✔ Sie sind ein vielseitig interessierter Mensch, aber das Thema Controlling gehörte zu den wenigen Dingen, bei denen Sie bisher nur Bahnhof verstanden haben.
- ✔ Sie kennen einen der Autoren persönlich und wollen wissen, was der denn so schreibt.

Was Sie nicht lesen müssen

Ab und zu werden Sie beim Lesen auf einen Kasten im laufenden Text stoßen. Diese Kästen enthalten entweder theoretische Hintergrundinformationen oder banale Anekdoten aus dem Controller-Alltag. Beide haben eins gemeinsam: Sie müssen sie nicht unbedingt lesen, um das Thema zu verstehen. Wenn es also mal schnell gehen muss, können Sie die Kästen ohne schlechtes Gewissen überspringen. Wir sagen's auch niemandem weiter.

Wie dieses Buch aufgebaut ist

Das Buch gliedert sich in fünf Teile, die originellerweise fortlaufend nummeriert und inhaltlich zusammenhängend sind. In den jeweiligen Teilen finden Sie folgende Inhalte:

Teil I: Definition und Planung

Hier erfahren Sie zunächst, was Controlling überhaupt ist, und bekommen den ersten Grobüberblick über die Aufgaben, die im Controlling anfallen.

Dann geht es auch schon richtig los. Und zwar mit einer der Hauptaufgaben des Controllings: der Planung. Sie erfahren, warum überhaupt geplant werden muss, wie die Planung abläuft und welche Rolle Budgets hierbei spielen.

Anschließend erzählen wir Ihnen noch etwas zum Thema Kontrolle, denn Planung ohne Kontrolle macht nicht wirklich Sinn.

Teil II: Die Werkzeugkiste des Controllers

Wir öffnen hier für Sie die Werkzeugkiste des Controllers. Zum Vorschein kommen zunächst die Kostenrechnung, die Prozesskostenrechnung, die Gewinn- und Verlustrechnung sowie die Bilanz.

Anschließend erfahren Sie mehr über die Deckungsbeitragsrechnung und das Target Costing. Außerdem machen wir Sie mit den wichtigsten IT-Tools für Controller bekannt, bevor dieser Teil mit einer der Königsdisziplinen des Controllers endet: dem Berichtswesen.

All diese Werkzeuge bilden das Fundament des Controller-Know-hows.

Teil III: Bereichscontroller

Controller ist nicht gleich Controller. Neben dem »Allround-Controller« gibt es nämlich noch eine Reihe von Spezialisten, die nur einen bestimmten Bereich bedienen und oftmals sogar direkt in diesem Bereich angesiedelt sind. In diesem Teil erfahren Sie mehr über die wichtigsten Vertreter dieser »Spezialisten«, wie beispielsweise den Produktcontroller, den Vertriebscontroller oder den IT-Controller.

Außerdem bekommen Sie einen Überblick über die zentralen Aufgaben der Bereichscontroller.

Teil IV: Kennzahlen über Kennzahlen

Die Arbeit des Controllers wird oft auf die Bildung von Kennzahlen reduziert. Böse Zungen unterstellen ihm gar eine Kennzahlengläubigkeit. Dem ist zwar nicht so, aber dennoch sind Kennzahlen für das Controlling enorm wichtig. Warum das so ist, erfahren Sie in Teil IV.

Wir erklären Ihnen hier die wichtigsten Kennzahlen und machen Sie mit dem Benchmarking und der Balanced Scorecard bekannt. Keine Sorge: Beide beißen nicht!

Teil V: Der Top-Ten-Teil

Für den versierten Dummies-Leser ist dieser Teil nichts Neues. Hier erfahren Sie zuerst einmal mehr über die zehn unserer Meinung nach besten Websites für Controller. Außerdem geben wir Ihnen zehn hilfreiche MS-Office-Tipps für Controller und erklären Ihnen zehn wichtige Begriffe, die Ihnen im Gespräch mit Controllern über den Weg laufen können.

Anhang A

In diesem Anhang erfahren Sie, was Ihnen die beigelegte CD so alles bietet und wie Sie am schnellsten zu den Dateien gelangen, die Sie gerade benötigen.

Anhang B

Hier wartet ein umfangreiches Glossar darauf, von Ihnen gelesen zu werden. Neben dem fachlichen Wissen zählt im Job auch das richtige Wording. Dazu hier die wichtigsten und hippsten Begriffe.

Symbole, die in diesem Buch verwendet werden

Sie finden über das ganze Buch verteilt verschiedene Icons, über deren Bedeutung wir Sie hier kurz aufklären:

Wenn Sie dieses Icon sehen, heißt das, dass es sich hier um einen praktischen Tipp handelt, der Ihnen die Arbeit erleichtern kann.

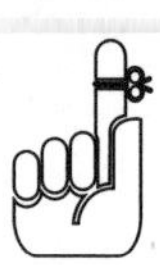

Hier handelt es sich um zusätzliche Erklärungen und Hinweise, die etwaige Unklarheiten beseitigen können.

Bei diesem Symbol ist Vorsicht geboten. Es könnte eventuell ein Stolperstein auf dem Weg liegen, vor dem wir Sie gerne warnen möchten.

Dieses Icon bedeutet, dass Sie ein vorangegangenes Beispiel oder noch mehr Infos zum Thema auf der beiliegenden CD finden.

Hier gibt es noch theoretisches Hintergrundwissen. Wenn Sie etwas, das mit diesem Symbol versehen ist, nicht lesen, tut das dem Verständnis keinen Abbruch.

Hinter diesem Symbol versteckt sich eine Erklärung oder eine Definition von neu eingeführten Fachbegriffen.

Was mit diesem Icon versehen ist, sollten Sie unbedingt lesen! Hierbei handelt es sich nämlich um etwas Wichtiges.

Dreimal dürfen Sie raten, was Sie bei diesem Icon erwartet: Richtig, ein übersichtliches Beispiel zum jeweiligen Thema.

Wie es weitergeht

Das Buch ist so aufgebaut, dass Sie es nicht zwingend wie einen Roman von vorne nach hinten durchlesen müssen, um alles zu verstehen.

Wollen Sie sich zum Beispiel mal eben über die Deckungsbeitragsrechnung informieren, können Sie direkt und ohne Umwege Kapitel 8 aufschlagen. Sie werden dort alles verstehen, auch ohne Kapitel 1 bis 7 gelesen zu haben.

Wenn Sie das Buch aber dennoch von vorne bis hinten durchlesen möchten, sind wir Ihnen auch nicht böse.

Wie und in welcher Reihenfolge Sie was, warum und weshalb lesen, können Sie somit frei entscheiden. Es ist ja schließlich auch Ihr Buch, mit dem wir Ihnen hiermit nochmals viel Spaß und Erfolg wünschen!

Teil I

Definition und Planung

»Und sag Herrn Schmitz, dass er zurückkommen kann. Ich habe einen Weg gefunden, wie wir unser Projektbudget doch noch hinbekommen.«

In diesem Teil ...

In den folgenden Kapiteln lernen Sie zunächst einmal die wichtigsten Aufgaben kennen, die den Arbeitsalltag des gemeinen Controllers bestimmen. Sie erfahren auch, was an den gängigen Klischees über das Controlling denn wirklich dran ist und aus welchem Holz der ideale Controller geschnitzt sein sollte.

Falls Sie dann immer noch planlos sein sollten: kein Problem! Es folgt alles Wissenswerte zum Thema Planung, einem der klassischen Controller-Themengebiete. Und wo es Pläne gibt, ist die Kontrolle meist nicht weit – nämlich ebenfalls in diesem Teil. Richtig spaßig wird es natürlich, wenn die Kontrolle ergibt, dass die Planung nicht eingehalten wurde. Aber auch das ist kein Beinbruch, wenn man es rechtzeitig erkennt und gegensteuert. Wie, erfahren Sie am Ende von Teil I. Die Spannung soll ja an dieser Stelle noch erhalten bleiben.

Von Erbsenzählern und Controllern

1

In diesem Kapitel

- Was das Controlling so macht
- Woher die Daten kommen
- Was einen guten Controller ausmacht

Nu stellen wir uns mal janz dumm und fragen uns: Wat is eine Controlling? Die Spitzfindigeren werden nun dazu neigen anzumerken, was diese Frage denn soll? Ein Blick ins Deutsch-Englisch-Wörterbuch verrät: Controlling = Kontrolle.

Falsch!

Es ist weitaus mehr. Controlling ist vergleichbar mit einem Navigationssystem. Es ist ein System der permanenten und frühzeitigen Bereitstellung von entscheidungsrelevanten Informationen. Hierdurch können Entscheidungen, beispielsweise zum Leistungsangebot, zur Personalpolitik oder zu geplanten Investitionen schnell und sicher getroffen werden.

Das Controlling gleicht einem Regelkreis, in dem Leistungen, Ressourcen und Budgets geplant und Zielwerte mit den einzelnen Verantwortlichen vereinbart werden. Zudem wird das tatsächlich Erreichte laufend mit netten Kennzahlen gemessen und mit dem Plan verglichen. Bei Bedarf werden entsprechende Korrekturmaßnahmen eingeleitet.

Zudem kann das Controlling in Abhängigkeit von unterschiedlichen branchenspezifischen Erfordernissen noch viele weiter gehende Aufgaben übernehmen.

Werfen Sie nun aber Ihr Deutsch-Englisch-Wörterbuch nicht gleich in die Ecke. Es kommen noch genug Anglizismen.

Die Aufgaben des Controllings

Die natürlichen Feinde des Controllings, sei es das Marketing oder der Vertrieb, verfolgen Ziele wie beispielsweise eine möglichst optimale Außendarstellung oder die Maximierung des Umsatzes. Das Controlling trägt hierbei die kaufmännische Verantwortung für die gesetzten Unternehmensziele. Es berät das Management in kaufmännischen Fragen und sorgt so für möglichst objektive Kosten- und Nutzenbetrachtungen. Das Controlling unterstützt somit die Verantwortlichen bei anstehenden Entscheidungen. Das Ganze kann man Unternehmenssteuerung nennen – oder, um die anderen Bereiche nicht ungerechtfertigt zu beleidigen: Unterstützung bei der Unternehmenssteuerung.

Damit das Controlling die ihm gestellten Aufgaben zur vollsten Zufriedenheit der Unternehmensleitung erfüllt und dafür sorgt, dass das Unternehmen nicht an die Wand fährt, sind viele nette und arbeitsaufwändige Teilaufgaben zu erledigen. Dazu zählen etwa:

✔ **Die Wirtschaftsplanung:** Darunter versteht man die (operative) Planung für das kommende Jahr. Hierbei wird manchmal auch der Blick in die Glaskugel verlangt – man soll für mehrere Jahre im Voraus planen. Unterjährig wird natürlich auch geplant: In der Regel wird dreimal pro Jahr eine Ist-Erwartung erstellt. Manche Chefs lieben es darüber hinaus auch, monatliche Vorhersagen zu bekommen.

✔ **Die Kontrollfunktion:** Der Wirtschaftsplanung schließt sich die Kontrolle an. Wird der Plan auch eingehalten? Falls ja, ist alles in Ordnung. Falls nicht, müssen Sie eine Abweichungsanalyse durchführen.

✔ **Budget:** Ein bei allen Kollegen äußerst beliebtes Thema. Insbesondere die Budgetplanung und -überwachung sorgt für viel Harmonie zwischen den Menschen.

✔ **Abweichungsanalysen:** Können Sie bei nahezu allen Themen durchführen. Diese Aufgabe sorgt manchmal für lange Büroabende.

✔ **Gewinn- und Verlustrechnung (schicker: P&L) und Bilanz:** Jeder Jahreswechsel ist für den Controller untrennbar mit dem Jahresabschluss verbunden. Da werden die Gewinn- und Verlustrechnung sowie die Bilanz aufgestellt. Nach ein paar anstrengenden Tagen können Sie dann tolle Aussagen über das vergangene Geschäftsjahr machen. Der Begriff Jahresabschlussessen sorgt bei Controllern deshalb nicht unbedingt immer für Verzückungen.

✔ **Deckungsbeitragsrechnung:** Die Deckungsbeitragsrechnung haben wir ursprünglich einem gewissen Herrn Riebel zu verdanken (ihm sei an dieser Stelle nochmals hierfür gedankt). Heute versteht man darunter eine Sammelbezeichnung für verschiedenste Bruttoerfolgsrechnungen, deren Gemeinsamkeit in der Trennung zwischen fixen und variablen Kosten besteht. Falls Sie, werter Leser, nun aufgrund dieses Satzes geneigt sind, das Buch für immer aus Ihren Händen zu verbannen, lesen Sie weiter und Sie werden merken, dass es gar nicht so schlimm ist, wie es sich eben angehört hat.

✔ **Berichtswesen:** Da der Phantasie in Bezug auf mögliche Analysen und Reports nahezu keine Grenzen gesetzt sind, müssen Sie sich zuerst einmal erkundigen, was die Adressaten haben wollen und was davon überhaupt umsetzbar ist. Ansonsten wird das Controlling schnell zum Meister der Datenfriedhöfe. Zudem beschleicht den Controller dann womöglich oftmals das Gefühl, für die Schublade des Chefs zu arbeiten. Generell unterscheidet man zwischen externem und internem Berichtswesen:

  - **Externes Berichtswesen (Bilanzen und Jahresabschluss):** Das externe Berichtswesen umfasst Daten, die der Öffentlichkeit präsentiert werden, zum Beispiel Geschäftsberichte, und wird in der Regel aufgrund gesetzlicher Anforderungen erstellt. Es handelt sich um tatsächliche und unumstößliche Zahlen eines abgelaufenen Zeitraums – geht man einmal von ehrlichen Buchhaltern aus. Primär sind diese Daten für Anteilseigner oder sonstige Gruppen gedacht, die ein Interesse an dem Unternehmen haben (die nennt man *Shareholder* und *Stakeholder*). Auch Interne können diese Zahlen prima für Planungs- und Kontrollzwecke verwenden. Meist hilft der fleißige Controller kräftig bei der Erstellung der externen Berichte mit.

- **Internes Berichtswesen:** Das interne Berichtswesen erblickt – wie der Name es bereits erahnen lässt – nicht das Licht der breiten Öffentlichkeit. Hier geht es um Kennzahlen, die dazu dienen, den betrieblichen Ablauf zu planen, zu steuern und zu kontrollieren.
- **Forecasting:** Nicht zu verwechseln mit der Wirtschaftsplanung. Forecasts schauen meist sehr detailliert für bestimmte Themenstellungen in die Zukunft.
- **Business Case:** Will Ihre Firma ein neues Produkt einführen, sollte auch eine Wirtschaftlichkeitsbetrachtung angestellt werden. So ein Business Case sollte das Controlling stets in enger Zusammenarbeit mit dem zuständigen Produktmanager erstellen.
- **Cockpit Charts:** Der Traum aller Chefs: Die wichtigsten Kennzahlen anschaulich auf einem Blatt Papier mit schönen Grafiken dargestellt. Hier müssen Sie nach Kompromisslösungen suchen, sonst benötigen Sie fünf DIN-A0-Blätter.
- **Adressatengerechte Reports:** Berichtet werden kann eigentlich nahezu alles, selbst die Schuhgröße der Kunden. Aber bitte so, dass der Empfänger etwas damit anfangen kann.
- **Klassische Dienstleistungen des Controllings:** Das Controlling bereitet auch die kaufmännischen Unterlagen für Sitzungen des Vorstandes beziehungsweise der Geschäftsführung vor.

Neben diesen zentralen Aufgaben gibt es noch eine ganze Fülle von weiteren Aufgaben. Solche Aufgaben können entweder auch vom zentralen Controlling oder aber auch von einem dezentralen Bereichscontrolling erfüllt werden. Als Controller können Sie sich zum Beispiel auch auf folgenden Gebieten austoben:

✔ **Produktcontrolling:** Was trägt das einzelne Produkt zum Unternehmenserfolg derzeit denn so bei? Was sollte es eigentlich bringen – und damit: Was darf es in der Herstellung kosten? Wo liegen noch Rationalisierungspotenziale?

Eine Ebene über dem Produktcontrolling ist das Geschäftsfeldcontrolling angesiedelt. Hier betreuen Sie dann nicht nur ein Produkt, sondern alle Produkte eines Geschäftsfeldes.

✔ **Projektcontrolling:** Es soll zum Beispiel ein Projekt mit dem Ziel gebildet werden, Rationalisierungspotenziale aufzudecken. Aber aufgepasst: Was wird uns dieses Projekt kosten? Sind die Kosten dafür niedriger als die möglichen Einsparungen? Diese Fragestellungen gelten natürlich auch für alle anderen Projekte.

✔ **Produktionscontrolling:** Eine der klassischen Aufgaben im produzierenden Gewerbe. Dazu gehören Kostendurchsprachen, Zielverfolgungen und Investitionsrechnungen.

- **Vertriebscontrolling:** Nein, hier soll das Controlling dem Vertrieb nicht nur ständig auf die Finger hauen. Das Controlling sollte dem Vertrieb manchmal auch als Dienstleister dringend benötigte Reports und Analysen zuliefern.
- **Einkaufscontrolling:** Hier können Sie grob zwischen zwei Aufgaben unterscheiden:
  - **Nachverfolgungen:** Hier verfolgt der Controller die Entwicklung der Einkaufskonditionen. Idealerweise verknüpft man diese mit den Einkaufsmengen und betrachtet dann das Kosten-Mengengerüst im Zeitablauf. Dieses sollte mit den eingehenden Rechnungen übereinstimmen. Diese Aufgabe könnten Sie auch als »Einkaufsrevision« bezeichnen.
  - **Simulationen:** Immer wieder gern gefragt: Was würde das Unternehmen durch verbesserte Einkaufskonditionen sparen, wenn es nicht mehr bei Müller, Meier und Schmitt einkauft, sondern nur noch bei Meier? Oder wenn das Unternehmen pro Lieferung mehr einkauft und sich damit aber die Lagerhaltungskosten und die Kapitalbindung erhöht?
- **Personalcontrolling:** Das Controlling sollte stets darüber Auskunft geben können, wie viele Mitarbeiter gerade beschäftigt werden und was diese kosten.
- **IT-Controlling:** Was kostet die eingesetzte Hard- und Software? Wie viele Mitarbeiter sind mit diesem Thema beschäftigt? Wie hoch ist der Investitionsbedarf in neue Hard- und Software inklusive möglicher Umstellungskosten.
- **Investitionscontrolling:** Hier durchleuchten Sie zuerst einmal, wo überall Investitionen im Unternehmen anfallen können. Danach steigen Sie in das Investitionscontrolling ein, das heißt, Sie schauen mal, was besser ist – Kauf oder Leasing. Danach müssen Sie die tatsächliche Kostenentwicklung nachverfolgen. Man lernt ja nie aus.

Controlling-Tools und Datenquellen

Diese Aufgabenliste sieht ja ganz schön imposant aus. Doch: Woher bekommen Sie eigentlich die dafür benötigten Daten? Wer hilft dem armen Controller? Zunächst einmal die Buchhaltung ...

- **Buchhaltungs-Software:** Die Fragestellung nach entsprechend ausgewerteten Kontenübersichten bildet eine der wichtigsten Grundlagen für die Controllingarbeit. Während in früheren Zeiten händisch geführte Kontenbücher ein effizientes Controlling so gut wie unmöglich machten, unterstützen heute Software-Lösungen, allen voran SAP®, den armen Controller bei seiner täglichen Arbeit. Tatsächlich gebuchte Werte bilden die Basis für zukünftige Planungen und ermöglichen zugleich eine Abweichungsanalyse mit bereits geplanten Daten.
- **Kostenarten-, -stellen-, und -trägerrechnung als Datenquelle:** Die Kostenrechnung als ein Teilgebiet des internen Rechnungswesens erfreut sich großer Beliebtheit. Es soll den-

noch Leute geben, die sich der Kostenrechnung so gerne nähern wie einem frei laufenden Löwen.

Kosten werden hier je nach Fragestellung selektiert, verknüpft, verdichtet und wenn man so will, auch verknotet, da die einzelnen Fragestellungen meist zusammenhängen und nicht isoliert voneinander zu betrachten sind. Lautet die Frage »Was sind das für Kosten?« – zum Beispiel Materialkosten oder Personalkosten –, spricht man von der *Kostenartenrechnung*. Fragt man danach, wo diese Kosten entstehen, um sie zwischen diesen Stellen zu verrechnen, hat man es mit einer *Kostenstellenrechnung* zu tun. Letztendlich besteht noch die Möglichkeit, die bösen Produkte oder Leistungen zu untersuchen, die mir-nichts-dir-nichts Kosten verursachen. Und zwar in der *Kostenträgerrechnung*.

✔ **Data Warehouse:** Ohne umfassende Datenbasis keine tollen Reports. Da die Schuhgröße des Kunden Maier nicht der Kostenrechnung zu entnehmen ist, benötigen Sie eine Datenbank, die sämtliche vom Unternehmen benötigte Daten aufnehmen und auswerten kann: ein Data Warehouse. Außerdem sollten entsprechende Auswertungstools zur Verfügung stehen, da die Auswertung von Strichlisten eine recht eintönige und langwierige Sache ist.

Erbsenzählerklischees

An dieser Stelle für Sie zuerst ein Zitat aus dem Spiegel-Artikel mit dem Titel »Von Beruf Controller« aus dem Jahr 2002: »Sie haben ein Image-Problem: Controller gelten als kühle Pfennigfuchser, die zum Lachen in den Keller gehen, unentwegt trostlose Zahlenkolonnen addieren und ungerührt ganze Firmenbelegschaften zum Arbeitsamt schicken. Doch in der Wirtschaftsflaute kommt der angefeindete Stand zu ungeahnten Ehren.« Und hier noch ein weiteres Zitat aus diesem Artikel: »... das Bild vom Pullunder tragenden Erbsenzähler mit Unterbiss hält sich wacker.«

Die Entstehung dieser nicht unbedingt als schmeichelhaft zu bezeichnenden Stereotypen ist sicherlich auch den oftmals eher unspektakuläreren Aufgabenstellungen und manchmal unpopulären Entscheidungen des Controllers zuzuschreiben. Da jedoch freie Berufswahl herrscht – also niemand gezwungen wird, diesen Beruf auszuüben –, könnte man sich nun fragen, ob nur ganz bestimmte Charaktere diesen Beruf ausüben.

Wenn man die klassischen Anforderungen an Controller in Stellenanzeigen sieht, könnte man schnell zu dem Schluss kommen, dass in diesen Abteilungen tatsächlich nur Menschen arbeiten, die zahlenverliebt sind und besondere analytische Fähigkeiten mitbringen.

Neben diesen beiden Fähigkeiten sind im Controllerberuf jedoch noch weitaus mehr Kompetenzen wichtig:

✔ **Verhandlungsgeschick:** Sie müssen Ihre Zahlen auch gegenüber den Kollegen aus anderen Abteilungen vertreten und verkaufen können. Vielleicht sogar auch gegenüber Unternehmensexternen. Und dazu gehört nun einmal eine gute Portion Verhandlungsgeschick.

- **Inhaltliche Kenntnisse:** Es schadet sicher nicht, wenn Sie als Controller nicht nur die blanken Zahlen kennen, sondern zumindest auch ein wenig die Inhalte, die dahinter stehen.
- **Moderationsfähigkeiten:** Es genügt auf Dauer nicht, den Fachabteilungen die Controlling-Reports ohne verbale Erläuterungen zu geben. Dann und wann müssen Sie Ihre Reports auch einem mehr oder weniger interessierten Publikum vortragen.
- **Interkulturelle Kompetenz:** Die Suche nach dem Stichwort »Interkulturelle Kompetenz« bei Google ergab ungefähr 97.200 Treffer. In Verbindung mit dem Stichwort »Controller« waren es noch 475 Treffer. Immerhin. Diese Kompetenz wird jeder durchschnittliche Mitmensch in irgendeiner Art und Weise sicherlich mitbringen. Keine Frage. Viel wichtiger ist es aber, sich im Arbeitsalltag auch ab und an auf seine Fähigkeiten zu besinnen und auch daran ständig zu arbeiten. Man lernt ja bekanntlich nie aus.

Ausgestattet mit diesen Kompetenzen ist der Controller nicht nur ein bloßer Zahlenlieferant, Planer und Kontrolleur. Er ist dann auch der interne Unternehmensberater in allen kaufmännischen Fragen. Also interner Dienstleister. Dieses Buch wird Ihnen dabei hoffentlich eine kleine Unterstützung sein. Viel Spaß, denn der gehört wie überall im Leben auch zum Controllerberuf!

Gut geplant ist halb gewonnen

2

In diesem Kapitel

- Was man unter Zielen versteht
- Die wichtigsten Planungsarten
- Planungsabläufe in der Praxis

Wie jeder von uns setzt sich auch ein Unternehmen Ziele. Der Vorstandsvorsitzende will im nächsten Jahr zur Abwechslung einmal Gewinn erwirtschaften. Obendrein will er den Marktanteil verdoppeln. Und das, ohne den Konkurrenten aufzukaufen, da das nötige Kleingeld derzeit fehlt. Ganz schön hoch gesteckte Ziele. Aber wie soll das funktionieren? Jetzt ist das Controlling gefragt. Ihm kommt die ehrenvolle Aufgabe zu, einen Plan aufzustellen, wie das Ganze in die Realität umgesetzt werden kann.

Das folgende Kapitel führt Sie durch die wunderbare Welt der Planung mit allem, was dazugehört. Es zeigt Ihnen, warum Ziele, Planungen und das Budget zentrale Themen des Controllers sind. Ohne sie würde ein Unternehmen früher oder später Schiffbruch erleiden.

Neugierig? Dann nichts wie los.

Ziellos = Planlos

Kein Navigationssystem der Welt kann den Weg berechnen, wenn vorab nicht definiert wird, wo man überhaupt hin will. Der Controller kann mit einem Navigator verglichen werden. Das Ziel fest im Auge überprüft er stets, ob man sich noch auf dem richtigen Weg befindet. Folglich braucht auch der Controller klar definierte Ziele, um seine Planungsaufgaben wahrnehmen zu können. In der Regel werden die Ziele in der obersten Etage, von der Unternehmensleitung, festgelegt. Natürlich kann der Controller dabei beratend zur Seite stehen, nur ist das nicht immer gewünscht.

Je präziser ein Ziel formuliert ist, umso detaillierter lässt sich der Weg planen.

Ein Ziel ist im Idealfall durch vier Bestandteile gekennzeichnet:

1. **Der Zielinhalt:** Um was geht es eigentlich? Wollen Sie jedem Mitarbeiter ein Auto schenken, damit er sich mehr für die Firma einsetzt? Oder geht es um so langweilige Inhalte wie Umsatz, Kosten oder Gewinn? Wenn es richtig knifflig werden soll, kann man sich auch qualitative Inhalte ausdenken. Zum Beispiel eine höhere Produktqualität oder eine qualifizierte Weiterbildung der Mitarbeiter. Bei solchen Zielen den Erfolg zu messen, erfordert schon ein wenig mehr Hirnschmalz.

2. **Das Zielausmaß:** Was für ein Auto soll es sein? Ein Kleinwagen oder eine Limousine? Wahrscheinlich stehen eher folgende Fragen im Mittelpunkt: Soll im nächsten Jahr der Gewinn gesteigert oder der Umsatz erhöht werden?
3. **Der Zeitbezug:** Wann wollen Sie das Ziel erreichen? In zwei Tagen? In acht Monaten? Oder erst in fünf Jahren?
4. **Der sachliche Geltungsbereich:** Wo soll das Ziel gelten? Muss sich das ganze Unternehmen danach richten oder nur einzelne Bereiche?

Dumm ist nur, dass ein Unternehmen in der Realität meist mehrere Ziele gleichzeitig verfolgt, die sich manchmal auch gegenseitig behindern. Dann muss die Unternehmensleitung entscheiden, welche Ziele sie priorisiert.

Ist diese Priorisierung der Ziele nun in Stein gemeißelt, kommt endlich der Navigator ... Entschuldigung: der Controller zum Zug und darf munter mit dem Planen beginnen. Denn: Aus der Notwendigkeit, Ziele zu haben, ergibt sich zwangsläufig auch die Notwendigkeit zur Planung. Was nützt das schönste Ziel, wenn Sie sich keine Gedanken darüber machen, wie Sie es am besten erreichen können.

Jetzt wird geplant

Ziele greifbar machen

Sie prüfen nun: Welche Faktoren beeinflussen die Ziele, an welchen Stellschrauben muss ich wie drehen?

Unser Vorstandsvorsitzender hat die Erwirtschaftung von Gewinn und die Verdoppelung des Marktanteils als Ziele im Visier. Sie kennen also bereits die grobe Richtung. Dem Controlling kommt jetzt die Aufgabe zu, die Ziele in praktikable Rahmenbedingungen umzuwandeln. Deshalb müssen Sie sich jetzt auf die Suche nach denjenigen Größen begeben, auf die Sie in der Planung besonders achten müssen.

Um unsere Ziele greifbar zu machen, »zerlegen« Sie diese nach den folgenden Fragestellungen:

- ✔ Was planen Sie?
- ✔ Wie weit schauen Sie in die Zukunft?
- ✔ Wo planen Sie?

Marktanteil ermitteln

Für die Ermittlung des gewünschten Marktanteils wäre es hilfreich zu wissen, wie sich der Gesamtmarkt im nächsten Jahr entwickeln wird. Da hilft der Rückgriff auf Branchendaten. Es gibt zwei Möglichkeiten, den Marktanteil zu messen:

1. an der verkauften Stückzahl
2. am Umsatzanteil

Bei besinnlichen Gelegenheiten hat der Vorstand durchblicken lassen, dass es ihm total egal sei, wie viel von einem Produkt verkauft wird. Für ihn zählt nur das Klingeln der Kasse. Also ermitteln Sie Ihren Marktanteil über den Umsatz. Dazu darf einer unserer Controller stundenlang im Internet surfen. Natürlich könnten Sie auch bei Verbänden um Zahlen anfragen oder eine entsprechende Consultingfirma beauftragen. Das würde aber fürchterlich viel Geld kosten. Und ob diese Zahlen dann auch ihr Geld wert sind? Wer will das schon wissen.

Nach einigen Stunden haben Sie die unterschiedlichsten Angaben. Die angenehmsten davon tragen Sie zusammen. Dann telefonieren Sie mit Ihrem Vertriebsleiter und stimmen die Zahlen mit ihm ab. Nachdem auch er der Meinung ist, dass der Gesamtmarkt sich so entwickeln könnte, packen Sie die Früchte Ihrer Recherchearbeit in eine schnöde Datei.

Ermittlung Marktanteil 2006 in TEUR

	2005			2006		
	Absatz absolut Muster AG	Absatz absolut Gesamtmarkt	Marktanteil	Absatz absolut Muster AG	Absatz absolut Gesamtmarkt	Marktanteil
Produkt 1	16.530	250.000	7%	40.000	260.000	15%
Produkt 2	32.480	200.000	16%	70.000	220.000	32%
Produkt 3	7.524	10.000	75%	7.500	9.000	83%
Summe	56.534	460.000	12%	117.500	489.000	24%

Abbildung 2.1: Marktanteile ermitteln

Was planen Sie?

Der Vorstandsvorsitzende möchte Gewinn erwirtschaften und den Marktanteil verdoppeln. In unserem Beispiel spielen also Marktanteil und Gewinn eine Rolle. Wenn es um Gewinn geht, dann müssen Sie also die Kosten und die erwarteten Erlöse planen, da diese Größen den Gewinn maßgeblich beeinflussen. Höhere Erlöse können Sie durch eine Steigerung des Absatzes erreichen und damit in der Regel auch einen höheren Marktanteil erlangen. Sie müssen sich also überlegen, wie sich der Absatz entwickeln muss, da Sie durch ihn beide Zielgrößen in der gewünschten Richtung beeinflussen können. Um den Marktanteil zu erhöhen, können Sie darüber hinaus an der Produktqualität arbeiten oder mit dem Preis heruntergehen, was wiederum die Kosten beeinflusst. Wie man sieht, sind die Ziele verflochten wie die Rosen um Dornröschens Schloss.

Wie weit schauen Sie in die Zukunft?

Sie können über mehrere Jahre planen oder nur über einige Monate.

1. **Strategische Planung:** Je weiter Sie in die Zukunft schauen, desto strategischer wird die Planung. Mitunter benötigen Sie hierbei die Glaskugel, denn Sie schauen etwa fünf Jahre in die Zukunft.

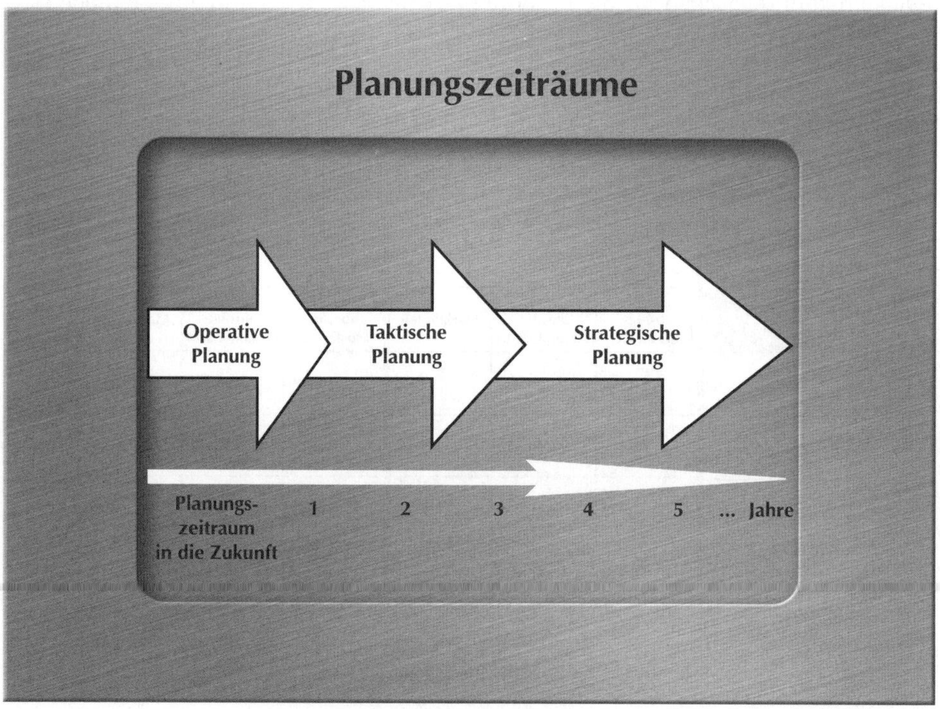

2.2: Planungszeiträume

2. **Operative Planung:** Planen Sie nur das kommende Jahr, spricht man von einer operativen Planung. Je operativer die Planung, desto mehr ist der Controller gefragt. Für diese alljährlich fällige Planung sollten Sie sich spätestens im Oktober oder November hinsetzen und für das kommende Jahr planen.

3. **Taktische Planung:** Wenn Sie die nächsten zwei bis vier Jahre gleich grob mitplanen, dann haben Sie neben der kurzfristigen Planung auch immer die mittelfristige Planung parat. Das nennt man dann taktische Planung.

Sie sollten stets darauf achten, dass die Planung flexibel und aktuell ist. Sieht man zum Beispiel nach einiger Zeit, dass sie aus dem Ruder läuft, muss sie angepasst werden.

Ist-Erwartung

Für das laufende Jahr werden die Feinpläne mittels einer so genannten »Ist-Erwartung« auf dem Laufenden gehalten. Das geht so: Nachdem das erste Quartal vorüber ist, werden die Planungsdaten von Januar bis März mit den Ist-Daten dieser Monate überschrieben und der gewiefte Controller überlegt sich, ob die ursprüngliche Planung der folgenden drei »Zukunftsquartale« noch passt. Ansonsten korrigiert er diese Planwerte.

Ist-Erwartung (IE)

Stand: Planung Vorjahr:

	I. Quartal: Planwerte			II. Quartal: Planwerte			III. Quartal: Planwerte			IV. Quartal: Planwerte			
Monat	Jan	Feb	Mrz	Apr	Mai	Jun	Jul	Aug	Sep	Okt	Nov	Dez	Gesamt
Kosten	100	100	100	110	110	110	110	140	140	100	80	50	1.250

Stand: 1. Ist-Erwartung im April:

	I. Quartal: Ist-Werte			II. Quartal: 1. IE			III. Quartal: 1. IE			IV. Quartal: 1. IE			
Monat	Jan	Feb	Mrz	Apr	Mai	Jun	Jul	Aug	Sep	Okt	Nov	Dez	Gesamt
Kosten	108	109	101	100	105	110	115	135	140	100	80	50	1.253

Stand: 2. Ist-Erwartung im Juli:

	I. Quartal: Ist-Werte			II. Quartal: Ist-Werte			III. Quartal: 2. IE			IV. Quartal: 2. IE			
Monat	Jan	Feb	Mrz	Apr	Mai	Jun	Jul	Aug	Sep	Okt	Nov	Dez	Gesamt
Kosten	108	109	101	112	108	123	120	130	140	100	80	60	1.291

Stand: 3. Ist-Erwartung im Oktober:

	I. Quartal: Ist-Werte			II. Quartal: Ist-Werte			III. Quartal: Ist-Werte			IV. Quartal: 3. IE			
Monat	Jan	Feb	Mrz	Apr	Mai	Jun	Jul	Aug	Sep	Okt	Nov	Dez	Gesamt
Kosten	108	109	101	112	108	123	124	136	144	110	100	80	1.355

2.3: Die Ist-Erwartung

Dasselbe findet jeweils nochmals am Ende des II. und III. Quartals statt. Dadurch gibt die Ist-Erwartung stets die bestmögliche Vorhersage für das laufende Jahr. Wie das aussieht, sehen Sie in Abbildung 2.3.

Wo planen Sie?

Planen Sie überall oder nur in bestimmten Bereichen? Grundsätzlich gilt, dass jeder Bereich, der die vorgegebenen Ziele beeinflussen kann, beplant werden muss. In der Regel sind die Bereiche so miteinander verflochten, dass die übliche jährliche Planungsrunde meist das ganze Unternehmen umfasst. Sie haben in unserem Beispiel den Gewinn und den Marktanteil im Visier, müssen sich also überlegen, wer diese Größen denn in der Firma beeinflusst. Letztlich sind das alle Abteilungen – Sie planen im kompletten Unternehmen.

Manchmal kann daneben auch eine gesonderte Planung durchgeführt werden, die nur einen Bereich betrachtet. Dies ist allerdings eher die Ausnahme und geschieht meist nur bei »außerplanmäßigen« Anlässen.

Planung mit System

Nun wissen Sie, welche Stellschrauben wichtig sind und wann sie wo gelten sollen. Sie planen die Erhöhung des Absatzes und der Produktqualität und vielleicht noch obendrein die Senkung der Produktionskosten im ganzen Unternehmen. Einige Zielsetzungen kommen ganz gut miteinander klar, weil sie sich nicht überschneiden; einige überschneiden sich zwar, ziehen aber trotzdem an einem Strang. Im schlimmsten Fall können sie aber untereinander konkurrieren. Ein Beispiel hierfür: Um eine bessere Produktqualität zu erlangen, müssen Sie eventuell die Produktionskosten hochschrauben, wo doch genau das Gegenteil der Fall sein soll. Hilfe!

Sie brauchen somit ein Regelwerk, das besagt, welchem Ziel im Streitfall Vorfahrt eingeräumt wird. Dieses Regelwerk sollte bereits aus der Zielvorgabe der Unternehmensleitung hervorgehen.

Ist dies nicht der Fall, hat der Controller die Aufgabe, bei Zielkonflikten die Vorfahrtsregelungen mit der Geschäftsleitung abzustimmen. Sie muss entscheiden, was ihr wichtiger ist: ein höherer Marktanteil oder schwarze Zahlen.

Ist das Regelwerk bestimmt, können Sie den Planungsablauf festlegen. Abbildung 2.4 zeigt den Ablauf. Die Zielvorgabe wird dem Controlling übermittelt, das hieraus die Planungsprämissen für die einzelnen Bereiche ableitet. Die Bereiche planen ihre Teilpläne und spiegeln sie dem Controlling zurück. Das Controlling stimmt diese Teilpläne aufeinander ab – ein Prozess, der im Bedarfsfall mehrmals wiederholt werden muss. Im schlimmsten Fall gilt es, die Geschäftsleitung um Anpassung der Zielvorgaben zu bitten, wenn diese auch nach mehreren Ehrenrunden nicht erreicht werden können.

Sonderplanung

Das Controlling hat den Auftrag bekommen zu prüfen, ob es möglich ist, den Vorstand outzusourcen. Oder wenigstens Teile des Vorstandes. Dabei soll das Controlling mögliche Einsparpotenziale aufzeigen.

Der Leiter des Controllings ist etwas irritiert ob der altruistischen Einstellung des derzeitigen Vorstandes. Er sagt aber dennoch zu, diese Idee vorurteilsfrei prüfen zu lassen. Er vergibt diese interessante Sonderaufgabe an einen aufstrebenden Controller. Und das, ohne ihm mitzuteilen, dass er sich damit womöglich sein eigenes Karrieregrab schaufeln könnte.

Der Controller stellt folgende Rechnung an:

Derzeit kosten die fünf Vorstände (inklusive Vorstandsvorsitzenden) das Unternehmen drei Millionen Euro pro Jahr. In Bangalore (Indien) würden fünf Vorstände mit vergleichbaren Fähigkeiten lediglich 0,3 Millionen Euro pro Jahr kosten. Die Vorstände würden von Indien aus arbeiten. Hier würde also einiges an Reisekosten hinzukommen, da es manchmal doch gut wäre, wenn ein Vorstand persönlich anwesend wäre. Videokonferenzen hin oder her. Alternativ bietet die indische Firma auch einen Service vor Ort an. Der kostet aber 0,6 Millionen Euro pro Jahr zuzüglich Unterbringungskosten für fünf Personen.

Modell 1 (von Indien aus):

Kosten für fünf Vorstände: 300.000 Euro

100 Hin- und Rückflüge pro Jahr: 200.000 Euro (unter der Annahme, dass die fünf Vorstände alle zwei bis drei Wochen vor Ort zwei Tage anwesend sein sollen)

200 Übernachtungen im Business-Hotel zu 59 Euro pro Nacht ergeben 118.000 Euro.

Modell 1 kostet also 618.000 Euro. Unser Unternehmen würde also stolze 2.382.000 Euro pro Jahr sparen können.

Modell 2 (Einsatz vor Ort):

Kosten für fünf Vorstände: 600.000 Euro

Mietkosten für fünf Appartements p.a.: 36.000 Euro

Modell 2 kostet demnach 636.000 Euro. Es ist zwar um 18.000 Euro teurer als das erste Modell, hat aber den Vorteil, dass die Vorstände ständig vor Ort anwesend wären.

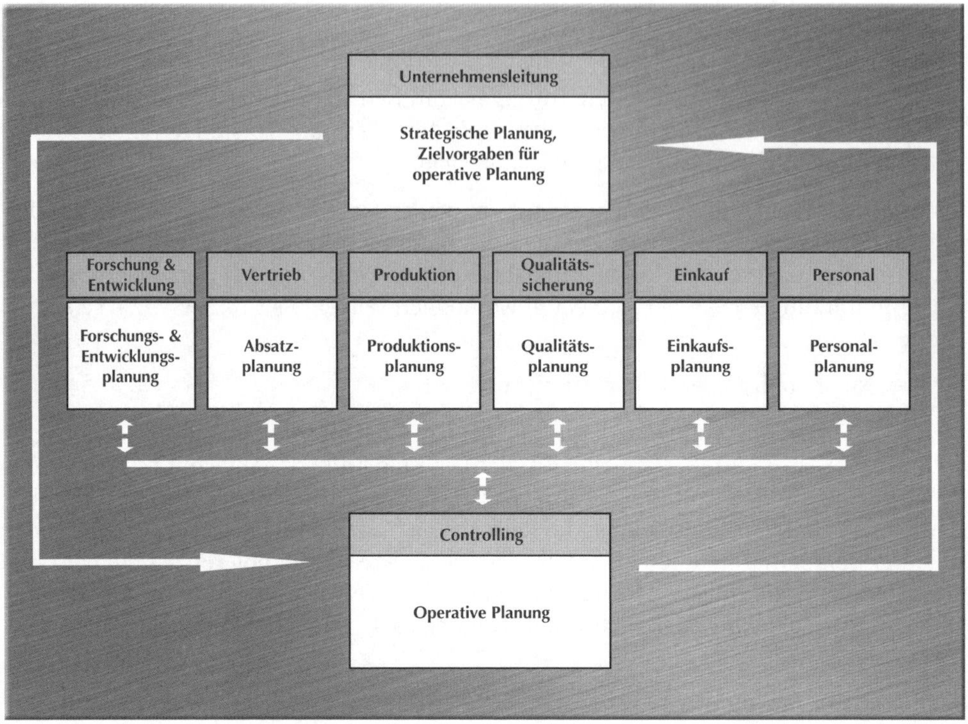

2.4: Planungsablauf

Sie sollten Ihre Planungsabläufe ab und zu überprüfen. Folgende Fragen helfen dabei:

1. Wie gut sind unsere Abläufe dokumentiert? Auch ein Controller wird einmal krank. Ersparen Sie Ihrer Krankheitsvertretung einen Herzinfarkt und schreiben Sie die wichtigsten Sachen auf.
2. Passen die Planungsabläufe noch zu unserer Unternehmensstruktur? Aufgepasst: Wurde sie gerade mit Hilfe einer teuren Unternehmensberatung umstrukturiert?
3. Ist die Planung vollständig? Haben Sie hier an alle und alles gedacht?
4. Ist die Planung präzise genug? Ist die Präzision der Planung ausreichend für den jeweiligen Planinhalt oder etwa zu grob oder zu fein?

Planungsphasen

Auch Planen will geplant sein. Damit der Planungsprozess nicht im Chaos endet, empfiehlt es sich, strukturiert vorzugehen und einige wichtige Dinge zu beachten. Zunächst geht es um den Zeitrahmen. Da das Controlling für die Planung verantwortlich ist, besitzt es auch die Freiheit, den zeitlichen Ablauf der Planung zu organisieren. Aber diese Freiheit ist meist relativ, da der Endtermin in der Regel von der Unternehmensleitung vorgegeben sein wird. Die Zeitplanung wird also relativ straff sein, sollte sich aber auch an den Erfordernissen der Fachabteilungen orientieren.

So sieht der ideale Ablauf einer Planungsrunde aus:

Phase 0: Vorbereitung

Da die verschiedenen Bereiche in den seltensten Fällen von alleine und gerne planen, muss sich der Controller sowohl ans Werk als auch unbeliebt machen. Zu den einzelnen To-dos:

- ✔ Schriftliche Bekanntgabe der Termine für die aktuelle Planung an die Fachabteilungen per E-Mail. Geben Sie den Fachabteilungen mehr als zehn Minuten Antwortzeit. Ideal sind ein bis zwei Wochen. Dann steigt auch die Qualität der Planungsergebnisse.
- ✔ Nutzen Sie die Bekanntgabe der freudigen Mitteilung, dass wieder geplant werden darf, zugleich dazu, die Rahmenbedingungen mitzuteilen. Darunter sind die Zielvorgaben zu verstehen.

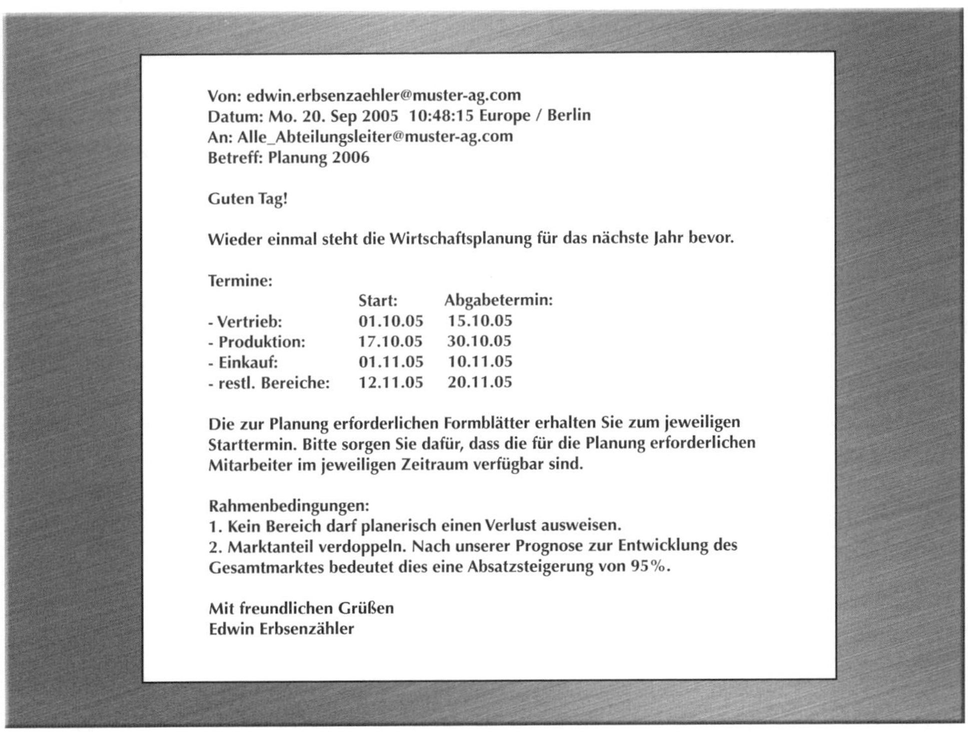

Von: edwin.erbsenzaehler@muster-ag.com
Datum: Mo. 20. Sep 2005 10:48:15 Europe / Berlin
An: Alle_Abteilungsleiter@muster-ag.com
Betreff: Planung 2006

Guten Tag!

Wieder einmal steht die Wirtschaftsplanung für das nächste Jahr bevor.

Termine:

	Start:	Abgabetermin:
- Vertrieb:	01.10.05	15.10.05
- Produktion:	17.10.05	30.10.05
- Einkauf:	01.11.05	10.11.05
- restl. Bereiche:	12.11.05	20.11.05

Die zur Planung erforderlichen Formblätter erhalten Sie zum jeweiligen Starttermin. Bitte sorgen Sie dafür, dass die für die Planung erforderlichen Mitarbeiter im jeweiligen Zeitraum verfügbar sind.

Rahmenbedingungen:
1. Kein Bereich darf planerisch einen Verlust ausweisen.
2. Marktanteil verdoppeln. Nach unserer Prognose zur Entwicklung des Gesamtmarktes bedeutet dies eine Absatzsteigerung von 95%.

Mit freundlichen Grüßen
Edwin Erbsenzähler

2.5: E-Mail zum Planungsstart

- Mit der E-Mail der Planungsbekanntgabe verschickt das Controlling auch gleich hübsche Formblätter, die von den Fachabteilungen bis zu einem bestimmten Termin ausgefüllt zurückzugeben sind. Die Formblätter, meist im Excel-Format, enthalten für jede Fachabteilung bestimmte Zielvorgaben. Als Hilfestellung sind hierbei auch vom Controller ermittelte Vergangenheitswerte als Vergleichsgrößen enthalten.

Zusätzliche Beispiele für Formblätter und ein Planungstool finden Sie auf der beiliegenden CD.

Phase 1: Die Absatzplanung

Da sich alles nach den zu erwarteten Verkäufen richtet, muss zuerst der Absatz geplant werden. Vorher geht gar nix, denn ohne die Daten der Absatzplanung kann weder die Produktion noch der Einkauf planen. Eine Absatzplanung verläuft in folgenden Schritten:

- **Daten einholen:** Schicken Sie circa eine Woche, bevor die Planung in den anderen Fachabteilungen starten soll, Formblätter an Ihre Vertriebsabteilungen. Darin soll getrennt nach Produkten und Absatzkanälen angegeben werden, wohin die Reise nächstes Jahr gehen soll. Dem Vertrieb werden aus den Zielen abgeleitete Vorgaben über die geplanten Absatzsteigerungen gemacht. In diesem Beispiel hier gibt es fünf Vertriebsabteilungen, denen jeweils ein Formblatt zugeschickt wird: die Abteilung »V1 Inland Discounter«, »V2 Inland Fachhandel«, »V3 Inland Direktvertrieb & eBusiness«, »V4 Europa« und »V5 Nordamerika«. Die fünf leeren Formblätter könnten dann etwa so wie in Abbildung 2.6 aussehen – die Isterwartung (IE) des laufenden Jahres hat das Controlling zur besseren Orientierung bereits eingetragen.

- **Konsolidierung:** Nachdem Sie die Unterlagen vor zwei Wochen mit Angabe eines Antworttermins verschickt haben, trudeln nun alle benötigten Antwortunterlagen fast pünktlich bei Ihnen ein. Nehmen Sie nun die fünf Unterlagen und konsolidieren Sie diese zu »der Absatzplanung«. Konsolidieren bedeutet, die Zahlen zu addieren, wobei doppelte Angaben eliminiert werden. Nun liegt im Idealfall eine komplette Absatzplanung für das Unternehmen vor. Diese enthält auf Produktebene und nach Vertriebskanälen alle erforderlichen Angaben für das nächste Jahr. Das Ergebnis der Absatzplanung zeigt nun in handfesten Zahlen, wie die Verdoppelung des Marktanteils im nächsten Jahr monatsweise aussehen soll. Abbildung 2.7 zeigt zunächst die ausgefüllten Formblätter. Abbildung 2.8 zeigt das konsolidierte (zusammengezählte) Planungsergebnis.

leere Formblätter zur Absatzplanung 2006 (alle Angaben in Tausend Stück)

Abteilung V1 Inland Discounter

	IE 2005	1. Quartal 06	2. Quartal 06	3. Quartal 06	4. Quartal 06	Summe 2006	2007	2008
Produkt 1	559,3							
Produkt 2	2.678,9							
Produkt 3	45,9							
Summe	3.284,1							

Abteilung V2 Inland Fachhandel

	IE 2005	1. Quartal 06	2. Quartal 06	3. Quartal 06	4. Quartal 06	Summe 2006	2007	2008
Produkt 1	267,1							
Produkt 2	459,3							
Produkt 3	67,2							
Summe	793,6							

Abteilung V3 Inland Direktvertrieb & eBusiness

	IE 2005	1. Quartal 06	2. Quartal 06	3. Quartal 06	4. Quartal 06	Summe 2006	2007	2008
Produkt 1	43,9							
Produkt 2	113,0							
Produkt 3	23,7							
Summe	180,6							

Abteilung V4 Europa

	IE 2005	1. Quartal 06	2. Quartal 06	3. Quartal 06	4. Quartal 06	Summe 2006	2007	2008
Produkt 1	559,3							
Produkt 2	814,2							
Produkt 3	213,2							
Summe	1.586,7							

Abteilung V5 Nordamerika

	IE 2005	1. Quartal 06	2. Quartal 06	3. Quartal 06	4. Quartal 06	Summe 2006	2007	2008
Produkt 1	488,6							
Produkt 2	207,4							
Produkt 3	847,6							
Summe	1.543,6							

2.6: Leeres Formblatt Absatzplanung

ausgefüllte Formblätter zur Absatzplanung 2006 (alle Angaben in Tausend Stück)

Abteilung V1 Inland Discounter

	IE 2005	1. Quartal 06	2. Quartal 06	3. Quartal 06	4. Quartal 06	Summe 2006	2007	2008
Produkt 1	559,3	240,3	255,1	210,1	290,2	995,7	1.100,0	1.200,0
Produkt 2	2.678,9	1.260,2	1.245,2	1.254,6	1.247,5	5.007,5	5.250,0	5.500,0
Produkt 3	45,9	24,8	26,1	23,1	27,8	101,8	110,0	120,0
Summe	3.284,1	1.525,3	1.526,4	1.487,8	1.565,5	6.664,3	6.460,0	6.820,0

Abteilung V2 Inland Fachhandel

	IE 2005	1. Quartal 06	2. Quartal 06	3. Quartal 06	4. Quartal 06	Summe 2006	2007	2008
Produkt 1	267,1	137,5	137,5	137,5	137,5	550,0	570,0	590,0
Produkt 2	459,3	250,0	250,0	250,0	250,0	1.000,0	1.100,0	1.200,0
Produkt 3	67,2	32,5	32,5	32,5	32,5	130,0	140,0	150,0
Summe	793,6	420,0	420,0	420,0	420,0	1.680,0	1.810,0	1.940,0

Abteilung V3 Inland Direktvertrieb & eBusiness

	IE 2005	1. Quartal 06	2. Quartal 06	3. Quartal 06	4. Quartal 06	Summe 2006	2007	2008
Produkt 1	43,9	24,1	28,5	23,5	25,0	101,1	100,0	100,0
Produkt 2	113,0	51,0	58,5	62,0	48,7	220,2	220,0	220,0
Produkt 3	23,7	9,9	17,1	12,3	8,4	47,7	50,0	50,0
Summe	180,6	85,0	104,1	97,8	82,1	369,0	739,0	739,0

Abteilung V4 Europa

	IE 2005	1. Quartal 06	2. Quartal 06	3. Quartal 06	4. Quartal 06	Summe 2006	2007	2008
Produkt 1	559,3	266,2	288,1	301,2	295,1	1.150,5	1.200,0	1.250,0
Produkt 2	814,2	425,8	369,8	465,8	336,7	1.598,1	1.600,0	1.700,0
Produkt 3	213,2	98,7	99,5	101,8	103,4	403,4	410,0	420,0
Summe	1.586,7	790,7	757,4	868,8	735,2	3.152,0	3.210,0	3.370,0

Abteilung V5 Nordamerika

	IE 2005	1. Quartal 06	2. Quartal 06	3. Quartal 06	4. Quartal 06	Summe 2006	2007	2008
Produkt 1	488,6	250,0	250,0	250,0	250,0	1.000,0	1.000,0	1.000,0
Produkt 2	207,4	100,0	100,0	100,0	100,0	400,0	400,0	400,0
Produkt 3	847,6	400,0	400,0	400,0	400,0	1.600,0	1.600,0	1.600,0
Summe	1.543,6	750,0	750,0	750,0	750,0	3.000,0	3.000,0	3.000,0

2.7: Ausgefüllte Formblätter Absatzplanung

konsolidierte Absatzplanung 2006 (alle Angaben in Tausend Stück)

		IE 2005	I. Q 2006	II. Q 2006	III. Q 2006	IV. Q 2006	Summe 2006	% Steigerung 2005 vs. 2006	2007	2008
Produkt 1	Discounter	559,3	240,3	255,1	210,1	290,2	995,7	78,0%	1.100,0	1.200,0
	Fachhandel	267,1	137,5	137,5	137,5	137,5	550,0	105,9%	570,0	590,0
	Direktvertrieb & eBusiness	43,9	24,1	28,5	23,5	25,0	101,1	130,3%	100,0	100,0
	Europa	559,3	266,2	288,1	301,2	295,1	1.150,6	105,7%	1.200,0	1.250,0
	Nordamerika	488,6	250,0	250,0	250,0	250,0	1.000,0	104,7%	1.000,0	1.000,0
	Summe	1.918,2	918,1	959,2	922,3	997,8	3.797,4	98,0%	3.970,0	4.140,0
Produkt 2	Discounter	2.678,9	1.260,2	1.245,2	1.254,6	1.247,5	5.007,5	86,9%	5.250,0	5.500,0
	Fachhandel	459,3	250,0	250,0	250,0	250,0	1.000,0	117,7%	1.100,0	1.200,0
	Direktvertrieb & eBusiness	113,0	51,0	58,5	62,0	48,7	220,2	94,9%	220,0	220,0
	Europa	814,2	425,8	369,8	465,8	336,7	1.598,1	96,3%	1.600,0	1.700,0
	Nordamerika	207,4	100,0	100,0	100,0	100,0	400,0	92,9%	400,0	400,0
	Summe	4.272,8	2.087,0	2.023,5	2.132,4	1.982,9	8.225,8	92,5%	8570,0	9.020,0
Produkt 3	Discounter	45,9	24,8	26,1	23,1	27,8	101,8	121,8%	110,0	120,0
	Fachhandel	67,2	32,5	32,5	32,5	32,5	130,0	93,5%	140,0	150,0
	Direktvertrieb & eBusiness	23,7	9,9	17,1	12,3	8,4	47,7	101,3%	50,0	50,0
	Europa	213,2	98,7	99,5	101,8	103,4	403,4	89,2%	410,0	420,0
	Nordamerika	847,6	400,0	400,0	400,0	400,0	1.600,0	88,8%	1.600,0	1.600,0
	Summe	1.197,6	565,9	575,2	569,7	572,1	2.282,9	90,6%	2.310,0	2.340,0
Gesamtsumme		7.388,6	3.571,0	3.557,9	3.624,4	3.552,8	14.306,1	93,6%	14.850,0	15.500,0

2.8: Konsolidierte Absatzplanung

- ✔ **Überprüfung:** Freuen Sie sich aber nicht zu früh. Jetzt gilt es erst einmal, das Ergebnis zu überprüfen. Sind alle wichtigen Daten komplett vorhanden und plausibel? Ist die im Ziel festgelegte Verdoppelung des Marktanteils planerisch umgesetzt? Falls nein, warum nicht? Falls aber doch, sind die einzelnen Steigerungen bei den jeweiligen Produkten und Vertriebskanälen realistisch? In unserem Beispiel wurde übrigens die angestrebte Steigerung der Absatzmenge um 95,0% mit 93,6% nur knapp verfehlt.
- ✔ **Durchsprache:** Haben Sie die Absatzplanung geprüft, sollten Sie mit dem zuständigen Bereichsleiter einen Termin vereinbaren, an dem Sie mit ihm die Planungsergebnisse durchsprechen und idealerweise das Gesamtergebnis verabschieden.

Sorgen Sie für einen netten Rahmen: Bieten Sie dem guten Mann eine Tasse Kaffee an, und vielleicht lässt er sich bei einem Stück selbst gebackenen Kuchen oder seinem Lieblingsgebäck viel schneller auf Ihren Vorschlag ein und Sie vermeiden, was eher die Regel als die Ausnahme ist: dass die Einzelpläne noch einmal überarbeitet werden müssen, weil der Bereichsleiter Vertrieb mit dem Ergebnis nicht einverstanden ist. Wenn auch die edelste Schwarzwälderkirschtorte nicht hilft, müssen Sie leider noch einmal eine Ehrenrunde drehen.

Ist das Werk nun endlich vollbracht, können Sie daraus die Rahmenbedingungen für die anderen Planungen ableiten. Die tragen Sie am besten gleich in die Planungsunterlagen der anderen Fachabteilungen als Vorgabe ein, damit die gleich wissen, wo es langgeht.

Wie's laufen kann ...

Nach zwei Wochen Wartezeit kommen die ersten drei Antwort-Mails eine Stunde nach der Deadline im Controlling an. Zwei Antworten fehlen jedoch weiterhin. Telefonische Nachfragen des Controllings versanden. Die zuständigen Vertriebsleiter befinden sich auf Vertriebsleitertagung am Comer See. Etwas gereizt öffnet der zuständige Controller die drei vorhandenen Antwortmails. In der ersten Mail fehlt der Dateianhang. In der zweiten Mail ist der Dateianhang dabei, jedoch völlig unverändert. In der dritten Mail befindet sich so etwas wie eine bearbeitete Datei. Vorfreude kommt auf. Statt einfach die nötigen Zahlen einzutragen, hat der Vertriebsleiter leider lange Textkommentare in das Excelblatt gepresst. Handfeste Daten sucht der Controller vergeblich. Houston, wir haben ein Problem!

Wie soll nun der Zeitplan eingehalten werden? Bis das Controlling vom Vertrieb alle Daten in brauchbarer Form zusammen hat, dürften jetzt noch einmal mindestens drei bis fünf Tage vergehen. Lange Nachtschichten im Controlling sind die Konsequenz. Der Beweis wäre erbracht: Controller haben lange Arbeitszeiten und sind arme Schweine.

Wie also vorbeugen? Rufen Sie Ihre Kollegen an, bevor Sie die wichtige Mail versenden. Erklären Sie Ihnen bereits am Telefon ein paar Hintergründe. Ziehen Sie die Kollegen mit in die Verantwortung. Und bieten Sie ihnen an, die Unterlagen in einem dreistündigen Arbeitstreffen auch gemeinsam auszufüllen. Am besten von 17:00 bis 20:00 Uhr, da wird man nicht mehr gestört.

Phase 2: Die Logistik- und Produktionsplanung

Der Produktion liegt die Absatzplanung vor. Nun muss die Produktion planerisch aktiv werden. Und zwar wie folgt:

✔ **Daten einholen:** Sie schicken den Produktionsabteilungen das Formblatt für ihre Planung per E-Mail zu. Wie ein solches aussieht, zeigt Abbildung 2.10. Zusätzlich muss die Produktion noch wissen, von welchen verkauften Mengen die Absatzplanung für das nächste Jahr ausgeht und was die Logistik vorhat: Sollen Lagerbestände abgebaut werden, fertigt die Produktion weniger, als die Absatzplanung vorgibt; soll der Lagerbestand aufgebaut werden, muss mehr produziert werden.

Beispiel: Die Absatzplanung geht von 20 Millionen verkauften Produkten in 2004 aus. Der Lagerbestand soll um 1 Million Produkteinheiten aufgebaut werden. Insgesamt müssen somit 21 Millionen Einheiten produziert werden.

In unserem Beispiel wird der Lagerbestand weder ab- noch aufgebaut, so dass die produzierte Menge der Absatzmenge entsprechen muss. Die Vorgabe für die Produktionsplanung sieht wie in Abbildung 2.9 aus.

Vorgabe für die Produktionsplanung 2006 (alle Angaben in Tausend Stück)	IE 2005	1. Quartal 06	2. Quartal 06	3. Quartal 06	4. Quartal 06	Summe 2006	% Steigerung 2005 vs. 2006
Produkt 1	1.918,2	918,1	959,2	922,3	997,8	3.797,4	98,0%
Produkt 2	4.272,8	2.087,0	2.023,5	2.132,4	1.982,9	8.225,8	92,5%
Produkt 3	1.197,6	565,9	575,2	569,7	572,1	2.282,9	90,6%
Summe	7.388,6	3.571,0	3.557,9	3.624,4	3.552,8	14.306,1	93,6%

2.9: Vorgaben für die Produktion

Da die Produktion die Zusammensetzung der Produkte am besten kennt, darf sie nun ermitteln, wie viel von welchen Materialien sie für die zu fertigenden Mengen benötigt.

leeres Formblatt zur Produktionsplanung 2006 (alle Angaben in Tonnen)

Rohstoff 1	IE 2005	1. Quartal 06	2. Quartal 06	3. Quartal 06	4. Quartal 06	Summe 2006	2007	2008
Produkt 1	12,8							
Produkt 2	7,3							
Produkt 3	9,5							
Summe	29,6							

Rohstoff 2	IE 2005	1. Quartal 06	2. Quartal 06	3. Quartal 06	4. Quartal 06	Summe 2006	2007	2008
Produkt 1	2,5							
Produkt 2	3,1							
Produkt 3	1,6							
Summe	7,2							

Rohstoff 3	IE 2005	1. Quartal 06	2. Quartal 06	3. Quartal 06	4. Quartal 06	Summe 2006	2007	2008
Produkt 1	18,9							
Produkt 2	17,6							
Produkt 3	12,4							
Summe	48,9							

Rohstoff 4	IE 2005	1. Quartal 06	2. Quartal 06	3. Quartal 06	4. Quartal 06	Summe 2006	2007	2008
Produkt 1	4,8							
Produkt 2	1,2							
Produkt 3	3,7							
Summe	9,7							

Rohstoff 5	IE 2005	1. Quartal 06	2. Quartal 06	3. Quartal 06	4. Quartal 06	Summe 2006	2007	2008
Produkt 1	15,8							
Produkt 2	17,3							
Produkt 3	11,4							
Summe	44,5							

2.10: Leeres Formblatt Produktionsplanung

Während der Planung dürfte es in der Produktion zu hitzigen Debatten kommen. Der Produktionsleiter merkt an, dass die Zielvorgabe völlig unrealistisch sei und er sich an der Planung ab sofort nicht mehr beteiligen werde. Da das Controlling jedoch eine Produktionsplanung benötigt, muss es sich mit der Kritik auseinander setzen und den Produktionsleiter zur Kooperation motivieren.

✔ **Konsolidierung/Überprüfung:** Die erhaltenen Daten der Logistik- und Produktionsplanung werden nun vom Controlling konsolidiert und hinsichtlich der Zielvorgaben und der Absatzplanung überprüft. Falls alles passt, ist das Kapitel hier zu Ende, falls nicht, geht es jetzt auf die Suche nach Lösungsmöglichkeiten.

Die ausgefüllten Formblätter werden nun nach demselben Muster wie in der Absatzplanung konsolidiert. In unserem einfachen Beispiel hier gibt es nur eine Produktionsabteilung, so dass das ausgefüllte Formblatt nicht mehr konsolidiert werden muss. Alle Formblätter sowie ein Planungstool finden Sie auch etwas ausführlicher auf der CD.

ausgefülltes Formblatt zur Produktionsplanung 2006 (alle Angaben in Tonnen)

Rohstoff 1

	IE 2005	1. Quartal 06	2. Quartal 06	3. Quartal 06	4. Quartal 06	Summe 2006	2007	2008
Produkt 1	12,8	5,8	6,2	5,8	6,2	24,0	24,0	24,0
Produkt 2	7,3	3,5	3,0	4,0	3,5	14,0	14,0	14,0
Produkt 3	9,5	4,5	5,0	4,5	5,0	19,0	19,0	19,0
Summe	29,6	13,8	14,2	14,3	14,7	57,0	57,0	57,0

Rohstoff 2

	IE 2005	1. Quartal 06	2. Quartal 06	3. Quartal 06	4. Quartal 06	Summe 2006	2007	2008
Produkt 1	2,5	1,0	1,4	1,0	1,4	4,8	4,8	4,8
Produkt 2	3,1	1,5	1,5	1,5	1,5	6,0	6,0	6,0
Produkt 3	1,6	1,0	1,0	1,0	1,0	4,0	4,0	4,0
Summe	7,2	3,5	3,9	3,5	3,9	14,8	14,8	14,8

Rohstoff 3

	IE 2005	1. Quartal 06	2. Quartal 06	3. Quartal 06	4. Quartal 06	Summe 2006	2007	2008
Produkt 1	18,9	10,0	10,0	10,0	10,0	40,0	40,0	40,0
Produkt 2	17,6	9,0	9,0	9,0	9,0	36,0	36,0	36,0
Produkt 3	12,4	6,0	6,0	6,0	6,0	24,0	24,0	24,0
Summe	48,9	25,0	25,0	25,0	25,0	100,0	100,0	100,0

Rohstoff 4

	IE 2005	1. Quartal 06	2. Quartal 06	3. Quartal 06	4. Quartal 06	Summe 2006	2007	2008
Produkt 1	4,8	2,5	2,5	2,5	2,5	10,0	10,0	10,0
Produkt 2	1,2	0,5	0,5	0,5	0,5	2,0	2,0	2,0
Produkt 3	3,7	2,0	2,0	2,0	2,0	8,0	8,0	8,0
Summe	9,7	5,0	5,0	5,0	5,0	20,0	20,0	20,0

Rohstoff 5

	IE 2005	1. Quartal 06	2. Quartal 06	3. Quartal 06	4. Quartal 06	Summe 2006	2007	2008
Produkt 1	15,8	7,5	7,5	7,5	7,5	30,0	30,0	30,0
Produkt 2	17,3	8,5	8,5	8,5	8,5	34,0	34,0	34,0
Produkt 3	11,4	5,5	5,5	5,5	5,5	22,0	22,0	22,0
Summe	44,5	21,5	21,5	21,5	21,5	86,0	86,0	86,0

2.11: Ausgefülltes Formblatt Produktionsplanung

✔ **Alternativensuche bei Zielkonflikten:** Es zeigt sich, dass die gewünschte Produktionssteigerung der Absatzplanung nicht ohne weiteres umsetzbar ist. Dafür wären erhebliche Investitionen und ein Personalaufbau nötig. Das Ziel ist also unter den gegebenen Rahmenbedingungen nicht umsetzbar. Eine Steigerung kann nur durch die Einführung eines Dreischichtbetriebs erreicht werden. Dazu müsste aber neues Personal eingestellt werden, was aber zu einer Erhöhung der Produktionskosten führen würde. Mist!

- **Rückkopplung zur Absatzplanung:** Da dem Vorstand der Gewinn wichtiger ist als die Erhöhung des Marktanteils, steht am Ende fest: Die in der Absatzplanung anvisierte Steigerung ist nicht realisierbar. Sie als umsichtiger Controller setzen sich jetzt sofort mit dem Vertrieb in Verbindung. Der Vertrieb reduziert nun seine Planwerte.

Phase 3: Die Einkaufsplanung

Auf Basis der Absatzplanung und der bahnbrechenden Erkenntnisse der Produktions- und Logistikplanung setzt sich der Einkauf hin und wälzt Einkaufslisten. Er sucht die günstigsten Anbieter aus den Katalogen heraus und trägt die Einkaufspreise sowie die Stückzahlen in die Einkaufsplanung ein. Fertig. Zu einfach? Richtig. Diese Planung sollte so verlaufen:

- **Daten einholen:** Damit der Einkauf dem Controlling realistische Planwerte übermitteln kann, muss er prüfen, ob die Anbieter der Einkaufskomponenten die Stückzahlen in den entsprechenden Zeiträumen überhaupt liefern können. Lange Telefonate und viele E-Mails später kommt der Einkauf zu der traurigen Erkenntnis, dass mit steigender Stückzahl die Preise nicht generell sinken. Einige Anbieter hatten mit verweinter Stimme am Telefon erklärt, dass die gewünschten Stückzahlen nur noch unter Aufgabe der eigenen Existenzgrundlage zum alten Preis zu liefern seien, da sie erhebliche Investitionen für die Mengensteigerung tätigen müssten. Außerdem fordern sie Abnahmegarantien. Leider stellen keine anderen Anbieter diese Einkaufskomponenten mit der benötigten Qualität her. Sind die Preise für die Mengen aus der Produktionsplanung erfragt, kann das Controlling mit der Einkaufsplanung beglückt werden.

Die Formblätter zur Einkaufsplanung können Sie ebenfalls nach dem gleichen Muster wie in der Produktions- und Absatzplanung aufbauen. Auf die CD haben wir für Sie natürlich auch Formblätter für die Einkaufsplanung gepackt.

- **Durchsprache:** Und woher weiß der Controller, ob der Einkauf fundiert geplant oder nur Kataloge gewälzt hat? Nutzen Sie solch praktische Dinge wie das Telefon und sprechen Sie mit den Leuten!
- **Konsolidierung/Überprüfung:** Wenn die erhaltenen Daten der Einkaufsplanung zielkonform sind, kann auch diese Planung abgehakt werden. Wenn nicht, geht's in die Ehrenrunde.
- **Alternativensuche bei Zielkonflikt/Rückkopplungen:** Da die Einkaufspreise weitestgehend fremdbestimmt sind, bleibt hier meist nur der Ausweg, die Zielvorgaben und die vorgelagerte Absatz- und Produktionsplanung den gegebenen Einkaufsbedingungen anzupassen. Denkbar wäre eine Produktionssteigerung, um den Fixkostenanteil zu senken und somit die Produktionskosten je Einheit zu reduzieren. Ist eine Kostensenkung nicht möglich, muss die Zielvorgabe für den Gewinn angepasst werden.

Phase 4: Noch mehr Pläne

Jetzt haben Sie die wichtigsten Planungen abgefrühstückt. Je nach Unternehmen und Bedürfnissen kann noch in vielen anderen Bereichen geplant werden. Die Planungen laufen dann wie in den vorangegangenen Phasen dargestellt ab.

- ✔ Das Marketing plant in enger Abstimmung mit dem Vertrieb seine Aktivitäten für das nächste Jahr. Von alleine verkaufen sich die Produkte leider nicht.
- ✔ Die Forschungsabteilung muss, sofern sie nicht der Produktion zugeordnet ist, ebenfalls eigenständig für das nächste Jahr planen. Oder wollen Sie übernächstes Jahr immer noch die alten Produkte verkaufen?
- ✔ Die Qualitätssicherung sollte sich darüber Gedanken machen, mit welchem Aufwand die Produkte überprüft werden sollen, um lange Gesichter bei den Kunden und der Retourenabteilung zu vermeiden.
- ✔ Verwaltung: Auch der gesamte Wasserkopf darf die hübschen Planungsunterlagen des Controllings ausfüllen. Dazu zählen zum Beispiel die Rechtsabteilung oder das Travel Management. Selbst die Unternehmensleitung muss mitmachen. Woher wollen Sie sonst wissen, wie viele Referenten im nächsten Jahr ein Einzelbüro benötigen?
- ✔ Das Rechnungswesen erstellt auf Basis aller jetzt vorhandenen Pläne einen Investitions- und Finanzplan. Die Investitionsplanung gibt darüber Auskunft, was im nächsten Jahr an neuen Maschinen, Rechnern und Bleistiften gekauft werden muss und was der Spaß kostet. Durch die Finanzplanung wird festgelegt, wie die Ausgaben finanziert werden.

Ein Beispiel für einen Investitions- und Finanzplan finden Sie auf der CD.

- ✔ Die Personalabteilung plant, wie viele Mitarbeiter im nächsten Jahr benötigt werden. In dieser Planung sind auch die kompletten Personalkosten enthalten. Die Daten hierfür stammen aus den Einzelplänen der verschiedenen Bereiche, aus denen hervorgeht, in welcher Lohn- und Gehaltsgruppe jeder Mitarbeiter nächstes Jahr sein soll.

Am besten nehmen Sie ein aktuelles Organigramm Ihres Unternehmens zur Hand und schauen, welche Abteilungen und Bereiche für die Erreichung der Ziele mit ins Boot geholt werden müssen. So wird keiner vergessen.

Phase 5: Der Gesamtplan

Das Controlling erstellt nun aus allen Einzelplänen einen konsolidierten Gesamtplan. Während Teilpläne nur einen Ausschnitt beleuchten, liefert der Gesamtplan das komplette Bild für das Unternehmen.

Abbildung 2.12 zeigt die Konsolidierung der Teilpläne.

Gesamtplan 2006

Was?	Woher?	Produkt 1	Produkt 2	Produkt 3
Geplante Absatzmenge in tausend Stück	Absatzplanung	3.797,4	8.225,8	2.282,9
Geplante Verkaufspreise je Stück	Absatzplanung	10,0	5,0	19,0
Geplante Absatzerlöse in TEUR	Absatzplanung	37.974,0	41.129,0	43.375,1
Geplante Produktionsmenge in tausend Stück	Produktionsplanung	3.897,4	8.325,8	2.382,9
Lagerbestand in tausend Stück	Logistikplanung	100,0	100,0	100,0
Rohstoffbedarf in Tonnen	Produktionsplanung	108,8	92,0	77,0
Rohstoffkosten je Tonne	Einkaufsplanung	100,0	75,0	220,0
Rohstoffkosten in TEUR	Einkaufsplanung	10.880,0	7.176,0	16.940,0
.....	.....	.....	.....	.....

2.12: Von vielen Teilplänen zum Gesamtplan

Dieser Gesamtplan liefert später die Basis für die Plan-Bilanz und die Plan-GuV. Doch alles zu seiner Zeit. Was da genau passiert, erfahren Sie entweder später oder durch gezieltes Vorblättern.

Ein schönes Tool für die komplette Planung, einschließlich der automatisierten Erstellung des Gesamtplans finden Sie auf der CD.

Budget – oder: Wer soll das bezahlen ...

Nun ist die Planung fertig. Jetzt geht es um die finanziellen Auswirkungen in den einzelnen Abteilungen. Alle Planwerte müssen in mühevoller Kleinarbeit in Kosten- und Leistungsarten umgesetzt werden. Und zwar für jede Kostenstelle. Am besten ist es, wenn die Werte auch nach Monaten aufgeteilt werden. Kurz gesagt: Es geht um die Budgetplanung.

Das hört sich schlimmer an, als es ist. Normalerweise besitzt ein Unternehmen einen so genannten *Kostenartenplan*. Die Wahrscheinlichkeit dürfte sehr hoch sein, dass jemand in der Buchhaltung schon mal davon gehört hat. Und noch viel wahrscheinlicher ist es, dass dieser

Kostenartenplan bereits im Vorjahr für die Budgetplanung verwendet wurde. Sie sparen sich also viel Arbeit, indem Sie einfach die Vorjahresplanung als Vorlage verwenden.

Falls Sie noch keine Budgetplanung zur Hand haben, keine Panik: Die CD sorgt für Abhilfe.

Neue Kostenarten

Sollten dieses Jahr neue Kostenarten benötigt werden, schauen Sie zuerst, ob diese im Kostenartenplan bereits vorhanden sind. Falls ja, Glück gehabt. Dann übernehmen Sie diese in die Budgetplanung. Falls nicht, bitten Sie die Buchhaltung, eine neue Kostenart in ihre Liste aufzunehmen. Hierfür sollte man sich etwa eine Woche Zeit gönnen. Denn so hoppla hopp geht das natürlich nicht. Die Buchhaltung hat dafür sicher viele Vorschriften und interne Regelungen zu beachten. Ganz abgesehen davon, dass die neue Kostenart womöglich auch noch in einige Systeme eingepflegt sein will. Das kann dauern! Und die Moral von der Geschichte: Bevor Sie eine neue Kostenart einfordern, nehmen Sie besser eine bereits vorhandene, die irgendwie zum Sachverhalt passt.

Budgetplanung vorbereiten

Das Controlling stellt allen Abteilungsleitern Vorlagen zur Budgetplanung zur Verfügung. Zur besseren Orientierung sind darin auch alle Kosten- und Leistungsarten mit ihren Vorjahreswerten enthalten. Die erforderlichen Daten zieht sich der Controller aus dem Kostenrechnungssystem. Im Idealfall erhält der Abteilungsleiter von Ihnen auch die auf seine Kostenstelle heruntergebrochenen Zielvorgaben aus der Gesamtplanung. Da die Budgetplanung mit derselben Gewissheit wie Weihnachten jährlich wiederkehrt, bietet es sich an, ein Tool aufzubauen, mit dem sich die Budgetierung weitestgehend automatisiert vorbereiten lässt. Hierfür bietet sich auch Excel an. Ein einfaches Beispiel mit ausgewählten Kosten- und Leistungsarten ist in Abbildung 2.13 zu sehen.

Daten eingeben

Der zuständige Abteilungsleiter hat die Vorlage vom Controlling mit der Bitte erhalten, diese bis zur Budgetdurchsprache in zwei Wochen gewissenhaft auszufüllen. In dieser Vorlage müssen Sie einige Kostenarten vorab ausfüllen. Das sind die Daten, die aus der Personalplanung und aus der Investitions- und Finanzplanung stammen und auf die der Abteilungsleiter keinen Einfluss hat. Dieser soll die restlichen Planwerte der einzelnen Sachkosten- und Leistungsarten mit dem Hintergrund seines großen Erfahrungsschatzes und dem Wissen über die Auswirkungen der Planung auf seine Kostenstelle eintragen.

Kostenstelle:	214	
	Vorgabe Planwerte:	
Kostenstellenergebnis:	Minimum:	– 50.000,00 €
Leistungsarten:	Steigerung um mindestens 30%	
Kostenart:	Istwert Vorjahr	Planwert
Löhne	288.000 €	316.800 €
Gehälter	123.000 €	125.460 €
Sozialabgaben	86.310 €	88.899 €
Urlaubsvergütung	34.250 €	34.935 €
Seminare	957 €	
Tantiemen	13.000 €	13.000 €
Summe Personalkosten	545.517 €	
Telefon	14.500 €	
Reisekosten	3.459 €	
Strom	8.700 €	
Rohstoffe	380.900 €	
kalkulatorische Zinsen	45.000 €	45.450 €
Summe Sachkosten	452.559 €	
Summe Kosten	998.076 €	
Leistungsart:	Istwert Vorjahr	Planwert
Produkterlöse	744.000 €	
Arbeitserlöse	56.500 €	
Informationserlöse	2.300 €	
Summe Leistungen	802.800 €	
Kostenstellenergebnis	–195.276 €	

2.13: Vorlage zur Budgetplanung

Budgetdurchsprache

In der Durchsprache werden die vom Abteilungsleiter eingetragenen Werte mit dem Controlling erörtert. Sollte das Planungsergebnis der Abteilung nicht den Zielvorgaben entsprechen, gibt es zwei Handlungsalternativen – oder einen Mix daraus:

1. Sie erzwingen die Umsetzung der Vorgaben um jeden Preis und passen die Daten entsprechend an.
2. Die vom Abteilungsleiter eingetragenen Werte bleiben stehen, falls dies der Wahrheitsfindung eher dient.

   Die ausgefüllte Vorlage in Abbildung 2.14 entspricht nicht ganz den Zielvorgaben.

Kostenstelle:	214	
	Vorgabe Planwerte:	
Kostenstellenergebnis:	Minimum:	-50.000,00 €
Leistungsarten:	Steigerung um mindestens 30%	
Kostenart:	Istwert Vorjahr	Planwert
Löhne	288.000 €	316.800 €
Gehälter	123.000 €	125.460 €
Sozialabgaben	86.310 €	88.899 €
Urlaubsvergütung	34.250 €	34.935 €
Seminare	957 €	20.000 €
Tantiemen	13.000 €	13.000 €
Summe Personalkosten	545.517 €	599.094 €
Telefon	14.500 €	20.000 €
Reisekosten	3.459 €	15.000 €
Strom	8.700 €	9.000 €
Rohstoffe	380.900 €	500.000 €
kalkulatorische Zinsen	45.000 €	45.450 €
Summe Sachkosten	452.559 €	589.450 €
Summe Kosten	998.076 €	1.188.544 €
Leistungsart:	Istwert Vorjahr	Planwert
Produkterlöse	744.000 €	900.000 €
Arbeitserlöse	56.500 €	100.000 €
Informationserlöse	2.300 €	--- €
Summe Leistungen	802.800 €	1.000.000 €
Kostenstellenergebnis	-195.276 €	-188.544 €

2.14: Ausgefüllte Vorlage

Budgetdurchsprache

Die Durchsprache findet normalerweise recht unspektakulär im kleinen Kreise mit dem Abteilungsleiter und dem zuständigen Controller statt. Der Controller beginnt das Gespräch sinnvollerweise nicht mit einer Pauschalkritik. Besser ist es, wenn jede Kostenart schön der Reihe nach durchgesprochen wird. So gewinnt man am schnellsten einen Überblick über alle Hintergrundinformationen, anhand derer am Ende noch nachjustiert werden kann.

Der Controller will also mit den Kosten für Seminare starten. Der Abteilungsleiter nicht. Er möchte zuerst die Gehälter besprechen. Mit dem Planwert ist er nicht einverstanden, da die Steigerung lediglich normale Tariferhöhungen beinhaltet. Dabei wollte er im nächsten Jahr mindestens einen Mitarbeiter befördern. Und: Die Personalabteilung hat dies auch bereits genehmigt. Der Controller gelobt Besserung und will sich darum kümmern.

Die Seminarkosten explodieren. Der Abteilungsleiter hebt beide Hände. Was will er machen? Laut Vorschrift muss er seinen Mitarbeitern alle zwei Jahre mindestens eine Fortbildung gewähren. Nach längerer Diskussion wird der Wert um ein Viertel reduziert. Billigere Seminare sind nicht zwangsläufig schlechter.

Telefonkosten: Einige Mitarbeiter werden nächstes Jahr für die Rufbereitschaft mit Handys ausgestattet. Nur so sei längeren Produktionsausfällen effektiv vorzubeugen. Der Abteilungsleiter erläutert jeden Einzelfall in epischer Breite. Da der Controller dies plausibel finden will, stimmt er der Erhöhung zu.

Die Leistungsarten konnten um knapp 30% gesteigert werden. Perfekt.

Irgendwie passt aber das Kostenstellenergebnis nicht mit der Vorgabe zusammen. Die Abteilung macht einen Verlust von knapp 190.000 Euro statt der erlaubten 50.000 Euro. Woher die fehlenden 140.000 Euro nehmen? Der Controller hinterfragt die Rohstoffkosten. Hier zeigt es sich, dass mit einer Reserve von cirka 15.000 Euro geplant wurde. Nachdem der Controller zugesagt hat, dass die Abteilung im Notfall die 15.000 Euro nachträglich beantragen kann, stimmt der Abteilungsleiter der Reduzierung zu. Es folgen ziellose Diskussionen über zu lange Raucherpausen und zu hohen Ausschuss. Am Ende der Durchsprache bleibt ein Verlust von 175.000 Euro stehen. Immerhin weniger als im Vorjahr.

Zielvereinbarung abschließen

Planeinhaltung wird belohnt! Anhand einiger in die Budgetplanung gemeißelten Werte kann nun mit dem Abteilungsleiter eine Zielvereinbarung abgeschlossen werden. Inhalt einer solchen Zielvereinbarung ist meist die Einhaltung bestimmter Planwerte im nächsten Jahr. Hieraus soll die Zieltantieme des Verantwortlichen im nächsten Jahr ermittelt werden. Da es nicht nur um schnöden Mammon geht, sondern auch um die weiteren Karrierechancen und Motivation der Mitarbeiter, sollten Sie bei dieser Aufgabe ein sensibles Händchen haben. Sonst wird viel teures Porzellan unwiederbringlich zerschlagen. Wie eine Zielvereinbarung beispielsweise aussehen kann, zeigt Abbildung 2.15.

Zielvereinbarung 2006
Abteilung: 214
Name: Gerneabteilungsleiter

Zielart	Gewichtung		Punkte	gewichtete Punkte
A. Persönliche Ziele				
1. Einhaltung Vorgabe Kostenstellenergebnis	40%			
2. Einhaltung Vorgabe Steigerung Erlöse	30%			
3. Durchführung Pflichtseminare	20%			
4. Beurteilung der Mitarbeiterführung	10%			
	100%	80%		
B. Unternehmenserfolg				
1. Gewinnsituation	70%			
2. Marktanteil	30%			
	100%	20%		
Gesamtpunktzahl				

Erläuterung:
- Es werden Punkte auf einer Skala von 1 bis 10 vergeben
- Die erreichten Punkte werden mit dem jeweiligen Prozentsatz gewichtet
- 50% der Maximalpunktzahl (10 gewichtete Punkte) entsprechen einer Zieltantieme von 100%.

2.15: Zielvereinbarung

Ausgeplant und verabschiedet

Das Controlling stellt der Unternehmensleitung die Ergebnisse der Planung vor. Diese sollen hierbei von oberster Ebene abgesegnet und verabschiedet werden. Zu diesem Meeting finden sich in der Regel folgende Personen ein: Vorstandsmitglieder aus den Ressorts Finanzen, Vertrieb & Marketing sowie aus der Produktion. Im Idealfall ist auch der Vorstandsvorsitzende anwesend. Das Controlling ist mit seinem Leiter und einem mit Hintergrundwissen überfrachteten Controller anwesend. In den weiteren Rollen: 100 PowerPoint-Folien und 3 Gigabyte Excel-Dateien als Backup. Draußen vor der Tür warten abrufbereit die Bereichsleiter aus der Produktion, dem Einkauf, dem Marketing und dem Vertrieb. Für diesen Termin haben Sie sich einen ganzen Tag Vorbereitungszeit gegönnt. Die Arbeitszeit der zuständigen Sachbearbeiter mal nicht mitgerechnet.

Der gewiefte Controller von Welt hat natürlich vorgesorgt und mehrere Planungsszenarien vorbereitet; man weiß ja nie, wie der Vorstand heute gelaunt ist.

Abbildung 2.16 verdeutlicht noch einmal die wichtigsten Schritte vom Ziel zum Gesamtplan.

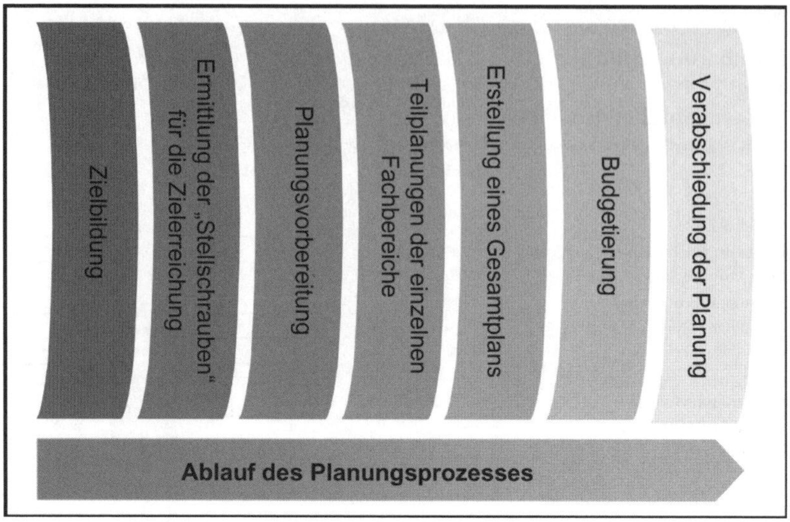

2.16: Planungsprozess

Der Gesprächsablauf:

Der Vorstandsvorsitzende, heute anwesend, da er keinen wichtigen Termin auf dem Golfplatz hat, zeigt sich verärgert über das unzureichende Planungsergebnis – falls man so etwas überhaupt als Ergebnis bezeichnen könne. Der Ressortleiter Finanzen warnt vor zu schnellem Wachstum und dessen Ergebnisauswirkungen. Der Ressortleiter Vertrieb weist darauf hin, dass er gerne wachsen würde, nur gäbe es zu viele Bremser im Unternehmen. Leicht angegriffen ruft der für die Produktion zuständige Vorstand daraufhin seinen Produktionsleiter hinzu. Dieser erläutert während seiner kurzen Anwesenheit, warum die geplante Absatzsteigerung von der Produktion im nächsten Jahr nicht umgesetzt werden kann. Der Leiter des Controllings riskiert nun seinen Job und schlägt vor, den an realistischeren Absatzzielen orientierten Gesamtplan zu verabschieden. Bevor der mitgebrachte Controllingmitarbeiter die Gelegenheit erhält, wenigstens eine einzige Excel-Tabelle zu zeigen, beschließt der Vorstandsvorsitzende plötzlich, das Absatzziel auf das Machbare zu reduzieren und das Gesamtwerk abzunicken. Somit werden sich alle Beteiligte am selben Abend einig, ohne eine erneute Planungsschleife drehen zu müssen. Nach zähem Ringen und sieben Kaffeekannen später gehen alle mehr oder weniger zufrieden auseinander.

Zum Schluss sei dem Herrn (natürlich auch der Frau) Controller(in) noch eines ans Herz gelegt: Zu viel Planung schadet ebenso wie zu wenig. Die Planung sollte nicht zum Selbstzweck erfolgen, sondern stets zielgerichtet sein und in einem gesunden Mittel-Nutzen-Verhältnis stehen. Also bitte nicht jeden Tag eine neue Ist-Erwartung erstellen, denn manchmal kann weniger mehr sein.

Planung ist gut – Kontrolle ist besser

3

In diesem Kapitel

- Warum Kontrolle wichtig ist
- Die wichtigsten Kenngrößen verwenden
- Durchführen von Anpassungsmaßnahmen

Laien behaupten oft, Controlling sei mit Kontrolle gleichzusetzen. Böse Zungen behaupten zudem, des Controllers liebste Tätigkeit würde sich in der Kontrolle unschuldiger Kollegen erschöpfen. In diesem Kapitel erfahren Sie, dass diese Stereotypen nicht völlig aus der Luft gegriffen sind.

Controlling is watching you

Die Überschrift dieses Kapitels und die dieses Abschnitts sind, wie Sie sicherlich bereits bemerkt haben, zwei weltbekannten Zitaten entlehnt. Ersteres stammt angeblich von einem gewissen Herrn W. I. Lenin und lautet im Original »Vertrauen ist gut – Kontrolle ist besser«. Und das Zitat »Big brother is watching you« kennt jeder, der George Orwells Buch »1984« gelesen hat. Sie sehen, das Thema Kontrolle bewegt sich in einem sensiblen Spannungsbereich. Bei Ihrer Arbeit mit diesem Thema gilt es daher, einiges Grundlegendes zu beachten.

Auf der einen Seite benötigt der Controller gerade bei dieser Tätigkeit ein dickes Fell. Ab und zu kann es vorkommen, dass dem Controller vorgeworfen wird, seine Nase überall reinhalten zu wollen und zudem die Leute nur von der Arbeit abhalten zu wollen. Achtung: So soll der Controller oft auch von seiner eigenen Arbeit abgehalten werden!

Auf der anderen Seite gilt es beim Umgang mit personenbezogenen Daten, stets das Datenschutzrecht im Auge zu behalten. Eine Koordination mit dem Betriebsrat kann bei solchen Themen auch sinnvoll sein.

Aber wozu benötigen Sie überhaupt Kontrollprozesse?

Fall 1: Sie planen nie. Dann benötigen Sie auch keine Kontrollprozesse. Welche Größen wollten Sie in diesem Falle auch miteinander vergleichen bzw. kontrollieren? Ihren gefühlten Idealzustand (ähnlich gefühlten Temperaturen) mit dem derzeitigen Ist-Zustand? Hierfür wäre im Unternehmen wohl wenig Verständnis vorhanden.

Fall 2: Sie haben geplant. Dann benötigen Sie auch einen Kontrollprozess. Wie wollen Sie sonst wissen, ob die Planungen eingehalten werden?

Ein Kontrollprozess bringt Ihnen folgende Vorteile:

- ✔ **Dokumentationsfunktion:** Seien Sie stolz auf sich und Ihre Arbeit, denn Sie dürfen für die Schublade Ihres Chefs arbeiten. Und manchmal erinnert er sich vielleicht an Ihre Unterlagen in seiner Schublade und kann sie sogar zu etwas gebrauchen.
- ✔ **Erkenntnisgewinn:** Sollte Ihr Chef die Unterlagen lesen, bevor er sie in die Schublade legt, nennt man das auch Erkenntnisgewinn.
- ✔ **Entscheidungsunterstützung:** Für den Fall, dass die Papiere nach der Lektüre nicht in die Schublade wandern, sondern als Grundlage für neue Entscheidungen dienen, nennt man das Entscheidungsunterstützung. Entschieden und veranlasst werden kann dann zum Beispiel das Einleiten von korrigierenden Maßnahmen, um die gesteckten Ziele doch noch erreichen zu können.
- ✔ **Verbesserte Rahmenbedingungen für die nächste Planung:** Denn da können Sie die hier gewonnenen Erkenntnisse verwenden, um Ihre Planung weiter zu verbessern.

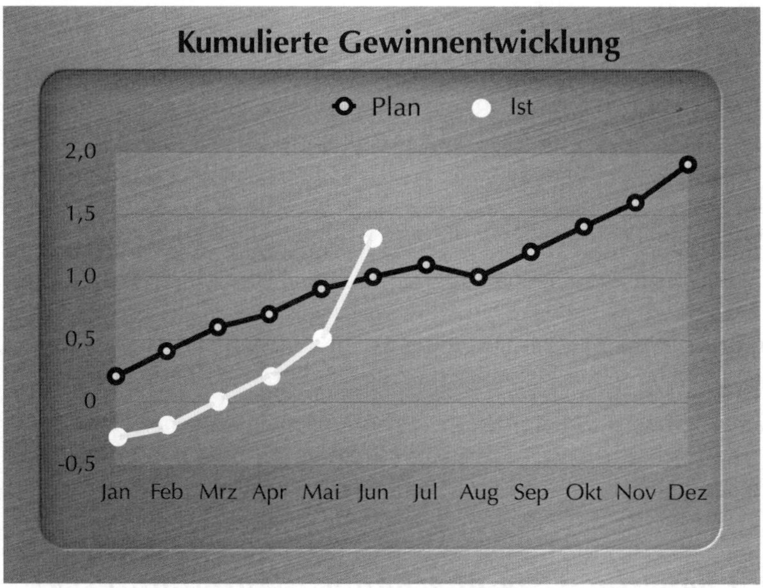

3.1: Kumulierte Gewinnentwicklung

Stellen Sie sich nun vor, Ihr Chef konfrontiert Sie mit der in Abbildung 3.1 dargestellten Situation. Er will von Ihnen wissen, warum das Unternehmen bis einschließlich Juni bereits viel mehr Gewinn gemacht hat als geplant. Und jetzt, wo sich Ihr Chef sowieso gerade die Zeit für dieses Thema nimmt, stellt er gleich noch viel mehr Fragen: Wohin rollt das vom Baum gefallene Äpfelchen bis zum Jahresende: Werden trotzdem nur die geplanten 1,9 Millionen Euro Gewinn erreicht? Oder werden es gar vier Millionen, wenn es so weitergeht? Und warum gab es in den ersten Monaten noch Verluste? Fragen über Fragen. Und Sie sollten diese jetzt eigentlich aus dem Stand heraus beantworten können. Dazu wären Sie auch in der Lage, wenn Sie ein effizientes Kontrollsystem hätten, mit dem Sie die relevanten Unternehmenszahlen und Entwicklungen im Blick hätten. Dann könnten Sie die einzelnen Ursachen benennen und bereits eingeleitete Maßnahmen zur Stabilisierung mit stolz geschwellter Brust kundtun.

Für einen funktionierenden Kontrollprozess sollten Sie zwei Bedingungen einhalten:

1. Die Daten müssen zeitnah erhoben und gepflegt werden. Ideal wäre ein monatlicher Rhythmus. Längere Intervalle bringen eigentlich kaum etwas. Denn dann dürfen Sie in der Regel öfter ad hoc Daten erheben, weil Ihr Chef ganz dringend aktuelle Zahlen benötigt.

2. Die Daten sind auf sinnvollen Aggregationsebenen zu erheben. Eine Aggregation auf der obersten Ebene – also dem Gesamtunternehmen – muss natürlich auch vorhanden sein. Für Analysen benötigen Sie jedoch Daten auf Bereichs- und Abteilungsebene. In Ausnahmefällen müssen die Daten sogar noch feingliedriger sein. So kann es vorkommen, dass Sie vielleicht Planabweichungen einer Produktionslinie analysieren müssen. Ideal wäre es, sich im Kontrollprozess wie im Planungsprozess stets bis zur gleichen Ebene hinab zu begeben. Dann passt die Planung mit der Kontrolle auch schön zusammen.

Wird das Ist im Soll sein?

Wenn Sie die einschlägige Literatur zum Thema Controlling wälzen, werden Sie Begriffe wie Istkosten, Sollkosten, Plankosten oder Wirdkosten finden. In dem Thema Planung und Kontrolle liegt also eine nicht geahnte Vielfalt. Diese Begriffsvielfalt wurde aber nicht nur entwickelt, weil irgendwelche Menschen auf der Suche nach Themen für ihre Promotion waren. Sie dienen auch einer systematischen Vorgehensweise im Kontrollprozess, denn sie bilden die Basis für die noch folgenden Abweichungsanalysen. Meist unterscheidet man nach:

- ✔ **Istkosten**: Das sind die in der harten Realität tatsächlich angefallenen Kosten. Sie setzen sich aus den Istpreisen und Istmengen zusammen.
- ✔ **Sollkosten**: Das sind die mit den im Plan veranschlagten Preisen und den tatsächlichen Istmengen verknüpften Kosten (Sollkosten = Planpreise x Istmengen).
- ✔ **Plankosten**: Das sind die mit den im Plan veranschlagten Preisen und Mengen geplanten Kosten.
- ✔ **Wirdkosten**: Das sind die in der Isterwartung, also der unterjährigen Planung, vorhergesagten Kosten (Wirdkosten = Preise der Isterwartung x Mengen der Isterwartung).

Hat man im Vorjahr je Kostenstelle die Kosten für das Folgejahr geplant, ist man nun in der glücklichen Lage, die Istkosten mit den Plan-, Soll- oder Wirdkosten der jeweiligen Kostenstellen vergleichen zu können.

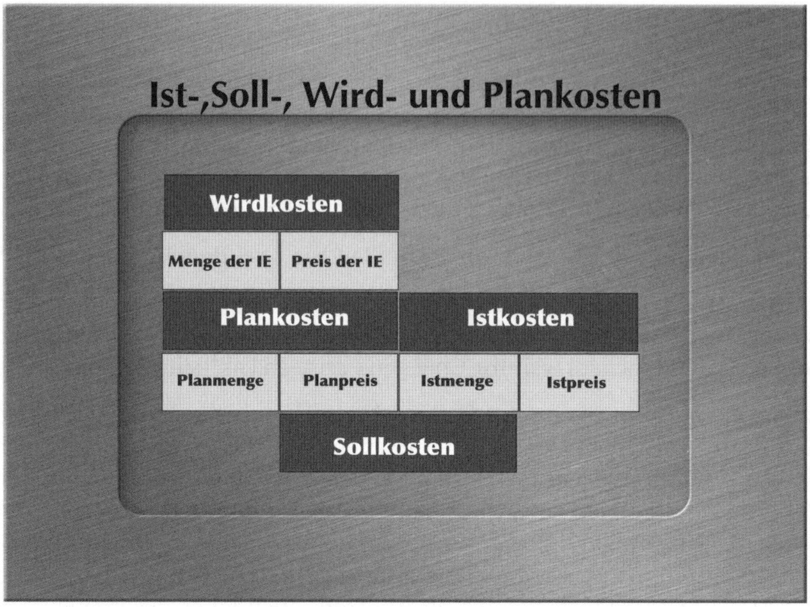

3.2: Ist-, Soll-, Wird- und Plankosten

Die hier aufgezählten Begriffe beziehen sich alle auf die Kostenseite. Selbstverständlich kann man diese Unterscheidungen auch auf die Leistungsseite übertragen. Die Istleistung wäre dann die tatsächlich erbrachte Leistung und so weiter.

Neben der Betrachtung der Kosten und Leistungen können natürlich noch beliebig viele weitere Größen im Ist, Soll, Wird und Plan betrachtet werden. Wurde beispielsweise die Auslastung einer Maschine im letzten Jahr geplant, kann man im Folgejahr die Istwerte gegenüberstellen, um zu vergleichen, wie gut man im Plan ist. In Frage kommen auch Qualitätskenngrößen wie zum Beispiel der Anteil des Produktionsausschusses oder auch die Anzahl durchgeführter Fortbildungen.

Wichtig: Legen Sie für den Kontrollprozess Spielregeln fest! In den nächsten Abschnitten können Sie Näheres darüber erfahren.

Toleranzen

Welche Abweichungen sind noch in Ordnung, welche nicht mehr? Nehmen Sie doch einfach fünf Prozent als Toleranz. Das ist einigermaßen anspruchsvoll, aber noch realistisch. Wenn es etwas strenger sein soll, gehen natürlich auch drei Prozent. Geringere Toleranzen sollten nicht unbedingt vorgegeben werden. Dies könnte bereits im Vorfeld demotivierend wirken. Ihre idealen Toleranzwerte können Sie schnell herausfinden. Sowie Sie ein paar Planwerte mit den Istwerten verglichen haben, werden Sie herausbekommen, welche Toleranzwerte für welchen Fall am besten sind.

Liegen die Abweichungen in einem bestimmten Fall derzeit bei 18%, geben Sie für das nächste Jahr eine Toleranz von 14% vor. Das kann schon ein ehrgeiziges Ziel sein. Natürlich sollte man stets ein wenig über die Hintergründe Bescheid wissen. Wurde das Ziel von 14% dann mit 13,5% sogar übertroffen, legen Sie im darauf folgenden Jahr die Messlatte noch ein wenig höher.

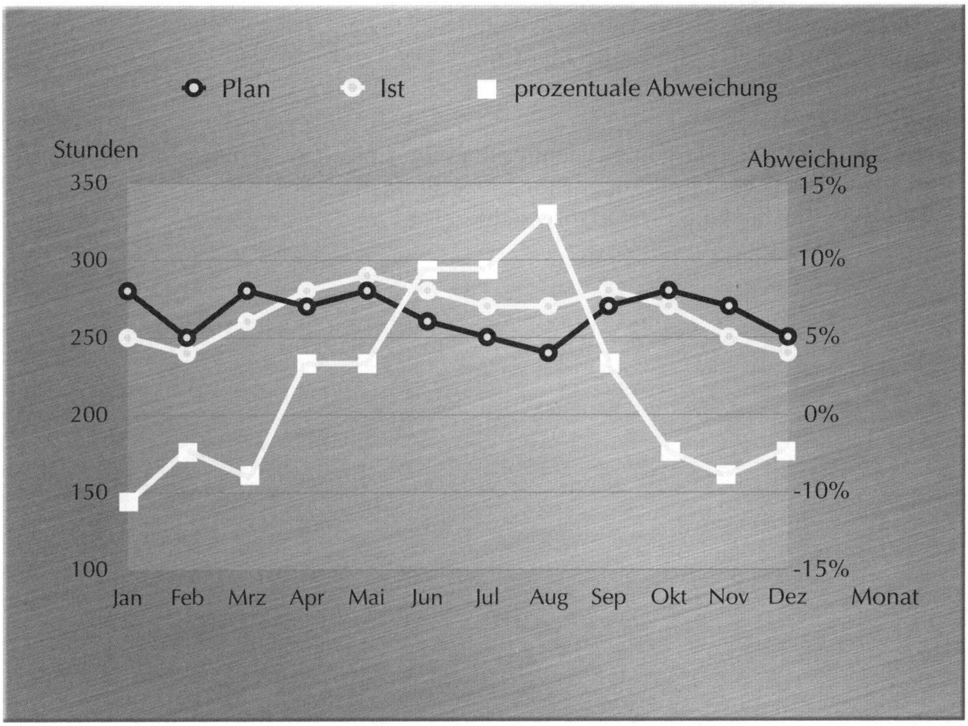

3.3: Auslastung pro Monat (MTD)

In Abbildung 3.3 sind die monatlichen Abweichungen zwischen der geplanten und der tatsächlichen Kapazitätsauslastung zu sehen. Die monatlichen Abweichungen schwanken zwischen minus 10% und plus 15%. Diese Betrachtungsweise zeigt zwar deutlich, dass die Planung der einzelnen Monate etwas schief gelaufen ist. Hier kann man auf jeden Fall eine Abweichungsanalyse machen, um den Ursachen für die monatlichen Schwankungen auf die Spur zu kommen. Um aber beurteilen zu können, ob die vorgegebenen Toleranzen eingehalten wurden, taugt diese Darstellung noch nicht. Dafür bräuchte man zusätzlich die kumulierte Jahressicht. Denn es ist natürlich wichtig zu wissen, wie groß die gesamte Abweichung am Jahresende ist.

Ein Zahlenbeispiel

Ein Motorrollerhersteller hat vergangene Woche für 100.000 Euro 5.000 Reifen eingekauft. Das sind also die Istkosten. Geplant war ursprünglich aber ein Kauf von 6.000 Reifen für 90.000 Euro. Das sind die Plankosten. Die Sollkosten errechnen sich so: Planpreis (15 Euro pro Reifen) mal 5.000. Das ergibt 75.000 Euro Sollkosten. Und in der Isterwartung ging man von 5.500 Reifen zu einem Preis von 18 Euro pro Reifen aus. Ergibt also 99.000 Euro. Ganz schön verwirrend auf den ersten Blick. Sobald Sie die Zahlen aber sortieren, werden Sie den traurigen Trend erkennen: Der tatsächliche Einkaufspreis pro Reifen ist höher als ursprünglich geplant.

Im Controller-Jargon bezeichnet man die einzelnen Monatszahlen als *Month To Date (MTD)* – die einzelnen Monate werde auch gerne als *Monatsscheiben* bezeichnet. Und die kumulierte Jahressicht heißt *Year To Date (YTD)*.

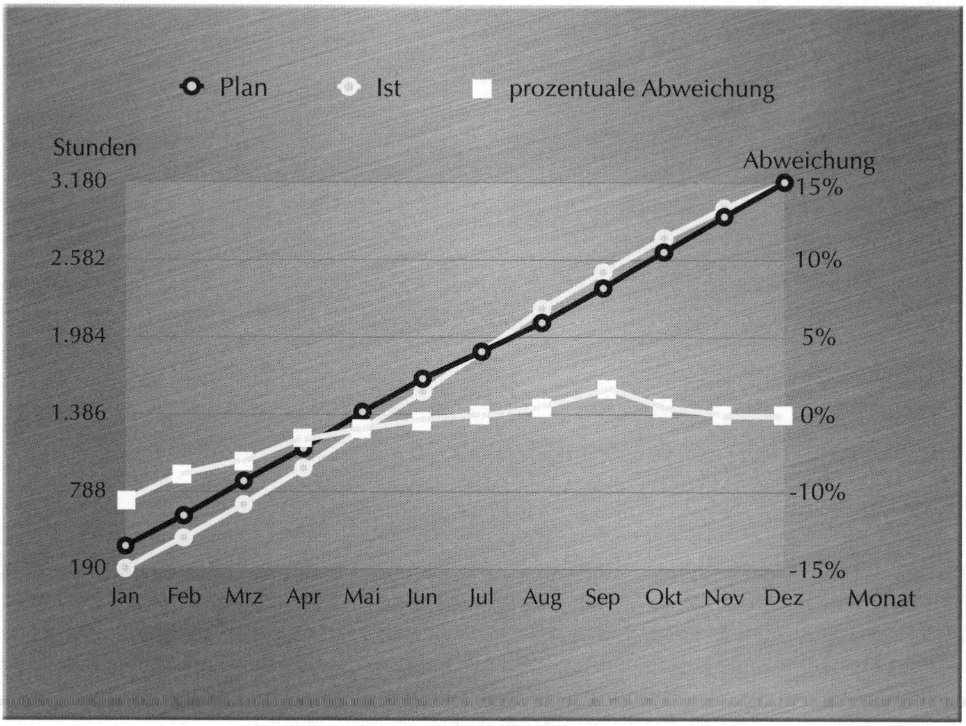

3.4: Auslastung per Monat (YTD)

Und siehe da: Aus Abbildung 3.4 kann man erst ersehen, dass die Abweichung am Jahresende genau 0% beträgt. Es wurde an dieser Maschine also exakt so viel gearbeitet, wie vorher in der

Planung beabsichtigt. Trotzdem bietet diese und die vorherige Darstellung einige Möglichkeiten für das nächste Jahr. Die extremen monatlichen Schwankungen gilt es noch genau zu hinterfragen. So kann man vielleicht im nächsten Jahr die Gesamtauslastung dieser Maschine erhöhen.

Verantwortlichkeiten

Leider lassen sich die Verantwortlichkeiten bezüglich der Planeinhaltung in der Realität meist nie ganz genau abgrenzen. Sie werden auch nicht in der Lage sein, vorab für alle Fälle genau zu definieren oder herauszufinden, wer wofür verantwortlich ist. Hier muss das Controlling fallweise entscheiden und recherchieren.

Wenigstens als Orientierungshilfe für alle am Planungs- und Kontrollprozess Beteiligten kann man die Verantwortlichkeiten vorab grob einteilen und Ausnahmen von der Regel zulassen. Eine mögliche Grobeinteilung könnte so aussehen:

- ✔ Größen, die nicht direkt von außen beeinflusst werden: Jeder ist erst einmal verantwortlich und muss das Gegenteil beweisen.
- ✔ Größen, die direkt von außen beeinflusst werden (z.B. Planpreise): Nur die Abteilungen oder Personen, die mit Externen zu tun haben, sind erst einmal verantwortlich.

Leider kann man hier aber keine generelle Faustregel aufstellen. Entscheidend für den Erfolg des Kontrollprozesses ist es aber, die Verantwortlichen beim Namen nennen zu können und sie mit der ermittelten Plan-Istabweichung zu konfrontieren. Andernfalls macht der Kontrollprozess wenig Sinn.

Unklare Verantwortlichkeiten

Der Controller stellt fest, dass der Einkaufspreis der Scheinwerfer um 25% teurer ist als damals geplant. Er ruft zuerst die Einkaufsabteilung an und fragt nach. Der Einkäufer erklärt, dass in der damaligen Planung von höheren Stückzahlen ausgegangen wurde, als sie jetzt von der Produktion tatsächlich benötigt werden. Und zusätzlich hat der zuständige Ingenieur noch eine Änderung am Scheinwerfer gewünscht. Der Einkauf gibt weiter kund, dass der Scheinwerfer nicht nur um 25%, sondern um 40% teurer geworden wäre, wenn der Einkauf nicht so gut nachverhandelt hätte. Also recherchiert der Controller in der Produktion weiter. Der zuständige Produktionsleiter gibt sofort zu, dass die ursprünglich geplante Menge deutlich unterschritten wird. Kein Thema. Aber der Grund dafür sei nicht in einer fehlerhaften Produktionsplanung zu suchen. Vielmehr hätten sich das Marketing und der Vertrieb bei ihrer Absatzprognose erheblich verschätzt. Dort säße das unfähige Personal. Und die Änderung am Scheinwerfer wurde nur erforderlich, da der Hersteller entgegen früherer Zusagen die Scheinwerfer nicht in der geforderten Qualität liefern konnte. Der Controller fühlt sich zwischenzeitlich an eine biblische Szene erinnert, die irgendetwas mit Händewaschen zu tun hat.

Wo klemmt es: Abweichungsanalysen

Erst wenn man dank der durchgeführten Abweichungsanalysen weiß, dass etwas vom Plan abweicht, kann man beginnen, über Anpassungsmaßnahmen zu sinnieren. Anders gesagt, setzt eine Anpassungsmaßnahme eine vernünftige Abweichungsanalyse voraus. Ergo werden Sie nun zunächst näher mit dem Thema Abweichungsanalysen bekannt gemacht. Mit Hilfe solcher Analysen stellt man fest, ob, wo und warum es brennt oder ob alles nach Plan verläuft.

Die Abweichungsanalyse verläuft in mehreren Schritten. Zuerst besorgen Sie sich die Istwerte des relevanten Zeitraums von der Buchhaltung, aus dem Data Warehouse oder wo Sie sonst Ihre benötigten Daten vermuten. Diese vergleichen Sie dann mit den Plan-, Soll- und Wirdwerten.

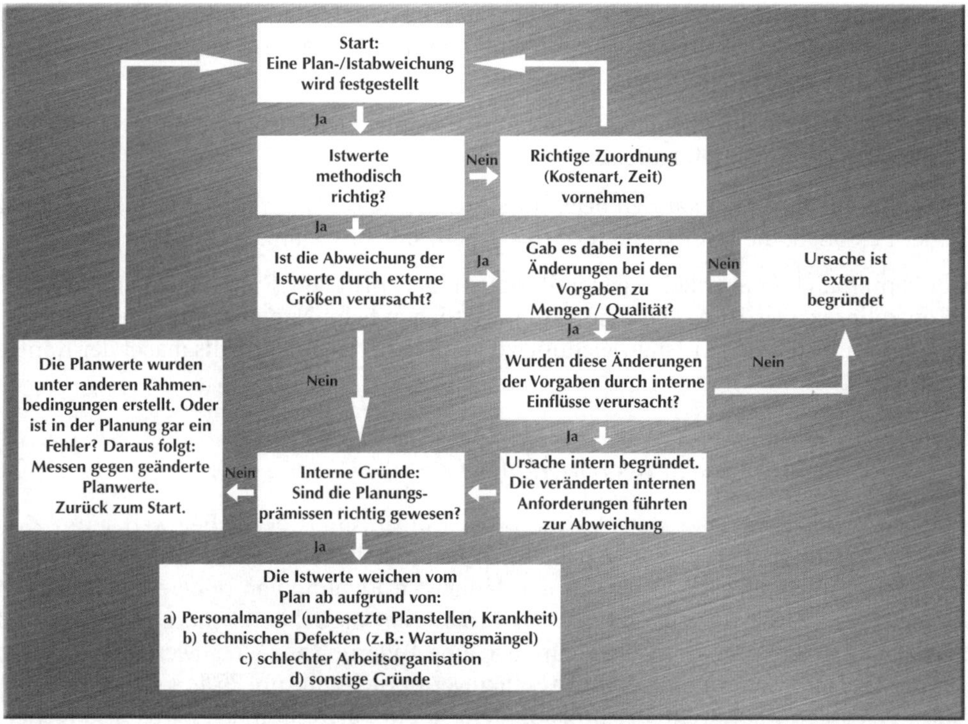

3.5: Abweichungsanalyse

In Abbildung 3.5 haben wir für Sie versucht, die systematische Suche nach den Ursachen für Abweichungen – kurz: Abweichungsanalyse – in einem Flussdiagramm darzustellen.

Vergleich der Istwerte mit den Planwerten

Lang, lang ist es her, als die Planwerte aufgestellt wurden. Kaum jemand im Unternehmen erinnert sich noch daran, wie einige der Planwerte überhaupt zustande gekommen sind. Und jetzt stimmen diese Planwerte überhaupt nicht mit den Istwerten überein. Die Abweichung wird von einigen Kollegen schnell an der angeblich völlig falschen Planung festgemacht. Hurra, der Sündenbock scheint gefunden zu sein. Aber Vorsicht! Lassen Sie sich nicht von der bequemen Haltung »Was schert mich meine Planung von vorgestern?« anstecken. Am besten ist es, wenn Sie auch bei einer Abweichungsanalyse systematisch vorgehen.

Gibt es methodische Ursachen?

Die Suche nach den Abweichungsursachen beginnt mit der Feststellung, dass die Istwerte nicht mit den Planwerten übereinstimmen. Stellen Sie im ersten Schritt stets die Frage, ob Sie auch die richtigen Istwerte haben. Denn hier gibt es bereits einige mögliche Fehlerquellen, die lediglich technischer Natur sind, aber die Planung und Kontrolle empfindlich stören können.

Die Charts der beliebtesten Fehler werden meist angeführt von:

- ✔ der falschen Zuordnung der Kostenart: Sie vergleichen Äpfel mit Birnen. Die Istkosten wurden vom zuständigen Buchhalter auf die falsche Kostenart gebucht. Eine beliebte Variante ist die falsche Kostenstellenzuordnung, das heißt, irgendeine Kostenstelle wurde mit Kosten belastet, die dort eigentlich gar nicht hingehören.
- ✔ fehlerhaften Reports: Sie wollen die geplanten Umsätze eines Kundensegmentes mit den tatsächlichen Umsätzen vergleichen. Dazu ziehen Sie mittels eines vorgefertigten Reports die erforderlichen Daten aus Ihrem Data Warehouse. Leider wurde der Report aber nicht sauber programmiert, so dass ein ganz anderes Kundensegment verglichen wird, ohne dass Sie es auf den ersten Blick merken würden.
- ✔ der falschen zeitliche Zuordnung: Rechnungen, die Leistungen für ein komplettes Jahr beinhalten, wurden ohne Abgrenzung komplett in den Monat Januar gebucht. Also nicht wundern, wenn in diesem Monat die Kosten ins Kraut schießen, sondern abgrenzen! Abgrenzen heißt nichts anderes, als die Buchhaltung zu bitten, den Rechnungsbetrag in der von Ihnen vorgegebenen Aufteilung auf die einzelnen Monate verteilen zu lassen.
- ✔ Selbstverständlich können diese Fehler auch bei allen anderen Istwerten in diversen Variationen vorkommen. Der Spruch »Nichts ist unmöglich« sollte Ihnen bei dieser Aufgabe ständig durch den Kopf schwirren.

Gibt es externe Ursachen?

Kommt es jetzt immer noch zu Abweichungen, ist es Zeit für die nächste Frage: Ist die Abweichung durch externe Größen bzw. Einflüsse (zum Beispiel Konjunktur oder Klima) verursacht worden? Falls ja, werden Sie gleich mit der nächsten Frage konfrontiert. Diese lautet: Gab es dabei interne Änderungen bei den Vorgaben zu den Mengen oder der Qualität der verarbeiteten Bauteile? Nein? Die gesamte Produktion verläuft so wie geplant. Dann können Sie den schwarzen Peter erst einmal auf externe Einflüsse schieben. Hier muss es wohl Veränderungen gegeben haben, die nicht durch interne Vorgaben verursacht wurden.

Gibt es interne Gründe?

Falls Sie die letzte Frage jedoch mit »Ja« beantworten konnten, müssen Sie nun klären, warum die Vorgaben geändert wurden. Wenn externe Einflüsse wie zum Beispiel eine mangelnde Qualität die Änderung der Vorgaben verursacht haben, sind Sie bei der Ursachenforschung wieder bei der Lösung mit den externen Ursachen angelangt. Hatte es jedoch rein unternehmensinterne Gründe, die Vorgaben zu ändern, müssen Sie diese Gründe nun durch weitere Befragungen herausfinden und die Verantwortlichkeiten klären.

So können Sie das Flussdiagramm in Abbildung 3.5 komplett durchgehen und Punkt für Punkt abhaken, bis Sie die Ursachen für die Abweichungen herausgefunden haben. Doch was dann? Jetzt geht es an die Anpassungsmaßnahmen!

Anpassungsmaßnahmen

Hier gibt es generell zwei Möglichkeiten:

- ✔ **Möglichkeit 1: Aufholjagd**

  Durch geeignete Maßnahmen soll eine Aufholjagd beginnen, um den Plan doch noch erreichen zu können. Da Sie die Abweichungsanalyse ja immer monatlich durchführen, kann noch nicht so viel Zeit verloren gegangen sein, um erfolgreich gegensteuern zu können. Die einzelnen Anpassungsmaßnahmen sind natürlich individuell zu entscheiden. Wichtig ist es, dass Sie die Ursachen herausfinden, mit den Verantwortlichen sprechen, verbindliche Maßnahmen vereinbaren und die Ergebnisse wiederum zeitnah kontrollieren. Und wenn es dann immer noch nicht optimal läuft, müssen Sie sich überwinden und die Leute wieder und wieder darauf ansprechen. Auch auf die Gefahr hin, dass Sie sich unbeliebt machen könnten.

- ✔ **Möglichkeit 2: Planänderung**

  Sie können den Plan an die veränderte Realität anpassen bzw. mit veränderten Rahmenbedingungen neu erstellen und die Istwerte künftig am geänderten Plan messen.

  Aber bitte nicht den geänderten Plan mit der Isterwartung verwechseln! Die Isterwartung beinhaltet Istwerte und unterjährige Prognosewerte. Der geänderte Plan dagegen weiterhin nur Planwerte.

Diese Anpassungsmaßnahme darf natürlich nur genutzt werden, wenn die Planung wirklich auf falschen Rahmenbedingungen beruhte. Oder aber, wenn Sie aus unternehmenspolitischen Beweggründen dazu aufgefordert werden. Hier lauert ansonsten die Gefahr, dass immer wieder der Versuch unternommen wird, den Plan zu ändern, wenn die Istwerte nicht so richtig wollen. Diesen bequemen Weg sollten Sie mit recht hohen Zugangsschranken versehen.

Teil II

Die Werkzeugkiste des Controllers

»Wenn wir die Dividende streichen, das Inventar reduzieren und uns mit einer Zeitmaschine ins 13. Jahrhundert zurückversetzen lassen, sollten wir ein weiteres Jahr überleben können.«

In diesem Teil ...

Auch ein Controller braucht geeignetes Handwerkszeug. Der Schraubendreher heißt hier »Kostenrechnung«, die Säge »Prozesskostenrechnung« und die Rohrzange »Gewinn- und Verlustrechnung«. Schließlich gibt es noch den Hammer: die Bilanz.

Damit Sie sich mit dem Hammer nicht auf die Finger hauen oder mit dem Schraubendreher in die falsche Richtung drehen, erfahren Sie in diesem Teil natürlich auch alles Wissenswerte über den richtigen Umgang mit diesen Controller-Werkzeugen.

Es gibt aber noch weitaus mehr hilfreiche Controller-Tools, die wir Ihnen natürlich nicht vorenthalten wollen: die Deckungsbeitragsrechnung, das Target Costing oder schicke IT-Tools. Mit Hilfe dieser Werkzeugkiste steht der Erstellung von aussagekräftigen Berichten nichts mehr im Wege. Das Kapitel Berichtswesen schließt somit diesen doch recht handwerklichen Teil ab. Wir wünschen frohes Schaffen und gutes Gelingen!

Wohin nur mit den Kosten?

4

In diesem Kapitel

- Wie man Kosten unterscheidet
- Wie die Kostenrechnung funktioniert
- Preisbestimmung mit der Kostenrechnung

Hände hoch, sie sind verhaftet – die Kosten ... Ähnlich einem Polizisten, der ein Auge auf Recht und Ordnung hält, fahndet der Controller danach, was Kosten verursacht, und achtet darauf, dass diese nicht aus dem Ruder laufen. Denn was nützt der schönste Umsatz, wenn der Gewinn durch die Kosten auf null schrumpft oder sich gar ein Minus als Vorzeichen einschleicht. Und was nützt das Wissen, dass man ins Minus rutscht, wenn man nicht weiß, wodurch und warum.

Für die »Verhaftung« der Kosten müssen diese somit erst einmal genauer identifiziert werden. Die Beschreibung »Mensch« ist für eine Personenfahndung ja auch nicht sonderlich zielführend. Wir zeigen Ihnen in diesem Kapitel, wie Sie gezielt auf Kosten-Jagd gehen und nach welchen Kriterien Sie die Kosten dingfest machen.

Haben Sie keine Angst und treten Sie ein in die Welt der Kostenrechnung ...

Nichts ist umsonst

In der Regel existieren Unternehmen nicht nur, um die Konsumenten mit schönen Produkten zu beglücken, sondern um dicke Gewinne zu machen. Dazu müssen die Produkte aber erst einmal hergestellt und verkauft werden. Und alles, was damit zu tun hat, verursacht Kosten. Was jetzt aber nicht heißen soll, dass Ihre Kundschaft an allem Schuld ist. Schließlich kauft sie Ihre Produkte und bringt Ihnen damit auch die nötigen Erlöse (in der Kostenrechnung auch Leistungen genannt), die hoffentlich dafür sorgen, dass zumindest die Kosten gedeckt sind. So kann Ihr Unternehmen auch im nächsten Jahr noch existieren.

Die Kostenrechnung wird auch *Kosten- und Leistungsrechnung* genannt. Für den Erbsenzähler ist das Glas aber halb leer, weshalb er die Leistungen gerne verschweigt. Auf die Leistungen gehen wir hier nur am Rande ein, da sie meist durch den Verkaufspreis klar auf einzelne Produkte zurechenbar sind und deshalb keine größeren Probleme mit sich bringen. Zum Glück ...

Was sind denn nun Kosten?

Um die Kosten zu bestimmen, braucht man eigentlich nur zwei Angaben: die Menge und den dazugehörigen Preis. Die Menge kann bei Rohstoffen beispielsweise in verbrauchten Stückzahlen, Kilogramm oder Liter ausgedrückt werden. Bei Maschinenlaufzeiten rechnet man meist mit Stunden. Multipliziert man diese Mengen mit den dazugehörigen Preisen (oder Stundensätzen), erhält man die jeweiligen Kosten. Diese müssen Sie aber nicht selbst ermitteln – Sie bekommen die Daten im Normalfall aus der Buchhaltung.

Eine Besonderheit gibt es allerdings bei Produktionsanlagen oder Gebäuden, die über mehrere Jahre genutzt werden. Sie werden nicht zum Zeitpunkt des Kaufes in voller Höhe zu Kosten. Hier wird der Preis gerecht über die angenommene Nutzungszeit verteilt, also abgeschrieben.

Wie werden Kosten unterteilt?

Ganz grob kann man Kosten zunächst wie folgt unterteilen:

- ✔ nach schuldigem Produkt:
  - Können Sie ein Produkt dingfest machen, dass einzig und allein die Entstehung von Kosten zu verantworten hat, spricht man von *Einzelkosten*. Ohne dieses bestimmte Produkt wären die Kosten nicht entstanden. Rohstoffkosten für ein bestimmtes Produkt bezeichnet man als Einzelkosten.
  - Werden die Kosten von unterschiedlichen Produkten verursacht, haben Sie es mit *Gemeinkosten* zu tun. Gemeinkosten sind etwa Gehälter in der Verwaltung, wenn man davon ausgeht, dass im Unternehmen mehrere Produkte gefertigt werden.
- ✔ nach Mengenabhängigkeit:
  - Kosten, die immer gleich sind, unabhängig davon, ob null oder sieben Millionen Exemplare eines Produktes gefertigt werden, sind *fixe Kosten*. Fix sind beispielsweise Mieten für Gebäude.
  - Werden die Kosten mit jeder mehr produzierten Einheit höher, sind es *variable Kosten*. Variabel ist etwa der Rohstoffverbrauch.

Die Kostenrechnung versucht nun, die entstandenen Kosten bis auf jedes einzelne Produkt hinunter gerecht zu verteilen. Da aller guten Dinge bekanntlich drei sind, erfolgt diese Verteilung bis auf Produktebene in drei Stufen:

1. Stufe: Kostenartenrechnung

2. Stufe: Kostenstellenrechnung

3. Stufe: Kostenträgerrechnung

Abschreibung

Ihr Unternehmen kauft sich eine Produktionsanlage für 100.000 €. Diese Anlage wird nach fachmännischen Schätzungen zehn Jahre genutzt. Nun wäre es natürlich unklug, die Kosten hierfür im Jahr der Anschaffung voll zu berücksichtigen, da Sie ganze zehn Jahre etwas von der Anlage haben. Die Anschaffungskosten werden somit durch die Lebensdauer dividiert. Das macht im Beispiel 100.000 € / 10 Jahre = 10.000 € pro Jahr. Somit werden zehn Jahre lang jeweils 10.000 € pro Jahr für die Maschine als Kosten berücksichtigt.

Werden alle Einzel- und Gemeinkosten – egal ob fix oder variabel – auf einzelne Produkte heruntergerechnet, haben Sie es mit einer *Vollkostenrechnung* zu tun. Werden lediglich die variablen Einzel- und Gemeinkosten auf das Erzeugnis angerechnet, nennt man das eine *Teilkostenrechnung*.

Wozu das alles

Während die Gewinn- und Verlustrechnung fürs Finanzamt gemacht wird, ist die Kostenrechnung nur für Sie und Ihr Unternehmen bestimmt. Sie gehört zu den schönen Dingen der Welt, bei denen man mehrere Fliegen mit einer Klappe erschlagen kann. Diese Fliegen, besser gesagt, die Aufgaben der Kostenrechnung sind:

Hilfe bei der Preisbestimmung: Zu welchem Preis bieten Sie ein Produkt am besten an? Die Untergrenze ist der Preis, bei dem die Kosten für dieses eine Produkt gerade einmal gedeckt sind. Und wer liefert Ihnen diese Info? Sie ahnen es schon: die Kostenrechnung.

Hilfe bei Entscheidungen: Wann immer mehrere Alternativen zur Auswahl stehen, die denselben Nutzen bringen, entscheiden Sie sich normalerweise für die Variante mit den geringsten Kosten. So kann Ihnen die Kostenrechnung etwa bei der Frage helfen, ob es besser ist, ein Vorprodukt selber zu erstellen oder einfach einzukaufen. Also: make or buy?

Kontrollfunktion: Sie vergleichen die geplanten Kosten mit den tatsächlichen und freuen sich hoffentlich über geringe Abweichungen und eine gelungene Planung. Da die Kosten meist monatsweise mit dem Plan verglichen werden, sehen Sie relativ schnell, ob etwas aus dem Ruder läuft. Zum Beispiel, wenn der Abteilungsleiter Marketing seinen Mitarbeitern eine unterjährige Gehaltserhöhung von 10% gewährt – so geht's ja nicht!

Kostenartenrechnung

Die Kostenrechnung besteht eigentlich nur aus den Fragen:

- ✔ Welche Arten von Kosten sind es?
- ✔ Wo sind sie entstanden?
- ✔ Und wofür?

Die Kostenartenrechnung beschäftigt sich mit der ersten Frage und steckt die anfallenden Kosten eines betrachteten Zeitraums in die Schublade, in die sie sachlich gehören. Folglich packen Sie alle inhaltlich gleichartigen Kosten erst einmal zusammen.

Kostenarten

Ein Lagerarbeiter stapelt mit seinem Gabelstapler die eben eingetroffene Fuhre fangfrischen Frischfisch in den Kühlraum, wo diese bis zur Verarbeitung zu Fischstäbchen zwischengelagert wird. Eine Angestellte aus dem Einkauf kopiert in der Zwischenzeit die Frachtpapiere.

In diesem alltäglichen Sachverhalt sind mindestens sieben Kostenarten versteckt. Um sie zu finden, müssen Sie das Buch aber nicht wie in einem Rätselheft umdrehen – wir sagen es Ihnen auch so:

- ✔ **Löhne:** Zeitlohn des Lagerarbeiters
- ✔ **Verschleiß Maschinen:** Abnutzung des Gabelstaplers, im Volksmund auch Abschreibung genannt
- ✔ **Miete:** Miete für den Kühlraum
- ✔ **Rohstoffkosten:** Beschaffungskosten für den Fisch
- ✔ **Energiekosten:** Strom für das Kühlaggregat
- ✔ **Gehälter:** Gehalt der Angestellten aus dem Einkauf
- ✔ **Büromaterial:** Die Frachtpapiere müssen kopiert werden

Einzelkosten des Produkts »Fischstäbchen« sind jedoch lediglich die Rohstoffkosten. Alle anderen Kostenarten sind Gemeinkosten, da sie auch noch durch andere Produkte des Unternehmens beansprucht werden können.

Räumen Sie die Kosten auf

Mögliche »Schubladen« sind beispielsweise Löhne, Gehälter, Rohstoffkosten, Mieten, Büromaterial etc. Diese Schubladen können Sie frei nach Ihren Bedürfnissen benennen und befüllen, da es keine gesetzliche Bestimmung für die Kostenrechnung gibt.

Wenn Sie einen gröberen Blickwinkel haben wollen, können diese Schubladen zu »Schränken«, den Kostenartengruppen, zusammengefasst werden: Personalkosten, Materialkosten, Betriebsmittelkosten und sonstige Kosten. Aber vergessen Sie nicht, die Schränke ab und zu aufzuräumen, so dass eventuell neu hinzukommende Kostenarten noch einen Platz finden.

Alle anfallenden Kosten werden immer genau einer Kostenart zugeordnet, denn schizophrene Kosten sind bis dato nicht bekannt.

Die Kostenarten wiederum sind so aufgebaut, dass alle Kosten vollständig zugeordnet werden können und jeder Cent seine Schublade bzw. seinen Schrank findet. Ist dies nicht der Fall, müssen Sie sich neue Kostenarten ausdenken.

Wie eine mögliche Gruppierung der Kostenarten zu Kostenartengruppen aussieht, zeigt Abbildung 4.1.

4.1: Kostenarten – Schubladen und Schränke

Die Buchhaltung – dein Freund und Helfer

Die Höhe der Kosten bekommen Sie aus der Buchhaltung. In modernen Buchhaltungssystemen wird die Zuordnung der Konten zu bestimmten Kostenarten automatisiert vorgenommen. Das spart Arbeit! Meist orientieren sich die Kostenarten an der Gliederung aus der Gewinn- und Verlustrechnung. Diese wird einfach um diejenigen Kostenarten ergänzt, die dort noch fehlen.

Sie müssen aufpassen! Folgende Begriffe sollten Sie nicht verwechseln:

✔ »Aufwand und Ertrag« gehören zur Gewinn- und Verlustrechnung. Sie entscheiden darüber, wie der Gewinn in einem bestimmten Zeitraum ausfallen wird. Und das muss nicht unbedingt mit den Produkten und dem eigentlichen

Zweck des Unternehmens zu tun haben. Aufwand ist beispielsweise auch die Spende an den lokalen Sportverein, was nun wirklich überhaupt nichts mit der eigentlichen Tätigkeit des Unternehmens zu tun hat. Und ein Aufwand, der keine Kosten mit sich bringt, heißt *neutraler Aufwand*.

- »Kosten und Leistungen« beziehen sich auf die eigentliche Tätigkeit, d.h. auf die tollen Produkte des Unternehmens im betrachteten Zeitraum. Kosten, die keinen Aufwand darstellen, nennt man *Zusatzkosten*. Das sind in der Regel kalkulatorische Größen wie zum Beispiel der kalkulatorische Unternehmerlohn.

Aus der Buchhaltung erhalten Sie sowohl Buchungen entsprechend der Gewinn- und Verlustrechnung als auch Abgrenzungsbuchungen. Diese Abgrenzungen bilden den Übergang von der Gewinn- und Verlustrechnung zur Kostenrechnung. Es gibt zwei Arten davon:

- »Kostenrechnerische Korrekturen« dienen dazu, Kosten zu erfassen, die in der Gewinn- und Verlustrechnung nicht oder in anderer Höhe als Aufwand berücksichtigt werden. Hier erscheinen also die Zusatzkosten. Wird zum Beispiel in der Kostenrechnung anders abgeschrieben als in der GuV, erscheint das hier.
- »Unternehmensbezogene Abgrenzungen« ziehen die neutralen Aufwendungen und Erträge ab, die nicht zu den Kosten zählen. Hier wird beispielsweise die Spende an den lokalen Sportverein abgegrenzt.

In der Regel wird die Kostenartenrechnung monatlich im Rahmen des Monatsabschlusses durchgeführt. Dank der Vorarbeit aus der Buchhaltung erhalten Sie somit regelmäßig einen Bericht mit Werten aus der Gewinn- und Verlustrechnung und dem Übergang zur Kostenrechnung.

Wie das alles aussieht, zeigt Abbildung 4.2. Rechnungskreis I ist die Gewinn- und Verlustrechnung (Finanzbuchhaltung). Im Rechnungskreis II (Betriebsbuchhaltung) wird der Übergang zur Kostenrechnung hergestellt. Wir nehmen im Beispiel einmal an, dass die Produktionsmaschine teurer geworden ist und schreiben einen höheren Betrag ab, als die Gesetzgebung in Bilanz und Gewinn- und Verlustrechnung erlaubt. In der Kostenrechnung haben Sie diese Freiheit! Und diese Freiheit hat auch einen Namen: *Anderskosten*. Die Anderskosten bestehen hier aus der Differenz von 150 zu 120 Euro. Macht nach Adam Riese 30 Euro Anderskosten.

Jetzt kennen Sie Ihre Kosten schon etwas besser. Aber die Täterfrage ist weiter ungeklärt. Um den oder die Schuldigen zu entlarven, müssen Sie die Kostenarten erst einmal daraufhin untersuchen, ob es Einzel- oder Gemeinkosten sind.

- Einzelkosten können jetzt schon eindeutig einem Erzeugnis zugeordnet werden. Diese Kosten fließen dann direkt und ohne über »Los« zu gehen in die Kostenträgerrechnung ein.
- Die Gemeinkosten müssen für die Zurechnung auf Produktebene leider noch eine Schleife drehen. Diese Schleife nennt sich Kostenstellenrechung.

Rechnungskreis I			Rechnungskreis II					
Gewinn- und Verlustrechnung			Abgrenzungen: unternehmensbezogene Abgrenzungen		Abgrenzungen: kostenrechnerische Korrekturen		Kosten- und Leistungsrechnung	
	Aufwendungen	Erträge	Neutrale Aufwendungen	Neutrale Erträge	Aufwand lt. GuV	Verrechnete Kosten	Kosten	Leistungen
Umsatzerlöse		100.000 €						100.000 €
Mieterträge		1.000 €		1.000 €				
Zinserträge		180 €		180 €				
Einkauf von Rohstoffen	20.000 €						20.000 €	
Löhne	12.000 €						12.000 €	
Gehälter	9.000 €						9.000 €	
Soziale Abgaben	7.000 €						7.000 €	
Abschreibungen auf Produktionsmaschinen	120 €				120 €	150 €	150 €	
Miete für Produktionshalle	1.500 €						1.500 €	
Spenden	100 €		100 €					
kalk. Unternehmerlohn						2.000 €	2.000 €	
Summe	49.720 €	101.180 €	100 €	1.180 €	120 €	2.150 €	51.650 €	100.000 €
Unternehmensergebnis	51.460 €							
Betriebsergebnis							48.350 €	

4.2: Von der Gewinn- und Verlustrechnung zur Kostenrechnung

Kostenstellenrechnung

In der Kostenstellenrechnung werden die Gemeinkosten auf diejenigen Stellen verteilt, in denen sie entstanden sind. Kostenstellen sind kleine wirtschaftliche Mikrokosmos innerhalb eines Unternehmens – meist nach Funktionen gegliedert.

Die üblichen Verdächtigen

Besorgen Sie sich am besten einmal einen aktuellen Kostenstellenplan Ihres Unternehmens. Hier finden Sie die potenziellen Schuldigen der Gemeinkostenverursachung. Wie ein Kostenstellenplan aussehen kann, zeigt Abbildung 4.3.

4.3: Kostenstellenplan

Neue Kostenstellen

Falls Sie neue Kostenstellen brauchen, müssen Sie bei der Bildung darauf achten, dass sich Kosten auch eindeutig der jeweiligen Kostenstelle zuordnen lassen – ohne umständliches Zerlegen und Aufteilen.

Vergessen Sie nicht, einen Mitarbeiter als Verantwortlichen für die Kostenstelle zu benennen. Dann hat man immer jemand zum Anschnauzen, wenn die Kosten nicht dem Plan entsprechen.

Und zum Schluss: Sagen Sie der Buchhaltung rechtzeitig Bescheid. Diese muss die neue Kostenstelle einrichten, damit sie mit Leben – sprich: mit Buchungen befüllt werden kann.

Haupttäter und Mitangeklagte

Sie sitzen also an Ihrem Schreibtisch vor Ihrem Rechner mit dem Wissen, dass Sie soeben durch Ihr Gehalt die Kostenstelle »Controlling« geringfügig belasten. Aber Moment: Ihr Rechner verbraucht Strom und Ihr Büro verursacht anteilige Miete – das geht auch noch auf die Energie- bzw. Raumkostenstelle. Mist!

Es werden somit zwei Arten von Kostenstellen unterschieden:

✔ *Hilfskostenstellen* beglücken lediglich andere Kostenstellen mit ihren Diensten und machen sonst nix. Raum- und Energiekostenstellen oder das Lohnbüro sind Beispiele hierfür.

✔ *Hauptkostenstellen* sind Stellen, die diese Dienste in Anspruch nehmen und die ansonsten für die umwerfenden Produkte des Unternehmens ackern. Material-, Fertigungs-, Vertriebs- und Verwaltungskostenstellen sind somit Hauptkostenstellen.

Damit alles gerecht verteilt wird, muss das, was auf Hilfskostenstellen läuft, umverteilt werden, und zwar auf die Kostenstellen, die die Leistungen in Anspruch nehmen. Das Ganze noch möglichst genau, z.B. nach der Quadratmeter-Zahl Ihres Büros oder nach von Ihnen verbrauchten Kilowattstunden. Das nennt man dann *innerbetriebliche Leistungsverrechnung*. Böse Zungen behaupten, dass dies die marktwirtschaftliche Variante einer Planwirtschaft sei.

Manchmal existieren aber keine so klar definierten Verteilungsgrößen wie qm oder kWh. Dann ist etwas Kreativität gefordert. Das kann man vom Controller von Welt erwarten.

BAB - Damit niemand sich verfährt

Hört sich kompliziert an – aber keine Panik! Für das alles gibt es eine tolle Erfindung: den BAB – den Betriebsabrechnungsbogen.

Der Betriebsabrechnungsbogen ist zunächst einmal nicht mehr als eine Tabelle. In den Zeilen sind die Kostenarten abgetragen und in den Spalten die Kostenstellen. Befüllt ist er mit den jeweiligen Gemeinkosten – die netterweise auch wieder aus der Buchhaltung kommen. Dort wird für jede Buchung auch die Kostenstelle mit erfasst. Erstellt wird der BAB in der Regel monatlich.

Auf der CD finden Sie mehr zum Thema Betriebsabrechnungsbogen!

Abbildung 4.4 zeigt einen schmucken BAB.

Auf den ersten Blick harter Tobak. Aber so schlimm, wie das aussieht, ist es nicht!

✔ Im ersten Block werden die Kostenarten der Kostenstellen befüllt. Wie erwähnt, stammen diese Werte aus Ihrem Buchhaltungssystem und sind deswegen problemlos zu erhalten. Diese Kosten heißen *primäre Kosten*.

- Im zweiten Block erfolgt die innerbetriebliche Leistungsverrechnung:
  - Die Gesamtkosten der Hilfskostenstelle »Gebäude« werden anteilig nach der Quadratmeterzahl der belegten Flächen auf die anderen Kostenstellen verteilt. Da das Stromaggregat ebenfalls Raum benötigt, wird auch die Kostenstelle Strom berücksichtigt – auch wenn's nur eine Hilfskostenstelle ist. In Summe fielen 40.000 € in der Kostenstelle »Gebäude« an. Insgesamt umfassen die heiligen Hallen des Unternehmens 5.000 qm. Macht laut Adam Riese 8 € je Quadratmeter. Da das Hauptlager genau 1.000 qm in Anspruch nimmt, wird diese Kostenstelle mit 8 €/qm x 1.000 qm = 8.000 € belastet.
  - Jetzt geht's dem Strom an den Kragen: Die gesamten Kosten, inklusive der anteiligen Gebäudekosten werden ebenfalls verteilt. Und zwar nach verbrauchten Kilowattstunden.
  - Als Nächstes wird für jede Kostenstelle die Gesamtsumme gebildet. Und siehe da: Die Hilfskostenstellen stehen auf null und die Hauptkostenstellen haben ihr Fett abbekommen und sind durch die Umlage angestiegen. Die umgelegten Teile sind die *sekundären Kosten*. Es geht doch nichts über eine kreative Namensgebung.

Nun wissen Sie, welche Kostenstelle welche Art von Gemeinkosten in welcher Höhe verursacht hat. Zum einen hilft das dabei, die Kostenentwicklung und die Planeinhaltung der Kostenstellen zu überwachen, zum anderen können Sie mit diesem Wissen die Gemeinkosten in der Kostenträgerrechnung auf die einzelnen Produkte verteilen.

Kostenstellen / Kostenarten	Gesamtsumme	Hilfskostenstellen		Hauptkostenstellen			
		Gebäude	Strom	Hauptlager	Produktion	Vertrieb	Verwaltung
Löhne	26.300 €	1.000 €	1.200 €	9.900 €	12.000 €	1.200 €	1.000 €
Gehälter	47.000 €	2.000 €	2.000 €	3.000 €	5.000 €	15.000 €	20.000 €
Hilfs- und Betriebsstoffe	35.750 €	500 €	3.000 €	12.000 €	20.000 €	100 €	150 €
Heiz- und Brennstoffe	17.500 €	0 €	17.500 €	0 €	0 €	0 €	0 €
Kalkulatorische Abschreibungen	70.600 €	36.500 €	5.000 €	12.000 €	14.500 €	1.000 €	1.600 €
Summe Primäre Kosten	**197.150 €**	**40.000 €**	**28.700 €**	**36.900 €**	**51.500 €**	**17.300 €**	**22.750 €**
Verteilung der sekundären Kostenstellenkosten							
Kosten Gebäude Umlage nach qm-Zahl	0 €	- 40.000 €	1.100 €	8.000 €	15.000 €	7.000 €	8.900 €
Kosten Strom Umlage nach KWh	0 €	-	- 29.800 €	4.000 €	22.600 €	1.200 €	2.000 €
Gesamtkosten der Hauptkostenstellen	**197.150 €**	**0 €**	**0 €**	**48.900 €**	**89.100 €**	**25.500 €**	**33.650 €**

4.4: Der Betriebsabrechnungsbogen

Kostenträgerrechnung

Nach den Kostenstellen geht es jetzt den Produkten und Dienstleistungen an den Kragen. Diese heißen in der Kostenrechnung »Kostenträger«.

Die Einzelkosten sind bereits direkt in der Kostenträgerrechnung angekommen, ohne die Kostenstellen unnötig zu belasten, da sie sich geschickt und ohne Umwege auf die Produkte verteilen lassen.

Wir betrachten im Folgenden die Vollkosten, das heißt, es werden alle Gemeinkosten berücksichtigt. Falls Sie nur Teilkosten betrachten wollen, lassen Sie einfach die Fixkosten weg.

Einzelkosten in der Kostenträgerrechnung

Ihr Unternehmen produziert unter anderem Fischstäbchen. Sie wissen, dass eine bestimmte Fuhre Frischfisch nur für dieses Produkt verwendet wird und die Kosten dafür somit Einzelkosten des Kostenträgers Fischstäbchen sind. Die Rechnung der Lieferung belief sich auf 100.000 €. Es konnten 100.000 Päckchen Fischstäbchen daraus gefertigt werden. Somit fließen 1,00 € je Päckchen als Einzelkosten für den Rohstoff Fisch ein.

Die Verpackungsmaschine 2 fertigt ausschließlich schmucke Verpackungen für dieses Produkt. Für die 100.000 Päckchen fielen an dieser Maschine Kosten in Höhe von 120.000 € an – Einzelkosten von 1,20 € je Packung.

Insgesamt haben wir somit Einzelkosten von 2,20 € je Packung. Man könnte vermuten, dass man bei einem Verkaufspreis von 2,50 € je Päckchen auf der Gewinnstraße ist.

Aber was ist, wenn die Gemeinkosten durch die 0,30 € Gewinnaufschlag nicht gedeckt werden? Dann könnten wir mit dem Verkaufspreis ganz schnell in den roten Zahlen landen. Es führt also kein Weg daran vorbei, auch die Gemeinkosten anteilig auf die Produkte zu verteilen.

Die gemeinen Gemeinkosten

Was machen wir jetzt mit den Gemeinkosten? Wie bekommt man sie nun auf die Produkte verteilt?

Fertigt Ihr Unternehmen nur ein einziges Produkt, ist dieses Kapitel für Sie schnell zu Ende: Sie addieren die Einzel- und Gemeinkosten zusammen und dividieren das Ergebnis durch die gefertigte Anzahl des Produkts. Fertig sind die Stückkosten! Aber der Fall des Ein-Produkt-Unternehmens dürfte wohl eher die Ausnahme sein.

Das Zauberwort heißt Schlüsselung! Wie Sie sich das vorstellen können, zeigt Ihnen Abbildung 4.5.

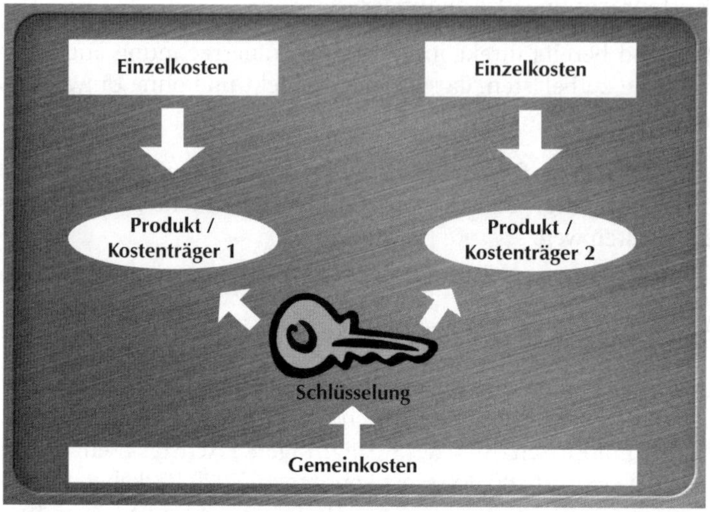

4.5: Prinzip Kostenträgerrechnung

Sie müssen nun einen Schlüssel, ein Bindeglied zwischen jeder Hauptkostenstelle und dem fertigen Produkt finden. Am besten liefern wir ein paar Beispiele, anstatt in theoretisches Gefasel abzudriften:

- ✔ Im Lager werden die Materialien aufbewahrt, die zu Materialeinzelkosten des Produkts führen. Also bietet es sich an, die Gemeinkosten des Lagers in Bezug zu den Materialeinzelkosten zu setzen. Das wäre nur fair.
- ✔ In der Produktion können Sie die Gemeinkosten anhand der Fertigungseinzelkosten, den so genannten Fertigungslöhnen, verteilen.
- ✔ Verwaltung und Vertrieb arbeiten an allen möglichen Stellen mit, von der Angebotseinholung für Rohstoffe bis zu Werbemaßnahmen für das Produkt. In der Regel fallen hier keine Einzelkosten an. Also bezieht man die Gemeinkosten am besten auf alles – auf die gesamten Einzelkosten und die Gemeinkosten aller anderen Hauptkostenstellen. Nennen wir es mal »Herstellkosten«.

Das Ergebnis der Schlüsselung sind Prozentwerte, die sich daraus ergeben, dass man die Gemeinkosten der jeweiligen Hauptkostenstelle durch die jeweilige Bezugsgröße teilt.

Die Kalkulationszuschlagssätze schlagen zu

Diese Quotienten nennt man landläufig auch *Kalkulationszuschlagssätze*, da sie in der noch folgenden Produktkalkulation auf die Einzelkosten »zugeschlagen« werden. Aua!

Berechnung der Kalkulationszuschlagssätze

Insgesamt fielen für alle Produkte 100.000 € Materialeinzelkosten an. Im Hauptlager sind 48.900 € Gemeinkosten angefallen.

Wir teilen diese 48.900 € durch die 100.000 € und erhalten einen Wert von 48,90%. Das bedeutet, dass für jeden Euro, der als Materialeinzelkosten auf ein Produkt umgelegt wird, noch 48,9 Cent als anteilige Gemeinkosten aufgeschlagen werden.

Beim Kalkulationszuschlagssatz für die Produktion werden die 89.100 € Gemeinkosten einfach durch die Produktionseinzelkosten von 120.000 € dividiert. Macht laut Adam Riese 74,25%.

Beim Vertrieb und der Verwaltung müssen Sie erst einmal die Bezugsgröße errechnen. Dies ist die Summe aller Einzel- und Gemeinkosten – außer den Gemeinkosten des Vertriebs und der Verwaltung selbst.

Im Beispiel macht das 358.000 €.

Kalkulationszuschlagssatz Vertrieb: 25.500 € / 358.000 € = 7,12%

Kalkulationszuschlagssatz Verwaltung: 33.650 € / 358.000 € = 9,40%

Wie das alles mit den Werten der Abbildung 4.4 aussieht, zeigt Ihnen Abbildung 4.6.

Nun haben Sie also viele Prozent-Werte. Und jetzt? Jetzt geht's damit endlich an die Produkte! Das Ganze nennt man Kalkulation – oder wenn Sie einmal sehr gesprächig sind: Zuschlagskalkulation – und funktioniert so:

- ✔ Sie kennen bereits die Einzelkosten Ihrer Produkte und dazu auch noch die passenden Kostenarten. Außerdem wissen Sie, wie viele Einheiten davon hergestellt wurden. Sie können dieses Wissen schamlos ausnutzen und je Kostenart die Produkt-Einzelkosten errechnen. Und wie? Einfach indem Sie diese Kosten durch die Anzahl gefertigter Produkte dividieren.
- ✔ Jetzt kommen die Kalkulationszuschlagssätze ins Spiel. Je Kostenart gibt es einen solchen. Und je Kostenart wird dieser Prozentwert mit den Einzelkosten multipliziert. Heraus kommt der jeweilige Gemeinkostenanteil für jede Kostenart.
- ✔ Sie können die verschiedenen Kostenarten mit den Einzel- und Gemeinkostenanteilen noch sauber gliedern und etwa die Materialkosten, die Herstellkosten oder die Selbstkosten des Produkts ermitteln. Wie das abläuft, zeigt Abbildung 4.7.

Kostenstellen / Kostenarten	Gesamtsumme	Hilfskostenstellen		Hauptkostenstellen			
		Gebäude	**Strom**	**Hauptlager**	**Produktion**	**Vertrieb**	**Verwaltung**
Löhne	26.300 €	1.000 €	1.200 €	9.900 €	12.000 €	1.200 €	1.000 €
Gehälter	47.000 €	2.000 €	2.000 €	3.000 €	5.000 €	15.000 €	20.000 €
Hilfs- und Betriebsstoffe	35.750 €	500 €	3.000 €	12.000 €	20.000 €	100 €	150 €
Heiz- und Brennstoffe	17.500 €	0 €	17.500 €	0 €	0 €	0 €	0 €
Kalkulatorische Abschreibungen	70.600 €	36.500 €	5.000 €	12.000 €	14.500 €	1.000 €	1.600 €
Summe Primäre Kosten	**197.150 €**	**40.000 €**	**28.700 €**	**36.900 €**	**51.500 €**	**17.300 €**	**22.750 €**
Verteilung der sekundären Kostenstellenkosten							
Kosten Gebäude Umlage nach qm-Zahl	0 €	- 40.000 €	1.100 €	8.000 €	15.000 €	7.000 €	8.900 €
Kosten Strom Umlage nach KWh	0 €	-	- 29.800 €	4.000 €	22.600 €	1.200 €	2.000 €
Gesamtkosten der Hauptkostenstellen	**197.150 €**	**0 €**	**0 €**	**48.900 €**	**89.100 €**	**25.500 €**	**33.650 €**
Bildung der Kalkulationszuschlagssätze							
Schlüssel/Bezugsgröße: **Materialeinzelkosten**				100.000 €			
Schlüssel/Bezugsgröße: **Fertigungseinzelkosten**					120.000 €		
Schlüssel/Bezugsgröße: **Herstellkosten**						358.000 €	358.000 €
Kalkulationszuschlagssätze				**48,90%**	**74,25%**	**7,12%**	**9,40%**

4.6: Bildung von Kalkulationszuschlagssätzen

Materialeinzelkosten
+ Materialgemeinkosten
= Materialkosten
+ Produktionseinzelkosten
+ Produktionsgemeinkosten
= Herstellkosten
+ eventuelle Vertriebseinzelkosten
+ Vertriebsgemeinkosten
+ Verwaltungsgemeinkosten
= Selbstkosten

4.7: Kalkulationsschema

Jetzt kennen Sie endlich die Kosten für Ihr Produkt. Das kann sehr hilfreich für die Preisbestimmung sein. Für jedes Produkt der gesamten Produktpalette muss der Verkaufspreis natürlich über den Selbstkosten liegen, damit Sie einen Gewinn erzielen.

Die Herstellkosten können für die interne Bewertung der noch auf Lager liegenden Produkte verwendet werden. Aber aufgepasst: In der Bilanz hingegen sind für die Bewertung noch einige gesetzliche Bestimmungen zu beachten. Hier nennt sich das Ganze *Herstellungskosten*. Es leben die kleinen Unterschiede!

Zusammenfassend zeigt Ihnen Abbildung 4.8 nochmals die einzelnen Komponenten der gesamten Kostenrechnung und ihr Zusammenspiel.

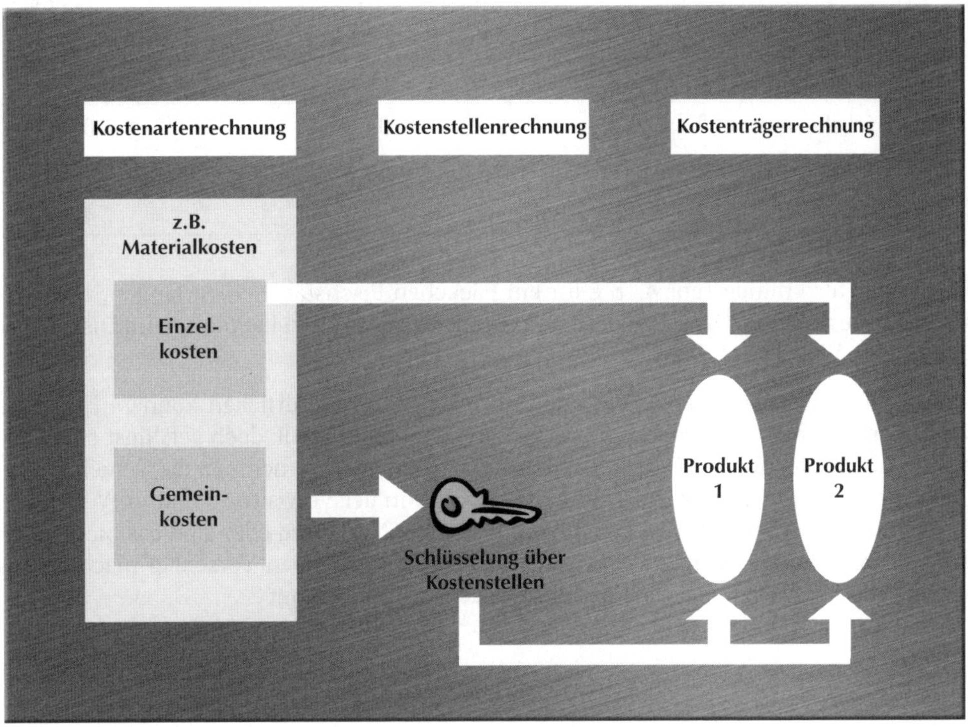

4.8: Gesamtüberblick Kostenrechnung

Zuschlagskalkulation

Sie produzieren im betrachteten Monat 100.000 Päckchen Fischstäbchen. Mit den Daten aus Abbildung 4.5 sieht die Produktkalkulation wie folgt aus:

Materialeinzelkosten je Produkt:	100.000 € / 100.000 Stück	=	1,00 €
+ Materialgemeinkosten:	48,90% × 1,00 €	=	0,49 €
= Materialkosten:		**=**	**1,49 €**
+ Fertigungseinzelkosten:	120.000 € / 100.000 Stück	=	1,20 €
+ Fertigungsgemeinkosten:	74,25% × 1,20 €	=	0,89 €
= Herstellkosten:		**=**	**3,58 €**
+ Vertriebskosten:	7,12% × 3,58 €	=	0,26 €
+ Verwaltungskosten:	9,40% × 3,58 €	=	0,34 €
= Selbstkosten:		**=**	**4,18 €**

Sie müssen also mindestens 4,18 € für ein Päckchen Fischstäbchen verlangen, um wirtschaftlich zu arbeiten. Das ist die Preisuntergrenze. Ganz schön happig – beim Discounter ist's um ein Vielfaches billiger!

Daher sollten Sie überlegen, wie Sie die Kosten nach unten drücken können. Entweder schrauben Sie an den Einzelkosten und beauftragen den Einkauf, doch gefälligst einen billigeren Lieferanten für den Rohstoff an Land zu ziehen oder Sie nehmen die Gemeinkosten unter die Lupe. Ein großer Block sind die Gehälter in der Verwaltung und im Vertrieb ... Braucht das Unternehmen wirklich 50 Mitarbeiter im Marketing oder sind das nicht 40 zu viel? Sie können dem Vorstand ja einmal einen entsprechenden Vorschlag machen. Das steigert allerdings die Beliebtheit des Controllers nicht unbedingt ...

Das Tolle an der Prozesskostenrechnung

5

In diesem Kapitel

- Die Notwendigkeit der Prozesskostenrechnung
- Prozesse als Kostenverursacher
- Verteilung von Prozesskosten auf Produkte

Die Zeiten sind hart, aber modern. Nachdem die Ära von Ackerbau und Viehzucht im achtzehnten Jahrhundert durch James Watts Weiterentwicklung der Dampfmaschine jäh beendet wurde, machte sich erst einmal die industrielle Revolution breit. Aber nichts hält ewig. Die Produktvielfalt stieg und stieg und steigt noch immer. Die Produktlebenszyklen werden immer kürzer. In den traditionellen Fertigungsbetrieben wird durch Outsourcing die Fertigungstiefe beständig verringert, um mit der Entwicklung Schritt halten zu können. Unternehmen der Dienstleistungsbranche entstehen im Umfeld der Industriebetriebe. Und so dienstleisten wir nun seit einigen Jahren alle um die Wette.

Dumm nur, dass die klassische Kostenrechnung auf industrielle Produktionsbetriebe zugeschnitten war. Viele schlaue (und manche nicht so schlaue) Menschen machten sich Gedanken, wie man die Kostenrechnung für Dienstleistungsbetriebe flott machen könnte. Zu den Schlauen gehörten unter anderem die Harvard-Professoren Cooper und Kaplan. Das Rad musste von den beiden zum Glück jedoch nicht neu erfunden, sondern nur frisch ausgewuchtet werden. Und zwar in der Prozesskostenrechnung.

Dienstleistungsunternehmen

Die Fangfrisch Frischfisch AG beschließt, ihre Produktion einzustellen. Die Produktionshallen werden verkauft, ebenso das Lager. Nur der Verwaltungstrakt bleibt bestehen. Eine Hand voll Mitarbeiter darf bleiben. Diese agieren fortan als Unternehmensberater für Nordseefischer.

Was macht man nun mit den Kosten? Während früher der Großteil der Kosten aus Einzelkosten bestand und der Rest anhand der Einzelkosten für Material oder Fertigung verteilt wurde, hat der Controller jetzt so gut wie keine Einzelkosten mehr, sondern fast nur noch die gemeinen Personalkosten.

Kurzer Prozess

Die klassische Kostenrechnung verteilt die Gemeinkosten anhand der angefallenen Einzelkosten in den jeweiligen Kostenstellen. Das macht aber nur dann richtig Sinn, wenn die Einzelkosten den Großteil ausmachen und wenn es sich bei dem, was am Schluss noch zu verteilen ist, lediglich um Peanuts handelt. In vielen Branchen gibt es heute aber kaum noch Einzelkosten und wo es nix gibt, kann man bekanntlich auch nichts verteilen. Außerdem sind die Kostenstellen meist so verzahnt, dass die isolierte Betrachtung nicht mehr viel bringt.

Wenn nun die Gemeinkosten überwiegen, muss sich der Controller etwas anderes einfallen lassen. Was bringt das Unternehmen nach vorne und verursacht eigentlich die Gemeinkosten? Es ist nicht mehr die Produktion, jetzt sind es eher andere Aktivitäten, die das Unternehmen auszeichnen. Diese finden dummerweise oftmals auch noch in unterschiedlichen Kostenstellen statt. Folglich müssen jetzt diese Aktivitäten für die Kostenverrechnung herhalten. Jetzt muss man sie nur noch Prozesse nennen und fertig ist die Prozesskostenrechnung.

Nicht erschrecken: Die Prozesskostenrechnung kann Ihnen auch unter dem Decknamen *ABC (Activity Based Costing)* über den Weg laufen. Gemeint ist aber dasselbe.

Die Prozesskostenrechnung ist im Gegensatz zur klassischen Kostenrechnung nach folgenden Bausteinen gegliedert:

1. **Kostenartenrechnung:** Hier ändert sich nix. Kostenart bleibt Kostenart, egal ob Prozess oder nicht.
2. **Kostenprozessrechnung:** Für die Kostenverrechnung auf Produkte ist eine Kostenstellenrechnung in der Prozesskostenrechnung unpassend. Die Kosten für das einzelne Produkt entstehen nicht in Kostenstellen, sondern in den übergreifenden Prozessen. Deswegen gibt es hierfür statt der Kostenstellenrechnung die Kostenprozessrechnung.
3. **Kostenträgerrechnung:** Wenn es auf Produktebene keine Kostenstellenrechnung mehr gibt, ändert sich die Kostenträgerrechnung hierdurch auch.

Wie auch in der klassischen Kostenrechnung werden die Einzelkosten direkt den beschuldigten Produkten zugeordnet und spielen im Weiteren in der Kostenprozessrechnung keine Rolle mehr. Man sieht sich dann erst in der Kostenträgerrechnung wieder.

Kostenprozessrechnung

Prozessbildung

Wenn die Kosten auf Prozesse verrechnet werden sollen, brauchen Sie erst einmal Prozesse, sonst wird das Ganze reichlich sinnlos.

Ein Prozess besteht aus den immer wiederkehrenden Handgriffen, auch Tätigkeiten genannt, die dazu beitragen, dass das Unternehmen einen tollen Job macht. Und täglich grüßt das Murmeltier ...

Wenn Sie auf die Suche nach Prozessen gehen, sollten Sie zuerst einmal in den Kostenstellen anfangen.

Am besten schreiben Sie eine Rund-Mail an alle Kostenstellenverantwortlichen mit der Bitte, alle in der jeweiligen Kostenstelle vorkommenden Prozesse zu dokumentieren und Ihnen zukommen zu lassen. Da kommt Freude auf!

Die Prozesse innerhalb einer einzigen Kostenstelle heißen *Teilprozesse*. Wie in der Kostenstelle »Einkauf« die Teilprozessbildung aussehen kann, zeigt Abbildung 5.1. Je nachdem, was eingekauft wird, gestaltet sich der Einkaufsprozess anders. Folglich lassen sich hier vier Teilprozesse bilden: jeweils einer für Rohstoffe, Verpackungsmaterialien, Büromaterial und Maschinen.

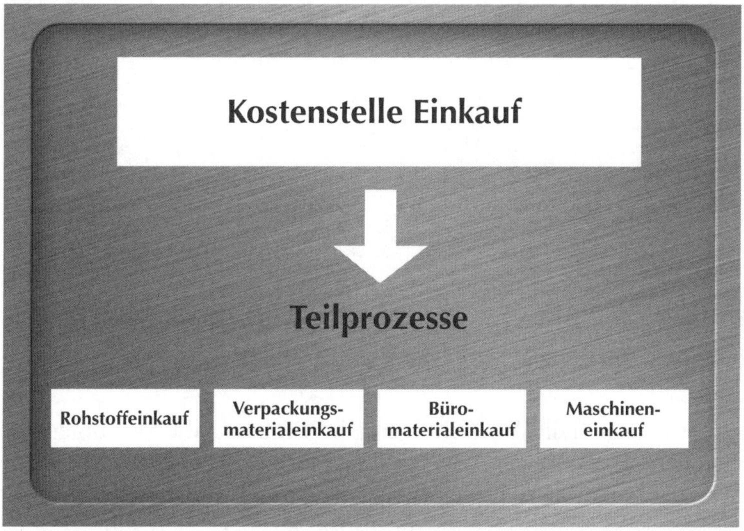

5.1: Teilprozesse

Haben Sie letztendlich (und unzählige Nervenstrapazen später) alle Kostenstellenverantwortlichen erfolgreich dazu ermutigt, Ihnen die jeweiligen Teilprozesse mitzuteilen, geht's weiter.

Sie werden nun zum einen überrascht sein, was in Ihrem Unternehmen alles gemacht wird, und sich andererseits fragen, was Sie nun mit einer solchen Vielzahl von Prozessen anstellen.

Jetzt kommt der eigentliche Clou der Prozesskostenrechnung: Die Teilprozesse werden zu Hauptprozessen zusammengefasst. Diese Hauptprozesse wiederum können Teilprozesse aus unterschiedlichen Kostenstellen beinhalten. Wichtig ist, dass sich die Teilprozesse innerhalb eines Hauptprozesses auf dieselben Anzahlen bzw. Volumina beziehen. Am Beispiel »Rohstoff-

Beschaffung« zeigt Abbildung 5.2, wie das genau funktioniert. Alle Elemente des Hauptprozesses beziehen sich also auf dieselben eingekauften Mengen.

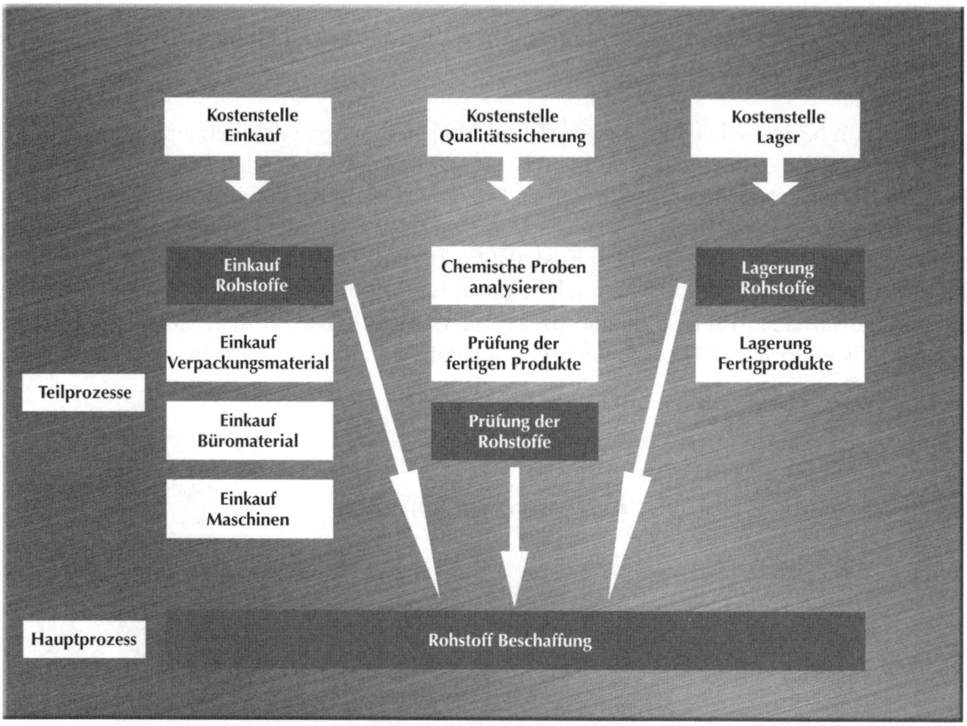

5.2: Bildung von Hauptprozessen

Nehmen Sie sich die Aufstellungen aller Prozesse, die Sie von den einzelnen Kostenstellen erhalten haben, vor und fassen Sie zusammen, was zusammengehört. Natürlich holen Sie sich hierfür die einzelnen Kostenstellenverantwortlichen mit ins Boot. Bilden Sie sachliche Teilprozessgruppen und somit Hauptprozesse. Bei der Vielzahl von Tätigkeiten gilt: Immer schön den Überblick behalten.

Beispiele für weitere Hauptprozesse sind:

- ✔ Produktentwicklung
- ✔ Kunden betreuen
- ✔ Lieferanten betreuen
- ✔ Personal betreuen
- ✔ Kostenplanung und -steuerung
- ✔ Überwachung der Produktion

Teilen Sie die gefundenen Teil- bzw. Hauptprozesse der Buchhaltung mit und bitten Sie diese, die Informationen bei den jeweiligen Buchungen mitzuliefern. Das erspart Ihnen eine Menge Arbeit und steigert Ihre Chancen, auch mal ab und zu im Hellen Feierabend machen zu können.

Auf der Suche nach den Kostentreibern

Jetzt kommen wieder die Kosten ins Spiel. Sie haben eine ganze Reihe von Prozessen und in jedem entstehen Gemeinkosten. Es gilt nun, die Kosten zusammenzutragen. Hier können Sie sich in der Regel wieder einmal auf die Buchhaltung verlassen, da in den gängigen Buchhaltungssystemen die Information über die Zugehörigkeit zu einem bestimmten Prozess je Buchung mitgeliefert wird. Am besten betrachten Sie alles monatsweise.

Nun geht's auf die Suche nach den Sachverhalten, auf die die Kosten je Prozess heruntergebrochen werden können. Diese heißen in der Prozesskostenrechnung *Kostentreiber*.

Kostentreiber sind die Schuldigen für die Kostenverursachung im jeweiligen Prozess. Im Beispiel Rohstoff-Beschaffung wären das etwa die getätigten Bestellungen, auf die die Kosten heruntergebrochen werden können. Das heißt, eine Bestellung von Rohstoffen ist schuld für die Entstehung von x Euro Kosten im Prozess Rohstoff-Beschaffung.

Weitere Beispiele für Prozesse mit den jeweiligen Kostentreibern zeigt Abbildung 5.3.

Prozess	Kostentreiber
Neuprodukte einführen	Anzahl Lieferanten
Betreuung von Lieferanten	Anzahl Lieferanten
Materialbeschaffung	Anzahl Bestellungen
Produktion	produzierte Stückzahl
Kundenbetreuung	Anzahl Kunden
Auftragsabwicklung	Anzahl Aufträge
Betreuung des Personals	Anzahl Mitarbeiter
Gehaltsabrechnung	Anzahl Abrechnungen
Kostenplanung	Anzahl Kostenstellen

5.3: Kostentreiber

Et voilá: Sie wissen hiermit, was Ihre Kosten so vorantreibt. Aber was kostet die einmalige Ausführung eines bestimmten Prozesses?

Um dies zu bestimmen, fehlt noch die Prozessmenge, das heißt, die Angabe, wie oft ein bestimmter Prozess pro Monat ausgeführt wurde. Für diese Angabe wenden Sie sich am besten an den jeweiligen Kostenstellen- bzw. Prozessverantwortlichen.

Jetzt wird es einmal ganz kurz mathematisch:

Monatliche Kosten eines Prozesses / die Prozessmenge = Kosten je Kostentreiber

Dies nennt man auch *Prozesskostensatz*. So viel kostet also eine einmalige Durchführung.

Nicht immer lassen sich für Prozesse Kostentreiber finden. Etwa bei Leitungs- oder Überwachungsfunktionen kann man die Kosten auf nichts richtig beziehen. In diesem Fall spricht man von *leistungsmengenneutralen Kosten*. Manche lassen diese in der Gemeinkostenverrechnung außen vor und berücksichtigen nur das, wofür sich ein Kostentreiber finden lässt, die so genannten *leistungsmengeninduzierten Kosten*. Wir schauen uns hier aber alle Kosten in den Prozessen an und verteilen alles auf die Kostenträger.

Jetzt wird's aber mal Zeit, Ihnen das Ganze an einem schönen Beispiel zu zeigen und vorzurechnen. Wie das alles genau abläuft, steht in Abbildung 5.4.

Hauptprozess	Kostentreiber	Prozessmenge	Kosten in €	Prozesskostensatz in €
Einführung Neuprodukte	Anzahl Bestellungen	5	350.000	70.000
Rohstoff - Beschaffung	Anzahl Bestellungen	70	35.000	500
Beschaffung Verpackungen	Anzahl Bestellungen	30	12.000	400
Beschaffung sonst. Material	Anzahl Bestellungen	17	4.760	280
Fertigung	gefertigte Teile	15.000	720.000	48
Auftragsabwicklung	Anzahl Aufträge	3.000	45.000	15
Buchhaltung	Anzahl Buchungen	2.800	5.600	2
Kundenbetreuung	Anzahl Kunden	500	7.000	14
Personal betreuen	Anzahl Mitarbeiter	250	12.500	50

5.4: Prozesskostensätze

Prozesskostensätze

Sie haben im letzten Monat fünf neue, revolutionäre Produkte entwickelt. Insgesamt sind bei diesem Prozess 350.000 € an Gemeinkosten verbraten worden. Pro neuer Produkteinführung entstanden also Kosten von 70.000 €. Ingenieure sind eben teuer ...

Dann haben Sie noch 70 Rohstoff-Bestellungen aufgegeben. Neben den eigentlichen Rohstoffkosten ergeben sich die Gemeinkosten durch den zähen Bestellvorgang in Höhe von 35.000 €. Macht somit pro Bestellvorgang 500 € an Kosten.

Die 30 Bestellungen von Verpackungsmaterial kosteten stattliche 12.000 €. Durch gezieltes Dividieren erhalten Sie einen Wert von 400 € je Bestellung.

Auswirkungen auf die Kostenträgerrechnung

Mit den Prozesskostensätzen gehen Sie nun in der Kostenträgerrechnung auf die Produkte los. Die Einzelkosten sind ja bereits ohne lästige Umwege dort angekommen. Das alles verdeutlicht Abbildung 5.5 nochmals.

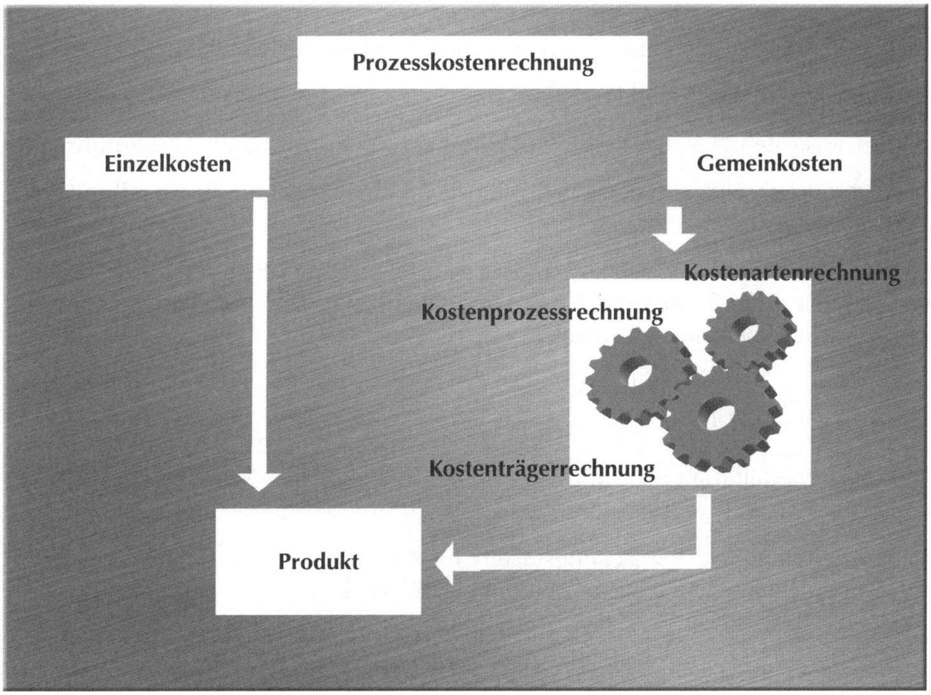

5.5: Schema der Prozesskostenrechnung

Durch die Kostenprozessrechnung wissen Sie, wie viel die Durchführung eines Prozesses kostet. Jetzt ist es noch spannend zu wissen, wie oft der Prozess ablaufen muss, bis ein Produkt fertig ist. Etwa:

- ✔ Wie viele Bestellungen mussten für ein Produkt getätigt werden?
- ✔ Wie viele Teile mussten gebaut werden?
- ✔ Wie viele Mitarbeiter sind dafür zu betreuen?
- ✔ Wie viele Buchungen müssen von Anfang bis Ende für ein Produkt gemacht werden?

Die Anzahl der jeweils notwendigen Durchführungen der Prozesse für ein fertiges Produkt nennt man auch *Verbrauchskoeffizient*.

Je Produkt müssen Sie nun ermitteln, wie oft welcher Prozess zur Erstellung eines Produktes nötig ist. Die Anzahl der Prozesse multipliziert mit dem jeweiligen Prozesskostensatz ergibt somit die dem Produkt zurechenbaren Gemeinkosten. Diese plus die Einzelkosten ergeben die Gesamtkosten in der Prozesskostenrechnung.

Lassen Sie sich die Verbrauchskoeffizienten von den jeweiligen Prozessverantwortlichen oder Kostenstellenverantwortlichen geben. Man kann ja auch als Controller nicht alles wissen ...

Jetzt haben Sie alle Angaben, um einem jeweiligen Produkt die Kosten zuzuweisen:

- ✔ die Einzelkosten des Produkts
- ✔ die Prozesskostensätze, das heißt, was kostet es, den Prozess einmal auszuführen
- ✔ die Verbrauchskoeffizienten, die besagen, wie oft ein Prozess für die Erstellung eines Produkts ausgeführt werden muss

Die Einzelkosten plus die Prozesskostensätze multipliziert mit dem Verbrauchskoeffizienten ergeben zu guter Letzt die dem Produkt zuzurechnenden Kosten. Abbildung 5.6 bringt Licht ins noch eventuell vorhandene Dunkel.

Kosten je Produkt

Eine Rohstoffbestellung reicht für 2.000 Produkte. Folglich rechnet man je Produkt ein Zweitausendstel des Prozesskostensatzes an. Macht im Beispiel 0,25 €.

Mit einer Bestellung von Verpackungsmaterialien können Sie 3.333 Produkteinheiten eintüten. Somit bekommt ein einzelnes Produkt 0,15 € zugeschlagen.

Kostenkategorie	Prozesskostensatz in €	Verbrauchskoeffizient je Produkt	Produktkosten in €
Rohstoff-Einzelkosten	---	---	0,50
Rohstoff-Gemeinkosten	500,00	0,0005	0,25
Verpackungs-Einzelkosten	---	---	0,05
Verpackungs-Gemeinkosten	400,00	0,0003	0,15
Fertigungs-Einzelkosten	---	---	0,80
Fertigungs-Gemeinkosten	48,00	0,005	0,24
Kosten je Produkt			1,99

5.6: Kostenträgerrechnung

Die Prozesskostenrechnung ist ein prima Ersatz für die klassische Kostenrechnung bei Unternehmen mit einem hohen Gemeinkostenanteil. Aber Vorsicht: Sie steht und fällt mit der sauberen Prozessbildung. Nehmen Sie sich also die Zeit, alles genau zu analysieren und die Kostenstellenverantwortlichen mit ins Boot zu holen. Zur Not gibt es noch externes Know-how zur Einführung einer vernünftigen Prozesskostenrechnung. Da freut sich jede Unternehmensberatung ...

Die Stunde der Wahrheit: Die Gewinn- und Verlustrechnung (GuV)

6

In diesem Kapitel

- Die gesetzlichen Grundlagen
- Die internationalen Standards
- Der Aufbau der GuV

Keine Angst, jetzt kommt keine Nachhilfestunde in Sachen Buchhaltung und Bilanzierung. Als Controller können Sie das wahrscheinlich eh in- und auswendig. Aber Scherz beiseite: Sie müssen sich zwar nicht den ganzen Tag um Buchungsmappen kümmern, sollten jedoch einen Überblick haben, die GuV lesen und auswerten sowie steuernd eingreifen können. Denn hier wird das Unternehmensergebnis gemacht. Darum, und nur darum, erfahren Sie jetzt das Wichtigste aus der Gewinn- und Verlustrechnung. Oftmals wird diese auch als Erfolgsrechnung bezeichnet. Manche Mitmenschen versuchen hier auch, ihre Englischkenntnisse kundzutun und sprechen nur von der P&L (Profit & Loss).

Und was ist nun der Unterschied zwischen der GuV und der Bilanz? In der GuV sammeln Sie alle Aufwendungen und Erträge eines Abrechungsjahres und zählen diese am Ende jeweils zusammen. Sind die Erträge größer als die Aufwände, ist es gut, andersrum ist es weniger gut. In der Bilanz dagegen erfassen Sie Ihre Vermögensbestände und vergleichen, ob diese nach einem Jahr größer oder kleiner geworden sind. Die GuV bildet zusammen mit der Bilanz den Jahresabschluss.

Die Basis der Erfolgsrechnung

Gehen Sie nun zu Ihrem Bücherregal und nehmen das Handelsgesetzbuch (HGB) heraus. Schlagen Sie bitte den § 242 HGB auf. Alles klar? Dann beachten Sie bitte die Paragraphen 275 bis 278. Das wäre es eigentlich zu diesem Thema. Sollten Sie jedoch den Gesetzestext nicht als selbsterklärend bezeichnen und obendrein womöglich gerade kein HGB greifbar haben oder gar in Österreich oder in der Schweiz wohnen, schlagen wir vor, dieses Kapitel zu lesen. Es hilft.

Der § 242 Absatz 2 des deutschen UGB schreibt allen Kaufleuten vor, am Ende eines jeden Geschäftsjahres eine Gegenüberstellung der Aufwendungen und Erträge (Gewinn- und Verlustrechung) aufzustellen. In Österreich ist das der § 200 des hiesigen HGB. In der Schweiz dagegen ist das auf den ersten Blick ein wenig komplizierter. Hier gibt es anders als in Deutschland oder Österreich nämlich gar kein HGB bzw. UGB. Hier ist das Obligationenrecht das Maß der Dinge. In allen drei Ländern gilt jedoch: Es muss eine Gewinn- und Verlustrechnung gemacht werden. Wie diese GuV genau auszusehen hat, wird nicht weiter vorgeschrieben.

Für die Feld-, Wald- und Wiesenkaufleute mögen diese gesetzlichen Vorschriften ausreichen. Für Kapitalgesellschaften und andere große Unternehmen hingegen hat der Gesetzgeber noch weiter gehende Vorschriften geschaffen, da hier ein gewisses öffentliches Interesse an einem einigermaßen übersichtlichen und detaillierten Zahlenwerk besteht.

In Deutschland besagt der § 275 (1) des HGB: »Die Gewinn- und Verlustrechung ist in Staffelform nach dem Gesamtkostenverfahren oder dem Umsatzkostenverfahren aufzustellen. Dabei sind die in Absatz 2 oder 3 bezeichneten Posten in der angegebenen Reihenfolge gesondert auszuweisen.« Für Österreich gilt im Grunde dasselbe im § 231 des UGB. In der Schweiz ist der entsprechende Artikel im Obligationenrecht ein wenig anders. Der Artikel schreibt eine relativ kurz gehaltene Mindestgliederung vor:

Schweizer Obligationenrecht: Artikel 663

- ✔ Die Erfolgsrechung weist betriebliche und betriebsfremde sowie ausserordentliche Erträge und Aufwendungen aus.
- ✔ Unter Ertrag werden der Erlös aus Lieferungen und Leistungen, der Finanzertrag sowie die Gewinne aus Veräusserungen von Anlagevermögen gesondert ausgewiesen.
- ✔ Unter Aufwand werden Material- und Warenaufwand, Personalaufwand, Finanzaufwand sowie Aufwand für Abschreibungen gesondert ausgewiesen.
- ✔ Die Erfolgsrechnung zeigt den Jahresgewinn oder den Jahresverlust.

Zurück nach Deutschland beziehungsweise Österreich. Dort schreibt das HGB bzw. UGB vor, dass die GuV in Staffelform aufzustellen sei.

Die Staffelform hat zwar nur entfernt etwas mit einem Staffellauf zu tun, dient aber als guter Vergleich. Es geht hier darum, dass die GuV einfach wie eine Tabelle mit Zwischensummen aufgebaut sein muss. Nicht mehr und nicht weniger. Wie bei einem Staffellauf können so Zwischenzeiten, Pardon, Zwischensummen genommen werden.

Gesamtkostenverfahren oder Umsatzkostenverfahren – die Qual der Wahl

Neben der vorgeschriebenen Staffelform lässt Ihnen das deutsche und österreichische Gesetz ein Wahlrecht zwischen dem Gesamtkostenverfahren und dem Umsatzkostenverfahren. Diese beiden Verfahren stellen die gesetzliche Mindestgliederung dar. In der Schweiz besteht zwischen diesen beiden Verfahren ebenfalls ein Wahlrecht.

Ein Wahlrecht birgt ja bekanntlich gewisse Probleme in sich. Man muss sich über die Unterschiede zwischen den Alternativen informieren und die Vor- und Nachteile abwägen. Diese Arbeit haben wir Ihnen abgenommen. Hier ist das Ergebnis:

✔ **Die bittere Wahrheit:** In einem Geschäftsjahr werden eigentlich fast nie exakt gleich viel Produkte verkauft, wie hergestellt wurden. Der Umsatz bezieht sich also auf eine Menge X an verkauften Produkten und die Kosten auf eine Menge Y an hergestellten Produkten. Beide Verfahren der Erfolgsrechnung versuchen nun, auf unterschiedliche Art und Weise mit dieser Tatsache umzugehen.

✔ **Der Unterschied – Nomen est Omen:** Das Gesamtkostenverfahren betrachtet alle Kosten, daher Gesamtkosten. Und dies unabhängig davon, ob alle in einer Periode hergestellten Produkte bereits verkauft wurden oder nicht. Diesen werden die Umsätze und die Bestandsveränderungen (Lageraufbau oder Lagerabbau) gegenübergestellt. Beim Umsatzkostenverfahren dagegen werden vom Umsatz nur die dafür entstandenen Kosten abgezogen, das heißt, die Kosten der bereits hergestellten, aber noch nicht verkauften Produkte bleiben unberücksichtigt.

✔ **Die Wahlentscheidung:** Das Umsatzkostenverfahren beherrscht die internationale Bühne. Deshalb empfiehlt sich dieses Verfahren. Ansonsten schenken sich diese beiden Verfahren nicht sehr viel. Aber Vorsicht! Wenn Sie sich für ein Verfahren entschieden haben, können Sie nicht mehr so leicht wechseln. Ist ja auch logisch: Was würde denn sonst an der Börse vermutet werden, wenn Sie das Unternehmensergebnis ständig anders darstellen würden?

Jetzt erreicht Ihre Anspannung bestimmt bald den Siedepunkt, so dass wir Ihnen das Umsatzkostenverfahren nicht mehr länger vorenthalten wollen. So sieht das Prachtstück aus. Bevor Sie aber hierüber weitere Einzelheiten erfahren, müssen Sie sich noch kurz gedulden und mit uns einen kleinen Ausflug ins Ausland machen.

Ein Zahlenbeispiel

Die Beispielfirma in diesem Kapitel stellt Motorroller her und erhofft sich dank des Klimawandels große Zuwachsraten in Nordeuropa:

GuV eines Geschäftsjahres nach dem Gesamtkostenverfahren:

Umsatzerlöse für zehn Motorroller:	60.000,– Euro
Zwei Motorroller konnten noch nicht verkauft werden:	+ 12.000,– Euro
Aufwand (das sind hier die gesamten Kosten):	– 70.000,– Euro
Jahresüberschuss:	= 2.000,– Euro

GuV eines Geschäftsjahres nach dem Umsatzkostenverfahren:

Umsatzerlöse für zehn Motorroller:	60.000,– Euro
Aufwand (das sind hier die Kosten für zehn Roller):	– 58.000,– Euro
Jahresüberschuss:	= 2.000,– Euro

Umsatzkostenverfahren gem. HGB

1. Umsatzerlöse
2. Herstellungskosten der zur Erzielung der Umsatzerlöse erbrachten Leistungen
3. Bruttoergebnis vom Umsatz
4. Vertriebskosten
5. allgemeine Verwaltungskosten
6. sonstige betriebliche Erträge
7. sonstige betriebliche Aufwendungen
8. Erträge aus Beteiligungen, davon aus verbundenen Unternehmen
9. Erträge aus anderen Wertpapieren und Ausleihungen des Finanzanlagevermögens, davon aus verbundenen Unternehmen
10. sonstige Zinsen und ähnliche Erträge, davon aus verbundenen Unternehmen
11. Abschreibungen auf Finanzanlagen und auf Wertpapiere des Umlaufvermögens
12. Zinsen und ähnliche Aufwendungen, davon aus verbundenen Unternehmen
13. Ergebnis der gewöhnlichen Geschäftstätigkeit
14. außerordentliche Erträge
15. außerordentliche Aufwendungen
16. außerordentliches Ergebnis
17. Steuern vom Einkommen und vom Ertrag
18. sonstige Steuern
19. Jahresüberschuss / Jahresfehlbetrag

6.1: Umsatzkostenverfahren

Jetzt wird's international: IFRS und US-GAAP

Falls Sie gedacht haben, Sie hätten nun die ersten Grundlagen bereits geschafft und dabei noch immer einigermaßen den Überblick behalten: Gut so. Denn jetzt wird es noch ein bisschen komplizierter.

Es begab sich im Jahre 2002, dass der EU-Ministerrat und das Europäische Parlament eine Verordnung mit dem wohlklingenden Namen »Verordnung (EG) Nr. 1606/2002 des Europäischen Parlaments und des Rates vom 19. Juli 2002 betreffend die Anwendung internationaler Rechnungslegungsstandards« beschlossen haben. Das Zitat soll Ihnen aber nur als Service dienen, um eventuell mit Detailreichtum protzen zu können.

Die EU-Verordnung aus dem Jahre 2002 besagt, dass alle Kapitalgesellschaften in der EU ihre Abschlüsse seit dem Jahr 2005 nach dem IFRS-Standard machen müssen. Schweizer Unternehmen können dies selbstverständlich auch. Und damit drängen sich die folgenden Fragen auf:

1. Was ist IFRS?
2. Worin unterscheidet sich IFRS von meinen nationalen Regeln?
3. Und was zum Kuckuck ist US-GAAP?

Definiere IFRS

IFRS ist die Abkürzung für »International Financial Reporting Standards«. Diese Standards werden von einer in den USA ansässigen Institution namens IASB (International Accounting Standard Board) entwickelt. So, jetzt wissen Sie das auch.

Der Unterschied zwischen IFRS und den nationalen Regeln

Die IFRS-Vorschriften sind etwas laxer. Die Erfolgsrechnung kann man in der Staffelform erstellen, muss es aber nicht. Zudem kann man zwischen dem Gesamtkostenverfahren und dem Umsatzkostenverfahren wählen. Aber eigentlich wird das Umsatzkostenverfahren lieber gesehen. Der größte Unterschied besteht aber im Umgang mit immateriellen Vermögenswerten. So dürfen zum Beispiel Forschungsergebnisse nach IFRS als Herstellungskosten angesetzt werden.

Definiere US-GAAP

GAAP steht für »generally accepted accounting principles« und ist in den USA beheimatet. Deshalb US-GAAP. Die Vorschriften nach US-GAAP kann man als ähnlich freizügig wie die IFRS-Vorschriften bezeichnen. Bitte verwechseln Sie US-GAAP aber nicht mit den Vorschriften der US-amerikanischen Börsenaufsicht SEC. Deren Vorschriften sind noch einen Tick härter.

Hier muss die GuV in Staffelform gemacht werden. Und es ist nur das Umsatzkostenverfahren erlaubt. Diese Vorschriften gelten zwingend für alle Unternehmen, deren Aktien an einer US-Börse gehandelt werden. Falls Sie bei einem börsennotierten Unternehmen angestellt sind, dessen Aktien auch an der Wall Street gehandelt werden, tun Sie verdammt gut daran, neben einem HGB-Abschluss auch einen Abschluss nach US-GAAP zu erstellen.

Der Aufbau der GuV

Jetzt kennen Sie bereits viele Grundlagen und können sogar mit ein paar internationalen Vorschriften um sich werfen. Aber selber eine GuV aufstellen oder analysieren? Dazu kommt jetzt alles Notwendige in 19 Schritten.

Keine Sorge. Auf der CD finden Sie eine Zuordnung der gängigen Konten zu den jeweiligen Positionen der Gewinn- und Verlustrechnung. So wissen Sie stets, welche Auswirkungen es auf die Erfolgsrechnung hat, wenn Sie ein bestimmtes Konto bebuchen.

Schritt 1: Die Umsatzerlöse

Hier ist das Schlagwort »gewöhnliche Geschäftstätigkeit« wichtig. Alle Erlöse aus der gewöhnlichen Geschäftstätigkeit, also Erlöse, die mit Ihrem Kerngeschäft zusammenhängen, sind als Umsatzerlöse zu summieren. Von den Erlösen aber bitte immer die Umsatzsteuer und alle sonstigen Erlösschmälerungen abziehen. Mit ein paar Beispielen wird schnell klar, was damit gemeint ist:

- ✔ **Beispiel Produzierendes Gewerbe:** Mal angenommen, Ihr Unternehmen stellt Motorroller her. Dann müssen Sie hier alle Umsatzerlöse zuordnen, die aus den Verkäufen von Motorrollern stammen. Von den Erlösen aber bitte die Umsatzsteuer abziehen. Die kassieren Sie ja lediglich für den Fiskus. Die Rabatte, die Sie Ihren Händlern gewährt haben, müssen Sie auch abziehen. Und die Retouren aus der Gewährleistung bitte auch nicht vergessen. Ganz wichtig: Die Erlöse aus der Kantine etwa dürfen Sie hier nicht zu den Umsatzerlösen hinzuzählen. Die gehören nämlich nicht zu Ihrem Kerngeschäft und somit nicht zur gewöhnlichen Geschäftstätigkeit. Das ist eher so etwas wie ein Mittel zum Zweck. Mit vollen Bäuchen arbeitet es sich nun mal besser.
- ✔ **Beispiel Dienstleistungsgewerbe:** Stellen Sie sich vor, Ihr Unternehmen würde Kantinen betreiben. Sämtliche Erlöse aus den Kantinen wären dann Ihre Umsatzerlöse. Auch hier gilt: die Umsatzsteuer weglassen. Ebenso müssen Sie auch alle Rabatte oder Vergünstigungen, die die Erlöse verringert haben, abziehen. Und damit Sie auch wissen, was nicht hierher gehört: Alle drei Jahre erneuern Sie Ihren Fuhrpark, mit dem Sie die Kantinen beliefern. Die alten Motorroller verkaufen Sie an interessierte Mitarbeiter. Diese Erlöse gehören auch nicht zur gewöhnlichen Geschäftstätigkeit.

Schritt 2: Herstellungskosten der zur Erzielung der Umsatzerlöse erbrachten Leistungen

Jetzt wird es etwas verzwickter. Die Frage ist, was denn nun zu den Herstellungskosten der abverkauften Produkte zählt. Fast könnte man meinen, dies sei eine Aufgabe von Betriebswirten, die in ihrem zweiten Leben gerne Philosophie studieren würden.

Wir verschonen Sie hier mit den Details und zeigen lediglich den unserer Meinung nach besten Weg auf. Dies gilt im Übrigen für viele weitere Punkte in diesem Kapitel. Hier erhalten Sie nur den notwendigsten Überblick. Wenn Sie tiefer in das Thema Rechnungswesen eintauchen wollen, empfehlen wir Ihnen, uns ganz lieb zu bitten, ein Buch mit dem Titel *Rechnungswesen für Dummies* zu schreiben.

Sie vereinfachen Ihren Büroalltag erheblich, wenn Sie hier unter den Herstellungskosten dieselben Sachen zusammenfassen, die Sie auch in der Bilanzposition als Herstellungskosten berücksichtigen. Dann werden Sie auch nicht mit dem Wort »Überleitungsrechnung« konfrontiert. Das spart unglaublich viel Nerven. In Deutschland finden Sie im § 255 (2) HGB eine Auflistung, was alles zu den Herstellungskosten zählt. Dabei unterscheidet das Gesetz zwischen Kosten, die dazugezählt werden müssen, und Kosten, die dazugezählt werden können.

Herstellungskosten nach deutschem Recht

Folgende Kosten zählen auf jeden Fall zu den Herstellungskosten:

- ✔ Materialeinzelkosten
- ✔ Fertigungseinzelkosten
- ✔ Sondereinzelkosten der Fertigung

Diese Kosten können Sie auch dazuzählen, müssen es aber nicht:

- ✔ notwendige Materialgemeinkosten
- ✔ notwendige Fertigungsgemeinkosten
- ✔ Wertverzehr des Anlagevermögens
- ✔ Verwaltungsgemeinkosten
- ✔ Aufwendungen für soziale Leistungen
- ✔ Fremdkapitalzinsen (fertigungsbezogen)

In Österreich gilt der § 203 UGB. Bei den Einzelkosten gilt dasselbe wie in Deutschland. Das Schweizer Obligationenrecht und die Schweizer FER machen leider keine Aussagen darüber, was alles genau zu den Herstellungskosten zu rechnen ist.

Herstellungskosten nach IFRS

Nach IFRS gehören folgende Komponenten auf jeden Fall zu den Herstellungskosten:

- ✔ Materialeinzelkosten
- ✔ Fertigungseinzelkosten
- ✔ Sondereinzelkosten der Fertigung
- ✔ Materialgemeinkosten
- ✔ Fertigungsgemeinkosten
- ✔ Entwicklungskosten
- ✔ Verwaltungsgemeinkosten (fertigungsbezogen)
- ✔ Aufwendungen für soziale Leistungen (fertigungsbezogen)

Lediglich bei den fertigungsbezogenen Fremdkapitalzinsen haben Sie beim IFRS ein Wahlrecht, sie hinzuzuzählen oder nicht.

Ermittlung der Herstellungskosten

So, jetzt werden in der kleinen Motorrollerfirma die Herstellungskosten ermittelt:

- ✔ **Materialeinzelkosten:** Das sind alle Kosten für verbrauchtes Material und Rohstoffe, die direkt dem verkauften Produkt zuzuordnen sind. Beispiel: Die Beschaffungskosten für 1.000 Lichtmaschinen für den Motorroller Modell Perugia: 80.000,- Euro.
- ✔ **Fertigungseinzelkosten:** Hierzu zählen die anteiligen Löhne der Arbeiter für die Zeit, in der sie bei der Produktion des Motorrollers vom Typ Perugia gearbeitet haben: 70.000,- Euro.
- ✔ **Sondereinzelkosten der Fertigung:** Für jeden verkauften Roller Perugia bekommt diese schöne umbrische Stadt 1,- Euro. Macht in Summe 1.000,- Euro.

Nach deutschem und österreichischem Recht bilden diese drei Posten die Wertuntergrenze, also das Minimum der Herstellungskosten: 151.000,- Euro.

- ✔ **Materialgemeinkosten:** Hierher gehören alle Materialkosten, die keinem der verkauften Produkte direkt zurechenbar sind. Beispiele hierfür sind Stahlbleche oder Farben, die auch für andere Motorroller-Modelle verwendet werden. Aber auch alle Gemeinkosten aus den Abteilungen Wareneingang und Lager. Macht in Summe 25.000,- Euro.
- ✔ **Fertigungsgemeinkosten:** Hierzu zählen die Löhne des Meisters und der Lagerarbeiter. Ebenso alle Kosten für Strom, Heizöl sowie Reparaturkosten und Versicherungen für die Fertigung. Ergibt 85.000,- Euro. Zusätzlich dürfen Sie hier auch die Abschreibungen des Anlagevermögens, das der Fertigung dient, ansetzen. Macht 20.000,- Euro.

- ✔ **Entwicklungskosten (nach IFRS):** Nach IFRS dürfen immaterielle Vermögenswerte angesetzt werden, wenn es einigermaßen sicher ist, dass dem Unternehmen daraus irgendwann einmal ein handfester Nutzen erwächst. Also werden hier in der Motorrollermanufaktur auch die Kosten angesetzt, die der zugegebenermaßen etwas verschrobene Neffe des Firmengründers bei seinen Grundlagenforschungen zu einem wasserstoffgetriebenen Motorroller verursacht. Die Forschungsergebnisse sind dann die immateriellen Vermögenswerte. Das waren im letzten Jahr 127.000,- Euro.
- ✔ **Fertigungsbezogene Verwaltungskosten:** Hierher gehören alle Gemeinkosten, die im Wasserkopf entstanden sind und einen Bezug zur Fertigung haben. Ausgenommen ist der Vertrieb. Allgemeine Verwaltungskosten dürfen Sie hier auch nicht dazuzählen. Die Frage, wie Sie zwischen allgemeinen und fertigungsbezogenen Verwaltungskosten unterscheiden können, ist nicht pauschal zu beantworten. Das müssen Sie fallweise und nach dem jeweiligen Sachverhalt entscheiden. Am besten, Sie schlüsseln diese Kosten. Die Kosten der Abteilung Lohn- und Gehaltsabrechung können Sie danach schlüsseln, wo wie viele Mitarbeiter beschäftigt sind. Angenommen, 60% der Mitarbeiter arbeiten in der Fertigung, dann gehören 60% der Kosten der Lohnabrechung hierher. Ergibt beispielsweise 55.000,- Euro.
- ✔ **Aufwendungen für soziale Leistungen:** So, jetzt darf ans Essen gedacht werden: Aufwendungen für die Kantine sowie Essenszuschüsse kommen hier hinein. Und es geht weiter. Wenn Sie von den folgenden Leistungen bis dato noch nie etwas gehört haben, sollten Sie mal kritisch Ihre Wahl des Arbeitgebers überdenken: Leistungen für Fitnessräume, Bibliotheken, Ausflüge, Beihilfen für Umzüge, Jubiläen und und und ... Ebenso gehören hier auch alle Aufwendungen für die Altersversorgung, das heißt für ein Leben nach dem Controlling, hinein. Macht im Beispiel 30.000,- Euro Pensionsrückstellungen.
- ✔ **Fertigungsbezogene Fremdkapitalzinsen:** Das sind die Zinszahlungen, die im Herstellungszeitraum angefallen sind und der Finanzierung der Produktion zuzurechnen sind. Das waren hier z.B. 800,- Euro.

So, das ist alles, was Sie zu den Herstellungskosten hinzuzählen dürfen. Damit verlassen wir dieses Thema. Falls Sie noch nicht genug davon haben sollten, können Sie es ja einfach noch einmal durchlesen.

Schritt 3: Bruttoergebnis vom Umsatz

Dieser Schritt fällt verhältnismäßig kurz aus: Das Bruttoergebnis vom Umsatz ergibt sich aus: Umsatzerlöse (Schritt 1) minus Herstellungskosten (Schritt 2). That's it!

Umsatzerlöse:	768.000,-
– Herstellungskosten (nach IFRS):	493.800,-
= Bruttoergebnis vom Umsatz:	274.200,-

6.2: Bruttoergebnis vom Umsatz

Schritt 4: Vertriebskosten

Dreimal dürfen Sie raten. Richtig! Hier geht es um alle Aufwendungen, die mit dem Vertrieb zu tun haben. Dazu gehören zuerst einmal die Sondereinzelkosten des Vertriebs wie etwa die Verpackungskosten oder die Transportkosten. Und es gehören alle Gemeinkosten des Vertriebs hierher. Das sind zum Beispiel die Gehälter der Vertriebsmitarbeiter, deren Reisekosten, Kosten für Messen und so weiter. Das sind in diesem Beispiel 4.000,- Euro.

Schritt 5: allgemeine Verwaltungskosten

Hier dürfen Sie jetzt die allgemeinen Verwaltungskosten abladen. Die Ermittlung ist ganz einfach: Überlegen Sie sich, was alles zu den Verwaltungskosten beiträgt (die Geschäftsleitung, das Controlling oder beispielsweise der Hausmeister). Von dieser hoffentlich nicht unverhältnismäßig großen Zahl ziehen Sie jetzt die fertigungsbezogenen Verwaltungskosten aus Schritt 2 wieder ab. Das war's. Ergibt im Beispiel 125.000,- Euro.

Schritt 6: sonstige betriebliche Erträge

Das ist ein Ertragssammelbecken. Alles, was Sie nicht den Umsatzerlösen oder den in den Schritten 8 bis 10 erzielten Erträgen zuordnen können, kommt hierher. Die Vielfalt der Beispiele spiegelt die bunte Welt des Rechnungswesens wider. Sie verkaufen eine Ihrer Meinung nach ausgediente Maschine an einen Wettbewerber (der Sie dann hoffentlich nicht mit konkurrenzlos billigen Motorrollern in den Ruin treibt): Das sind Erträge aus dem Verkauf von Anlagegegenständen. Sie lösen Rückstellungen auf, weil die erwarteten Rechnungen des Seminaranbieters »Juhu – Motivierter arbeiten« ausbleiben und damit verjährt sind, da der Anbieter zwar gute Seminare macht, aber zu blöd ist, sich um das Finanzielle zu kümmern. Oder andersrum: Sie hatten eine Forderung bereits abgeschrieben und nun zahlt der Kunde plötzlich doch noch. Auch das gehört hierher. Im letzten Jahr waren das 45.000,- Euro.

Schritt 7: sonstige betriebliche Aufwendungen

Alle Aufwendungen, die Sie nicht in die Schritte 2, 4, 5, 11 und 12 stecken, werden hier berücksichtigt. Ging eine Maschine vorzeitig kaputt? Die Kosten kommen hierher. Müssen Sie Forderungen abschreiben, da der Kunde zahlungsunfähig wurde? Dann haben Sie wenigstens eine Gewissheit: Solche Kosten sind hierher zu packen.

Schritt 1 bis 7 ergibt zusammen das *Betriebsergebnis (EBIT)*. EBIT heißt »Earnings before Interest and Taxes«.

Schritt 8: Erträge aus Beteiligungen

Falls Ihr Unternehmen Aktien anderer Unternehmen besitzt und das als Beteiligung zu bezeichnen ist und diese auch noch Dividenden abwerfen, gehören solche Erträge hierher. Auch andere Formen der Gewinnbeteiligung an beteiligten Unternehmen zählen natürlich hierzu.

Achtung: Extra aufführen müssen Sie hier die Erträge aus Beteiligungen aus verbundenen Unternehmen. In diesem Beispiel sind das 0,- Euro.

Schritt 9: Erträge aus anderen Wertpapieren und Ausleihungen des Finanzanlagevermögens

Hierunter zählen alle Zinserträge aus Ausleihungen und Wertpapieren sowie Dividenden, so weit sie nicht aus Beteiligungen stammen, also bereits im Schritt 8 untergebracht wurden. Das waren leider 0,- Euro.

Schritt 10: sonstige Zinsen und ähnliche Erträge

Da Sie stets darauf geachtet haben, dass die Portokasse gut auf einem Tagesgeldkonto angelegt ist, kassiert Ihre Firma Zinsen hieraus. Frei nach dem Motto: Kleinvieh macht auch Mist. Mit anderen Worten: Hierher gehören Zinserträge aller Art, die nicht zu den Schritten 8 und 9 gehören. So einfach ist das. Vor allem, wenn man die Unterscheidung selber machen darf und dabei ein bisschen Interpretationsspielraum hat. Und den hat man doch immer ein klein wenig. Macht 450,- Euro.

Schritt 11: Abschreibungen auf Finanzanlagen und auf Wertpapiere des Umlaufvermögens

Alles, was Ihr Unternehmen (na, Sie wissen schon – gemeint ist Ihr Arbeitgeber) an Beteiligungen, Anteilen, Ausleihungen und Wertpapieren so über die Jahre hinweg angesammelt hat ... und zwischendurch leider an Wert verloren hat, sollte in Höhe des Wertverlustes abgeschrieben werden. Ein tränenreiches Beispiel wäre die Anlage eines großen Unternehmensvermögens in Aktien eines Unternehmens, das den größten Börsenskandal der letzten Jahre in New York verursacht hat. Danach blieb vom ursprünglichen Anlagewert nur ein Bruchteil übrig. Diesen Wertverlust dürfen Sie im entsprechenden Jahr auch abschreiben. Wenigstens ein kleiner Trost. Hier ein trauriges Beispiel: 60.000,- Euro.

Schritt 12: Zinsen und ähnliche Aufwendungen (davon an verbundene Unternehmen)

All das schöne Geld, das Ihr Unternehmen im Laufe des Jahres in Form von Zinsen an die Banken bezahlt hat, tragen Sie hier ein. Hat Ihr Unternehmen von einem verbundenen Unternehmen Geld geliehen und zahlt dafür Zinsen, müssen Sie das hier gesondert ausweisen. Hier fiel im Beispiel nichts an.

Schritt 8 bis 12 ergibt zusammen das Finanzergebnis.

Schritt 13: Ergebnis der gewöhnlichen Geschäftstätigkeit

Die Summe aller Schritte ist das Ergebnis der gewöhnlichen Geschäftstätigkeit. Und das ohne irgendwelche Steuern.

Umsatzerlöse:	768.000,-
– Herstellungskosten (nach IFRS):	493.800,-
= Bruttoergebnis vom Umsatz:	274.200,-
– Vertriebskosten:	4.000,-
– allg. Verwaltungskosten:	125.000,-
+ sonstige betriebliche Erträge:	45.000,-
– sonstige betriebliche Aufwände:	48.000,-
sonstige Zinsen:	450,-
Abschreibungen auf Finanzanlagen:	60.000,-
Ergebnis der gewöhnlichen Geschäftstätigkeit:	82.650,-

6.3: Ergebnis der gewöhnlichen Geschäftstätigkeit

Schritt 14: außerordentliche Erträge

Ist die alte und ungenutzte Fabrikhalle abgebrannt und die Versicherung hat bereits gezahlt? So etwas könnte man durchaus als außerordentlichen Ertrag bezeichnen. Ebenso, wenn diese Fabrikhalle verkauft wurde. Hier werden alle Erträge eingetragen, die überhaupt nichts mit der normalen Geschäftstätigkeit zu tun haben, aber dennoch das Jahresergebnis erheblich beeinflussen. Hier gab es im Beispiel 12.000,- Euro.

Schritt 15: außerordentliche Aufwendungen

Schritt 15 ist einfach nur die Umkehrung von Schritt 14. Die Fabrikhalle brennt ab, war aber dummerweise nicht versichert. Oder die Halle wurde verkauft und der Käufer geht in die Insolvenz, bevor Sie die Kaufsumme erhalten haben. In diesem Schritt durchleiden Sie ein einziges Jammertal, falls Sie hier etwas einzutragen haben. Unser herzliches Beileid an dieser Stelle. So etwas passierte in unserem Beispiel nicht.

Schritt 16: außerordentliches Ergebnis

Das außerordentliche Ergebnis errechnet sich durch die hochkomplizierte mathematische Formel: außerordentliche Erträge minus außerordentliche Aufwendungen.

außerordentliche Erträge:	12.000,-
– außerordentliche Aufwendungen:	0,-
= außerordentliches Ergebnis:	12.000,-

6.4: Außerordentliches Ergebnis

Schritt 17: Steuern vom Einkommen und vom Ertrag

Für diesen Punkt benötigen Sie weniger eine blühende Phantasie als einen guten Steuerexperten. Alle ertragsabhängigen Steuern, die Ihr Steuerexperte nicht vermeiden konnte, werden hier aufgelistet. Inklusive eventueller Verrechnungen mit den Vorjahren. Das waren beispielsweise 32.000,- Euro.

Schritt 18: sonstige Steuern

Hierzu zählen alle Steuern, die nicht zu Schritt 17 gehören, wie zum Beispiel Versicherungsteuern oder Grundsteuern. Das sind z.B. 8.500,- Euro.

Schritt 19: Jahresüberschuss / Jahresfehlbetrag

Der krönende Abschluss: Jetzt sehen Sie endlich, wie das letzte Jahr lief. Die Summe aller Schritte ergibt entweder einen Überschuss oder einen Fehlbetrag.

Ergebnis der gewöhnlichen Geschäftstätigkeit:	82.650,-
+ außerordentliche Erträge:	12.000,-
– außerordentliche Aufwendungen	0,-
– Steuern vom Einkommen und Ertrag:	32.000,-
– sonstige Steuern:	8.500,-
= Jahresüberschuss:	54.150,-

6.5: Jahresüberschuss / Jahresfehlbetrag

Die gesamte Erfolgsrechnung können Sie nun als Plan/Ist-Vergleich oder als Ist/Ist-Vergleich darstellen. Letzteres zeigt die Entwicklung über die Jahre und ist für die Veröffentlichung nach außen. Das sieht dann so aus wie in Abbildung 6.6.

	2003	2004	2005
Umsatzerlöse	768.000,-	695.000,-	762.000,-
Herstellungskosten	493.800,-	422.000,-	476.000,-
Bruttoergebnis	274.200,-	273.000,-	286.000,-
Vertriebskosten	4.000,-	4.200,-	4.600,-
allg. Verwaltungskosten	125.000,-	129.000,-	127.000,-
sonst. betriebl. Erträge	45.000,-	42.000,-	41.000,-
sonst. betriebl. Aufwendungen	48.000,-	47.000,-	38.000,-
sonstige Zinsen	450,-	410,-	530,-
Abschreibungen auf Finanzanlagen	60.000,-	60.000,-	62.000,-
Ergebnis der gewöhnlichen Geschäftstätigkeit	82.650,-	74.390,-	94.870,-
außerordentliche Erträge	12.000,-	2.000,-	5.000,-
Ertragssteuern	32.000,-	28.000,-	34.000,-
sonstige Steuern	8.500,-	9.000,-	9.200,-
Jahresüberschuss / Jahresfehlbetrag	54.150,-	39.390,-	56.670,-

6.6: GuV-Darstellung

Nachdem Sie in diesem Kapitel die Hintergründe zu den einzelnen GuV-Positionen kennen gelernt haben, sehen Sie, dass eine solche Darstellung nur sehr grob ist und nur die polierte Oberfläche darstellt. Die Feinheiten und Dramen, die hinter diesen Zahlen stehen, gibt die Erfolgsrechnung niemals preis.

Der Showdown: Die Bilanz

7

In diesem Kapitel

- Sinn und Zweck der Bilanz
- Wie eine Bilanz aufgebaut ist
- Die unterschiedlichen Regeln der Bilanzierung

Jedes Jahr das gleiche Prozedere: renommierte Kapitalgesellschaften lassen in groß angelegten Pressekonferenzen die Katze aus dem Sack und präsentieren bei Sekt und Schnittchen die Bilanz des soeben abgelaufenen Geschäftsjahres. Irgendwas muss an diesem Wulst von Zahlen somit dran sein, dass sich so viele dafür interessieren – oder kommt die Presse gar nur der Schnittchen wegen?

Auch Controller lesen eine Bilanz mit derselben Begeisterung wie ein Kind ein Comic-Heft. Der Grund hierfür ist einfach: Nirgendwo sonst findet sich so leicht eine bessere und vollständigere Datenbasis, um wichtige Kennzahlen ihres Unternehmens mit denen der Konkurrenz zu vergleichen.

Doch im Vergleich zu Comic-Heften sind Bilanzen ein klein wenig schwerer zu verstehen. Damit Sie stets den Durchblick behalten, müssen Sie nur eins tun: weiterlesen.

Was muss ein Controller über die Bilanz wissen?

Mit der Bilanz stellt ein Unternehmen die Zahlen des abgelaufenen Geschäftsjahres vor. Kapitalgesellschaften müssen ab einer bestimmten Grenze sowohl in Deutschland als auch in Österreich und der Schweiz eine selbige per Gesetz erstellen.

In Deutschland und Österreich verpflichtet das HGB bzw. UGB dazu, in der Schweiz das Obligationenrecht. Für Kapitalgesellschaften gelten seit 2005 in der EU die Regeln des IAS/IFRS. Diese zeigen wir Ihnen im Folgenden auch noch.

Eine Bilanz ist eine »Momentaufnahme« der Vermögensverhältnisse eines Unternehmens, die meist zum 31. Dezember erstellt wird – quasi als nachträgliches Weihnachtsgeschenk für die am Jahresabschluss heftigst involvierten Mitarbeiter. In der Regel wird sie in der Buchhaltung gemacht. Der Controller steht hierbei aber beratend (böse Zungen behaupten: kontrollierend) zur Seite. Deshalb sollten Sie sich mit den wichtigsten Positionen vertraut machen. Das erleichtert einiges.

Bilanzen dienen in erster Linie dazu, die Anteilseigner und vor allem die Gläubiger (also denjenigen, denen Ihr Unternehmen etwas schuldet) über die Situation des Unternehmens in Kenntnis zu setzen. Hierbei regiert nach nationalem Recht der Gläubigerschutz: Ein Unternehmen soll sich in der Bilanz nicht besser darstellen, als es ist – zur Sicherheit der Gläubiger sogar eher schlechter. Man könnte aus Sicht der Gläubiger auch sagen: safety first ...

Wie so vieles hat auch eine Bilanz zwei Seiten: eine aktive und eine passive. Ganz grob gesagt, zeigen die beiden Seiten Folgendes:

- Die **Aktivseite** einer Bilanz enthält die Vermögensgegenstände des Unternehmens, dass heißt all diejenigen Sachen, die Ihrem Unternehmen gehören.
- Auf der **Passivseite** zeigen Sie auf, wie das alles finanziert wurde.

Geschickterweise stellt man beide Seiten gegenüber, wie Abbildung 7.1 verdeutlicht. Rechts und links müssen logischerweise in Summe dieselben Beträge stehen.

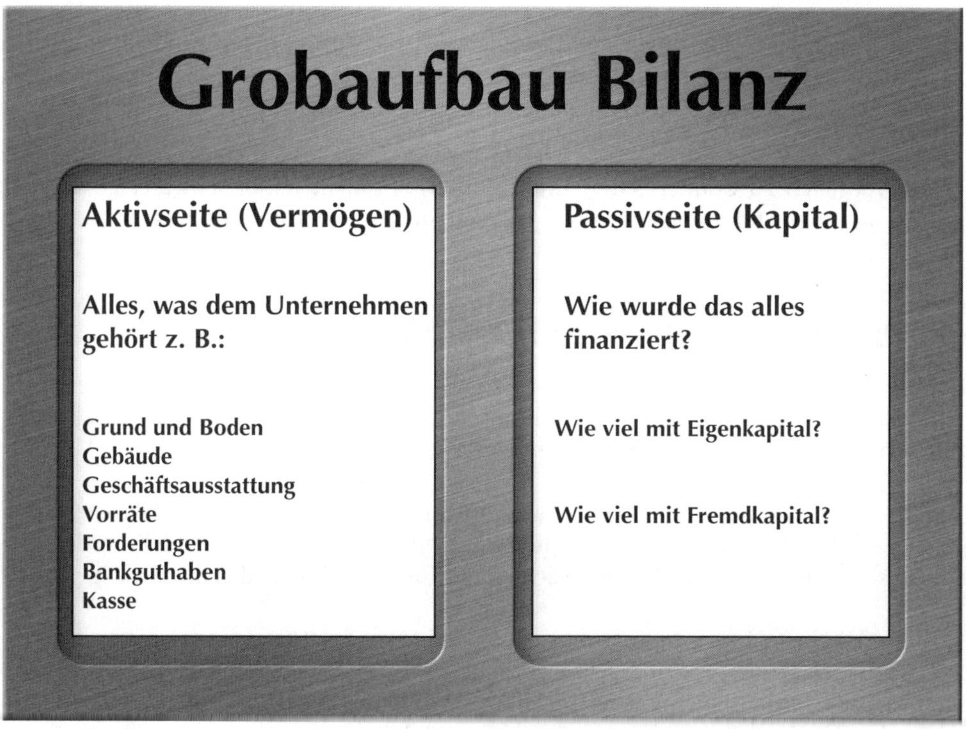

7.1: Grobaufbau Bilanz

Die Aktivseite

Die Vermögenswerte werden auf der Aktivseite so unterteilt:

✔ **Anlagevermögen – oder: was dient dem Unternehmen dauerhaft?**

✔ **Umlaufvermögen – oder: was dient dem Unternehmen nur vorübergehend?**

✔ **Aktive Rechnungsabgrenzungsposten – oder: Periodengerechtigkeit**

Zum *Anlagevermögen* zählt alles, was Ihr Unternehmen dauerhaft dazu benötigt, seine Aufgaben ausführen zu können. Beispiele wären etwa Grundstücke, Gebäude, Maschinen, der Schreibtisch, an dem Sie sitzen, sowie Ihr Rechner.

Umlaufvermögen ist das, was Ihrem Unternehmen nur kurze Zeit dient und danach verkauft oder verbraucht wird. Dies können etwa Vorräte, Forderungen, Aktienpakete oder die Portokasse sein.

Eine der spannenden Fragen ist nun, wie die jeweiligen Vermögensgegenstände in der Bilanz bewertet werden. Die gebräuchlichsten Wertansätze zeigt Abbildung 7.2.

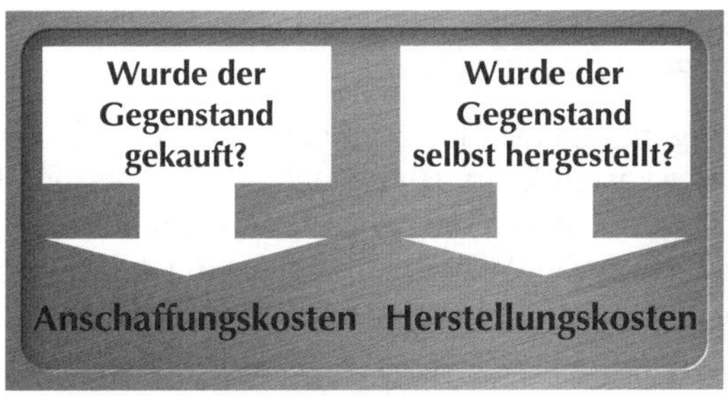

7.2: Bewertungsansätze in der Bilanz

Jetzt sollten Sie die Begriffe noch genauer kennen lernen:

1. **Anschaffungskosten:** Grob gesagt, handelt es sich hierbei um den Kaufpreis. Wurde dieser um Preisminderungen wie etwa Rabatte oder Skonti reduziert, müssen Sie diese abziehen. Nebenkosten wie etwa Montagekosten für Ihre neue Produktionsanlage, Maklergebühren oder nachträgliche Kosten für den Erwerb müssen auf den eigentlichen Einkaufspreis noch aufgeschlagen werden. Siehe da: Fertig sind die Anschaffungskosten.

2. **Herstellungskosten:** Finden Sie es charmanter, Gegenstände selbst herzustellen, anstatt zu kaufen? Dann müssen Sie aber auch die Herstellungskosten ansetzen. Kommen Ihnen diese bekannt vor? Richtig! Es sind genau die Herstellungskosten aus der Gewinn- und Verlustrechnung.

Mit diesem Wissen gehen wir jetzt mit Ihnen die wichtigsten Kategorien der Aktivseite durch. Wir orientieren uns am nationalen Recht für Deutschland. In Österreich und der Schweiz gelten jedoch in der Regel analoge Bestimmungen.

Anlagevermögen

Die Zusammensetzung des Anlagevermögens zeigt Ihnen Abbildung 7.3.

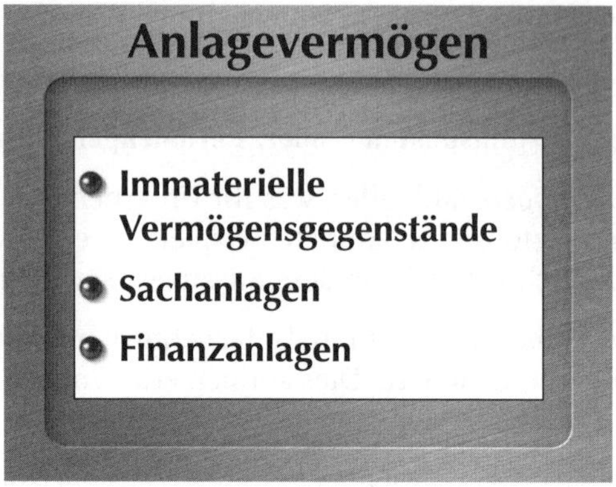

7.3: Zusammensetzung des Anlagevermögens

Immaterielle Vermögensgegenstände

Die immateriellen Vermögensgegenstände zeichnen sich dadurch aus, dass man sie schlecht in die Hand nehmen oder ertasten kann. Hierzu zählen zum Beispiel Patente, Warenzeichen, Urheber- oder Verlagsrechte und Konzessionen. Allerdings ist für die Bilanzierung nach nationalem Recht eines ganz wichtig: Der Vermögensgegenstand darf nur in der Bilanz erscheinen, wenn er gegen ein Entgelt von einem Dritten erworben wurde. Falls Sie etwa eigene Patente entwickelt haben – Pech gehabt. Diese haben in der Bilanz nichts zu suchen! Die immateriellen Vermögensgegenstände müssen immer mit den Anschaffungskosten angesetzt werden.

Der Geschäftswert

Ihr Unternehmen kauft einen renommierten Konkurrenten für 2 Millionen Euro auf. Die Summe aller Vermögenswerte dieses Unternehmens beträgt allerdings nur 1,7 Millionen Euro. Das war der Geschäftsleitung aber egal, da das gekaufte Unternehmen einen treuen Kundenstamm hat, der jetzt zu Ihrem Unternehmen wandert. Die Differenz von 300.000 € kann Ihr Unternehmen in der Bilanz als *Geschäftswert* (auch oft *Firmenwert* genannt) ausweisen. Hierbei handelt es sich ebenfalls um einen immateriellen Vermögensgegenstand, der allerdings in der Bilanz gesondert erscheint.

Das können Sie sich abschreiben ...

Ihr Unternehmen hat im Januar 2004 eine Lagerhalle für eine Million Euro erworben. Diese wird linear über 25 Jahre abgeschrieben. Somit verringert sich einerseits der Wert des Gebäudes in der Bilanz jedes Jahr um 40.000 € (eine Million Euro geteilt durch 25 Jahre), andererseits wird dieser Betrag zu Aufwand in der Gewinn- und Verlustrechnung.

Ende 2004 hat das Gebäude schon ein Jahr auf dem Buckel und ist somit nur noch 960.000 € wert. Mit diesem Wert wird es auch in der Bilanz geführt. Zugleich erhöht sich hierdurch der Aufwand gewinnmindernd im Jahr 2004 um 40.000 €.

Ende 2005 dasselbe Spiel: Der Wert der Halle verringert sich erneut um 40.000 €. In der Bilanz erscheint sie nun nur noch mit 920.000 €. 40.000 € gehen als Aufwand in die Gewinn- und Verlustrechnung.

Das Ganze geht nun volle 25 Jahre so weiter. Es sei denn, die Halle wird verkauft oder brennt ab. Beim Verkauf wird das Gebäude aus der Bilanz genommen. Ist der Verkaufspreis höher als der Bilanzwert (auch Buchwert genannt), wird diese Differenz als Ertrag in der Gewinn- und Verlustrechnung berücksichtigt. Ist er niedriger, entsteht Aufwand.

Nach 25 Jahren ist die Halle zumindest in der Bilanz nichts mehr wert (wenn sie nicht renoviert wurde, was wiederum für neue Anschaffungskosten sorgen würde). Meistens lässt man in diesem Fall einen symbolischen Wert von einem Euro stehen, damit man weiß, dass sie noch da ist.

Abschreibungen sind die größte »Spielmasse« in der Bilanz, da hierdurch künstlicher Aufwand generiert wird, der dafür sorgen kann, dass die zu entrichtenden Steuern etwas gedrückt werden. Aber Vorsicht: Zu viel Abschreibungen sind nicht gut für die Außenwirkung.

Sachanlagen

Sachanlagen schaffen die Voraussetzungen dafür, dass Ihr Unternehmen überhaupt etwas produzieren oder leisten kann. Wichtigste Vertreter wären hierbei:

- ✔ **Grund und Boden:** Ein süddeutsches Sprichwort besagt: »Liebe vergeht, Grundstück besteht.« Ähnlich ist der Bilanzansatz. Da der Grund und Boden in der Regel keiner Abnutzung unterliegt, sind Grundstücke über die Jahre hinweg mit dem Kaufpreis, also den Anschaffungskosten anzusetzen.

Grundsätzlich dürfen alle Vermögensgegenstände maximal mit dem Kaufpreis angesetzt werden. Das nennt man Niederstwertprinzip. Wird nun spekuliert, dass ehemals billiges Ackerland zu teurem Bauland werden könnte, hat das in der Bilanz keine Auswirkung. Beim tatsächlichen Verkauf wird der Überschuss zwischen Bilanzwert und Verkaufspreis dann zum Ertrag in der Gewinn- und Verlustrechnung.

- **Gebäude:** Bei Gebäuden sieht das schon ein klein wenig anders aus. Gebäude nutzen sich ab und werden im Laufe der Zeit immer weniger wert. Somit können Gebäude über ihre Lebensdauer abgeschrieben werden. Das bedeutet, dass ein Gebäude von Jahr zu Jahr auch mit geringeren Werten in der Bilanz erscheint.

Dies war der Abschreibungsverlauf bei der linearen Abschreibung. Es gibt allerdings noch weitere Abschreibungsarten. Doch keine Angst, diese werden hier nicht einzeln aufgelistet ...

- **Maschinen sowie Betriebs- und Geschäftsausstattung:** Hierzu zählen zum Beispiel Ihre Produktionsanlagen, Ihr Schreibtisch oder Ihr Rechner. Anders als bei immateriellen Vermögensgegenständen können etwa auch selbst erstellte Maschinen in die Bilanz aufgenommen werden. In diesem Fall müssen sie mit den Herstellungskosten angesetzt werden. Wurden sie gekauft, müssen Sie die Anschaffungskosten nehmen. Da sich auch diese Sachen im Laufe der Zeit abnutzen, werden sie über die angenommene Nutzungsdauer abgeschrieben.

Und was ist mit nachträglichen Anschaffungskosten? Kaufen Sie beispielsweise für eine Maschine ein neues Teil, das diese noch leistungsfähiger macht, müssen die Kosten hierfür dem Restwert der Maschine in der Bilanz zugeschlagen werden. Streichen Sie die Maschine jedoch aus optischen Gründen nur knallgelb an, dürfen die Kosten für die Farbe nicht als nachträgliche Anschaffungskosten auf den Restwert der Maschine aufgeschlagen werden.

Finanzanlagen

Finanzanlagen werden dann ins Anlagevermögen gepackt, wenn sie dauerhaft und strategisch Ihrem Unternehmen dienen sollen. Kurzfristige oder spekulative Finanzanlagen kommen ins Umlaufvermögen. Man unterteilt in:

- Anteile an verbundenen Unternehmen
- Beteiligungen
- Wertpapiere

Kriterium für diese Unterscheidung ist die Möglichkeit der Einflussnahme. Das heißt: Kann ich dem Unternehmen, an dem ich beteiligt bin, etwas vorschreiben oder nicht. Dies verdeutlicht Abbildung 7.4.

Auch Ausleihungen an Unternehmen, an denen Ihre Firma dauerhafte Anteile oder Beteiligungen besitzt, werden als Finanzanlagen des Anlagevermögens in die Bilanz aufgenommen.

Jetzt wird's spannend: Wie werden die Finanzanlagen bewertet? Grundsätzlich mit den Anschaffungskosten. Tritt eine dauerhafte Wertminderung der Anlage ein, muss eine außerplanmäßige Abschreibung bis zum neuen Marktwert der Beteiligung stattfinden. Ist die

Wertminderung nur vorübergehend, kann abgeschrieben werden – muss aber nicht. Was als vorübergehend zu bezeichnen ist, muss die Buchhaltung fallweise nach bestem Wissen und Gewissen entscheiden.

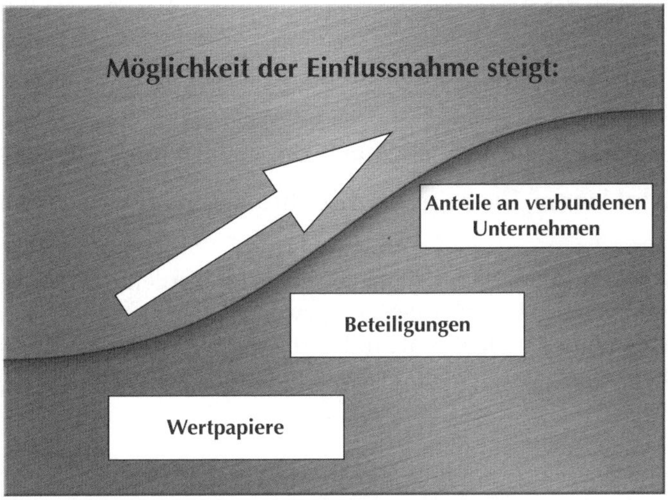

7.4: Unterscheidung der Finanzanlagen

Umlaufvermögen

Hier finden sich die durchlaufenden Posten. Die Zusammensetzung des Umlaufvermögens können Sie sich in Abbildung 7.5 anschauen.

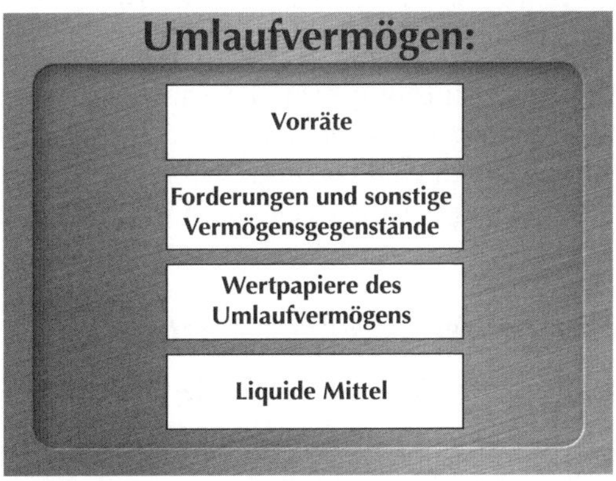

7.5: Zusammensetzung des Umlaufvermögens

Vorräte

Als Vorräte zählen in der Bilanz:

- **Roh-, Hilfs- und Betriebsstoffe.** Also das, was Sie so zur Herstellung Ihrer Produkte oder Dienstleistungen alles verbrauchen.
- **Unfertige Erzeugnisse und Leistungen,** die in ihrem derzeitigen Zustand noch nicht verkaufsfähig sind
- **Fertige Erzeugnisse und Waren,** die zum Bilanzstichtag Ihre Lagerhallen füllen
- **Geleistete Anzahlungen,** die beispielsweise Ihre Lieferanten vorab von Ihnen erhalten haben

Die Vorräte müssen am Bilanzstichtag einzeln bewertet werden. Das bedeutet Arbeit, denn alles muss im Rahmen einer Inventur gezählt, gewogen oder manchmal auch geschätzt werden. Bewertet werden müssen die Vorräte mit den Anschaffungskosten, wenn sie von Dritten erworben wurden, und mit den Herstellungskosten, wenn sie von Ihrem Unternehmen selbst produziert wurden.

Sind die Preise für Ihre Produkte jedoch im freien Fall, müssen sie mit den niedrigeren Marktpreisen des Bilanzstichtags angesetzt werden.

Wenn Preise fallen

Ihr Unternehmen handelt mit hochmodernen Prozessoren. Am Bilanzstichtag haben studentische Aushilfskräfte im Rahmen der Inventur exakt 1.000 Prozessoren in Ihrem Lager gezählt. Von Ihrem Lieferanten haben Sie die Ware für 100 € das Stück erhalten. Macht in Summe 100.000 € an Lagerbestand.

Dumm nur, dass Sie durch die wahnsinnig schnelle Entwicklung auf dem Computermarkt nur noch 50 € je Prozessor verlangen können. Folglich dürfen die auf Halde liegenden Prozessoren in der Bilanz nur mit einem Wert von insgesamt 50.000 € erscheinen. Die restlichen 50.000 € mindern als Aufwand den Gewinn in der Gewinn- und Verlustrechnung.

Forderungen und sonstige Vermögensgegenstände

Diese Position kann ebenfalls in drei Teile zerlegt werden:

1. **Forderungen aus Lieferungen und Leistungen,** wenn Ihr Unternehmen zwar schon geliefert, die Kunden jedoch noch nicht bezahlt haben
2. **Forderungen gegen Unternehmen,** die Ihrer Firma ganz oder teilweise gehören
3. **Sonstige Vermögensgegenstände** wie zum Beispiel vergebene Darlehen oder Schadensersatzansprüche

Forderungen müssen stets mit dem Nennwert der jeweiligen Forderung in der Bilanz stehen. Lediglich, wenn ein Kunde definitiv nicht zahlen kann – was in einigen Branchen relativ oft vorkommt –, darf die Forderung abgeschrieben werden. Und zwar vollständig.

Wertpapiere des Umlaufvermögens

Die Wertpapiere kennen Sie ja bereits aus dem Anlagevermögen. Hier erscheinen nun die kurzfristigen Anlagen. Als da wären:

- ✔ Anteile an verbundenen Unternehmen
- ✔ Eigene Anteile, die Ihre Firma von sich selbst besitzt
- ✔ Wertpapiere

Bewertet werden die Wertpapiere des Umlaufvermögens mit den Anschaffungskosten. Ist jedoch zum Bilanzstichtag der Markt- bzw. Börsenpreis unter den Anschaffungskosten, muss dieser genommen werden. Egal, ob die Wertminderung dauerhaft oder kurzfristig ist. Das ist hier anders als im Anlagevermögen.

Liquide Mittel

Hier findet sich die berühmte Portokasse wieder. Aber auch Schecks, Guthaben bei Banken oder Bargeld sind hier zu erfassen. Die Bewertung ist denkbar einfach, da Geld einen eindeutigen Nennwert hat. Wenn Ihr Unternehmen aber nicht nur Euro, sondern auch noch russische Rubel in der Kasse hat, müssen diese mit dem aktuellen Wechselkurs bewertet werden.

Aktive Rechnungsabgrenzungsposten (ARAP)

Ab und zu gibt es das Problem, dass Ihr Unternehmen im abgelaufenen Geschäftsjahr etwas bezahlt hat, obwohl es die Gegenleistung dafür eigentlich erst an einem bestimmten Datum nach dem Bilanzstichtag erhält. Hierfür bildet man aktive Rechnungsabgrenzungsposten.

Aktive Rechnungsabgrenzung

Ihr Unternehmen hat am 01.12.2005 die Miete für die Monate Dezember 2005 bis Februar 2006 im Voraus bezahlt. Insgesamt waren das 30.000 €, wobei aber nur 10.000 € das Jahr 2005 betreffen. In der Bilanz für 2005 bildet Ihre Buchhaltung somit einen aktiven Rechnungsabgrenzungsposten über diejenigen 20.000 €, die das Jahr 2006 betreffen, um das Bild für 2005 nicht zu verfälschen. Im Jahr 2006 muss dieser Posten aber wieder aufgelöst werden.

Die Passivseite

Die Vermögenswerte haben wir nun durch. Jetzt geht's auf der Passivseite darum, wie diese finanziert werden. Gibt es auf der Aktivseite noch Spielräume in Sachen Bewertung, regieren auf der Passivseite meist harte Fakten. Die Passivseite ist aufgeteilt in:

- ✔ **Eigenkapital – oder: alles meins**
- ✔ **Rückstellungen – oder: auf Nummer sicher**
- ✔ **Verbindlichkeiten – oder: Haste mal nen Euro**
- ✔ **Rechnungsabgrenzungsposten – oder: Periodengerechtigkeit Teil 2**

Eigenkapital

Das Eigenkapital setzt sich wie in Abbildung 7.6 dargestellt zusammen.

7.6: Zusammensetzung des Eigenkapitals

Während der Gesetzgeber die Bilanzierung des Eigenkapitals für Kapitalgesellschaften bis ins kleinste Detail reglementiert, gibt es für Personengesellschaften keine Regelung, was dies betrifft.

Gezeichnetes Kapital

Das gezeichnete Kapital ist nichts anderes als das Grundkapital einer Aktiengesellschaft bzw. das Stammkapital einer GmbH.

Bei einer Aktiengesellschaft erfolgt die Bewertung zum Nennbetrag der ausgegebenen Aktien. Ja nicht zum Börsenkurs zum Bilanzstichtag! Der hat hier nichts zu suchen. Bei der GmbH muss die Bewertung anhand der Summe aller Stammeinlagen vorgenommen werden.

Das gezeichnete Kapital bleibt immer gleich. Es sei denn, es wird eine Kapitalerhöhung (bei einer GmbH nennt sich das Erhöhung des Stammkapitals) oder eine Kapitalherabsetzung (bei einer GmbH: Herabsetzung des Stammkapitals) beschlossen.

Grund- und Stammkapital

Grundkapital gibt es nur bei Aktiengesellschaften. Die Summe der Nennwerte aller existierenden Aktien eines Unternehmens ist deren Stammkapital.

Stammkapital ist das Pendant bei einer GmbH. Alles, was die Gesellschafter in die Gesellschaft einbringen, macht in Summe das Stammkapital.

Sowohl beim Grund- als auch beim Stammkapital sind jedoch noch ein paar gesetzliche Vorschriften zu beachten.

Kapitalrücklage

Werden Anteile am Unternehmen verkauft, erfolgt dies in der Regel zu einem höheren Preis als zum eigentlichen Nennwert. Das, was beim Aktienverkauf über den Nennwert hinausgeht, kommt in die Kapitalrücklage.

Gezeichnetes Kapital und Kapitalrücklage

Ihr Unternehmen geht nun an die Börse.

Der Nennwert einer Aktie beträgt 5 €. Verkauft werden die Aktien aber für 7 € je Stück. Pro verkaufte Aktie kommen somit 5 € in das gezeichnete Kapital und 2 € in die Kapitalrücklage.

Gewinnrücklage

Ist Ihr Unternehmen auf der Gewinner-Straße, wird dennoch nicht der ganze Gewinn ausgeschüttet. Ein bisschen was sollte man schon auf die Seite legen. Und das kommt in die Gewinnrücklage. Unterteilen kann man die Gewinnrücklage in:

✔ **die gesetzliche Rücklage**: 5% des Jahresüberschusses müssen hier jeweils eingestellt werden

- **die Rücklage für eigene Anteile**: Hat ein Unternehmen auf der Aktivseite eigene Anteile zu Buche stehen, das heißt, man hat irgendwann einmal eigene Aktien gekauft, muss derselbe Betrag auf der Passivseite erscheinen. Und zwar hier.
- **die satzungsmäßige Rücklage**: Wenn im Gesellschaftsvertrag geregelt ist, dass stets etwas mehr vom Gewinn auf die Seite gelegt werden soll, als das Gesetz vorschreibt, passiert das hier.
- **andere Gewinnrücklagen**: Dieser Posten ist ein Sammelbecken für all das, was sonst noch vom Gewinn auf die sichere Seite gebracht wird.

Gewinnvortrag / Verlustvortrag

Wird der Gewinn weder an die Aktionäre ausgeschüttet noch in die Gewinnrücklagen gesteckt oder sonst irgendwie ver(sch)wendet, wird der Gewinn in dieser Position »geparkt«.

Hat Ihre Firma tiefrote Zahlen geschrieben? Sie haben die Möglichkeit, den Verlust über mehrere folgende Jahre zu verteilen, damit Sie dieses Jahr nicht ganz rot dastehen. Und zwar im Posten »Verlustvortrag«.

Jahresüberschuss / Jahresfehlbetrag

Manchmal wird die Bilanz erstellt, bevor geklärt ist, was mit dem Gewinn bzw. Verlust denn überhaupt passiert. Deshalb wird der Gewinn oder Verlust dieses Jahres erst einmal hier aufgezeigt.

Was mit dem Gewinn einer Aktiengesellschaft passiert, beschließt die Hauptversammlung. Hier treffen sich alle Aktionäre, um bei Schnittchen auf Firmenkosten die Gewinnverwendung zu beschließen.

Bei einer GmbH ist dies gesetzlich etwas laxer geregelt. In der Regel beschließt die Gesellschafterversammlung, was mit dem Gewinn passieren soll. Aber nur, wenn die Gesellschafter nichts anderes ausgemacht haben.

Rückstellungen

Gewitterwolken sind im Anmarsch! Sie wissen, dass Aufwendungen in den nächsten Geschäftsjahren auf Sie zukommen werden. Sie wissen, warum und in etwa, wie hoch sie sein werden – nur wissen Sie nicht genau, wann das Gewitter kommt. Sprich: wann die Auszahlung sein wird. In einigen dieser Fälle können Sie im Passivposten »Rückstellungen« etwas hierfür auf die hohe Kante legen.

Doch Vorsicht! Hier legt die Gesetzgebung die Regeln fest. Wäre dies nicht der Fall, könnten Sie prima die Steuern umgehen: Rückstellungen sind Aufwand und Aufwand mindert den Gewinn. Und die Steuerlast Ihres Unternehmens richtet sich nun mal nach dem Gewinn. Dass heißt: Je höher die Rückstellungen, desto niedriger der Gewinn.

Wann Rückstellungen beispielsweise nach dem deutschen HGB gebildet werden müssen oder können und wann nicht, zeigt Abbildung 7.7.

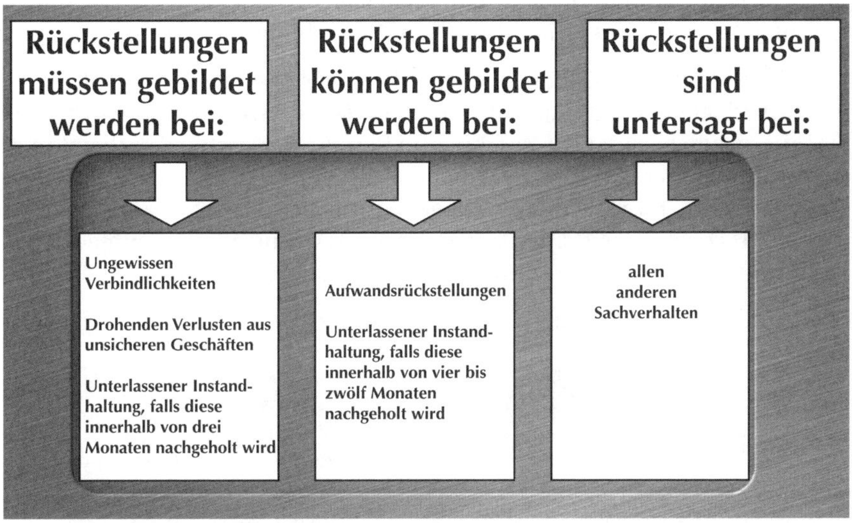

7.7: Rückstellungen nach deutschem HGB

Rückstellungen dienen also dazu, Aufwand oder drohenden Aufwand, der zwar innerhalb des Geschäftsjahres entstanden ist, für den aber bis zum Bilanzstichtag noch keine Rechnung ins Haus geflattert ist, gewinnmindernd zu berücksichtigen.

Man kann Rückstellungen in zwei Arten unterscheiden:

1. Verpflichtungen gegenüber Dritten, das heißt, Ihr Unternehmen muss anderen etwas zahlen. Ein Beispiel hierfür wären etwa drohende Schadensersatzansprüche.
2. Aufwandsrückstellungen: Das Unternehmen leistet für sich selbst. Dies ist etwa bei unterlassenden Reparaturen des Maschinenparks, die im folgenden Jahr nachgeholt werden, der Fall.

Wir gehen mit Ihnen bewusst das Thema nicht tiefer durch, da es ansonsten den Rahmen des für einen Controller notwendigen Grobüberblicks sprengen würde. Vielmehr wäre es fast ein Thema für einen gesonderten Band »Rückstellungen für Dummies«. Falls Sie dennoch mehr wissen wollen, schauen Sie doch mal die gültigen Rechtsquellen Ihres Landes genauer an.

Alle Rückstellungen werden in der Buchhaltung im so genannten Rückstellungsspiegel erfasst. Besorgen Sie sich einfach einmal aus der Buchhaltung den aktuellen Rückstellungsspiegel Ihres Unternehmens. So bekommen Sie einen Überblick, was im Unternehmen alles auf der hohen Kante landet.

Verbindlichkeiten

Während Rückstellungen noch die eine oder andere Ungewissheit in sich bergen, ist es bei Verbindlichkeiten amtlich, wie hoch die Aufwendungen sind und wann sie fällig werden. Grob gesagt sind Verbindlichkeiten das, was Ihr Unternehmen anderen schuldet. Hierbei kann es sich sowohl um langfristig geborgtes Fremdkapital handeln oder auch um kurzfristige Schulden. Verbindlichkeiten tauchen in der Bilanz mit dem Rückzahlungsbetrag auf.

Bei der Position Verbindlichkeiten gilt wieder besondere Vorsicht. Werden nicht alle Verbindlichkeiten ausgewiesen, steht das Unternehmen zu gut da. Beispiel: Ein Unternehmen kauft eine Maschine auf Pump. Die Maschine erscheint in der Bilanz natürlich unter den Sachanlagen des Anlagevermögens. Würden die Verbindlichkeiten nicht erfasst, würde als »Gegenposition« auf der Passivseite das Eigenkapital erhöht. Darauf reagiert der Gesetzgeber aus Gründen des Gläubigerschutzes sehr sensibel... Raten Sie Ihrer Buchhaltung deshalb, immer ehrlich zu sein!

Was unter Verbindlichkeiten alles zu verstehen ist, sehen Sie in Abbildung 7.8.

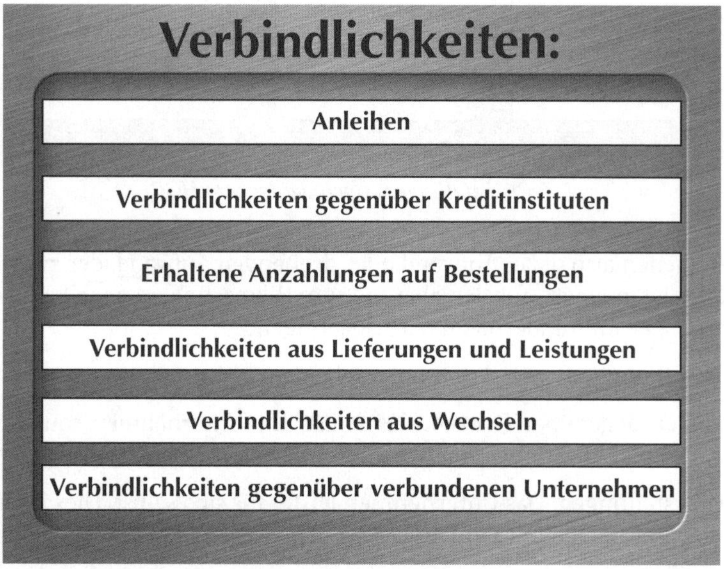

7.8: Verbindlichkeiten

Passive Rechnungsabgrenzungsposten (PRAP)

Bereits auf der Aktivseite konnten Sie Bekanntschaft mit den Rechnungsabgrenzungsposten schließen. Diese treffen Sie nun völlig überraschend auch auf der Passivseite wieder.

Passive Rechnungsabgrenzungsposten dienen dazu, Erträge»zwischenzuparken«, die eigentlich nicht ins betrachtete Geschäftsjahr gehören.

Passive Rechnungsabgrenzung

Ihr Unternehmen vermietet auch ein paar Büros an andere Firmen. Die Miete von 1.000 € pro Monat wird jährlich zum 01.07. im Voraus bezahlt. Im Jahresabschluss für 2005 passiert nun Folgendes: Der Anteil für 2005 (also 6.000 €) geht als Ertrag in die Gewinn- und Verlustrechnung ein. Für den Anteil des folgenden Geschäftsjahrs 2006 (ebenfalls 6.000 €) wird ein passiver Rechnungsabgrenzungsposten gebildet.

Und nun: Vorhang auf für die Bilanz

Nachdem Sie nun mit den wichtigsten Positionen vertraut sind, zeigen wir Ihnen im Schaubild 7.9, wie eine komplette Bilanz mit Leben bzw. Zahlen gefüllt aussieht. Das ist sie also: die Königsdisziplin des Jahresabschlusses.

Bilanz 2005 der Alles-Supi AG
in Millionen €

Aktiva	
Anlagevermögen	
Geschäftswert	45
Sonstige immaterielle Anlagewerte	65
Sachanlagen	2.850
Finanzanlagen	350
Umlaufvermögen	
Vorräte	1.680
Forderungen auf Lieferungen und Leistungen	2.000
Sonstige Vermögensgegenstände	10
Wertpapiere	120
Liquide Mittel	330
Rechnungsabgrenzungsposten	12
Summe Aktiva	7.462

Passiva	
Eigenkapital	
Gezeichnetes Kapital	600
Kapitalrücklage	1.400
Gewinnrücklagen	1.800
Jahresüberschuss	80
Rückstellungen	
Ungewisse Verbindlichkeiten	200
Unterlassene Instandhaltung	10
Verbindlichkeiten	
Verbindlichkeiten gegenüber Kreditinstituten	3.000
Verbindlichkeiten aus Lieferungen und Leistungen	352
Rechnungsabgrenzungsposten	20
Summe Passiva	7.462

7.9: Die fertige Bilanz

Kapitalgesellschaften müssen außerdem zusätzlich noch einen erläuternden Anhang veröffentlichen. Hier erscheint alles, was für den Leser einer Bilanz an Hintergrundwissen notwendig erscheint. In diesem sollten enthalten sein:

- Allgemeine Angaben zur Vermögens- und Ertragslage
- Erklärende Angaben zur Bilanz und zur Gewinn- und Verlustrechnung
- Ein Anlagespiegel, der die Entwicklung der Werte des Anlagevermögens über das Geschäftsjahr zeigt.

Wenn Ihnen in einer Bilanz etwas unklar erscheint, werfen Sie erst einmal einen Blick in den Anhang. Meistens klärt sich dann alles auf. Dafür ist er schließlich da.

Ab und zu kann Ihnen auch der Begriff *latente Steuern* in einer Bilanz unter die Augen kommen – und zwar sowohl auf der Aktiv- als auch auf der Passivseite. Hört sich schlimm an, ist es aber nicht. Latente Steuern auf der Aktivseite bedeuten: Ihr Unternehmen hat einen Anspruch auf Steuerrückzahlungen aus vergangenen Jahren. Auf der Passivseite haben Sie noch eine Bringschuld an den Fiskus – sprich: Es müssen noch Steuern für vergangene Perioden gezahlt werden.

Zwickmühle Bilanz

Die Bilanz gilt als Visitenkarte eines Unternehmens. Deshalb sollte sie behutsam und bedacht erstellt werden. Die größten Stellhebel hat ein Unternehmen bei den Abschreibungen und bei den Rückstellungen. Beide Positionen sind auch ein Drahtseilakt.

Abschreibungen und Rückstellungen gehen als Aufwand in die Gewinn- und Verlustrechnung ein. Wenn Ihr Unternehmen nun zu viel abschreibt oder zurückstellt, mindert sich somit auch der Gewinn und dadurch das Eigenkapital. Einerseits zahlt man zwar weniger Steuern und kann dadurch das geschrumpfte Eigenkapital wieder leichter abfedern, andererseits steht man mit einer hohen Eigenkapitalquote nach außen hin einfach besser da. Außerdem mindert man mit zu hohen Abschreibungen durch die Unterbewertung der abgeschriebenen Vermögensgegenstände das Eigenkapital noch zusätzlich. Hier ist also Fingerspitzengefühl gefragt.

Hierdurch hat man ein perfektes Werkzeug parat, das gesamte Unternehmensergebnis zu steuern oder zu verfeinern (neudeutsch: zu manipulieren).

Bilanz international: IAS/IFRS und US-GAAP

Neben den nationalen Regeln zur Bilanzerstellung bekommen auch die internationalen Vorschriften immer mehr Gewicht.

IAS bedeutet *International Accounting Standards*. Seit 2005 sind diese Bilanzierungsregeln EU-weit für alle kapitalmarktorientierten Unternehmen Pflicht. Als IFRS (International Financial Reporting Standards) hat die EU-Kommission sie zum zukünftigen Standard erhoben. Bei beiden Abkürzungen ist also dasselbe gemeint. Den in den USA beheimateten US-GAAP haben wir Ihnen ja in der Kostenrechnung kurz vorgestellt.

Die Verpackung (also die Form) ist nahezu dieselbe, die Sie kennen gelernt haben – nur der Inhalt ist teilweise anders. Die Unterschiede zwischen dem nationalen Recht und IAS/IFRS bzw. US-GAAP sind auf den ersten Blick gering – auf den zweiten jedoch gewichtig.

Während nach nationalem Recht die Vorsicht regiert und die Gläubiger die wichtigste Zielgruppe der Bilanz sind, richtet sich die Bilanzierung gemäß IAS/IFRS und US-GAAP hauptsächlich danach, möglichst viele Investoren an Land zu ziehen und zufrieden zu stellen. Investoren bekommt man am besten, wenn man ein hohes Vermögen und ein gutes Ergebnis vorweisen kann.

So dürfen beispielsweise nach nationalem Recht Gewinne erst aufgezeigt werden, wenn sie passiert sind. Nach IAS/IFRS und US-GAAP können potenzielle Gewinne schon früher aufgezeigt werden, und zwar dann, wenn sie sich andeuten. Dies bedeutet, dass Gewinne nach vorne verlagert werden.

Die internationalen Standards rücken die Unternehmen in ein besseres Licht als die nationalen. Womit? Die wichtigsten Unterschiede zeigt Ihnen Abbildung 7.10.

Was?	nationales Recht	IAS/IFRS	US-GAAP	Wirkung des Unterschieds
Selbst erstellte immaterielle Vermögensgegenstände	Deutschland und Österreich: dürfen nicht in der Bilanz erscheinen. Schweiz: dürfen in der Bilanz höchstens in der Höhe der Herstellungskosten erscheinen, wenn die Voraussetzungen von FER 9/4 erfüllt sind.	Wenn sie dem Unternehmen nutzen, müssen sie ins Anlagevermögen aufgenommen werden.	Wenn sie dem Unternehmen nutzen, müssen sie ins Anlagevermögen aufgenommen werden.	Erhöhung des Anlagevermögens und des Eigenkapitals. Durch Erhöhung der Abschreibungen Verminderung der zukünftigen Gewinne.
Geschäftswert	Kann ins Anlagevermögen aufgenommen werden (Wahlrecht).	Muss ins Anlagevermögen aufgenommen werden (Pflicht). Abschreibung über maximal 20 Jahre.	Muss ins Anlagevermögen aufgenommen werden (Pflicht). Abschreibung über maximal 40 Jahre.	Erhöhung des Anlagevermögens und des Eigenkapitals. Durch Erhöhung der Abschreibungen Verminderung der zukünftigen Gewinne.
Sachanlagen	Sachanlagen müssen mit den Anschaffungs- bzw. Herstellkosten abzüglich der Abschreibungen dargestellt werden. Eine Bewertung zum Marktpreis ist verboten.	Eine Neubewertung zum aktuellen Marktpreis ist möglich. Jedoch nur, wenn alle gleichartigen Gegenstände so bewertet werden.	Neubewertung zum Marktpreis verboten.	Zum US-GAAP gibt es keine Unterschiede. Bei IAS/IFRS erhöht sich das Anlagevermögen und das Eigenkapital. Durch Erhöhung der Abschreibungen Verminderung der zukünftigen Gewinne.
Vorräte	Bewertung zu Voll- oder Teilkosten möglich.	Bewertung zu Vollkosten vorgeschrieben.	Bewertung zu Vollkosten vorgeschrieben.	Im Vergleich zu den Teilkosten ergeben sich bei den Vollkosten höhere Gewinne.
Aufwandsrückstellungen (keine Verpflichtung gegenüber Dritten)	Kann auf der Passivseite in die Bilanz aufgenommen werden.	Darf nicht in der Bilanz erscheinen.	Darf nicht in der Bilanz erscheinen.	Verringerung des Fremdkapitals und Erhöhung des Eigenkapitals.

7.10: Unterschiede nationales Recht vs. IAS/IFRS und US-GAAP

Nach außen hin steht ein Unternehmen nach den Regeln von IAS/IFRS somit am besten da. Das Vermögen und das Eigenkapital erhöhen sich merklich.

Die Mindestgliederung einer Bilanz nach IAS/IFRS, das heißt, diejenigen Posten, die auf jeden Fall enthalten sein müssen, sehen Sie in Abbildung 7.11.

7.11: Gliederung der IAS/IFRS-Bilanz

Vom Aufbau her ähneln sich die Bilanzen nach IAS/IFRS bzw. US-GAAP und HGB. In der Regel werden hier jedoch in der eigentlichen Bilanz nur die Hauptposten gezeigt und die weiteren Untergliederungen in den Anhang verschoben.

Vorteile internationaler Bilanzierungsregeln

Durch internationale Bilanzierungsregeln vermeiden Sie den Vergleich von Äpfeln und Birnen. Wenn alle dasselbe anwenden, erhöht sich die Vergleichbarkeit. Das kann beim Benchmarking ein großer Vorteil sein. Außerdem eignen sich Bilanzen nach IAS/IFRS bzw. US-GAAP besser zur internen Steuerung, da sie ein realistischeres Bild von der Lage des Unternehmens abgeben als beispielsweise die strengen Regelungen des nationalen Rechts. Letztere gehen immer vom schlimmsten Fall aus – Stichwort Niederstwertprinzip –, um die Gläubiger auf eventuelle Risiken aufmerksam zu machen. Der Controller will aber nicht den worst case, er will den tatsächlichen Stand der Dinge.

Das Geheimnis der Deckungsbeitragsrechnung

8

In diesem Kapitel

- Die Trennung von fixen und variablen Kosten
- Wie Sie den Deckungsbeitrag basteln
- Was Sie mit den Fixkosten machen können

Endlich Feierabend! Sie sitzen nach einem anstrengenden Controller-Arbeitstag gemütlich auf dem Sofa. Die Tagesschau ist soeben vorbei und in Ermangelung eines vernünftigen Fernsehprogramms greifen Sie lieber zu einem spannenden Krimi. Kaum haben Sie die ersten zehn Seiten gelesen, klingelt das Telefon: Es ist ein guter Freund von Ihnen, der nebenher einen Partyservice betreibt.

Nach einem kurzen Plausch über das Wetter und die Familie fragen Sie ihn, wie die Geschäfte im Nebenjob laufen. Ein fataler Fehler ... Er klagt über zu viele Aufträge und darüber, dass er nicht weiß, was er ablehnen und was annehmen soll. Das war's mit dem Feierabend! Jetzt sind Sie als guter Freund und Controller gefragt. Sie verabreden sich für den nächsten Abend, um über dieses Problem zu reden. Sie legen den Krimi zur Seite, greifen zu *Controlling für Dummies* und lesen dieses Kapitel.

Wir trennen fix und variabel

Ihr guter Freund hat eine Wurst- und eine Käseplatte im Sortiment. Die Aufträge unterscheiden sich hauptsächlich hinsichtlich der Mengen der jeweiligen Platten. Einen kleinen Kühlraum hat er angemietet und eine studentische Aushilfskraft dauerhaft unter Vertrag. Er kann im kommenden Monat nur sieben Aufträge annehmen, hat aber neun Aufträge bekommen. Beim Sieben-aus-Neun-Problem hilft nun die Deckungsbeitragsrechnung.

Das große »Geheimnis« der Deckungsbeitragsrechnung liegt in der Trennung der Kosten in

- ✔ fixe Kosten
- ✔ variable Kosten

1. Mit **fixen Kosten** haben Sie es zu tun, wenn die Kosten unabhängig von der produzierten Menge sind. So muss die Miete für das Kühlhaus und das Gehalt der Angestellten bezahlt werden, egal, ob keine einzige oder eine Million Wurstplatten hergestellt werden.

2. **Variable Kosten** sind das Gegenteil: Sie sind abhängig davon, wie viel Sie herstellen oder leisten. Je mehr Platten Ihr Bekannter herrichtet, umso mehr Wurst oder Käse braucht er. Folglich sind die Beschaffungskosten hierfür variabel.

Für kurzfristige Produkt- oder Auftragsentscheidungen gilt: Die fixen Kosten haben Sie immer. Die variablen Kosten sind in der Deckungsbeitragsrechnung das einzig entscheidende Kriterium. Das nennt man auch *Teilkostenrechnung*, da nur ein Teil der Gesamtkosten zur Entscheidung herangezogen wird – eben nur die variablen Kosten.

Alles Kosten, oder was?

Die Trennung der Kosten in fix und variabel zielt darauf ab, ob eine Abhängigkeit zur Zahl der hergestellten Produkte oder Aufträge besteht. Man kann aber auch die Kosten in Einzel- und Gemeinkosten aufteilen. Das Kriterium hierbei ist die Zurechenbarkeit von Kosten auf ein bestimmtes Produkt oder einen bestimmten Auftrag. Kann man die Kosten auf ein Produkt oder einen Auftrag direkt umwälzen, sind es Einzelkosten, sonst Gemeinkosten. Auf den ersten Blick könnte man meinen, es handelt sich um dasselbe. Aber nicht ganz: Okay, fixe Kosten sind immer Gemeinkosten und Einzelkosten sind immer variabel. Aber auch Gemeinkosten können durchaus variabel sein. Aber nun hören wir auf mit der Theorie und der Verwirrung.

Der Deckungsbeitrag – Theorie

Vorhang auf! Abbildung 8.1 enthüllt Ihnen die Deckungsbeitragsrechnung kurz und schmerzlos.

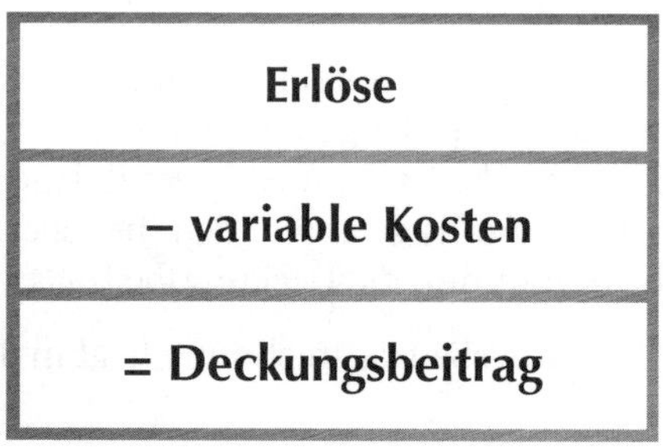

8.1: Schema Deckungsbeitragsrechnung

Der *Deckungsbeitrag* ist derjenige Betrag, den ein Produkt zur Deckung von Fixkosten leistet. Übrigens: Falls Ihnen jemand mit dem Begriff »Overheads« daherkommt, meint derjenige nichts anderes als die Fixkosten – nur eben auf Denglish ...

Abbildung 8.2 verdeutlicht nochmals das Zusammenspiel von Kosten, Erlösen und dem Deckungsbeitrag.

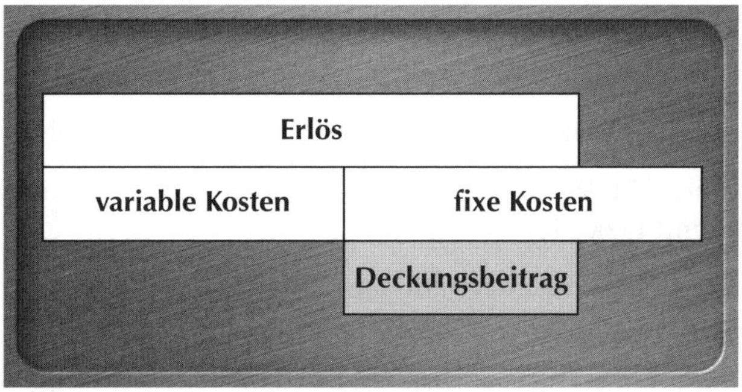

8.2: Ermittlung des Deckungsbeitrags

Sie sehen, dass der Erlös des Produkts zwar nicht alle Kosten deckt. Jedoch werden die variablen Kosten voll eingefahren und immerhin ein Teil der Fixkosten noch dazu. Dies ist der Deckungsbeitrag des Produkts, der dazu beiträgt, die Miete, die Gehälter für die fest angestellten Mitarbeiter und alle anderen fixen Kosten wenigstens teilweise zu bezahlen. Ist der Deckungsbeitrag jedoch negativ, heißt das: Finger weg! Das Produkt lohnt sich nie und nimmer, da Sie nicht einmal die variablen Kosten zurückbekommen und auf jeden Fall drauflegen!

Vorsicht: Das Ganze macht nur Sinn, wenn ein Unternehmen mehrere Produkte herstellt, wobei jedes dieser Produkte einen positiven Deckungsbeitrag erwirtschaftet. Die Summe dieser Deckungsbeiträge sollte dann auch die Fixkosten übersteigen, damit es Gewinn gibt. Jeder Deckungsbeitrag ist somit ein kleiner Anteil am Unternehmensgewinn. Stellen Sie nur ein Produkt her, das zwar einen positiven Deckungsbeitrag hat, die Fixkosten aber nicht ganz abdeckt, oder bedienen Sie nur einen einzigen Auftrag, macht die Firma natürlich auch Miese ...

Alles Käse

Ihr Freund hat die Wurstplatte »Porky« und die Käseplatte »Stinky« im Sortiment.

Durch den großen Druck der Konkurrenz kann er »Porky« nur für 50 Euro verkaufen, wobei die Beschaffungskosten für die Wurst 45 Euro betragen. Bei Käseplatten ist die Konkurrenz nicht ganz so groß und Ihr Freund hat diesbezüglich einen sehr guten Ruf in der Branche. Je »Stinky« können 55 Euro verlangt werden, wobei die Kosten nur 35 Euro betragen, da Ihr Freund gute Connections zu einer Käserei hat.

Wie Sie sehen, liegt der Deckungsbeitrag je »Porky«-Platte bei 5 Euro und je »Stinky«-Platte bei 20 Euro.

Der Deckungsbeitrag – Praxis

Mit diesem Wissen fahren Sie nun zu Ihrem guten Freund und stehen ihm mit Rat und Tat zur Seite. Starten Sie damit, dass Sie analysieren, welche Kosten fix und welche variabel sind.

Als Kosten hat er im Groben folgende Posten:

- ✔ Beschaffungskosten für Wurst und Käse: Dies sind eindeutig variable Kosten
- ✔ Miete für den Kühlraum: Die Miete muss er unabhängig von Aufträgen bezahlen; folglich haben Sie es hier mit Fixkosten zu tun
- ✔ Lohn für die studentische Aushilfskraft: Diese hat einen festen Arbeitsvertrag mit einem fixen Lohn. Also ab ins Töpfchen »Fixkosten«
- ✔ Reinigungskosten für die Platten: Dies sind variable Kosten: ohne Auftrag bleiben die Platten sauber
- ✔ Steuer und Versicherung des Firmenwagens: fixe Kosten
- ✔ Benzinkosten und Abnutzung des Firmenwagens: Ohne Auftrag kann der Wagen in der Garage bleiben. Also nochmals variable Kosten

Dann sollte er natürlich noch wissen, welche Erlöse ein Auftrag bringt.

Zusammen mit Ihrem Freund vom Partyservice gehen Sie nun die Aufträge durch: Wer will wie viel von welchem Produkt und wie weit ist die Entfernung zum Kunden? Dies sehen Sie in Abbildung 8.3.

Mit der Deckungsbeitragsrechnung können Sie unterschiedliche Sachen betrachten: Sie können den Deckungsbeitrag nach Aufträgen, Produkten, Produktgruppen, Projekten usw. ermitteln – wie es für Sie am sinnvollsten erscheint. Im Beispiel macht es Sinn, neben den Produkten auch die Aufträge zu untersuchen. Die Deckungsbeitragsrechnung ist somit annährend so vielseitig wie ein Schweizer Taschenmesser.

Wer macht das Rennen?

Jetzt gilt's: Nun wird der Deckungsbeitrag ermittelt. Die variablen Kostenblöcke stehen fest:

- ✔ Die Beschaffungskosten für Wurst betragen 45 Euro, die für Käse 35 Euro.
- ✔ Die Reinigungskosten je Platte betragen einen Euro.
- ✔ Für Benzinkosten sowie Pkw-Abnutzung setzen Sie am besten mal 0,25 € je gefahrenen Kilometer an. Zu beachten ist, dass Ihr Freund je Auftrag insgesamt zweimal zum Kunden hin und zurück fahren muss. Die leer gefutterten Platten laufen leider nicht von alleine zurück.

Wie diese Berechnung läuft, verdeutlich nochmals Abbildung 8.4.

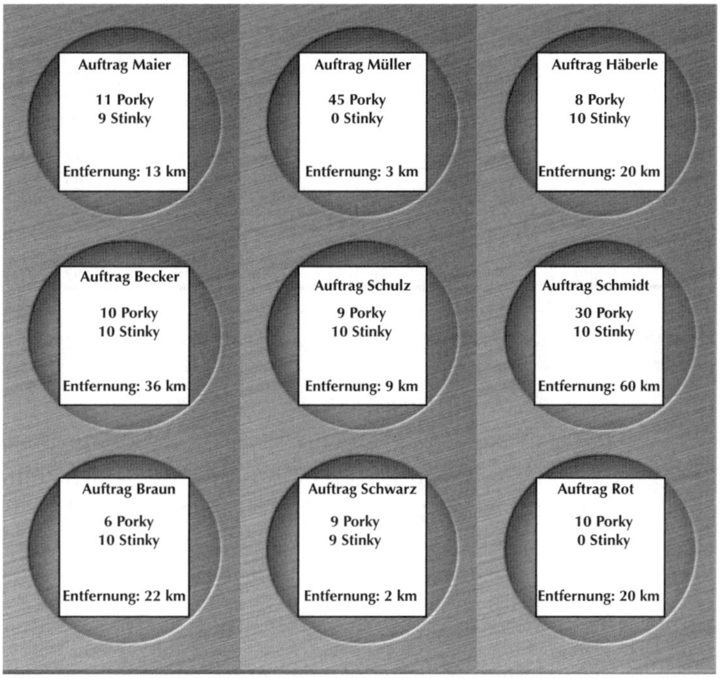

8.3: Eingegangene Aufträge

Erlöse

– Beschaffungskosten
– Reinigungskosten
– Fahrtkosten

= Deckungsbeitrag

8.4: Berechnungsschema Deckungsbeitrag im Beispiel

Aus Kapazitätsgründen können ja nur sieben der neun Aufträge bedient werden. Man nimmt nun den Deckungsbeitrag als Entscheidungskriterium. Die beiden Aufträge mit dem geringsten Deckungsbeitrag müssen in die Röhre schauen und bei der Konkurrenz anfragen. In Abbildung 8.5 wird das Berechnungsschema über die Aufträge gelegt. Außerdem werden die Aufträge bereits nach ihrem Deckungsbeitrag sortiert.

Rang	Kunde	Erlös des Auftrags	Beschaffungskosten für Wurst und Käse	Reinigungskosten	Fahrtkosten (4 * 0,25 € * Entfernung)	Deckungsbeitrag
1	Schmidt	2.050 €	1.700 €	40 €	60 €	**250 €**
2	Schulz	1.000 €	755 €	19 €	9 €	**217 €**
3	Schwarz	945 €	720 €	18 €	2 €	**205 €**
4	Häberle	950 €	710 €	18 €	20 €	**202 €**
5	Maier	1.045 €	810 €	20 €	13 €	**202 €**
6	Becker	1.050 €	800 €	20 €	36 €	**194 €**
7	Braun	850 €	620 €	16 €	22 €	**192 €**
8	Müller	2.250 €	2.025 €	45 €	3 €	**177 €**
9	Rot	500 €	450 €	10 €	20 €	**20 €**

8.5: Ermittlung der Deckungsbeiträge

Aus Abbildung 8.5 geht hervor, dass sich Ihr Freund dafür entscheiden sollte, die Aufträge der Kunden Rot und Müller abzulehnen, da diese Aufträge den niedrigsten Deckungsbeitrag erwirtschaften.

Umsatz ist nicht alles

Ihr Freund zeigt sich zunächst überrascht, dass er den Auftrag von Frau Müller ablehnen soll, da dieser Auftrag mit 2.250 Euro den höchsten Umsatz aller Aufträge gebracht hätte. Aber angesichts der Fakten sieht er schnell ein, dass der Umsatz eben nicht alles ist.

Ihr Freund überlegt, ob er für den kommenden Monat noch eine zusätzliche studentische Hilfskraft einstellen soll, um alle Aufträge bedienen zu können. Sie würde ihn 300 Euro im Monat kosten. Die Fixkosten würden damit um diese 300 Euro steigen. Demgegenüber steht ein gestiegener Deckungsbeitrag in Höhe von 197 Euro.

Als Controller sollten Sie ihm nun davon abraten, die Hilfskraft anzuheuern, da die dazukommenden Fixkosten durch den Deckungsbeitrag der beiden Aufträge nicht gedeckt sind. Das Gesamtergebnis würde sich damit verschlechtern.

Somit wäre das Problem eigentlich gelöst. Doch Moment: Wer sagt, dass Ihr Freund überhaupt gewinnbringend arbeitet und mit den erwirtschafteten Deckungsbeiträgen schwarze Zahlen schreibt? Wäre es gar wirtschaftlich sinnvoller, er lässt seinen Nebenjob als Partyservice-Anbieter sein und verbringt besser die Zeit mit seiner Familie? Dazu fehlt noch die Gesamtsicht: Wie sieht es mit den Fixkosten aus?

Stufe für Stufe

Jetzt kümmern Sie sich also um die Fixkosten. Diese müssen ja durch die Deckungsbeiträge der Produkte mindestens erwirtschaftet werden, wenn Gewinn eingefahren werden soll. Für die Berücksichtigung der fixen Kosten haben Sie zwei Möglichkeiten:

1. Die einstufige Deckungsbeitragsrechnung
2. Die mehrstufige Deckungsbeitragsrechnung

Die Schritt-für-Schritt-Anleitung dieses Kapitels finden Sie in Dateiform auch auf der CD unter dem Stichwort »Deckungsbeitragsrechnung«.

Die einstufige Deckungsbeitragsrechnung

In der einstufigen Deckungsbeitragsrechnung ziehen Sie alle Fixkosten von der Gesamtsumme aller Deckungsbeiträge der Aufträge bzw. Produkte ab. Dann schauen Sie, was unter dem Strich herauskommt. Denn das ist nichts anderes als das Unternehmensergebnis – also der Gewinn, oder, falls was Negatives übrig bleibt, der Verlust.

Der Deckungsbeitrag berücksichtigt erst einmal nur die variablen Kosten. Wenn nur ein Teil der Kosten betrachtet wird, nennt man das Teilkostenrechnung. Dadurch, dass jetzt aber auch die fixen Kosten berücksichtigt werden, bauen Sie aus der Teilkostenrechnung wieder eine Vollkostenrechnung, die alle Kosten berücksichtigt.

Sie addieren nun erst einmal die monatlichen Fixkosten des Partyservices zusammen. Als da wären:

- ✔ Miete für den Kühlraum: monatlich 160 Euro
- ✔ Lohn für die studentische Aushilfskraft: monatlich 300 Euro
- ✔ Steuer und Versicherung des Firmenwagens: monatlich 40 Euro

Insgesamt hat Ihr Freund somit monatliche Fixkosten von 500 Euro.

Werden diese Fixkosten vom gesamten Deckungsbeitrag aller Aufträge abgezogen, ergibt sich also der monatliche Gewinn. Wie der aussieht, zeigt Abbildung 8.6.

Es gibt Grund zum Feiern! Im betrachteten Monat ist ein Gesamtgewinn von 962 € zu verzeichnen. Nicht schlecht für einen Nebenverdienst! Das Ergebnis kann auch wie in Abbildung 8.7 dargestellt werden, da sieht man das Zusammenwirken von Deckungsbeitrag, fixen Kosten und Gewinn noch besser.

Das besondere Kennzeichen der einstufigen Deckungsbeitragsrechnung ist der Abzug der Fixkosten in einem einzigen Block. Möglich wäre auch, die Fixkosten noch weiter aufzudröseln und verschiedene Deckungsbeiträge nach Abzug bestimmter Fixkostenblöcke zu bilden. Das nämlich passiert im nächsten Unterkapitel.

Auftrag	Schmidt	Schulz	Schwarz	Häberle	Maier	Becker	Braun	Gesamt
Erlöse	2.050 €	1.000 €	945 €	950 €	1.045 €	1.050 €	850 €	**7.890 €**
variable Kosten	1.800 €	783 €	740 €	748 €	843 €	856 €	658 €	**6.428 €**
Deckungsbeitrag	250 €	217 €	205 €	202 €	202 €	194 €	192 €	**1.462 €**
Fixkosten Gesamt				---				**500 €**
Unternehmensergebnis (Gewinn)				---				**962 €**

8.6: Beispiel einstufige Deckungsbeitragsrechnung

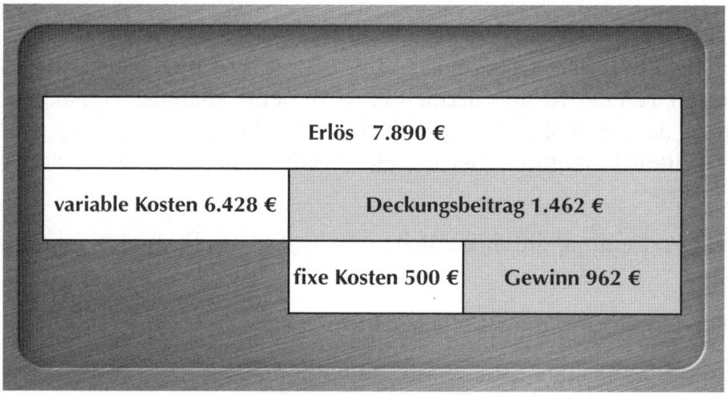

8.7: Zusammenspiel zwischen Deckungsbeitrag und Gewinn

Die mehrstufige Deckungsbeitragsrechnung

Anstatt alle Fixkosten in einem Block zu betrachten, kann es sinnvoll sein, Fixkostengruppen zu bilden und diese nacheinander vom Deckungsbeitrag abzuziehen. Dies macht vor allem dann Sinn, wenn bestimmte Kosten zwar Fixkosten sind, diese aber nur durch ein bestimmtes Produkt oder einen bestimmten Auftrag verursacht werden.

Ihrem Freund fällt nun auf einmal ein, dass der Kunde Schmidt eine spezielle Dekoration der Wurstplatten wünscht. Diese wurde aber von einem anderen Partyservice-Betreiber patentiert. Ihr Freund darf dieses Patent nutzen, muss aber jeden Monat, in dem er es verwendet, hierfür 100 Euro bezahlen.

Somit wären die Kosten hierfür einerseits fix, andererseits wäre nur der Auftrag von Herrn Schmidt für diese Fixkosten verantwortlich, da ansonsten kein anderer der betrachteten Kunden dieses Patent wünscht. Hier hat man es somit mit Auftragsfixkosten zu tun.

Je nachdem, was Sie betrachten, heißen diese Kosten auch Produktfixkosten, Projektfixkosten usw. Es lebe die Flexibilität bei der Namensgebung.

Nun müssen Sie die Deckungsbeitragsrechnung erweitern und die auftragsfixen Kosten vom Deckungsbeitrag des Kunden Schmidt abziehen. Heraus kommt dann der so genannte »Deckungsbeitrag 2« (weswegen wir den bisherigen »Deckungsbeitrag 1« nennen, denn Ordnung muss sein).

Abbildung 8.8 zeigt die veränderte Situation.

Auftrag	Schmidt	Schulz	Schwarz	Häberle	Maier	Becker	Braun	Gesamt
Erlöse	2.050 €	1.000 €	945 €	950 €	1.045 €	1.050 €	850 €	**7.890 €**
variable Kosten	1.800 €	783 €	740 €	748 €	843 €	856 €	658 €	**6.428 €**
Deckungsbeitrag 1	250 €	217 €	205 €	202 €	202 €	194 €	192 €	**1.462 €**
Auftragsfixkosten	100 €	0 €	0 €	0 €	0 €	0 €	0 €	**100 €**
Deckungsbeitrag 2	150 €	217 €	205 €	202 €	202 €	194 €	192 €	**1362 €**
Unternehmensfixkosten				---				**500 €**
Unternehmensergebnis (Gewinn)				---				**862 €**

8.8: Zweistufige Deckungsbeitragsrechnung

Mist! Der Auftrag des Kunden Schmidt rutscht durch die Auftragsfixkosten auf einen Deckungsbeitrag 2 von 150 Euro ab.

Sie schauen sich die abgelehnten Aufträge Müller und Rot noch mal genauer an und stellen fest, dass der Auftrag von Frau Müller mit einem Deckungsbeitrag von 177 Euro nun plötzlich besser zu bewerten ist als der Auftrag Schmidt.

Ein Glück, dass Ihr Freund Frau Schmidt noch nicht angerufen hat! Sie legen den Auftrag Schmidt in das Körbchen mit der Aufschrift »Ablehnen« und rechnen noch mal neu. Das Ergebnis Ihrer Rechenkünste zeigt Abbildung 8.9.

Auftrag	Schulz	Schwarz	Häberle	Maier	Becker	Braun	Müller	Gesamt
Erlöse	1.000 €	945 €	950 €	1.045 €	1.050 €	850 €	2.250 €	**8.090 €**
variable Kosten	783 €	740 €	748 €	843 €	856 €	658 €	2.073 €	**6.701 €**
Deckungsbeitrag 1	217 €	205 €	202 €	202 €	194 €	192 €	177 €	**1389 €**
Auftragsfixkosten	0 €	0 €	0 €	0 €	0 €	0 €	0 €	**0 €**
Deckungsbeitrag 2	217 €	205 €	202 €	202 €	194 €	192 €	177 €	**1389 €**
Unternehmensfixkosten				---				**500 €**
Unternehmensergebnis (Gewinn)				---				**889 €**

8.9: Korrigierte Deckungsbeitragsrechnung mit dem Auftrag Müller

Da es nun keine Auftragsfixkosten mehr gibt, weil das Patent diesen Monat nicht verwendet wird, sind die Deckungsbeiträge 1 und 2 identisch.

Durch die Umschichtung der Aufträge kann nun der Gewinn von 862 Euro auf 889 Euro erhöht werden. Gut, dass Ihr Freund in letzter Minute noch an das Patent gedacht hat, sonst hätte er falsch entschieden und 27 Euro verschenkt! Wer den Cent nicht ehrt ...

Fix und fertig

Das war die zweistufige Deckungsbeitragsrechnung. Aber Sie können sich noch weiter austoben. So könnten Sie noch vorhandene Produktgruppenfixkosten betrachten. Wenn nur bestimmte Kostenstellen oder Bereiche für ein Produkt oder einen Auftrag verantwortlich sind, können Sie auch Kostenstellen- oder Bereichsfixkosten aufdröseln. Am Ende stehen stets die Unternehmensfixkosten, also all das, was sich nicht in andere Fixkostenblöcke packen lässt. Die hieraus resultierenden Deckungsbeiträge werden einfach fortlaufend nummeriert. Aber Vorsicht: Bei »Deckungsbeitrag 67« wird's so langsam unübersichtlich ...

Endlich Feierabend

Nun haben Sie es geschafft. Das Problem Ihres Freundes wäre gewinnmaximierend gelöst und Sie können glücklich und zufrieden über Ihre neu gewonnenen Erkenntnisse nach Hause fahren. Alle sind glücklich und zufrieden – bis auf Herrn Schmidt und Frau Rot.

Die Deckungsbeitragsrechnung ist eine prima Methode, um kurzfristige Erfolgsrechnungen zu machen. Sie dient nicht nur zur Auswahl von Produkt- oder Auftragsalternativen bei Engpässen, sie kann auch zur Bestimmung des minimalen Verkaufspreises angewandt werden: Das Minimum ist der Preis, bei dem der Deckungsbeitrag gerade mal null ist.

Wie teuer darf's denn sein – Target Costing

9

In diesem Kapitel

- Was ist Target Costing
- Wie wende ich Target Costing an
- Was ist Continuous Improvement

Konnichiwa. Nun kommen die Freunde der asiatischen Lebensart auf ihre Kosten. Es begab sich in den sechziger Jahren des vergangenen Jahrhunderts, als in japanischen Unternehmen der Automobilbranche – in Europa manchmal despektierlich als Reisschüsselfabrikanten bezeichnet – der Versuch unternommen wurde, eine neue Managementmethode anzuwenden.

Folgende wichtige Punkte verstecken sich im ersten Absatz. Haben Sie es erkannt? Hier sind sie:

- ✔ Konnichiwa heißt »Guten Tag«.
- ✔ In Japan wurden neue Managementmethoden angewendet.

Insbesondere der letzte Punkt bedarf noch einer näheren Betrachtung. Wenn von Target Costing gesprochen wird, hat dies nur wenig mit einer herkömmlichen Kostenrechnung zu tun. Es handelt sich beim Target Costing vielmehr um ein strategisches Managementtool, das sich auch der Kostenrechnung bedient.

Was ist Target Costing?

Beim Target Costing wird gefragt:

1. Wie hoch ist der erzielbare Preis des Produktes?
2. Wie hoch soll der Gewinn aus dem Produkt sein?

Hat man die Antworten auf diese beiden Fragen, kann man die maximal erlaubten Kosten für das Produkt ermitteln, indem man vom erzielbaren Verkaufspreis die Gewinnspanne abzieht.

Beim Target Costing handelt es sich also um einen marktorientierten Ansatz der Kostenplanung, der am besten bei normalen Serienprodukten angewendet werden kann. Sie können das Verfahren auch bereits bei der Produktentwicklung anwenden. Hier kann man noch vieles beeinflussen. Und nun Vorhang auf für das Target Costing!

Der kleine Unterschied

In einer normalen Kostenrechnung errechnet man zuerst die Kosten eines Produktes, schlägt dann noch seinen Gewinn drauf und hat damit seinen Verkaufspreis ermittelt. Das funktioniert so lange, wie dieser Verkaufspreis am Markt auch durchsetzbar ist. Bei normalen Serienprodukten wie zum Beispiel bei Tintenstrahldruckern weht auf dem Markt jedoch ein rauerer Wind. Ist ein Produkt teurer als die Konkurrenzprodukte, ohne gleichzeitig einen Zusatznutzen zu bringen, wird es schlicht nicht gekauft. In einer solchen Situation drängt sich Target Costing als Überlebensstrategie auf.

Top Down und Bottom Up

Jetzt werden Sie mit Hilfe eines Beispiels die einzelnen Schritte des Target Costing kennen und lieben lernen. Gut, Letzteres muss nicht gerade sein.

Stellen Sie sich vor, Ihr Unternehmen stellt Drucker her und heißt Printtoll, kurz: PT. Für den hart umkämpften Privatverbrauchermarkt soll jetzt ein neues Tintenstrahldruckermodell entworfen werden. Auf der nicht mehr allzu fernen Präsentation der ersten Entwürfe in ein paar Monaten werden auch Sie als Vertreter des Controllings mit dabei sein. Ihr Vorgesetzter hat Ihnen die ruhmreiche Aufgabe des kaufmännischen Teilprojektleiters im Projekt »Tintenstrahldrucker 22« übertragen.

Ihr Chef hat Ihnen und der Gesamtprojektleitung dabei aber auch eine Zielvorgabe mit auf den Weg gegeben:

- ✔ Vermeidung eines Reinfalls durch Anwendung des Target Costing!

Die Gesamtprojektleitung hat, wie das erfahrene Projektleitungen eben so tun, für das Projekt einen Plan zur Umsetzung des Target-Costing-Verfahrens gemacht, um nicht im Chaos zu versinken. Und der sieht so aus:

- ✔ Phase 1: Marktpreis herausfinden
- ✔ Phase 2: Gewinnspanne festlegen
- ✔ Phase 3: Die erlaubten Kosten werden auf die Produktkomponenten verteilt
- ✔ Phase 4: Kosten anhand einer klassischen Kalkulation ermitteln
- ✔ Phase 5: Verhandlungsprozess: Ermittlung der Target Costs

Phase 1: Marktpreis herausfinden

Der Laie denkt: »Nichts leichter als das!« Eine Viertelstunde Zeit investieren, um daheim am Briefkasten den Aufkleber »Bitte keine Werbung!« zu entfernen. Dann eine Woche lang daheim die Prospekte sammeln und schon weiß man, wie hoch der Marktpreis ist. Billiger geht's nimmermehr. Das Ergebnis dieser Erhebung lautet: Der Markpreis bewegt sich irgendwo zwischen 29,- und 499,- Euro. Leider hilft das hier nicht weiter. Aber Bange machen gilt nicht. Wozu gibt es Marktforschungsinstitute, die mit Hilfe von Kundenbefragungen oder Conjoint-Measurements so etwas herausfinden?

Die Verbundanalyse oder länger: das Conjoint-Measurement versucht, mit Hilfe von Kundenbefragungen herauszufinden, wie viel der Kunde bereit ist, für ein Produkt zu zahlen und wie viel ihm dabei die einzelnen Produktmerkmale jeweils wert sind. Klingt kompliziert und ist auch etwas aufwändiger. So etwas sollten Sie den Profis aus der Marktforschung überlassen.

Sie bekommen hier nun eine preisgünstige, aber nicht unbedingt nachahmenswerte Methode zur Ermittlung des Marktpreises aufgezeigt. Die Printtoll-Marketingabteilung heuert ein paar Studierende an, um sie in die Fußgängerzone zu schicken. Ausgestattet mit schicken Printtoll-T-Shirts, dreiseitigen Fragebögen und bunten Werbegeschenken geht es jetzt zur Sache.

Die zwei Kernfragen des Fragebogens lauten:

1. Wie viel sind Sie bereit, für einen Tintenstrahldrucker auszugeben?
2. Bitte verteilen Sie Schulnoten für die Wichtigkeit der folgenden Merkmale:
   - Design
   - Druckqualität
   - Kompatibilität
   - Unterhaltskosten
   - Anzahl Druckerpatronen
   - Moderne Techniken

Das Umfrageergebnis:

Die Befragung war ein voller Erfolg. Für ein paar Kugelschreiber, Feuerzeuge und Schlüsselanhänger hat das Marketing mehrere hundert ausgefüllte Fragebogen erhalten. Mal abgesehen davon, dass nicht auf Repräsentativität und so etwas geachtet wurde – denn dann hätte man ja ein teures Marktforschungsunternehmen beauftragen müssen –, ist man in der Firma Printtoll nun der Meinung, eine vernünftige Basis für das Target-Costing-Verfahren zu haben.

Das Ergebnis im Einzelnen:

- Der Zielpreis:
    - 80% wollen 19,- bis 39,- Euro zahlen
    - 15% würden 40,- bis 69,- Euro zahlen
    - 5% würden 70,- Euro und mehr für einen Drucker bezahlen
- Die bewerteten Merkmale:
    - die Druckqualität und die Unterhaltskosten bekamen die Note 1
    - die Kompatibilität erhielt die Note 4 (oft versehen mit der Frage »Was ist das?«)
    - das Design bekam die Note 5
    - die Anzahl der Druckerpatronen und der Einsatz moderner Techniken die Note 6

Ein Kollege im Marketing fasst das Umfrageergebnis in Worten so zusammen:

Es wird ein Drucker zu maximal 39,- Euro gewünscht, der quadratisch und gilblich-grau sein kann, eine Top-Druckqualität haben muss und mit angeblich billigen Unterhaltskosten beworben werden sollte. Ob der Drucker reibungslos mit einem Rechner zusammenarbeitet, ist nicht so wichtig und eine für den Kunden teure All-In-One-Druckerpatrone reicht vollauf. Zudem muss der Drucker nicht auf dem Stand der neuesten Technik oder gar innovativ sein.

Somit wird der Verkaufspreis auf 39 Euro je Drucker festgelegt und von den Verantwortlichen freigegeben.

Phase 2: Gewinnspanne festlegen

Im Beispielunternehmen Printtoll braucht sich kein Mitarbeiter über diesen Punkt den Kopf zu zerbrechen. Die Unternehmensleitung hat sich dazu eindeutig geäußert: Es werden nur solche Unternehmensteile am Leben erhalten, die wenigstens 8% Umsatzrendite abwerfen. 8% aus dem Umsatzerlös je verkauftem Drucker macht 1,21 Euro Zielgewinn pro Stück.

Top-Down-Ermittlung der Allowable Costs: Von dem Verkaufspreis in Höhe von 39,- € müssen Sie die Steuer und die Handelsspanne abziehen. Erst dann haben Sie den Umsatz aus Sicht der Printtoll ermittelt. 39,- € minus 6,23 € Steuer minus 17,70 € Handelsspanne ergibt 15,07 € Umsatzerlöse je Drucker. Daraus 8% macht 1,21 € Gewinn je Drucker. Der traurige Rest sind die erlaubten Kosten, auch Allowable Costs genannt und diese dürfen also nicht höher als 13,86 € sein.

Wie so ein Top-Down-Ansatz aussieht, zeigt Abbildung 9.1.

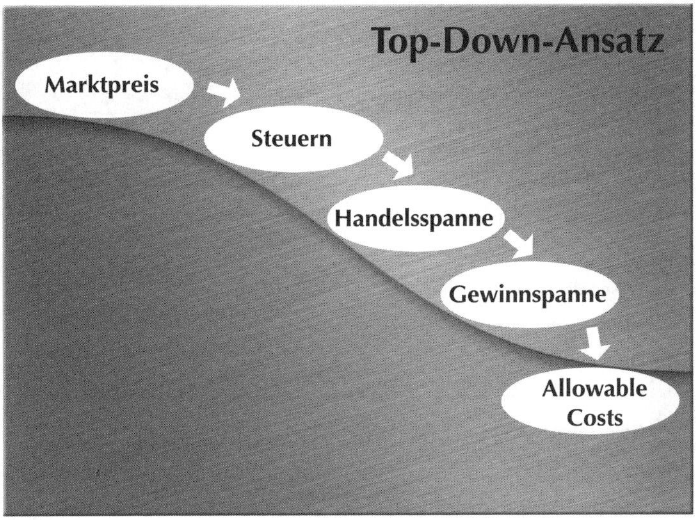

9.1: Top-Down-Ansatz

Phase 3: Die erlaubten Kosten werden auf die Produktkomponenten verteilt

Die gesamten Zielkosten dürfen also nicht höher als 13,86 Euro sein. Jetzt muss dieser zur Verfügung stehende Betrag auf die einzelnen Komponenten des zu entwerfenden Druckers aufgeteilt werden. Dabei wird der gesamte Produktlebenszyklus betrachtet. Das ist wichtig, da man so vernünftig Materialmengen und Maschinenauslastungen planen und die Entwicklungskosten auf den gesamten Produktlebenszyklus verteilen kann.

Dazu müssen Sie als zuständiger Controller jetzt viel in der Gegend herumfragen. Und zwar so lange, bis Sie die Kosten aller Komponenten zusammengetragen haben. Am Ende gehen Sie das Ergebnis zusammen mit dem Gesamtprojektleiter noch einmal im Hinblick auf Plausibilität und Vollständigkeit durch. Das Ergebnis sieht dann grob vereinfacht etwa so wie in Abbildung 9.2 aus.

Spielräume nutzen

In der Aufschlüsselung der Allowable Costs finden Sie auch die Position »Druckerpatronen« mit einem verdächtig glatten Betrag. Die Druckerpatronen werden bei Printtoll im Unternehmensbereich »Ink« hergestellt. Der Unternehmensbereich »Ink« erzielt seit Jahren Traumrenditen von über 30%. Und da dieser Bereich schließlich vom Verkauf der Drucker abhängig ist, unterstützt er mit Hilfe niedriger interner Verrechnungspreise gerne den Bereich »Drucker«.

Aufteilung der Allowable Costs

Materialkosten Druckkopf:	4,14
Entwicklungskosten je Drucker:	3,38
Personalkosten:	3,97
Druckerpatronen:	2,00
Gemeinkosten:	0,37
Summe Allowable Costs:	13,86

9.2: Aufteilung der Allowable Costs

Phase 4: Kosten anhand einer klassischen Kalkulation ermitteln

Zeitgleich mit den Phasen 1 bis 3 haben sich einige Entwicklungsingenieure auch auf althergebrachte Weise mit dem Projekt beschäftigt. Sie haben einen neuen Drucker entwickelt und kalkulieren nun dessen Produktionskosten.

Drifting Costs: Als Drifting Costs bezeichnet man die Kosten, die Entwicklungsingenieure aufgrund ihrer Entwicklungsarbeit und den vorgegebenen Rahmen, wie zum Beispiel die vorhandenen Produktionsmaschinen, in der Firma veranschlagt haben. Im Target Costing wird das auch als *Bottom-Up-Ansatz* bezeichnet.

Das Ergebnis: Der auf herkömmliche Weise entwickelte und kalkulierte Drucker verursacht Drifting Costs in Höhe von 47,10 Euro.

Phase 5: Verhandlungsprozess: Ermittlung der Target Costs

Jetzt könnte man annehmen, dass sich im Projekt zwei Fraktionen gebildet haben. Die Fraktion der Allowable Costs, auch Billigheimer genannt, und die Fraktion der Drifting Costs, auch als Verschwender bezeichnet. Die Spiele mögen beginnen ...

Berechnung der Drifting Costs

Materialkosten Druckkopf:	12,84
Entwicklungskosten je Drucker:	14,56
Personalkosten:	7,55
Druckerpatronen:	8,00
Gemeinkosten:	4,15
Summe Drifting Costs:	47,10

9.3: Berechnung der Drifting Costs

Größer, Kleiner, Gleich

Wir haben hier einfach unterstellt, dass die Drifting Costs höher als die Allowable Costs sind. Diese Situation dürften Sie in der Realität auch am häufigsten antreffen. Es wäre aber auch nicht völlig abwegig, mal den umgekehrten Fall anzutreffen. Dann wäre das Anspruchsniveau der Kunden wohl weitaus höher als das der unternehmenseigenen Entwicklungsingenieure. Wie Sie eine solche Situation werten wollen, bleibt Ihnen überlassen. Wahrscheinlich ist so etwas auch stark situationsabhängig. Sehr selten kann es auch vorkommen, dass die beiden Fraktionen zu den gleichen Ergebnissen kommen. Aber träumen Sie ruhig weiter.

Der geheime Kern des Target Costing

Und nun verraten wir Ihnen das Erfolgsgeheimnis des Target Costing. Es ist »ein verhaltenssteuerungsorientiertes System der Kosten- und Erlösrechnung«. Warum? Weil das Ergebnis nun stark davon abhängt, wie sich die Akteure im Einzelnen verhalten werden. Hier zählen nicht nur gute Argumente, sondern auch Verhandlungsgeschick, Einfühlungsvermögen und Strippenziehen.

Das hier oben stehende Zitat stammt aus dem Buch »Systeme der Kosten- und Erlösrechnung« der Herren Schweitzer und Küpper und steht dort in der 6. Auflage auf Seite 662. Sollten Sie eine andere Auflage zu Händen haben, müssten Sie dieses Zitat dennoch finden können, indem Sie einfach unter Target Costing nachschlagen und die ersten Zeilen lesen. Dann werden Sie bestimmt darauf stoßen.

Das heißt nichts anderes, als dass sich beide Fraktionen in vielen, vielen Einzelgesprächen und Projektmeetings auf eine einheitliche Kostenvorgabe einigen müssen. So etwas kann aber nur funktionieren, wenn die obersten Chefs eine klare Marschroute vorgegeben haben. Ansonsten wird bis zur völligen Orientierungslosigkeit gemeetet.

Die Situation kann man sich so wie in Abbildung 9.4 vorstellen.

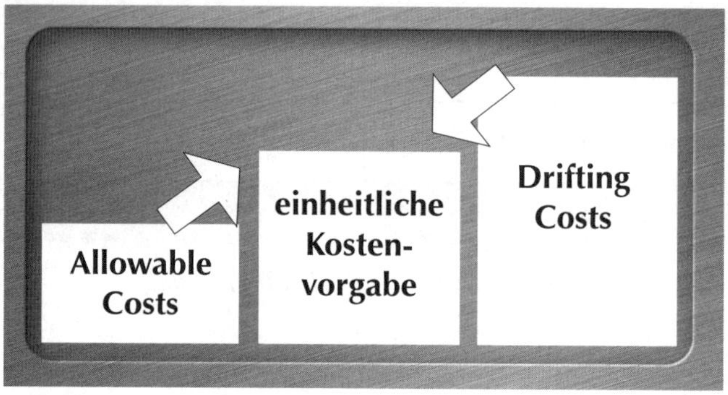

9.4: Target Costs

Es wird so lange miteinander verhandelt, bis man sich auf eine einheitliche Kostenbasis geeinigt hat. Dabei müssen wohl oder übel auch technische Feinheiten diskutiert werden. Hier ist es natürlich sehr hilfreich, wenn die Chefs dabei ein paar Leitlinien vorgegeben haben. Zum Beispiel wenigstens eine Minimalaussage wie: »Das neue Produkt muss nicht besonders innovativ sein, Hauptsache, es ist billig und bringt acht Prozent Umsatzrendite.«

Bis hierher war das ein recht eindimensionales Beispiel. Der Target-Costing-Alltag könnte aber auch viel komplexer aussehen.

Den gordischen Knoten lösen

Nachdem sich die beiden Fraktionen seit zwei Monaten kaum von der Stelle bewegt haben, macht sich im Projekt langsam der Frust breit. Die Allowable-Cost-Fraktion ist fest der Meinung, dass selbst geringe Kostensteigerungen das Produkt unverkäuflich machen würden. Die Drifting-Costs-Fraktion hat alle Möglichkeiten der Kostensenkungen prüfen lassen und kam dabei zu keinen nennenswerten Einsparungen, ohne Qualitätseinbußen hinnehmen zu müssen. Und so stehen sich die beiden Fraktionen weiter unversöhnlich gegenüber.

Gegenseitige Vorwürfe und ratloses Schulterzucken beherrschen das Projektklima. Ein Designer hat bereits angedeutet, dass er sich beruflich nicht ausgelastet fühle, wenn er ständig gilblich-graue Kästen entwerfen solle. Ein Ingenieur sah sich in seiner persönlichen Entwicklung gehemmt, wenn er keine Weiterentwicklungen einbringen dürfe. Die Vertreter der Low-Cost-Schiene malten dagegen tiefschwarze Bilder an die Flipchart (»die verlorene Zukunft der Firma«).

Der Gesamtprojektleiter bekommt nun ziemlichen Druck aus dem Vorstand, doch bitte endlich ein paar Ergebnisse zu zeigen. Und Sie fühlen sich auch nicht besonders wohl in Ihrer Haut. Als zuständiger Projektcontroller hätten Sie zwar eine Idee, wie das Projekt vorwärts kommen könnte. Da diese Idee Ihre Kompetenz als kaufmännischer Teilprojektleiter aber überschreiten würde (mit anderen Worten: Die Ingenieure könnten sich beleidigt fühlen), wollen Sie die Idee nicht offiziell äußern. Deshalb haben Sie sich mit dem Gesamtprojektleiter zum Mittagessen in der Kantine verabredet. Und da erzählen Sie ihm erst mal, dass die Kostensituation ja mit jedem Tag ohne Projektergebnis auch nicht besser wird, da die ganzen verlorenen Stunden ja alle als Gemeinkosten in die Kostenkalkulation mit einfließen. Und dass Ihnen abends beim Heimfahren da eine Idee gekommen sei. Und die sähe so aus:

Es muss doch nicht nur einen neuen Drucker geben. Wie wäre es mit einer ganzen Druckerreihe? Am unteren Ende der Preisskala könnte der Drucker der Allowable-Costs-Fraktion stehen. Dann könnte es noch einen Drucker im mittleren Preissegment geben, der den Qualitätsvorstellungen der Drifting-Costs-Fraktion entspricht und am oberen Ende der Preisskala kann es noch einen innovativen Drucker mit einigem neuen Schnickschnack geben, der auch noch den extravagantesten Ingenieur bei der Stange hält.

Aller guten Dinge sind drei

Viele Meetings später ist der gordische Knoten endlich gelöst und eine Lösung gefunden. Es wird drei Produktvarianten geben. Ein Low-Cost-Produkt, ein Mittelklasseprodukt und ein teureres Designerstückchen gespickt mit netten Gimmicks.

Nun müssen wir Ihnen aber leider mitteilen, dass Sie auch für den Mittelklassedrucker und den High-End-Drucker jeweils alle Phasen des Target Costing durchlaufen müssen. Die letzte Phase, in der die Target Costs, also die einheitliche Kostenvorgabe, austariert wird, dürfte aber bei drei Produktvarianten wesentlich einfacher sein, da die unterschiedlichen Interessengruppen sich in den jeweiligen Produkten wiederfinden können. Außerdem bieten sich in einer solchen Verhandlungssituation auch immer Package Deals an: Stimmst du beim Low-Cost-Drucker der Billig-Druckerpatronenlösung zu, stimme ich bei deinem High-End-Gerät der automatischen Druckerpatronennachbestellung zu.

Am Ende der letzten Phase sind dann für jedes Produkt die Target Costs gefunden und das Projekt hat seinen erfolgreichen Abschluss doch noch gefunden. Jetzt müssen Sie nur noch die Kosteneinhaltung beständig verfolgen.

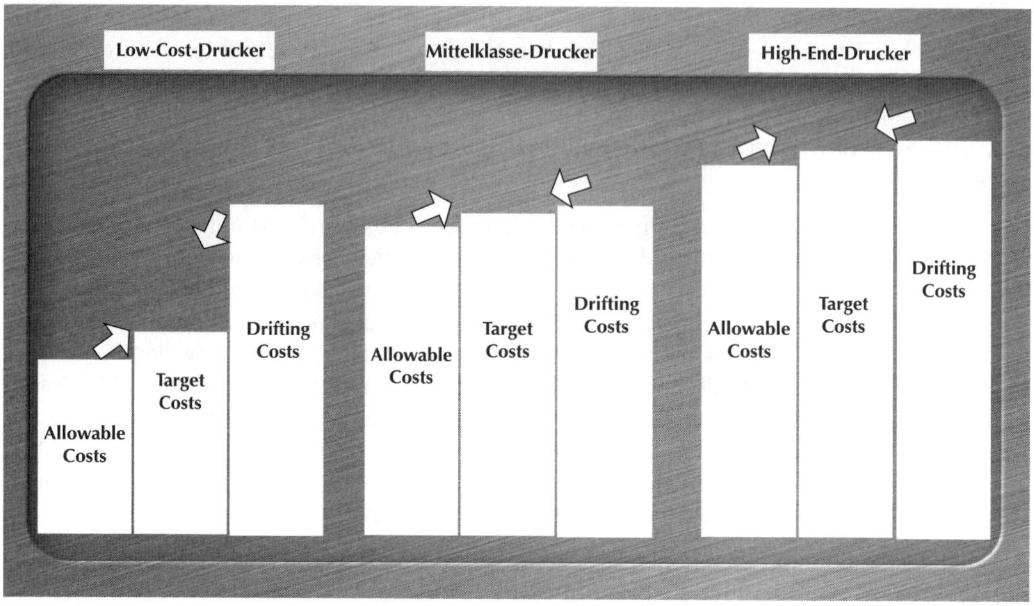

9.5: Target Costing bei drei Produktvarianten

Nicht stehen bleiben – Continuous Improvement

Sollten Sie gedacht haben, hier sei Ihr Job als Projektcontroller für dieses Produkt getan, haben Sie sich getäuscht. Ihr Chef hat sich zwar zufrieden darüber geäußert, dass das Projekt ja gerade noch einmal gut gegangen sei. Doch dürfe man sich jetzt nicht ausruhen.

Und irgendwie hat er ja Recht: Sie glauben ja auch nicht, dass die drei neuen Drucker völlig unverändert die nächsten 18 Monate verkauft werden können. Ein Wettbewerber hat in einer Pressemitteilung für Mitte des Jahres einen Drucker zu 9,99 € angekündigt. Und bei den Mittelklassedruckern sehen Experten in wenigen Monaten bereits eine Druckqualität, wie sie bislang nur im High-End-Bereich zu haben war. Was tun?

Es ist nun Ihr Job, zusammen mit den jeweils zuständigen Projektleitern einen kontinuierlichen Kostensenkungsplan auszuarbeiten und zu verabschieden. Parallel zum Kostenaspekt muss die Projektleitung auch einen ständigen Verbesserungsprozess für die Aspekte Qualität und Technische Innovation aufbauen.

Im deutschen Sprachraum bezeichnet man das als *kontinuierlichen Verbesserungsprozess*«, im englischen Sprachraum als *Continuous Improvement Process* und in Japan als *Kaizen*.

Alle Aspekte des Continuous Improvement Process, also Kosten, Qualität, technische Innovation, spiegeln sich letztendlich in den Kosten wider. Für die neue Druckerfamilie könnte das dann so aussehen wie in Abbildung 9.6.

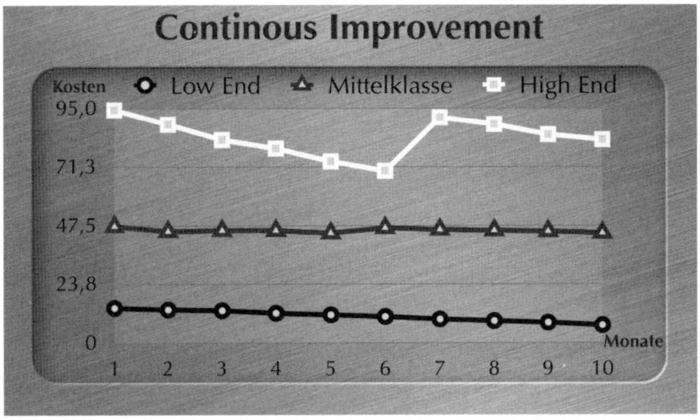

9.6: Continuous Improvement

Beim Low-End-Drucker wird davon ausgegangen, dass die Kosten im Verlaufe des Produktlebenszyklus kontinuierlich gesenkt werden können. Die Produktentwickler haben Ihnen schriftlich versichert, dass diese Kostensenkungen machbar sind. In seitenlangen Anhängen werden die technischen Details dafür erläutert. Soweit die Vorgabe. Um diesen Plan aber auch einhalten zu können, sind die unterschiedlichsten Abteilungen gefragt. Angefangen beim Einkauf, der durch die Kostensenkungsvorgaben ständig gefordert ist, bis hin zu jedem Mitarbeiter in der Produktion, der durch Verbesserungsvorschläge für eine effizientere Produktion sorgen kann.

Beim Mittelklassedrucker kommt es nicht nur auf Kostensenkungen an. Hier ist auch eine Qualitätssteigerung gefragt, die zunächst sogar für leicht steigende Kosten sorgen wird. Im Verhältnis zur höheren Qualität werden am Ende aber sogar leicht niedrigere Kosten gegenüberstehen. Es gehört also auch zu Ihrem Job, sich mit solchen Hintergründen zu beschäftigen. Denn wenn Sie nur die Zahlenkolonnen im Auge hätten, verlören Sie ganz schnell den Überblick.

Beim High-End-Drucker ist zuerst eine rasche Kostensenkung möglich, da die Preise der dort eingesetzten neuen Technologien schnell fallen. In der Mitte des Produktlebenszyklusses wird aber eine technische Auffrischung nötig, so dass hier die Kosten erst mal wieder steigen werden. Da diese Auffrischung aber wiederum einen höheren Marktpreis rechtfertigt, haben Sie als Controller so lange nichts dagegen einzuwenden, wie zumindest die 8 Prozent Umsatzrendite erreicht wird.

Es genügt also nicht, als Controller nur kontinuierlich sinkende Kosten einzufordern. Sie müssen stets alle Aspekte des Target Costing im Auge behalten. Und das beginnt bei der Entwicklung der Marktpreise und endet bei den technischen Veränderungen. Sayonara!

IT – Steh uns bei!

10

In diesem Kapitel

- Was bringt Ihnen SAP® und Konsorten
- Wozu braucht man ein Data Warehouse
- Welche IT-Kenntnisse Sie sich aneignen sollten

Ein Controller ohne Daten kann ungefähr so effektiv arbeiten wie ein Fußballer ohne Ball. Nämlich gar nicht. Die spannende Frage ist nun, woher Sie eigentlich die Daten bekommen, um Ihre Arbeit erfolgreich zu verrichten und dadurch für Ihren Chef ein Tor nach dem anderen zu schießen.

Strichlisten und Kontenjournale auf Papier wurden zum Glück mittlerweile durch IT-gestützte Lösungen gänzlich verdrängt. Doch keine Angst: Nun folgt keine fachchinesische IT-Abhandlung, sondern ein Überblick über die wichtigsten Vertreter. Über die kleinen und großen Helfer, die Ihr Controller-Leben unendlich erleichtern können. Oft müssen Sie nicht unbedingt selbst aktiv werden, sondern lediglich wissen, wen Sie bei bestimmten Problemen fragen können. Denn: Wer fragt, gewinnt …

Und keine Sorge: Bis ein Computer Ihre Arbeit als Controller gänzlich verrichten kann und Sie dadurch Ihrer Arbeit beraubt, dürften noch einige Jahrzehnte und noch viele weitere Entwicklungszyklen ins Land ziehen.

SAP® und Co.

Es begab sich im Jahr 1972, dass sich fünf ehemalige IBM-Mitarbeiter im badischen Walldorf der Idee widmeten, Finanz-Anwendungssoftware in Echtzeit zu entwickeln.

Echtzeit bedeutet, dass die jeweiligen Eingaben wie etwa Buchungen oder Prozesse in dem Moment, in dem sie erfasst werden, auch sofort für andere sichtbar sind. Für Sie als Controller kann dies einiges erleichtern.

Ein Jahr später wurde das Finanzbuchhaltungsmodul RF geboren. Der Rest ist Geschichte – die Geschichte von SAP®. Das Modul RF heißt heute FI und 30 Jahre und einen Börsengang später zählt SAP® über 20.000 Mitarbeiter und hat sich zum weltweit größten Anbieter von betriebswirtschaftlicher Anwendungssoftware gemausert. Für nahezu alle wichtigen Themen und Prozesse gibt es mittlerweile spezifische Programme, die neudeutsch auch »Lösungen« oder »Module« genannt werden. Für den Controller sind vor allem die Produkte für das Finanz- und Rechnungswesen und das Controlling selbst interessant.

Einen Grobüberblick über die wichtigsten SAP® R/3-Module zeigt Ihnen Abbildung 10.1. SAP® R/3 ist die Version von SAP®, die zurzeit noch am häufigsten in der Praxis vorkommt. Die aktuelle Version nennt sich »SAP® ERP« und ist natürlich noch viel toller als R/3.

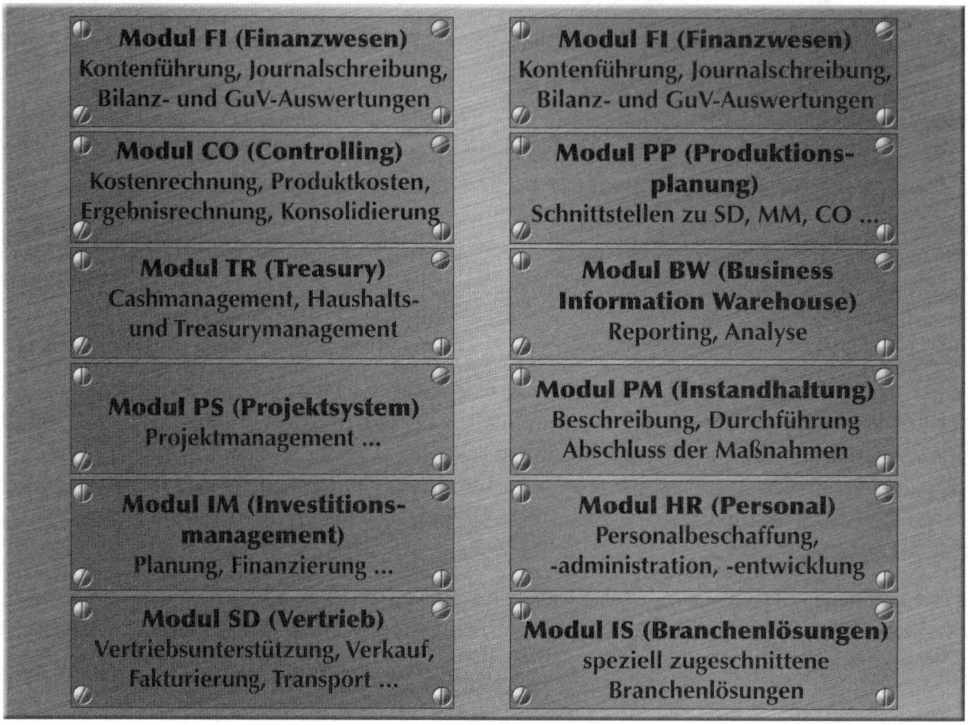

10.1: Module SAP® R/3

Sie sollten als Controller, sofern Ihr Unternehmen SAP® nutzt, hierfür unbedingt eine Berechtigung auf Ihrem Rechner haben. Sehr viele wichtige Daten, die Sie zum Beispiel für die Kostenrechnung oder die Planung benötigen, bekommen Sie so auf bequeme Art und Weise direkt. Die Module FI und CO sollten für Sie Pflicht sein. Also: Den zuständigen Kollegen kontaktieren und eine Berechtigung beantragen!

Bestimmte Auswertungen oder Reports brauchen Sie regelmäßig aus den entsprechenden Systemen. Wie zum Beispiel die Höhe der Kosten nach den unterschiedlichen Kostenarten oder Kostenartengruppen. Sie können sich auch speziell auf Ihre Bedürfnisse zugeschnittene Auswertungen in SAP® programmieren. Die einzige Voraussetzung hierfür: Sie beherrschen ABAP. Es empfiehlt sich also vielleicht, einen Experten mit der Erstellung der regelmäßig notwendigen Reports zu beauftragen.

ABAP ist die Programmiersprache zu SAP® R/3. Früher war es die Abkürzung für »Allgemeiner Berichts- und Aufbereitungs-Prozessor«, heute steht es für »Advanced Business and Application Programming« – dasselbe, nur auf Englisch. Beim neueren SAP® ERP können Reports und Anwendungen entweder in ABAP oder in der Programmiersprache Java erstellt werden.

Die Daten, die Sie auf Ihren Computer gezaubert bekommen, liegen natürlich nicht auf Ihrem Rechner selbst. Sie haben auf Ihrem Rechner lediglich die so genannte *SAP®-GUI*, eine grafische Benutzeroberfläche, mit der Sie auf verschiedene SAP®-Anwendungen über das Netzwerk Ihres Unternehmens zugreifen. Diese Anwendungen wiederum ziehen sich die benötigten Daten aus einer riesigen Datenbank, in der alle eingegebenen Daten gespeichert werden. Wie Sie sich das vorstellen können, zeigt Abbildung 10.2.

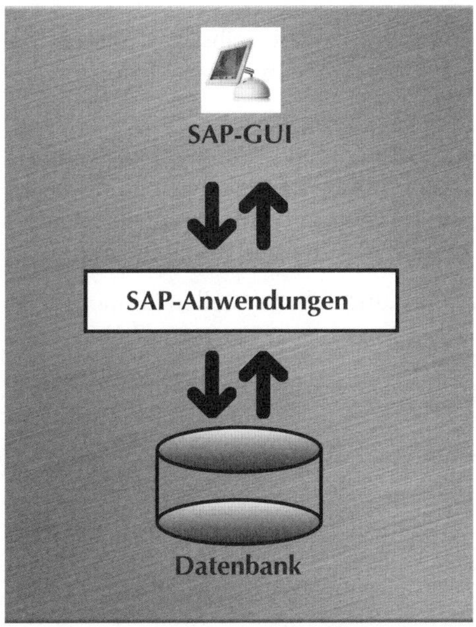

10.2: Zugriff auf SAP®

Aber nicht nur SAP® bietet solche Produkte an. In den letzten Jahren hat sich eine Vielzahl von Mitbewerbern aufgemacht, SAP® den Kampf anzusagen. Nach wie vor ist SAP® auf dem Markt aber die klare Nummer eins.

Welche Software Ihr Unternehmen einsetzen soll, ist vor allem auch eine Frage des Preises. Bei Klein- und mittelständigen Unternehmen reicht vielleicht ja auch eine preisgünstige Buchhaltungssoftware wie etwa »LexWare Buchhalter«, »PC Kaufmann Buchhalter« oder »GS-FIBU«, wenn kein großer Wert auf Funktionalitätsvielfalt gelegt wird.

Data Warehouse – Wo kauf ich meine Daten ein?

Nicht nur Zahlen aus der Welt des Finanz- und Rechnungswesens können dem Controller nützlich sein:

Ihr Chef stürmt in Ihr Büro und will bis übermorgen einen schönen Report über die Absatzentwicklung des neuen Eierkochers »Eggboil« innerhalb der letzen sechs Monate nach Vertriebsregionen haben. Was nun? Der zuständige Produktmanager weilt für drei Wochen urlaubsbedingt auf Mauritius. Die Urlaubsvertretung, Frau Haase, weiß natürlich von gar nichts. Die Kollegen im Vertrieb haben gerüchteweise von Außendienstlern in der Region Süd-West gehört, die beim letzten Vertriebs-Kick-Off über die katastrophalen Absatzzahlen des Eierkochers gejammert haben – mehr wussten sie jedoch spontan auch nicht. Für einen fundierten Report ist das alles recht unbefriedigend ...

Unter Terabytes von Datenramsch in einem selbst gestrickten System vergraben, lauern die Daten für die Außenwelt unsichtbar vor sich hin. Die Erlösung aus dem Dilemma nennt sich »Data Warehouse«!

Ein Data Warehouse sammelt strategisch relevante Daten aus allen möglichen Systemen im Unternehmen. Es fügt zusammen, was zusammengehört, schmeißt Unwichtiges raus und zeigt mit Hilfe von Analysetools die benötigten Daten an. Es ist also nichts anderes als eine riesige Datenbank.

Wie Sie sich ein Data Warehouse ungefähr vorstellen können, zeigt Abbildung 10.3.

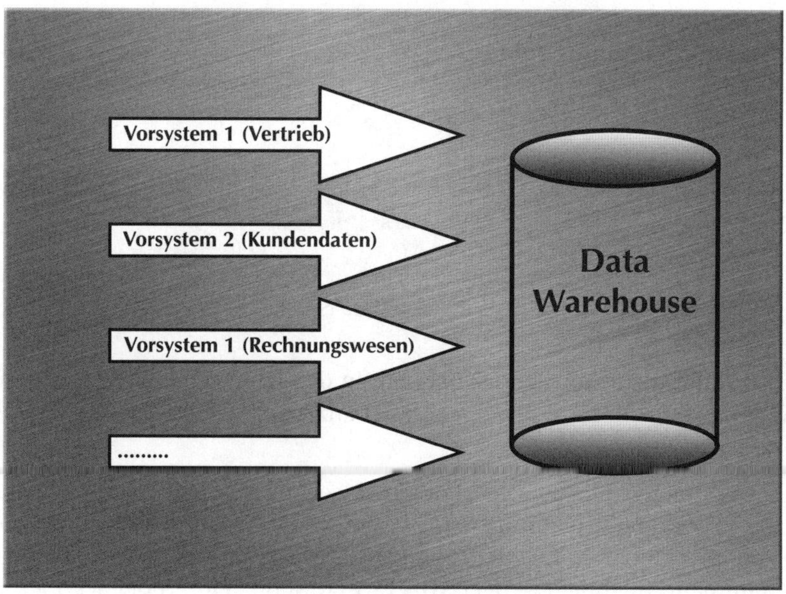

10.3: Aufbau Data Warehouse

Ein Data Warehouse (auch DWH genannt) zeichnet sich durch mehrere Dinge aus:

✔ Es enthält wichtige Daten aus den Vorsystemen Ihres Unternehmens. Unwichtiges wird herausgefiltert, einzelne Themen werden zusammengefasst. Übrig bleibt eine komprimierte und verdichtete Darstellung der Daten, die für Entscheidungen wichtig sind.

✔ Die Datenmodelle in einem DWH werden auch oft als »Würfel« bezeichnet, da Kennzahlen über mehrere Dimensionen hinweg ermittelt werden können. Ein Würfel mit seinen drei Dimensionen muss hier also als Anschauungsbeispiel herhalten. Abbildung 10.4 veranschaulicht, wie dies bei den Absatzzahlen für den Eierkocher »Eggboil« aussieht. Eine solche Darstellung wird auch »OLAP-Cube« genannt.

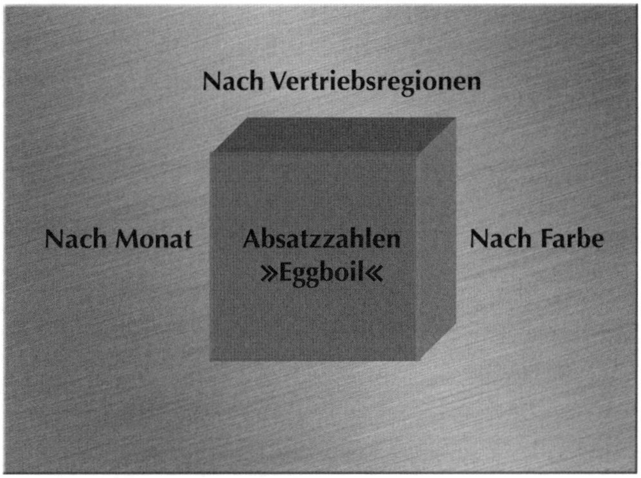

10.4: Aufbau »Datenwürfel« oder OLAP-Cube

OLAP heißt *Online Analytical Processing*. In einer OLAP-Datenbank hält man die Daten nicht in zweidimensionalen Tabellen, sondern in mehrdimensionalen Würfeln. Diese Würfel können entlang der Achsen in Scheiben geschnitten (Slice) oder gedreht werden (Dice), um neue Ansichten auf die Daten zu erhalten. Zusammen nennt man diese Flexibilität auch »Slice & Dice«. Nun können Sie bei Ihrer IT schon ganz schön mitreden!

✔ Ein DWH ist grundsätzlich niemals »fertig«. Neue Produkte erfordern oftmals neue Herausforderungen für die Datenwelt und dadurch eine neue oder veränderte Abbildung. Deswegen muss ein Data Warehouse immer am Ball bleiben und mit der Zeit gehen.

✔ Ein DWH ist eine riesige Datenbank, auf die mittels einer Abfragesprache namens SQL (Structured Query Language) zugegriffen wird – meist von Kollegen, die sich mit so etwas auskennen.

✔ Für Dummies gibt es in der Regel eine anwenderfreundliche Software, mit der über vorgefertigte Abfragen auf die wichtigsten Kennzahlen zugegriffen werden kann.

Mit einer Abfrage greifen Sie auf die Daten im Data Warehouse zu. Und zwar so, dass das herauskommt, was Sie brauchen. IT-Cracks machen das mittels einer Datenbanksprache namens SQL (Structured Query Language). In anwenderfreundlichen Programmen können Sie sich das, was Sie brauchen, auf einer grafischen Benutzeroberfläche »zusammenklicken«. Im Hintergrund wird das, ohne dass Sie es mitbekommen, in SQL umgewandelt und an die Datenbank geschickt. Hat das Data Warehouse einen guten Tag, kommen dann auch die von Ihnen gewünschten Daten zurück.

Vertreter von Software-Lösungen, die auch einen DWH-Zugriff »für Dummies« ermöglichen, sind beispielsweise Business Objects, Cognos, MicroStrategy, SAP®-BW oder SAS. Welche Software nun die beste ist? Das ist, wie so vieles im Leben, Geschmackssache. Mit all diesen Programmen können Sie jedenfalls selbst Reports basteln, die auf Daten Ihres unternehmensinternen Data Warehouse basieren. Wie so etwas aussehen kann, zeigt Abbildung 10.5 am Beispiel von Business Objects.

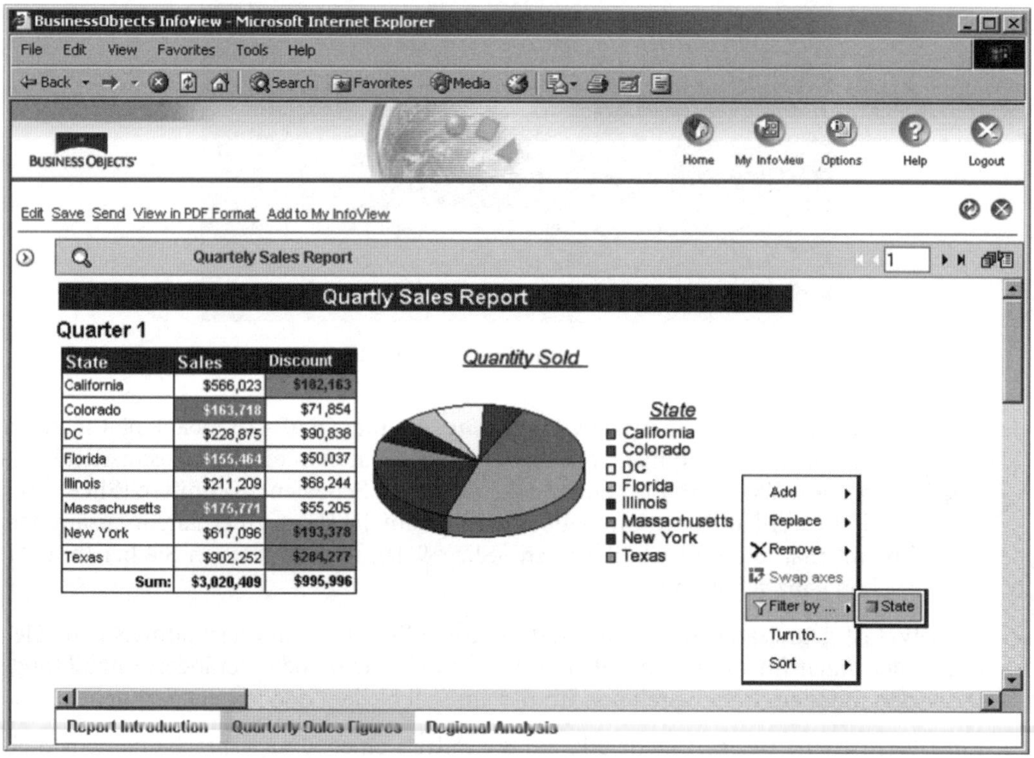

10.5: Beispiel für einen DWH-basierten Business Objects Report

Drill down

Mit einer Zugriffs-Software auf das DWH können Sie auch aggregierte Daten »aufbohren«. Das nennt man »Drill down«.

Zum Beispiel rufen Sie zuerst den gesamten Absatz für den Eierkocher ab. Dieser beträgt 10.000 Stück. Nun »drillen« Sie auf die verschiedenen Vertriebsregionen »down«:

Nord: 3.000 Stück

Süd: 1.000 Stück

Ost: 2.000 Stück

West: 3.000 Stück

Die Region »Süd« interessiert Sie besonders. Sie wollen wissen, welche Farben dort besonders gefragt sind. Sie »drillen« auf die Farben »down«:

Rot: 300 Stück

Blau: 500 Stück

Gelb: 200 Stück

Jetzt könnten Sie auch noch auf die einzelnen Quartale heruntergehen, um zu sehen, ob Gelb beispielsweise in den Sommermonaten besser ankommt als im Winter:

Q1: 30 Stück

Q2: 40 Stück

Q3: 100 Stück

Q4: 30 Stück

Und so weiter ... Der Phantasie sind keine Grenzen gesetzt – sofern das DWH die Daten Ihrer Phantasie beinhaltet.

Durch die Möglichkeit des Drill Downs können Sie sich weiter und tiefer in die Datenwelt vorarbeiten. Das kann bei detaillierten Fragestellungen sehr wichtig sein. Das Gegenteil von Drill Down, das heißt die Aggregation von aufgebohrten Daten heißt übrigens »Roll Up«.

Hat Ihr Unternehmen also ein Data Warehouse und eine Ihnen zugängliche Oberfläche, um darauf zuzugreifen, so können Sie Ihrem Chef ohne Probleme einen Report über die Absatzentwicklung des neuen Eierkochers »Eggboil« liefern. Die Software ermöglicht es Ihnen, neben den nackten Zahlen auch schöne, aussagefähige Grafiken ohne größeren Aufwand zu erstellen.

Falls Sie keine entsprechende Software auf Ihrem Rechner haben oder in der Hektik des Auftrags keine Zeit haben, sich darin einzuarbeiten, machen Sie sich schlau, welche Kollegen für Analysen aus dem Data Warehouse zuständig sind. Dann nehmen Sie den Telefonhörer zur Hand und fragen diese Kollegen aus der Analyse-Abteilung freundlich, ob sie Ihnen auf die Schnelle einen solchen Report basteln können. Bieten Sie als »Bestechung« notfalls eine Tüte Gummibärchen an. Grundsätzlich sollten Sie sich aber mit den entsprechenden DWH-Zugriffsprogrammen vertraut machen. Das macht Sie unabhängiger. Denn: Wer weniger auf andere angewiesen ist, kommt mitunter schneller ans Ziel.

Hätten Sie die Datenbasis im DWH gerne erweitert? Dann machen Sie sich schlau, wer der Systemverantwortliche für das Data Warehouse ist. Wenn Sie zum Beispiel noch die Schuhgröße der Kunden auswerten möchten, diese aber nur in einem Vorsystem gespeichert ist und noch nicht ins DWH geladen wird, ist er der richtige Mann oder die richtige Frau für Sie.

Ein Data Warehouse ermöglicht Ihnen somit den Zugriff auf Daten, die Sie als Controller für Ihre tägliche Arbeit benötigen. Es ist auch die Basis für die so genannte »Business Intelligence«.

Mittels der Daten aus dem Data Warehouse können nicht nur Reports erstellt werden. Es kann auch nach bestimmten »Mustern« gesucht werden. Etwa: Kaufen Kunden, die den gelben »Eggboil« erworben haben, tendenziell auch die Kaffeemaschine »Hot Brown« in Gelb oder vielleicht doch lieber in Blau? Diese »Mustersuche« nennt man *Data Mining*. Die Daten eines DWH können auch im Customer Relationship Management (CRM) für ein kundenorientierten Handeln verwendet werden. Der Überbegriff für all diese Möglichkeiten heißt »Business Intelligence«.

Die Geschichte von Mensch, Computer und der Info-Versorgung

Die Information stellt für Manager und somit zwangsläufig auch für den Controller als Info-Versorger des Managements ein sehr wichtiges Gut dar. Es ist aber nicht nur wichtig, die Information irgendwo zu haben, sondern bei Bedarf auch schnell darauf zugreifen zu können. Computer sind wie geschaffen für dieses hehre Ziel.

Das wurde bereits in den sechziger Jahren erkannt. Schon damals wurde versucht, so genannte *Management-Informationssysteme* zu entwickeln, die das gesamte Unternehmen und somit alle wissensdurstigen Manager mit wichtigen Informationen versorgen sollte. Die Vision war es damals, Entscheidungen durch computergestützte Systeme treffen zu lassen. Sozusagen eine Art Mensch-Maschine. Allerdings waren damals die Datenbanksysteme noch nicht so weit ausgereift, so dass dieses Vorhaben kläglich scheiterte.

Der Trend, der ab den siebziger Jahren folgte, waren die so genannten »Decision-Support-Systems« oder auf Deutsch Entscheidungsunterstützungssysteme. Hierbei handelt es sich um Systeme, die eine Unterstützung bei der Entscheidungsfindung bieten und die zur Analyse bestimmter Probleme eingesetzt werden. Man versorgte die Benutzer (neudeutsch auch »User« genannt) also nur mit denjenigen Daten, die sie für ihre Entscheidung benötigten. Wichtig hierbei waren damals schon Reporting-Erstellungs-Tools.

Die nächste Entwicklungsstufe waren die »Executive-Information-Systems« (Managementunterstützungssysteme). Hier besann man sich auf die Idee der Management-Informationssysteme zurück: Man betrachtet nicht nur bestimmte Entscheidungen bei der Bereitstellung von Daten, sondern liefert den Gesamtblick auf das Unternehmen. Allerdings sollen Computersysteme keine Entscheidungen treffen, sondern die Manager durch Bereitstellung benötigter Daten unterstützen. Als »Executive-Information-System« kann man beispielsweise auch ein Data Warehouse ansehen.

Weiter erwähnenswert sind die »Expertensysteme«. Das sind praktische Anwendungen der künstlichen Intelligenz. Es handelt sich hierbei um Computerprogramme, die zu bestimmten Themenstellungen (deswegen »Experte«) mit Daten gefüttert werden, diese Daten verarbeiten und Schlussfolgerungen daraus ableiten. Also eine kleine, fachidiotische Mensch-Maschine.

Das Ende der Fahnenstange in Sachen computerunterstützter Informationsverarbeitung ist sicherlich noch lange nicht erreicht. Bezüglich weiterer Entwicklungen verweisen wir auf diverse »Star Trek«-Folgen oder den Stanley-Kubrick-Klassiker »2001 – Odyssee im Weltraum«.

Die computerunterstützte Datenbeschaffung ist enorm wichtig für Ihr Tagesgeschäft als Controller. Sie sollten sich in die »verständlichen« Systeme einarbeiten, um unabhängig an Daten zu kommen und sich darüber hinaus mit den Kollegen aus der IT und aus den Analyse-Abteilungen gut stellen. Das erleichtert einiges und beschleunigt möglicherweise die eine oder andere Analyse, die Sie in Auftrag geben.

Berichtswesen: Tue Gutes und berichte darüber

11

In diesem Kapitel

- Woher Sie die Daten für Ihre Reports bekommen
- Wie Reports generell aussehen müssen
- Was nach draußen geht
- Die wichtigsten internen Reports

Des Controllers liebste Tätigkeit ist wohl das Berichtswesen, Entschuldigung, das Reporting. Hier muss sich der Controller meist mit niemanden herumstreiten, weil die Zahlen mal wieder fehlen oder nicht stimmen. Beim Reporting kann der Homo Controllicus in aller Ruhe seiner Kreativität nachgehen und schöne Reports erstellen. Der Neuaufbau oder Umbau eines Reports gehört mit Sicherheit zu den schönsten Tätigkeiten im Berufsleben eines Controllers. Aber leider wird der Berufsalltag irgendwann auch wieder langweiliger. Und zwar immer dann, wenn der Report einmal steht und jeden Monat nur noch aktualisiert werden muss.

An dieser Stelle hatten die Empfänger der Reports eine klasse Idee: Damit es den armen Controllern nicht zu langweilig wird, fordern sie ständig neue Variationen für ihren Report ein. Und das mit einer Selbstverständlichkeit, als ob so ein Report keinen Unterbau hätte, der bei variierenden Anforderungen erst einmal geändert werden muss, damit der Wunsch erfüllt werden kann.

Bauen Sie vor! Versuchen Sie, jeden Report so aufzubauen, dass er möglichst einfach variiert werden kann. Solch eine Flexibilität hat natürlich auch ihre Grenzen, aber versuchen Sie trotzdem immer, die Reports so flexibel wie möglich aufzusetzen. Dann können Sie ganz gelassen bleiben, wenn eine andere Darstellung gefordert wird.

Frisierbar

Aber es gibt noch eine andere Möglichkeit, Ihre Langeweile zu vertreiben. Nehmen Sie einmal an, Sie sollen einen Report erstellen, der bei Verhandlungen mit irgendwelchen Geschäftspartnern verwendet werden soll. Ihr Chef ist dabei der Ansicht, dass man die Zahlen, die Sie aus Ihrer Kostenrechnung ziehen, für diesen Zweck so nicht verwenden kann, da sie die Situation missverständlich darstellen würden. Mit anderen Worten: Sie sollen die Zahlen im Report frisieren. So etwas kann für lange Abende sorgen, wenn der Report ursprünglich nicht für solche manuellen Eingriffe konstruiert wurde.

Auf der Suche nach Informationen

Der Minimalfall

Für alles, was Sie reporten sollen, muss es eine Datenbasis geben. Im Minimalfall kann die Datenbasis aus einer handschriftlichen Zeichnung Ihres Chefs bestehen. Die monatliche Aktualisierung eines solchen Reports erfolgt dann, indem Sie von Ihrem Chef auf dem Flur im Vorbeigehen die aktuellen Zahlen zugerufen bekommen. So eine Situation sollten Sie so elegant und so schnell wie möglich ändern. Abbildung 11.1 zeigt so ein Negativbeispiel.

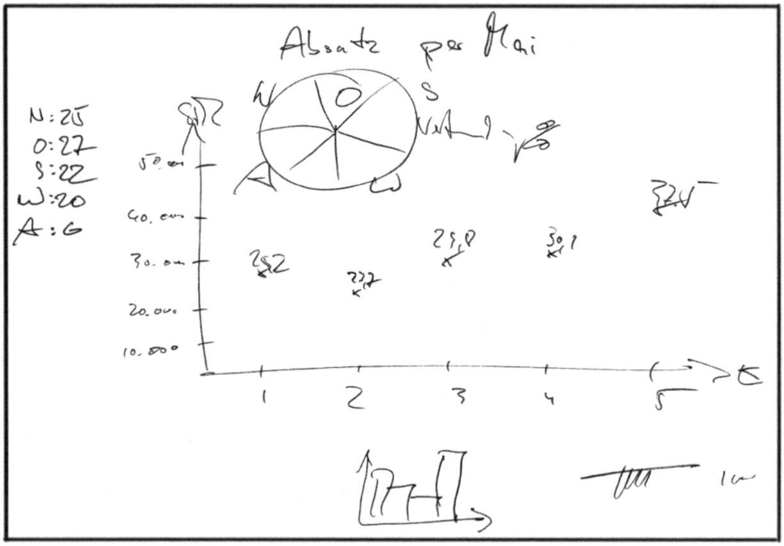

11.1: Walk like an Egyptian

So eine Datenbasis gleicht eher einem Ratespiel als einer verlässlichen Basis. Und der Ärger ist auch schon vorprogrammiert: Entweder nerven Sie Ihren Chef, indem Sie zu oft rückfragen müssen (»Soll das eine 2 oder 7 sein?«) oder aber Sie erstellen einen Report mit falschen Zahlen und Ihr Chef ist erst recht sauer.

Die zweite Evolutionsstufe

Viel besser ist es, wenn Sie all Ihre Zahlen wenigstens aus vorhandenen Systemen abziehen können. Nehmen Sie einmal an, Sie sollen einen Vertriebsreport erstellen, der so ähnlich aussehen soll wie die Zeichnung Ihres Chefs aus der Abbildung 11.1. Dieser Report soll die Anzahl der verkauften Produkte und den dazugehörigen Umsatz zeigen. Zusätzlich soll die prozentuale Verteilung nach den Verkaufsregionen dargestellt werden. Also etwa so wie in Abbildung 11.2.

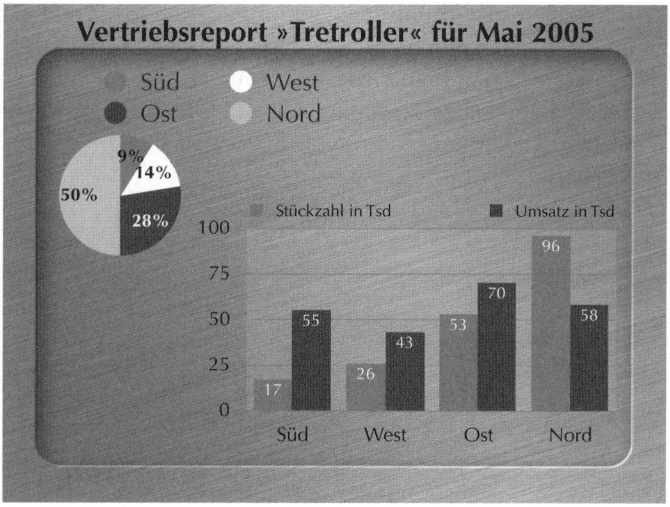

11.2: Grafischer Vertriebsreport

Auch wenn Sie die Zahlen aus den vorhandenen Systemen nicht automatisch exportieren können, sondern manuell abziehen müssen, werden Sie den Report natürlich nicht jeden Monat mit irgendeinem Zeichenprogramm und einem Grafiktablett von Hand neu zeichnen wollen. Für so etwas verwenden Sie besser eine Software, bei der Sie die Zahlen in eine Tabelle eingeben und daraus automatisch ein Diagramm erstellen können. Das kann jedes gängige Tabellenkalkulations- oder Präsentationsprogramm. So müssen Sie jeden Monat nur die Zahlen neu eingeben. Und das sieht dann etwa aus wie in Abbildung 11.3.

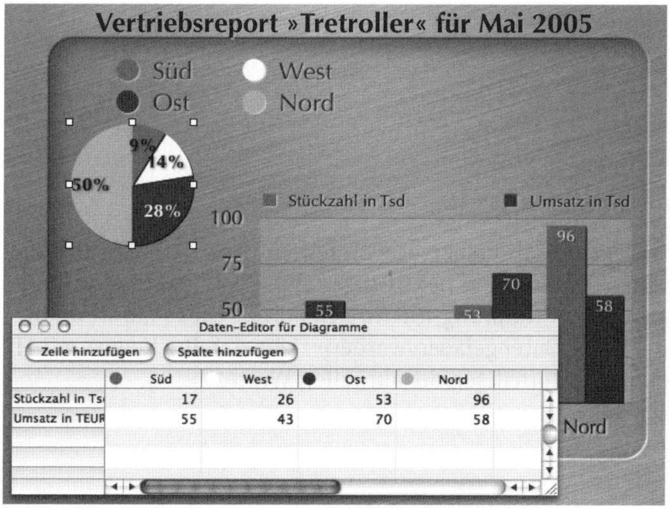

11.3: Diagramm erstellen

Am besten nehmen Sie sich einmal im Jahr die Zeit, um ein Reportingverzeichnis aufzubauen. Kopieren Sie Ihre Vorlage in jeden Monatsordner und benennen Sie das Diagramm gleich entsprechend. Der Vorteil: Wenn's mal fix gehen muss, müssen Sie nur noch schnell die Zahlen eintippen und fertig ist der Report. Und zusätzlich haben Sie auch gleich ein Archiv, um schnell einen alten Monat aufrufen zu können, wenn mal wieder danach gefragt wird. Abbildung 11.4 zeigt solch eine Ordnerstruktur.

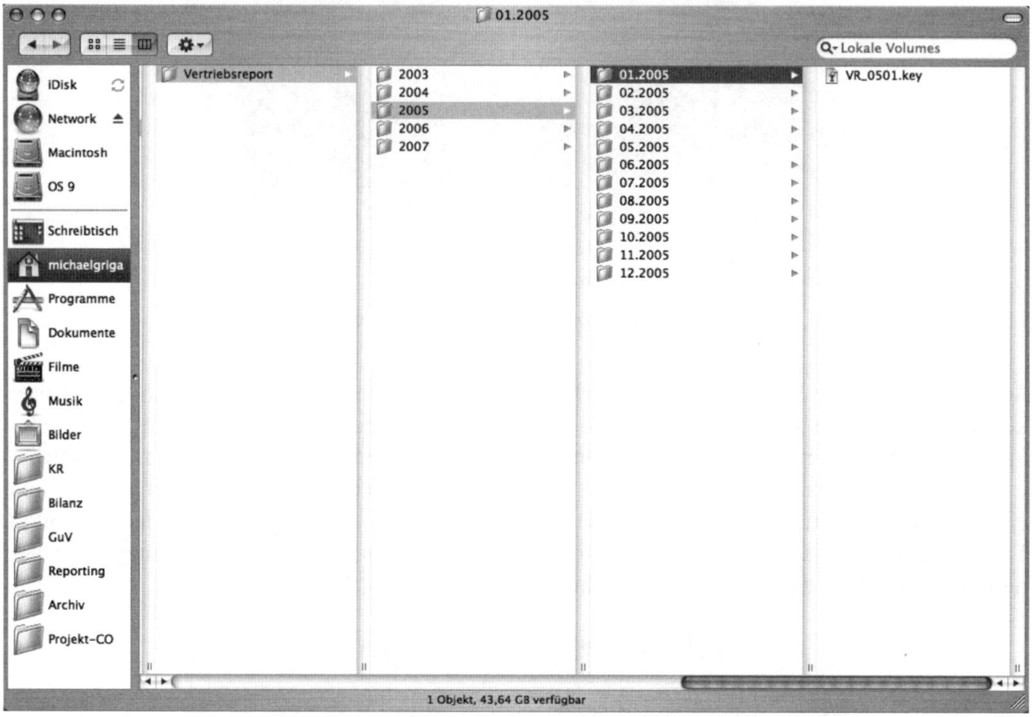

11.4: Ordnerstruktur

Die dritte Evolutionsstufe

Es geht aber noch eleganter als bisher. Mal angenommen, Sie holen sich die Zahlen für Ihren Report aus einer Excel-Datei. Dann nehmen Sie sich doch mal fünf Minuten Zeit und basteln sich eine automatische Verknüpfung für Ihre Reports. Jedes Mal, wenn die Zahlen für einen neuen Monat in die Excel-Datei geladen werden, zieht sich Ihr Report mit Hilfe der von Ihnen erstellten Verknüpfung automatisch die aktuellen Werte.

Ein kleiner Excel-Kurs: Diagramme erstellen

Um eine so genannte »Torte«, wie in der Abbildung 11.3 markiert, in Excel zu erstellen, gehen Sie wie folgt vor:

1. Markieren Sie die Tabelle inklusive der ersten Spalte und der Überschrift (im Beispiel also 5 Spalten und 3 Zeilen
2. Klicken Sie auf das Diagramm-Assistent-Symbol
3. Wählen Sie den Diagrammtyp Kreis und bleiben Sie bei dem vorgeschlagenen Diagrammuntertyp, sofern er Ihnen gefällt, und klicken Sie bitte auf Schaltfläche drücken für Beispiel. Hier sehen Sie in der Vorschau, ob das Diagramm vernünftig aussieht. Falls Ihnen das Vorschauergebnis zusagt, bitte auf weiter klicken.
4. Nun bestätigt Ihnen Excel sozusagen noch einmal Ihre im ersten Schritt ausgewählte Markierung – eine kleine Hommage an die beliebte Windows-Frage: »Sind Sie sich sicher?« Die Funktion Reihe in Zeilen oder Spalten dreht im Grunde im Bedarfsfall Ihre Ursprungstabelle virtuell. Manchmal eine sehr nützliche Funktion, die Sie in diesem Beispiel jedoch nicht benötigen. Daher bitte auf weiter klicken.
5. Das Drumherum: Sie benötigen einen Diagrammtitel? Dann können Sie ihn zum Beispiel hier eingeben. In der zweiten Registerkarte Legende können Sie es sich aussuchen, ob die Legende angezeigt werden soll und, wenn ja, wo. In der dritten Registerkarte Datenbeschriftungen können Sie es sich aussuchen, was alles an Informationen angezeigt werden soll. Nun bitte weiter mit weiter.
6. Diagramm einfügen: Wo soll das Diagramm denn hin? Als neues Blatt in die vorhandene Excel-Datei oder nur als Objekt in ein bestehendes Blatt? Ein neues Blatt macht dann Sinn, wenn keine weiteren Informationen neben dem Diagramm sichtbar sein müssen. Ansonsten ist die zweite Variante die bessere. Hier können Sie es sich ja immer noch über die Funktion Datei|Druckbereich|Druckbereich festlegen aussuchen, was alles genau auf Papier gedruckt werden soll.

Wie Sie das Diagramm nachträglich wieder fast völlig beliebig verändern oder erweitern können, sowie noch viel, viel mehr Excel-Tipps finden Sie im Buch *Excel für Dummies*.

Ein kleiner Knüpfkurs

Einmal angenommen, Sie könnten die Rohdaten für Ihre monatlichen Reports in Excel exportieren. Dieser Vorgang wiederholt sich nun monatlich. Speichern Sie diese Rohdaten doch einfach in eine Excel-Datei mit zwölf Blättern ab. Für jeden Monat ein Blatt. Und verknüpfen Sie diese Datei mit Ihrer Report-Datei. Das funktioniert so:

- ✔ Erstellen Sie eine Excel-Datei mit zwölf Blättern (Jan, Feb, Mär,..., Dez), in die Sie später jeden Monat Ihre Rohdaten hineinkopieren können. Zum Beispiel wie in Abbildung 11.5.

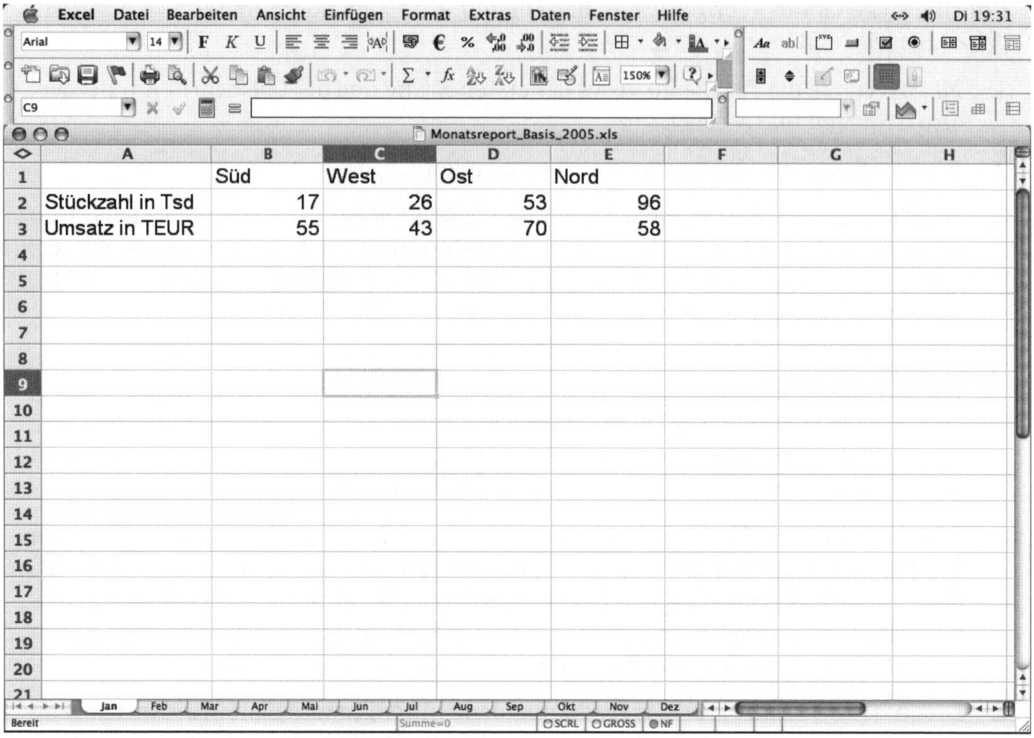

11.5: Datei mit Rohdaten

- ✔ Erstellen Sie nun die Report-Datei mit Ihren Diagrammen – ebenfalls mit zwölf Blättern. Das Diagramm können Sie mit ein paar »Dummy-Daten« entwerfen. Anschließend löschen Sie die Dummy-Daten wieder.

Natürlich könnten Sie die Rohdaten auch gleich in Ihre Report-Datei hineinkopieren, anstatt diese in eine gesonderte Datei zu speichern. Meist sind in den Rohdaten aber viele »unnötige« Datensätze vorhanden, die in einer Report-Datei nichts zu suchen haben. Zudem ist es immer besser, die Rohdaten für irgendwelche Notfälle gesondert liegen zu haben.

- ✔ Nun verknüpfen Sie die Tabelle, die die Daten für das Diagramm liefern soll, mit der Excel-Datei, in der Sie jeden Monat Ihre Rohdaten hineinpacken. Das so genannte »Verknüpfen« ist kein Hexenwerk. Einfach wie im Beispiel in der Abbildung 11.6 in die Zelle A16 gehen und dort ein »=« eingeben. Dann über das Menü FENSTER zu der ebenfalls geöffneten Rohdaten-Datei wechseln und dort auf die Zelle (im richtigen Blatt!) klicken, die die Daten für Ihre Zelle A16 liefern soll. Abschließend die [↵]-Taste drücken. Damit wäre die erste Verknüpfung geschafft. Und die sieht dann erst einmal so aus: =(Monatsreport_Basis_2005.xls)Jan!A1. In der Klammer steht der Name der Quelldatei. Direkt nach der Klammer folgt der Blattname aus der Quelldatei. Dann folgt die Adresse der Zelle, in diesem Fall A1. Excel arbeitet beim Verknüpfen etwas übermotiviert und fixiert die Zelladresse. Das erkennen Sie an den beiden Dollarzeichen. Damit ist die Verknüpfung fixiert, das heißt, wenn Sie diese Formel nun in die Zelle B16 kopieren, würde dort ebenfalls der Wert aus A1 stehen und nicht der Wert aus B1. Das wollen Sie aber nicht, denn dort soll sich die Verknüpfung auf B1 beziehen. Bevor Sie die Formel kopieren, deshalb stets die Dollarzeichen entfernen. Dann können Sie alle anderen gewünschten Verknüpfungen durch einfaches Kopieren schnell fertig stellen. Für alle weiteren Monate geht das Verknüpfen dann genauso und nach kurzer Zeit haben Sie das komplette Jahr vorbereitet. Abbildung 11.7 zeigt Ihnen die Verknüpfungen.

Checken Sie jeden Monat, ob die Struktur der Rohdateien unverändert ist. Unerkannte Strukturänderungen wie etwa eine verschobene Zeile oder Spalte sorgen bei Verknüpfungen schnell für ein Chaos! Deshalb sollten Sie diese Möglichkeit nur wohl dosiert verwenden. Ihre Kollegen, insbesondere Ihre Urlaubsvertretungen, werden es Ihnen danken.

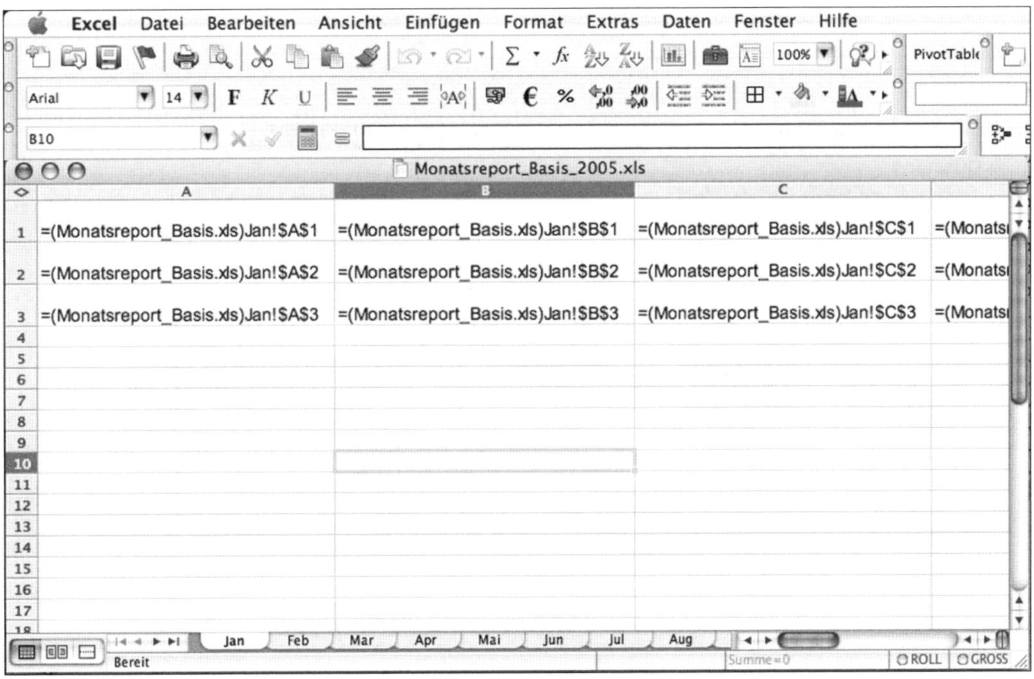

11.6: Verknüpfungen

Ein Beispiel für eine solche Excel-Verknüpfung für ein komplettes Jahr inklusive der gezeigten Reports finden Sie auf der CD unter dem Stichwort »Berichtswesen«.

Die höchste Evolutionsstufe

Das war aber noch immer nicht der Weisheit allerletzter Schluss. Wenn Sie die gesamten Daten für Ihren Report aus einem einzigen System ziehen könnten, müssen Sie womöglich nicht einmal mehr mit Verknüpfungen arbeiten. So etwas können Sie zum Beispiel mit den Programmen Crystal Reports von Business Objects, SAP® Business Explorer oder Hyperion Enterprise machen. Die damit erstellten Reports können Sie sich automatisch in Excel oder webbasiert anzeigen lassen. Und wenn Sie wollen, auch gleich mit hübschen Grafiken.

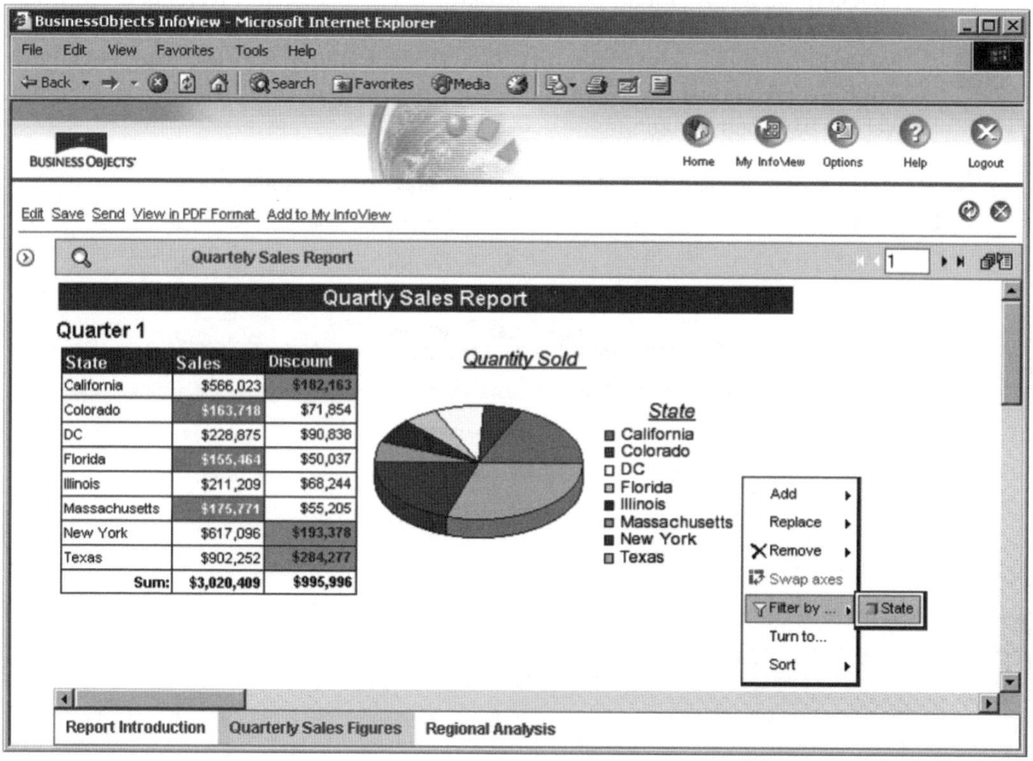

11.7: WebIntelligence BO

Diese Software-Tools basieren natürlich auf Datenbanken, wie zum Beispiel einer Oracle-Datenbank oder DB2 von IBM, denn irgendwo müssen die Daten ja herkommen.

Ob sich die Anschaffung solcher komplexeren und nicht gerade günstigen Software-Tools in Ihrem Unternehmen überhaupt lohnt, hängt von der Größe Ihres Unternehmens und damit auch von den Reportingerfordernissen ab. Rechnen Sie es durch.

Adressatengerechte Reports

Überlegen Sie mal bitte kurz, wer die Reports des Controllings alles bekommt. Das fängt in der Regel beim Vorstand an und wandert die Hierarchien des Unternehmens hinab – teilweise bis in die tiefste Ebene. In der tiefsten Ebene werden eher detaillierte Reports benötigt, die meist bei der Steuerung der täglichen operativen Arbeit helfen sollen. Je höher es in der Hierarchie geht, desto stärker sollten Sie die Zahlen in Ihrem Report zusammenfassen, auch *Aggregieren* genannt. Denn ganz oben wird nicht nur die Luft dünner, sondern auch die Zeit knapper.

Beim Reporting gibt es ein paar Regeln zu beachten, damit Ihre Berichte nicht ungelesen im Papierkorb landen.

Böser Irrtum

Es war einmal ein Controller, der ein paar Minuten Zeit übrig hatte. Und da er stets an das Wohl der Firma dachte, war er bestrebt, diese Zeit nicht unnütz verstreichen zu lassen. Also griff er zur Tastatur und Maus und verböserte, Entschuldigung, verbesserte das Layout des monatlichen Vorstandsreports. Dieser Report enthielt die wichtigsten Kennzahlen der Firma auf einem Blatt. Er schob und vertauschte die Zahlen und veränderte die Farben.

Eine Woche später war es dann so weit: Der neue Report ging an den Vorstand. Dieser las ihn auf dem Weg zum Rapport bei der Muttergesellschaft und zwar am Flughafen in der Schlange vor dem Check-In-Schalter.

Leider, leider übersah der Vorstand, dass die Zahlen nicht mehr an den gewohnten Stellen standen. Und so begab es sich, dass er beim Rapport von ziemlich verwirrenden und falschen Zahlen erzählte, was für ein großes Durcheinander sorgte.

Was mit dem Controller passierte, ist leider nicht überliefert. Aber wie das im Märchen so ist, kann man annehmen, dass er noch lebt, wenn er nicht gestorben ist.

Zügeln Sie Ihre Kreativität beim Layout!

- ✔ Wenn Sie einen neuen Report aufbauen:

  Gehen Sie bitte stets sparsam mit den verschiedenen Schriftarten, Schriftgrößen, Farben und Formatierungen um. Ansonsten erschlagen Sie die Leser nur mit den kunterbunten und barock anmutenden Formatierungen. Der Inhalt der Reports geht dabei total unter. Lassen Sie sich stilistisch doch einfach von der klassischen und schlichten Linie leiten.

✔ Wenn Sie einen Report aktualisieren:

  Denken Sie daran: Hat sich der Leser mal an ein Layout gewöhnt, sollte man es nicht zu häufig ändern. Das kostet dann nur unnötige Konzentration und kann ganz leicht zu bösen Missverständnissen führen.

Geben Sie nicht so viele verschiedene Reports heraus!

Begrenzen Sie die Anzahl der Reports, die Sie regelmäßig herausgeben. Sie werden sicher immer wieder mit Anfragen nach weiteren Reports konfrontiert. Und einige davon machen bestimmt auch Sinn. Passen Sie dabei aber auf, dass Sie sich nicht zu Tode reporten und dabei die Adressaten obendrein mit zu vielen Reports zumüllen, die sowieso alle gar nicht mehr gelesen werden.

Wollen Sie testen, ob ein bestimmter Report überhaupt noch irgendwo gelesen wird, hilft folgender Tipp: Geben Sie den Report einfach einmal nicht heraus und warten, was passiert. Meldet sich keiner, liest ihn auch keiner. Aber Vorsicht: Sie sollten dies mit Ihrem Chef absprechen – sonst wird Ihnen das als Faulheit ausgelegt und der Schuss könnte nach hinten losgehen.

Geben Sie die einzelnen Reports nicht allzu häufig heraus!

Überschütten Sie Ihre Adressaten nicht alle paar Tage mit einem aktualisierten Report, nur weil sich bei irgendeiner Kennzahl drei Nachkommastellen verändert haben. Beschränken Sie sich auf regelmäßige Intervalle – je nach Art des Reports. Okay, es kann bei Ihnen wohl auch täglich erscheinende Reports geben, wie zum Beispiel die Ausschussquote in der Produktion. Aber Sie sehen bereits an diesem Beispiel, dass es sich dabei eher um operative Themen handelt. Normal sind eher monatliche Zyklen.

Begrenzen Sie den Umfang der Reports - und zwar heftig!

Es wird zwar selten vorkommen, aber möglich wäre es trotzdem, dass im Controlling hin und wieder sehr mitteilungsbedürftige Menschen arbeiten. So soll es doch tatsächlich Controller geben, die versucht haben, einen neunzigseitigen Absatzreport herauszugeben. Und zwar monatlich! Unter einem litt dieser Mensch sicher nicht: unter einem mangelnden Sendungsbewusstsein. Aber leider wollte niemand so einen umfangreichen Report lesen. Damit Sie nicht auch in eine solch peinliche Situation geraten, denken Sie stets daran, den Umfang radikal auf das Nötigste zu begrenzen.

Fragen Sie stets Ihre Adressaten, welchen Umfang sie sich für den Report vorstellen.

Externes Berichtswesen

Kapitalgesellschaften sind gesetzlich verpflichtet, ihren Jahresabschluss nebst verbalen Erläuterungen zu veröffentlichen. So haben Sie sicher schon mal von Geschäftsberichten bzw. Lageberichten gehört. So ein Geschäftsbericht – im HGB wurde der Geschäftsbericht umbenannt in Lagebericht – soll die Lage des Unternehmens darstellen.

Das externe Berichtswesen umfasst Daten, die der Öffentlichkeit präsentiert werden, zum Beispiel Geschäftsberichte. Es handelt sich um tatsächliche und unumstößliche Zahlen einer abgelaufenen Periode – geht man einmal von ehrlichen Buchhaltern aus.

Viele Unternehmen nutzen die Pflicht auch gleich zur Aufführung einer Kür. Einen ordentlich aufgemachten Geschäftsbericht kann man nämlich auch im Rahmen einer groß angelegten Pressekonferenz präsentieren.

Was passiert hier? Das Unternehmen nutzt die Veröffentlichungspflicht auch gleich als Werbung. Geworben werden sollen Kapitalgeber (das sind die Leute, die ihr Geld zum Beispiel in Aktien anlegen) und Kunden (das sind die Leute, die ihr Geld für Konsumzwecke ausgeben). Denn über so eine Pressekonferenz steht am nächsten Tag ziemlich sicher etwas im Wirtschaftsteil der Zeitung. Und auch im Fernsehen wird etwas davon zu sehen sein. Schwupdiwupp wurden dabei auch schon Markennamen genannt, damit der Zuschauer überhaupt weiß, um welche Firma es hier geht.

Neben dem Geschäftsbericht, der einmal im Jahr anlässlich des Jahresabschlusses erstellt wird, gibt es auch noch die Zwischenberichte. Sicherlich haben Sie schon mal so Satzfetzen wie »hat heute seine jüngsten Quartalszahlen vorgelegt« gehört. Da es doch ziemlich lange dauert, bis ein ganzes Jahr ins Land zieht, veröffentlichen viele Unternehmen auch halbjährlich oder quartalsweise Zwischenberichte.

Das ist teilweise keine freiwillige Veranstaltung. Will ein Unternehmen in einen bestimmten Börsenindex aufgenommen werden, muss es sich auch bestimmten Berichtspflichten unterwerfen.

Beim DAX handelt es sich nicht um putzige Tierchen aus der Familie der Mustelidae, sondern um einen deutschen Börsenindex. Dieser wird aus einer Gruppe von an der Börse gehandelten Wertpapieren gebildet. Beim DAX dürfen nur die ganz großen deutschen Firmen mit dabei sein. Damit sich die mittelgroßen Firmen nicht allzu sehr benachteiligt fühlen, gibt es auch den MDAX und einen TECDAX … Anleger wollen solch einen Index am liebsten im Wert steigen sehen. Dummerweise ist dies jedoch nicht immer der Fall. Dann kann man die schlechten Firmen einfach aus dem Index werfen und ein paar neue dazunehmen, die für eine bessere Wertentwicklung sorgen. Den letzten Satz können Sie wieder vergessen – hier handelt es sich um einen schlechten Scherz.

Zu solchen Berichtspflichten gehören dann auch die Quartalsberichte. Nicht nur, dass so etwas für viel Arbeit im Unternehmen sorgt, der Zeithorizont verkürzt sich dabei manchmal auch gefährlich. Oft bleibt am Ende keine Luft mehr, um längerfristige Vorhaben durchzuhalten, da sie das Quartalsergebnis negativ beeinträchtigen könnten.

Bestandteile des externen Berichtswesens

Was gehört alles in solch ein Berichtswesen hinein? Sie kommen mit dem Gesetz sicher nicht in Konflikt, wenn Sie die folgenden Punkte in Ihren jährlichen Geschäftsbericht hineinpacken. Damit dürften Sie den § 289 HGB bzw. § 243 UGB in Österreich und OR 663d in der Schweiz erfüllt haben.

- ✔ Konjunkturelle Entwicklung in den für Sie wichtigen Märkten: Hier schreiben Sie ein paar nette Anekdoten über die Wirtschaftslage Ihrer Branche.
- ✔ Umsatzentwicklung: Stellen Sie den Umsatz bitte nicht nur in einer einzigen Zahl dar. Nach Produktgruppen oder Ländern aufgeteilt wird es schon viel interessanter für den Leser. Geben Sie auch noch ein paar Infos zur künftigen Entwicklung, indem Sie etwas über die Auftragslage erzählen.
- ✔ Investitionstätigkeit, Forschung und Entwicklung: Erläutern Sie, wie viel investiert wurde. Und erzählen Sie, wie viel Ihr Unternehmen für Forschung und Entwicklung ausgibt. Dabei erklären Sie auch ein bisschen die Schwerpunkte der Forschungstätigkeit.
- ✔ Erzählen Sie auch etwas über die Mitarbeiterstruktur. Wie viele Mitarbeiter wo arbeiten, ob es mehr oder weniger geworden sind und wie gut ausgebildet alle sind.
- ✔ Last but not least: Den Jahresabschluss (mit der Bilanz und der Gewinn- und Verlustrechnung) nicht vergessen!

Qualität des externen Berichtswesens

Das manager-magazin prüft alljährlich die Geschäftsberichte deutscher und europäischer Aktiengesellschaften. In diesem Test werden die Geschäftsberichte nach bestimmten Kriterien durchleuchtet. Zum Beispiel nach dem Inhalt, der Optik und der Sprache.

Wenn Sie also wissen wollen, wie ein gut gemachter Geschäftsbericht im Detail aussehen muss, bestellen Sie sich einfach einen Bericht von einem der Testsieger. Das Schöne dabei: Die Berichte bekommt man kostenlos von den Unternehmen. Gut bewertet wurden zum Beispiel die Geschäftsberichte von ThyssenKrupp und UBS.

Geprüft wird der Geschäftsbericht aber nicht nur von Zeitschriften. Zumindest in Deutschland (§ 317 HGB) und in Österreich (§ 268 UGB) müssen Kapitalgesellschaften ihren Bericht prüfen lassen. Damit soll erreicht werden, dass niemand auf die Idee kommt, nur schöne Bilder und nicht der Wahrheit entsprechende Zahlen und Worte in solch einen Bericht zu packen.

Internes Berichtswesen

Das interne Berichtswesen erblickt – wie es der Name bereits erahnen lässt – nicht das Licht der breiten Öffentlichkeit. Hier geht es um alle möglichen Kennzahlen, die den betrieblichen Ablauf planen, steuern und kontrollieren sollen.

Sehr häufig sind Leute anzutreffen, die das Wort »Kennzahl« nicht mehr zu kennen scheinen und nur noch von KPIs reden. Aber: Das ist ein und dasselbe! Key Performance Indicators sind auch nur Kennzahlen.

Sie dürften sehr häufig interne Berichte antreffen, die die immergleiche Geschichte von den variablen und fixen Kosten, dem Umsatz, dem Betriebsergebnis, den Mitarbeiterzahlen, den Personalkosten, der Kapazitätsauslastung, der Liquidität und den Investitionen erzählen.

Solche Standardberichte werden Sie, sofern Sie die Ehre haben, im Controlling mit dieser Aufgabe betraut worden zu sein, meist monatlich erstellen. Neben die Istwerte stellen Sie dann auch die ursprünglichen Planwerte und unterjährigen Prognosewerte (manchmal auch als Isterwartung bezeichnet). Wenn es Sinn macht, können Sie zusätzlich noch eine lineare Hochrechnung der Istwerte machen. Dann kann der Leser des Berichts noch besser sehen, ob alles gut läuft oder ob er aktiv werden muss.

En gros ...

Eigentlich muss der Report so gut sein, dass er keiner Erläuterung mehr bedarf. Bei dem Bericht in Abbildung 11.8 muss der Adressat eigentlich sofort sehen, dass der Umsatz hinter den Erwartungen zurückbleibt. Der Gewinn ist deshalb niedriger als geplant. Die Mitarbeiterzahl und die Kapazitätsauslastung liegen auch unter dem Plan.

Woran liegt das bloß? Dazu gibt es auf den folgenden Berichtsseiten detailliertere Informationen. Die nachfolgenden Blätter sind genauso aufgebaut wie die Gesamtsicht auf Blatt 1. Nur dass es zum Beispiel für jedes Produkt ein solches Blatt gibt.

in TEUR		Stand 06.2005		- Gesamt -
	IST YTD	Hochrechnung 2005	IE 2005	PLAN 2005
Anzahl Mitarbeiter	311	311	325	330
Umsatzerlöse	27.400	54.800	75.000	85.000
Personalkosten	7.775	15.550	16.250	16.500
Sachkosten	18.975	37.950	54.000	60.000
Gewinn / Verlust	650	1.300	4.750	8.500
Kapazitäts-auslastung	67%	67%	75%	85%

11.8: Blatt 1 Standardbericht Gesamt

... und en detail

Der erste Detailbericht – zu sehen in Abbildung 11.9 – ist wohl schon ein Volltreffer. Beim Produkt A sind die ganzen unbesetzten Planstellen zu finden, der Umsatz liegt katastrophal hinter dem Plan zurück und die Kapazitätsauslastung ist ziemlich mau. Freuen Sie sich jetzt nur nicht zu früh. Denn auch dieser Bericht liefert keine Antwort darauf, warum dies so ist. Er grenzt das Problem lediglich auf das Produkt A ein.

Ein guter Bericht lässt keine Antworten offen! Geben Sie sich erst mit der Ausgestaltung Ihres Berichts zufrieden, wenn er alle vernünftigen Fragen beantworten kann. Apropos vernünftige Fragen: Gehen Sie immer davon aus, dass die Leser nicht Ihren Kenntnisstand haben. Ihre Berichte sollten auch von Laien und Vorständen verstanden werden.

Sie könnten nun die Ursache der niedrigen Istwerte in einer weiteren Tabelle erklären. Machen Sie dies aber nur, wenn Sie sich dabei nicht allzu sehr verkünsteln müssen. Kurze, verbale Erläuterungen können manchmal hilfreicher sein (siehe Abbildung 11.10).

in TEUR		Stand 06.2005		- Produkt A -
	IST YTD	Hochrechnung 2005	IE 2005	PLAN 2005
Anzahl Mitarbeiter	95	95	109	114
Umsatzerlöse	9.000	18.000	30.000	35.000
Personalkosten	2.375	4.750	5.450	5.700
Sachkosten	6.500	13.000	22.000	25.000
Gewinn / Verlust	125	250	2.550	4.300
Kapazitäts-auslastung	55%	55%	80%	90%

11.9: Blatt 2 Standardbericht Produkt A

in TEUR			Stand 06.2005	Produkt A
	IST YTD	Hochrechnung 2005	IE 2005	PLAN 2005
Anzahl Mitarbeiter	95	95	109	114
Umsatzerlöse	9.000	18.000	30.000	35.000
Personalkosten	2.375	4.750	5.450	5.700
Sachkosten	6.500	13.000	22.000	25.000
Gewinn / Verlust	125	250	2.550	4.300
Kapazitäts-auslastung	55%	55%	80%	90%

- Anzahl Mitarbeiter: IST kleiner PLAN, da keine geeigneten Mitarbeiter gefunden wurden
- Umsatzerlöse: IST kleiner PLAN:
    - wegen unbesetzter Planstellen konnte nicht genug produziert werden (Kapazitätsauslastung)
    - die Nachfrage nach dem Produkt A ist hinter dem Plan zurückgeblieben

11.10: Kurze verbale Erläuterung

Je mehr Erklärungen, desto mehr neue Fragen:

- ✔ Wie viel von den geringeren Umsatzerlösen wurde durch den Personalmangel verursacht und wie viel durch die geringere Nachfrage? Und was war zuerst der Fall? Erinnerungen an die Henne und das Ei werden wach ...
- ✔ Wo ist die Sicht auf die Stückzahlen (produziert, verkauft)?
- ✔ Warum bleibt die Nachfrage hinter dem Plan zurück?

Die Antworten auf die ersten beiden Fragen müssten Sie als guter Controller schnell in Berichtsform liefern können. Die Antwort auf die dritte Frage ist schon ein wenig schwieriger. Hier können Sie allerlei Sonderberichte erstellen, die diese Frage beantworten sollen. Zum Beispiel könnten Sie Berichte über die Entwicklung der Marktanteile erstellen: Ist der Marktanteil gesunken, liegt es wohl am Produkt oder etwa am eigenen Vertrieb. Ist der Marktanteil konstant geblieben, dürfte es an der gesamten Branchenentwicklung liegen. Auch ein Anruf in der Marktforschung kann Licht ins Dunkel bringen.

Berichtsvielfalt

An diesem kleinen, bewusst allgemein gehaltenen Beispiel konnten Sie sehen, wie schnell die Berichtsvielfalt zunehmen kann, wenn Sie in die Tiefe gehen wollen. Der Phantasie sind hier keine Grenzen gesetzt. Mal will ein Vertriebsleiter den Bericht nach Vertriebslinien strukturiert haben. Ein anderer wünscht sich gesonderte Berichte nach Absatzregionen. Ein Dritter will unbedingt noch die Tagesverkaufszahlen sowie die tägliche Kapazitätsauslastung im Bericht sehen. Spätestens bei einem gewünschten Report über die Schuhgröße Ihrer Kunden sollten Sie Ihr Veto einlegen – es sei denn, Ihr Unternehmen produziert Schuhe.

Forecasting: Die Wahrsager-Funktion des Controllers

So, nun packen Sie bitte Ihre Glaskugel auf den Schreibtisch und konzentrieren sich. Bitten Sie die anderen Kollegen im Großraumbüro um Ruhe. Optimal wäre es, wenn Ihre Kollegen im Chor dazu ein tiefes »oommm« anstimmen würden. Leider haben wir hierfür keine meditative Musik auf die CD gepackt.

In diese etwas dämliche Situation hat Sie die Aufgabe gebracht, eine Vorhersage (das bezeichnet man als *Forecast*) über die Umsatzerlöse für ein Produkt zu erstellen. Mal angenommen – um bei den Glaskugeln zu bleiben –, Ihr Unternehmen würde unter anderem auch Murmeln herstellen. Sie müssen nun einen Forecast für das Produkt »Murmeln« über die nächsten fünf Jahre erstellen, damit Ihr Unternehmen eine vernünftige Entscheidungsgrundlage dafür hat, ob die Produktionskapazitäten noch ausreichen oder ob sie gar erneuert oder erweitert werden müssen.

Ein Forecast (Vorhersage) unterscheidet sich von der Planung dadurch, dass er sich meist nur auf einen bestimmten Sachverhalt wie etwa ein Produkt oder eine Marktsituation bezieht. Eine Planung bezieht sich dagegen meist auf die gesamte Unternehmensentwicklung. Zudem wird in der Planung entschieden, was man in der Zukunft machen will. Im Forecast wird dagegen nur aufgezeigt, wie sich etwas entwickeln kann.

Nachdem Sie die Methode »Glaskugel« verworfen haben, fallen Ihnen noch die folgenden Methoden zur Forecasterstellung ein:

- ✔ Würfeln
- ✔ Eine Unternehmensberatung damit beauftragen
- ✔ Die Vergangenheitswerte einfach in die Zukunft fortrechnen (Extrapolation)
- ✔ Kollegen befragen, die sich damit auskennen, also Experten
- ✔ Eigene Methoden entwickeln wie zum Beispiel: der Murmelabsatz in Abhängigkeit der Entwicklung der Anzahl der Kinder im Alter von vier bis zehn Jahren

Die erste Methode behalten Sie sich als allerletzte Option offen. Die zweite Methode dürfte mit Kosten verbunden sein und landet daher auf dem vorletzten Platz. Nur wenn Sie selbst keinen vernünftigen Forecast erstellen können, greifen Sie auf diese Lösung zurück.

Die drei letzten Methoden zusammengenommen sind wohl die beste Grundlage für einen vernünftigen Forecast. Sie vereinen damit folgende Vorteile:

- ✔ Vergangenheitswerte geben Auskunft über bisherige Entwicklungen und lassen Abhängigkeiten erkennen: So wurden in den letzten dreißig Jahren in den Wintermonaten stets viel weniger Murmeln verkauft als in den Sommermonaten. So etwas nennt man *saisonale Abhängigkeit*. Ebenso fällt auf, dass in den Märkten, die neu erschlossen wurden, während der ersten drei Jahre das Absatzwachstum viel höher als normal ist. Danach normalisiert sich das Wachstum immer. So etwas nennt man *Marktsättigung*.
- ✔ Befragen Sie erfahrene Kollegen, die den Murmelmarkt seit Jahren verfolgen. Die kennen oftmals wichtige Hintergründe. Zum Beispiel, dass ein wichtiger Wettbewerber im nächsten Jahr auch auf den nordamerikanischen Markt gehen will.
- ✔ Abhängigkeiten wie die Entwicklung der Anteile der Kinder in der Bevölkerung können auch wichtige Bezugsgrößen sein.

Jetzt können Sie mit der Forecasterstellung loslegen. Im Beispiel tragen Sie zuerst den bisherigen Murmelabsatz nach den drei großen Absatzregionen in eine Tabelle ein. Die letzten vier Jahre geben schon ziemlich gut Auskunft über ein paar Entwicklungen. Natürlich können Sie Ihre Tabellen immer an die aktuellen Erfordernisse anpassen. Wenn Sie etwa eine Darstellung nach Monaten benötigen oder eine detailliertere Darstellung nach Ländern oder Murmelfarben, verändern Sie Ihre Darstellung einfach entsprechend. Der prinzipielle Aufbau bleibt immer gleich.

Auf der CD finden Sie das Beispiel noch etwas detaillierter und zusätzlich ein paar Variationen der Darstellung und Berechnung.

Murmelabsatz absolut in Millionen Euro

	2001		2002		2003		2004	
	Winter	Sommer	Winter	Sommer	Winter	Sommer	Winter	Sommer
Nord-amerika	0,5	1,0	0,5	1,1	0,4	1,0	0,3	0,9
Europa	0,8	1,3	0,9	1,4	0,8	1,3	0,7	1,2
Asien	0,1	0,4	0,6	0,9	0,8	1,1	1,0	1,3
Gesamt	1,4	2,7	2,0	3,4	2,0	3,4	2,0	3,4
Gesamt p.a.	4,1		5,4		5,4		5,4	

11.11: Bisheriger Murmelabsatz

Ganz grob gesagt, konnte der Murmelabsatz im Jahr 2002 noch gesteigert werden. Seitdem stagniert der Absatz auf diesem Niveau. Wenn Sie ein bisschen genauer hinsehen, erkennen Sie, dass die damalige Steigerung durch den Markteintritt in Asien erreicht werden konnte. Seit dem Jahr 2002 wird der in Europa und Nordamerika sinkende Absatz durch das asiatische Wachstum gerade noch so kompensiert. Zusätzlich können Sie noch die saisonalen Abhängigkeiten sehen: Im Winterhalbjahr werden traditionell weniger Murmeln verkauft.

Doch wie ermitteln Sie hieraus die künftige Entwicklung? Es gibt zwei Möglichkeiten: Entweder errechnen Sie die Prognose ganz trocken auf rein mathematischem Wege oder aber Sie entwerfen auf Basis dieser Zahlen einfach eine kleine Faustregel.

Die rein mathematische Methode kann zum Beispiel wie in Abbildung 11.12 aussehen.

Wenn Sie die nächsten fünf Jahre ganz streng diese Prognosen fortschreiben würden, müssten Sie nach vier Jahren in Nordamerika mehr Murmeln zurücknehmen als verkaufen. Und Asien würde irgendwann einmal in Murmeln ertrinken.

Auch wenn Sie hier jetzt ganz kompliziert aussehende Formeln mit mehreren Variablen anwenden würden, müssten Sie am Ende sehr wahrscheinlich immer noch manuell eingreifen, um sinnvolle Ergebnisse zu erhalten. So müssten Sie hier zum Beispiel das anfänglich sehr hohe Wachstum in Asien herausrechnen.

Entwicklung nach Jahreszeiten (absolut)

Winter	2002	2003	2004	Prognose
Nordamerika	0,0	–0,1	–0,1	–0,1
Europa	+0,1	–0,1	–0,1	0,0
Asien	+0,5	+0,2	+0,2	+0,3

Sommer	2002	2003	2004	Prognose
Nordamerika	+0,1	–0,1	–0,2	–0,1
Europa	+0,1	–0,1	–0,1	0,0
Asien	+0,5	+0,2	+0,2	+0,3

11.12: Einfache Prognoseberechnung

Nur wenn Sie ein sehr großes Datenvolumen mit sehr vielen Abhängigkeiten forcasten müssen, empfiehlt es sich, sich auf reine Berechnungsmodelle zu verlassen. Denn hier könnten Sie mit manuellen Eingriffen das Ergebnis schnell verzerren. Wir haben Ihnen ein paar Berechnungsmethoden auf die CD gepackt.

Prognosewerte nach der Korrektur

Winter	Prognose
Nordamerika	0,0
Europa	0,0
Asien	0,0

Sommer	Prognose	
Nordamerika	–0,1	3 Jahre lang, danach 0,0
Europa	–0,1	3 Jahre lang, danach 0,0
Asien	+0,2	4 Jahre lang, danach 0,0

11.13: Korrigierte Prognosewerte

Nun nehmen Sie im nächsten Schritt noch die Sonderfaktoren dazu, die diese Werte in den nächsten fünf Jahren beeinflussen werden:

- ✔ Sonderfaktor 1: Markteintritt eines Wettbewerbers in Nordamerika im Jahr 2006: Ab dem Jahr 2006 reduzieren Sie deshalb die Umsatzerlöse um 30%.
- ✔ Sonderfaktor 2: Ihr Unternehmen will ab dem Jahr 2007 auch in Osteuropa Kinder und jung Gebliebene mit Murmeln beglücken. Der Murmel-Produktmanager und der noch

nicht vorhandene Vertriebsleiter Osteuropa haben dafür selbstverständlich noch keinen detaillierten Plan gemacht. Sie treffen sich deshalb mit dem Produktmanager und versuchen, mit ihm vernünftige Zahlen aufs Papier zu bekommen. Am Ende sind sie beide davon überzeugt, dass sie ab 2007 schon ein paar Murmeln in Osteuropa verkaufen werden. Und zwar etwa so viele, wie in Abbildung 11.14 dargestellt.

Plan für Osteuropa

	2007		2008		2009	
	Winter	Sommer	Winter	Sommer	Winter	Sommer
Osteuropa	0,1	0,2	0,2	0,3	0,2	0,4

11.14: Plan für Osteuropa

Jetzt müssen Sie alle Zahlen nur noch in einer Datei zusammenfassen und fertig ist Ihr Forecast (siehe Abbildung 11.15).

Forecast Murmelabsatz absolut in Millionen Euro

	2005		2006		2007		2008		2009	
	Winter	Sommer	Winter	Sommer	Winter	Sommer	Winter	Sommer	Winter	Sommer
Nordamerika	0,3	0,8	0,2	0,5	0,2	0,4	0,2	0,4	0,2	0,4
Europa	0,7	1,1	0,7	1,0	0,8	1,1	0,9	1,2	0,9	1,3
Asien	1,0	1,5	1,0	1,7	1,0	1,9	1,0	2,1	1,0	2,1
Gesamt	2,0	3,4	1,9	3,2	2,0	3,4	2,1	3,7	2,1	3,8
Gesamt p.a.	5,4		5,1		5,4		5,8		5,9	

11.15: Forecast Murmelabsatz

Business Case oder: Wie erfolgreich wird das neue Produkt?

Der geplante Murmelverkauf in Osteuropa soll richtig vorbereitet werden. Dazu hat der Produktmanager im ersten Schritt bereits eine kleine Machbarkeitsstudie erstellt. In dieser Studie hat er geprüft, ob es dort überhaupt Käufer für die Murmeln gibt. Er hat sich auch schlau gemacht, wie es sich dort mit den Spielwarengeschäften verhält und ob es irgendwelche gesetzliche oder politische Hindernisse gibt.

Das Ergebnis der Machbarkeitsstudie war natürlich positiv, denn sonst könnten wir Ihnen hier den Business Case ja nicht zeigen. Grundsätzlich steht dem Markteintritt in Osteuropa also nichts im Weg.

	Murmeln: Business Case Osteuropa in Mio. Euro			
	2007	2008	2009	Gesamt
Umsatzerlöse A	0,15	0,25	0,30	0,70
Umsatzerlöse B	0,30	0,50	0,60	1,40
Umsatzerlöse C	0,45	0,75	0,90	2,10
Fixkosten	0,20	0,20	0,15	0,55
variable Kosten A	0,05	0,08	0,10	0,23
variable Kosten B	0,10	0,16	0,20	0,46
variable Kosten C	0,15	0,25	0,30	0,70
Ergebnis A	–0,10	–0,03	0,05	–0,08
Ergebnis B	0,00	0,14	0,25	0,39
Ergebnis C	0,10	0,30	0,45	0,85

Erläuterung:
- **Variante A: Worst Case: Umsatzerlöse betragen 50% des Forecast**
- **Variante B: Umsatzerlöse entsprechen dem Forecast**
- **Variante C: Best Case: Umsatzerlöse betragen 150% des Forecast**

Erlös- und Kostenermittlungsdetails: siehe Anhänge

11.16: Business Case

Im nächsten Schritt muss der Produktmanager zusammen mit dem für die Murmeln zuständigen Controller einen Business Case erstellen.

Ein *Business Case* ist eine Wirtschaftlichkeitsrechnung. In so einer Rechnung wird geprüft, ob sich ein Produkt oder ein Vorhaben lohnt. Dank eines Business Case kann man deshalb halbwegs vernünftig entscheiden, ob man ein Vorhaben angeht oder es besser ganz sein lässt. So ein Business Case zeigt manchmal auch mehrere Alternativen auf.

Für einen Business Case gibt es keine fest vorgeschriebene Form. Es kann aber sein, dass in Ihrem Unternehmen eine Vorlage existiert, die Sie verwenden müssen. Erkundigen Sie sich also, bevor Sie wild drauf loslegen.

Grundsätzlich sollte ein Business Case Folgendes enthalten:

- ✔ Eine kurze verbale Erläuterung des Sachverhaltes. Sie werden nichts Wesentliches vergessen, wenn Sie sich an diese sechs Ws halten: Wer? Was? Wo? Wann? Wie? Warum?
- ✔ Die möglichen Erlöse
- ✔ Die dabei entstehenden Kosten
- ✔ Das Ergebnis, also der Gewinn
- ✔ Eine kurze verbale Erläuterung des Ergebnisses und eine abschließende Empfehlung, wie entschieden werden soll.

Die Erläuterung des Sachverhalts

- ✔ Wer? Ihr Unternehmen will eventuell nach Osteuropa expandieren. So wurde es in der Chefetage beschlossen.
- ✔ Was? Zuerst soll nur mit dem Verkauf der Murmeln begonnen werden.
- ✔ Wo? Auf jeden Fall in den osteuropäischen EU-Staaten sowie in Russland.
- ✔ Wann? Der Verkaufsstart soll Anfang 2007 sein.
- ✔ Wie? Es sollen vornehmlich traditionelle Vertriebswege genutzt werden. Der Hauptabsatz soll also über die Spielwarengeschäfte erzielt werden.
- ✔ Warum? Nur wenn Ihr Unternehmen mittelfristig weltweit agiert, erreicht es die nötige Größe zum Überleben. Anders gesagt: Nur dann können entsprechend große Mengen produziert und verkauft werden, damit man noch konkurrenzfähig bleibt.
- ✔ Die möglichen Erlöse, Kosten und das Ergebnis sollten Sie nicht in Prosaform, sondern besser in tabellarischer Form darstellen. Überfrachten Sie die Tabelle aber bitte nicht zu sehr mit Details. Diese können Sie in diversen Anhängen genauer darstellen. Damit hat der Leser die Freiheit, Informationen nur dann anzusehen, wenn sie ihn auch interessieren. Im Anhang A könnten Sie die Zusammensetzung der Umsatzerlöse erläutern (wie viel aus

welchen Ländern und aus welchen Vertriebswegen), in Anhang B die Fixkosten (die Gehälter der neuen Vertriebsmitarbeiter für Osteuropa) und in Anhang C erklären Sie noch die Zusammensetzung der variablen Kosten.

Auf der CD finden Sie den Business Case inklusive aller detaillierten Anhänge.

✔ Erläuterung der Ergebnisse und abschließende Empfehlung: In ein paar klaren Sätzen wird das Ergebnis erläutert und eine eindeutige Entscheidungsempfehlung abgegeben. Die könnte dann etwa so aussehen: »Variante A stellt den Worst Case dar. Sollten die Umsatzerlöse um 50% unter den Forecastwerten liegen, kann erst im Jahr 2009 ein positives Ergebnis erzielt werden. Bis dahin wären Anlaufverluste in Höhe von 400.000 Euro durch die Expansion nach Osteuropa zu tragen. Ab dem Jahr 2009 kann dann ein jährlicher Überschuss von 50.000 Euro erzielt werden. Entsprechen bzw. übertreffen die Umsatzerlöse den Forecast (Variante B und C), werden durchgängig positive Ergebnisse erzielt. Empfehlung: Wir empfehlen den Markteintritt in Osteuropa, da mit sehr hoher Wahrscheinlichkeit durchgängig positive Ergebnisse zu erwarten sind. Zudem können hierdurch weitere Größeneffekte erzielt werden und wichtige Grundlagen für den Absatz weiterer Produkte geschaffen werden.«

Cockpit Charts

Irgendwann kommt der Tag, an dem einer der Hierarchen nach einem Cockpit Chart verlangt. So ein Wunsch wird meist dann geäußert, wenn das Berichtswesen für die Adressaten zu umfangreich geworden ist. Die Adressaten haben dann Schwierigkeiten, die wesentlichsten Informationen aus der Berichtswesenflut herauszufiltern.

Nun könnte man meinen, dass dies der Anlass sei, das komplette Berichtswesen zu entrümpeln. Leider wird das nicht umsetzbar sein, da ein einmal ins Leben gerufener Report wahrscheinlich immer für irgendjemanden unersetzlich sein wird, da ja nur dort die dringend erforderlichen Informationen zu finden seien.

Als Lösung wird ein weiterer Report aufgebaut, der das Wichtigste aus den anderen Reports zusammenfasst.

Unter Cockpit Charts versteht man einen Report, der die wichtigsten Kennzahlen aller Reports enthält. Meistens besteht ein Cockpit Chart nur aus einem Blatt und enthält mehrere bunte Bilder.

Welche Kennzahlen ein Cockpit Chart enthält, hängt natürlich von den Erfordernissen in Ihrem Unternehmen ab. Wenn Sie so einen Report aufbauen sollten, ist es am besten, wenn Sie eine Vorschlagsliste über die möglichen Inhalte machen und damit bei allen wichtigen Adressaten herumlaufen. Am Ende müssten Sie dann hoffentlich ein Meinungsbild darüber haben, was alles hinein soll. Das nennt man dann adressatengerechte Demokratie.

Jetzt geht es an die technische Umsetzung. Mit welcher Software Sie die Charts erstellen, ist eigentlich völlig egal. Hauptsache, der manuelle Aufwand hält sich in Grenzen und das Ergebnis ist für Bürozwecke ansehnlich genug. Die meisten Cockpit Charts dürften wohl einfach mit MS Excel und PowerPoint gemacht worden sein. Jedes andere Tabellenkalkulations- und Präsentationsprogramm geht natürlich auch.

Mal angenommen, in Ihr Cockpit Chart soll Folgendes rein:

- ✔ Umsatzentwicklung (Ist, Isterwartung, Plan) über alle Produkte
- ✔ Kostenentwicklung (Ist, Isterwartung, Plan) über alle Produkte
- ✔ Ergebnisentwicklung (Ist, Isterwartung, Plan) über alle Produkte
- ✔ Anteile aller Produkte am Umsatz (Plan)
- ✔ Anteile aller Produkte am Ergebnis (Plan)

Ein Cockpit Chart in Farbe mit Ampeln und Tachos, das Sie als Vorlage verwenden können sowie einen kleinen Film über Cockpit Charts finden Sie auf der CD. Dieses Cockpit Chart könnte dann zum Beispiel so aussehen, wie in Abbildung 11.17 dargestellt.

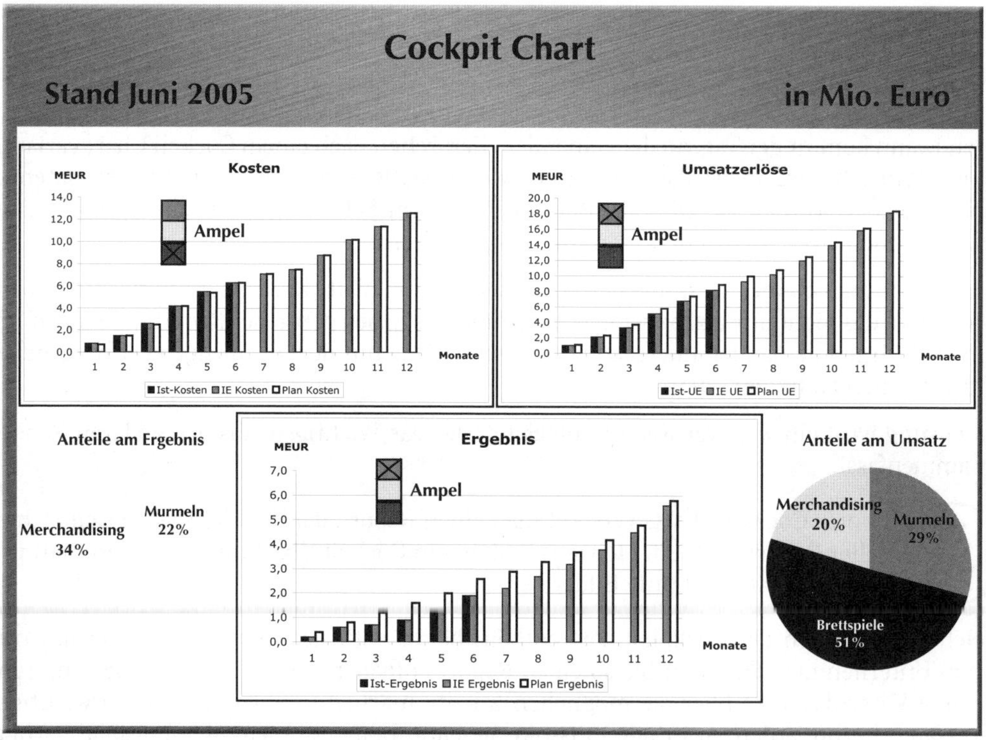

11.17: Cockpit Chart

Sie sehen, dass es auf so einem Cockpit Chart trotz weniger Informationen sehr schnell eng werden kann. Deshalb ist es auch am zeitintensivsten, alle Kennziffern möglichst übersichtlich und aussagekräftig auf das Chart zu platzieren. Gönnen Sie sich hier eine ausreichende Entwicklungszeit.

Und damit Sie die Ampelfarben nicht willkürlich nach Ihrer täglichen Gemütslage vergeben, sollten Sie sich vorher in Ihrem Unternehmen einigen, bei welchen Situationen grün, gelb oder rot angezeigt werden soll.

Ampelfarben

Einige Mitmenschen sind in ihrem Denken sehr vom Straßenverkehr dominiert. Deshalb erwarten sie in ihren Cockpit Charts zwingend ein paar Ampeln. So soll der Leser schnell erkennen können, ob bei einer Kennziffer alles im grünen Bereich ist oder ob Handlungszwang besteht. Die Farbe Grün bedeutet dabei, dass alles in Ordnung ist, die Farbe Gelb, dass es leichte Zielabweichungen gibt und die Farbe Rot, dass derzeit etwas schief läuft und dringender Handlungsbedarf besteht. Solche Ampeln in die Cockpit Charts zu implementieren, ist technisch gesehen kein Hexenwerk, es sorgt bei den Hierarchen dennoch oft für Begeisterung – das nennt man Spieltrieb! Dieses Ampelsystem ergibt bei einigen Kennziffern sicher einen Sinn. Bitte übertreiben Sie es aber nicht und versuchen Sie nicht, alle Charts zwanghaft mit Ampeln oder auch mit so genannten Tachos auszustatten. Sonst wird es ein paar Lesern vielleicht zu bunt und sie können den Inhalt vor lauter Ampeln nicht mehr sehen. Und lassen Sie sich bloß nicht den Bären aufbinden, dass Ampeln zwingend in ein Cockpit Chart hinein gehörten.

Teil III

Bereichscontroller

Die obere Linie zeigt unsere Einnahmen, die mittlere unseren Bestand und die untere meinen Haarausfall im selben Zeitraum.

In diesem Teil ...

Der Controller ist eine sehr anpassungsfähige Spezies. Er ist nicht nur im zentralen Controlling zu finden, sondern hat sich im Laufe der Jahre derart weiterentwickelt, dass er auch problemlos als Sparten- oder Bereichscontroller überlebensfähig ist.

Zwischen den unterschiedlichen Bereichen und den jeweiligen Controllern können sich durchaus wertvolle und nützliche Symbiosen bilden. Wie diese genau aussehen und wo es Sinn machen kann, Bereichscontroller einzusetzen, erfahren Sie in diesem Teil. Natürlich klären wir Sie hierbei auch über die jeweiligen »Spezialaufgaben« der unterschiedlichen Bereichscontroller auf. Viel Spaß bei der Reise durch die bunte Controlling-Vielfalt.

In-, Through- und Output-Controlling

12

In diesem Kapitel

- Die klassischen Spartencontroller
- Aufgaben der Bereichscontroller
- Die wichtigsten Tools der Spartencontroller

Der Controller wird nahezu überall im Unternehmen gebraucht, auch wenn da einzelne Fachbereiche ganz anderer Meinung sein mögen. Damit sich die einzelnen Bereiche nicht immer im zentralen Controlling mit scheinbaren »Laien« herumschlagen müssen, gibt es häufig auch spezialisierte Arten des gemeinen Controllers, die jeweils nur für ein Aufgabengebiet zuständig sind und in diesem den totalen Überblick haben ... sollten.

In diesem Kapitel lernen Sie die klassischen Spartencontroller kennen, die sich in den In-, Through- und Output-Bereichen von Unternehmen eingenistet haben.

In-, Through- und Output bezieht sich in diesem Zusammenhang auf die Phasen der so genannten Leistungserstellung im Unternehmen. Input wird beispielsweise vom Einkauf erbracht, Throughput von der Produktion und Output vom Vertrieb.

Falls Sie immer schon wissen wollten, weshalb die Evolution Einkaufscontroller, Produktionscontroller, Produktcontroller, Vertriebscontroller und Investitionscontroller hervorgebracht hat, kann Ihnen die Lektüre der folgenden Seiten sicherlich weiterhelfen. Jedoch reißen wir die Themen hier meist nur kurz an, da jeder Spartencontroller für sich schon einen weiteren *für Dummies*-Band füllen würde.

Gehen wir zuerst einmal einkaufen.

Einkaufscontrolling

Der Einkaufscontroller an sich beschäftigt sich nicht nur samstags im privaten Umfeld mit dem »Einkauf«, er kommt auch unter der Woche nicht um das Thema herum. Und es ist ein gewichtiges Thema, denn die Kosten für eingekaufte Materialien machen mitunter einen großen Batzen der Gesamtkosten eines Unternehmens aus. Folglich beschäftigt sich der Einkaufscontroller mit einer sehr großen Stellschraube in Sachen »Kostenreduktion«.

Die Hauptaufgaben des Einkaufscontrollings sind folgende:

- ✔ Den Einkaufsprozess durchleuchten und steuern sowie dauerhaft verbessern, um dadurch für Kosteneinsparungen zu sorgen
- ✔ Planung und Kontrolle des Einkaufs durch Vergleiche der Istwerte mit den geplanten und vereinbarten Konditionen

Meist arbeitet der Einkaufscontroller nicht nur mit dem Einkauf zusammen, sondern stimmt sich auch eng mit der Logistik ab, da diese Bereiche eng miteinander verknüpft sind. Was Sie einkaufen, muss ja auch irgendwo gelagert werden.

Steuern des Einkaufsprozesses

Die oberste Maxime des Einkaufscontrollers ist die Kosteneinsparung. Um dieses hochgesteckte Ziel zu erreichen, gibt es Stellhebel, an denen Sie zusammen mit den Kollegen aus dem Einkauf drehen können:

- ✔ Sie sollten von möglichst wenig unterschiedlichen Lieferanten bedient werden. Jeder Lieferant verursacht Betreuungskosten. Außerdem lassen sich meistens umso bessere Konditionen aushandeln, je mehr Ware Sie von ein und demselben Lieferanten abnehmen.

Der Effekt, dass mit steigender Menge der Preis in der Regel sinkt, nennt man *Skaleneffekt* oder neudeutsch auch *economies of scale*.

Allerdings sollten Sie sich nicht zu abhängig von einem Lieferanten machen. Sonst hat der Sie in der Hand.

- ✔ Die einzelnen Lieferanten können Sie anhand einer wichtigen Kennzahl bewerten, die aussagt, wie viel Spaß es denn macht, mit dem jeweiligen Lieferanten zusammenzuarbeiten:
    - Wie groß ist der Anteil des jeweiligen Lieferanten am Unternehmenserfolg? Je höher dieser Wert ist, desto mehr sollten Sie die Beziehungen zu diesem Lieferanten pflegen. Ist diese Kennzahl vergleichsweise niedrig, können Sie sich das Geld für eine tolle Betreuung dieses Lieferanten eventuell sparen.

Oftmals macht man beispielsweise mit 5% aller Lieferanten 70% des Umsatzes. Dies sind die wichtigen Partner. Sie sollten Ihre Lieferanten mittels einer so genannten ABC-Analyse einteilen: A-Lieferanten sind in der Regel nur wenige, diese sorgen aber für einen enormen Umsatzbeitrag. B-Lieferanten sind die goldene Mitte, während C-Lieferanten zahlreich vorhanden sind, ihr Beitrag zum Umsatz allerdings gering ausfällt.

- ✔ Ein effizienter Einkauf spart ebenfalls einiges an Kosten. Wie erfolgreich und effizient der Einkauf arbeitet, kann anhand einiger Kennzahlen ermittelt werden. Diese sind:
  - **Anzahl Bestellungen je Einkäufer:** Je niedriger diese Kennzahl über alle Einkäufer ist, desto mehr könnte man vermuten, dass der Einkauf leicht überbesetzt ist. Für den einzelnen Einkäufer eignet sich diese Größe hervorragend für Zielvereinbarungen.
  - **Durchlaufzeit einer Bestellung:** Wie schnell agiert der Einkauf? Je größer der »Wasserkopf«, desto höher fällt diese Kennzahl meist aus.
  - **Kosten pro Bestellung:** Hier ist nicht der Bestellwert gemeint, sondern wie viele interne Kosten eine Bestellung verursacht. Läuft diese Zahl aus dem Ruder, stimmt etwas mit den Prozessen im Einkauf nicht.
- ✔ Gezielter Einsatz von eProcurement: Das Internet bietet oftmals ungeahnte Möglichkeiten, günstig an Waren zu kommen. Nutzen Sie diese!

eProcurement bedeutet, dass Waren anstatt auf dem traditionellen Weg einfach über das Internet eingekauft werden. Hier findet man zum Beispiel mit wenigen Mausklicks günstige Lieferanten am anderen Ende der Welt.

Planung und Kontrolle des Einkaufs

Die Planwerte des Einkaufs wurden in der operativen Planung in Stein gemeißelt. Nun gilt es zu überwachen, ob diese Planwerte auch eingehalten werden. Hier müssen Sie zwei Komponenten im Auge behalten:

1. Die Mengenkomponente: Wurden die geplanten Mengen eingekauft?
2. Die Preiskomponente: Wurden die Waren zu den geplanten Preisen bezogen?

Als Einkaufscontroller überwachen Sie diese Größen und helfen dem Einkauf somit, seine Ziele zu erreichen. Bei Abweichungen sollten Sie sich mit dem Einkauf zusammensetzen, um diese Abweichungen zu analysieren und gemeinsam zu überlegen, wie man wieder auf den Kurs der Planung zurückgelangen kann.

Der Einkaufscontroller sammelt die Ist-Daten aus den jeweiligen Systemen, um sie mit den Planwerten zu vergleichen. Wie so ein Vergleich aussehen kann, zeigt Abbildung 12.1 am Beispiel des Einkaufs von Kugelschreibern. Hier werden zuerst einmal die Gesamtkosten des ersten Halbjahres gezeigt.

Sie sehen nun, dass die Kosten über den geplanten Werten liegen. Woran das genau liegt, zeigt Abbildung 12.2.

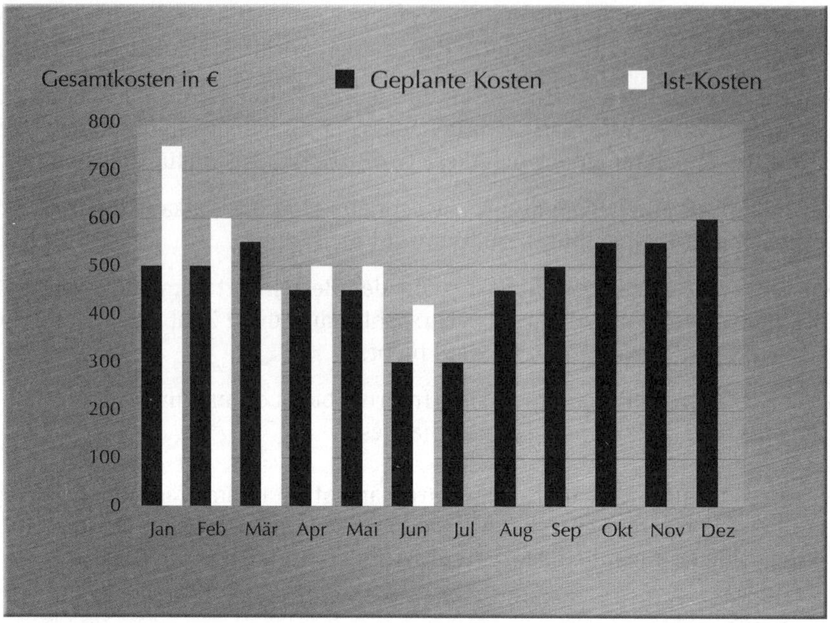

12.1: Plan- und Ist-Gesamtkosten Kugelschreibereinkauf 2006

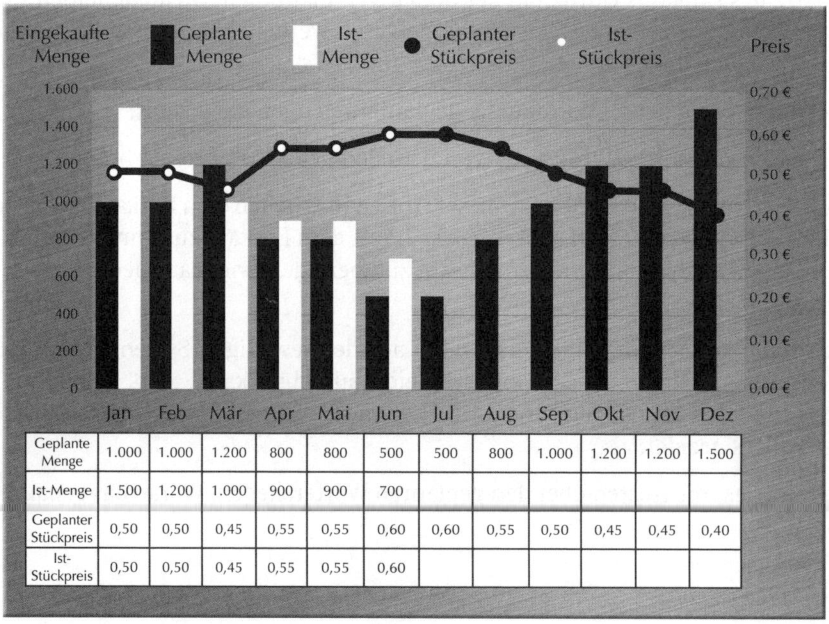

	Jan	Feb	Mär	Apr	Mai	Jun	Jul	Aug	Sep	Okt	Nov	Dez
Geplante Menge	1.000	1.000	1.200	800	800	500	500	800	1.000	1.200	1.200	1.500
Ist-Menge	1.500	1.200	1.000	900	900	700						
Geplanter Stückpreis	0,50	0,50	0,45	0,55	0,55	0,60	0,60	0,55	0,50	0,45	0,45	0,40
Ist-Stückpreis	0,50	0,50	0,45	0,55	0,55	0,60						

12.2: Plan-Ist-Vergleich Kugelschreibereinkauf 2006

Hier wird schnell ersichtlich, dass die Stückpreise absolut im Plan liegen. Die Gesamtkosten weichen ab, weil mehr Einheiten eingekauft wurden, als geplant war. Nun gilt es herauszufinden, warum dies so ist. Fragen Sie erst einmal im Einkauf nach, wer so viele Kulis bestellt hat. Vielleicht sind die Kollegen im Außendienst zu freigiebig in Sachen Werbegeschenke? Die Ursachensuche hat begonnen.

Produktionscontrolling

Ein Produktionscontroller verdient sein Geld damit, die Produktion unter kaufmännischen Gesichtspunkten zu »überwachen«, und hilft mit, den ganzen Prozess zu verbessern, wenn er mal nicht so rund läuft. Dies könnte zum Beispiel der Fall sein, wenn Arbeitsabläufe nicht optimal abgestimmt sind oder Termine nicht eingehalten werden. Dafür muss der Produktionscontroller die Produktionsabläufe und die verschiedenen Fertigungsverfahren im Unternehmen kennen.

Wenn Sie im Produktionscontrolling arbeiten, sollten Sie keine Scheu vor ein klein wenig technischem Hintergrundwissen haben. Denn etwas zu optimieren, von dem man keine Ahnung hat, fällt schwer. Außerdem steigert es die Akzeptanz des Controllers bei den Kollegen in der Produktion.

Die wichtigsten Aufgaben des Produktionscontrollers sind somit

- ✔ die Produktionsüberwachung mittels Soll-Ist-Vergleichen
- ✔ die Produktionsplanung

Soll-Ist-Vergleiche von Produktionskennzahlen

Der Produktionscontroller unterstützt die Produktion, damit sie ihre geplanten Ziele einhalten kann. Er vergleicht die in der operativen Planung geplanten Werte mit Istwerten und schaut sich die Abweichungen genauer an. Sind keine Abweichungen vorhanden oder liegt man gar über dem Plan, ist alles im grünen Bereich. Liegt man aber hinter dem Plan zurück, muss sich der Controller dringend mit den Kollegen aus der Produktion zusammensetzen, um gemeinsam Wege aus dieser Misere zu finden.

Nun stellt sich die spannende Frage, welche Werte denn für die Steuerung des Produktionsprozesses verwendet werden und im Plan sowie im Ist verglichen werden können. Dies sind in der Regel technische oder zeitliche Größen.

Die Daten, die der Produktionscontroller benötigt, suchen Sie im normalen Berichtswesen, das heißt in der Bilanz, der Gewinn- und Verlustrechnung oder dem Betriebsabrechnungsbogen leider vergebens. Hier fragen Sie am besten beim Produktionsleiter nach. Der sollte Ihnen die Werte, die Sie benötigen, liefern können.

Folgende Kennzahlen sind typisch für das Produktionscontrolling:

- **Durchlaufzeiten**: Wie lange ist eine Produkteinheit in der Fertigung »unterwegs«, bis sie fertig und verkaufsfertig ist?
- **Ausschussquote**: Wie sieht es mit der Qualität in der Produktion aus? Wenn jedes zweite Teil nicht verkauft werden kann, weil es Schrott ist, besteht ein mittelschweres Qualitätsproblem in der Fertigung.
- **Terminverzug**: Wenn Ihre Kundschaft zwei Jahre auf das von Ihnen gebaute Auto warten muss, steigert das nicht unbedingt die Kundenzufriedenheit.
- **Maschinenauslastung**: Laufen die Produktionsmaschinen auf Hochtouren oder stehen sie die Hälfte der Zeit still? Das kostet dann sinnlos Geld.

In Abbildung 12.3 hat der Produktionscontroller die Ausschussquoten des ersten Halbjahres analysiert, aufbereitet und den in der operativen Planung geplanten Werten gegenübergestellt. Die Ausschussquote wird ermittelt, indem die Anzahl der Produkte, die wegen Produktionsfehlern nicht verkauft werden können, durch die gesamte produzierte Menge geteilt wird. Werden etwa 1.000 Stück produziert und mussten dabei fünf Teile als Ausschuss verschrottet werden, ergibt sich eine Ausschussquote von 0,5%.

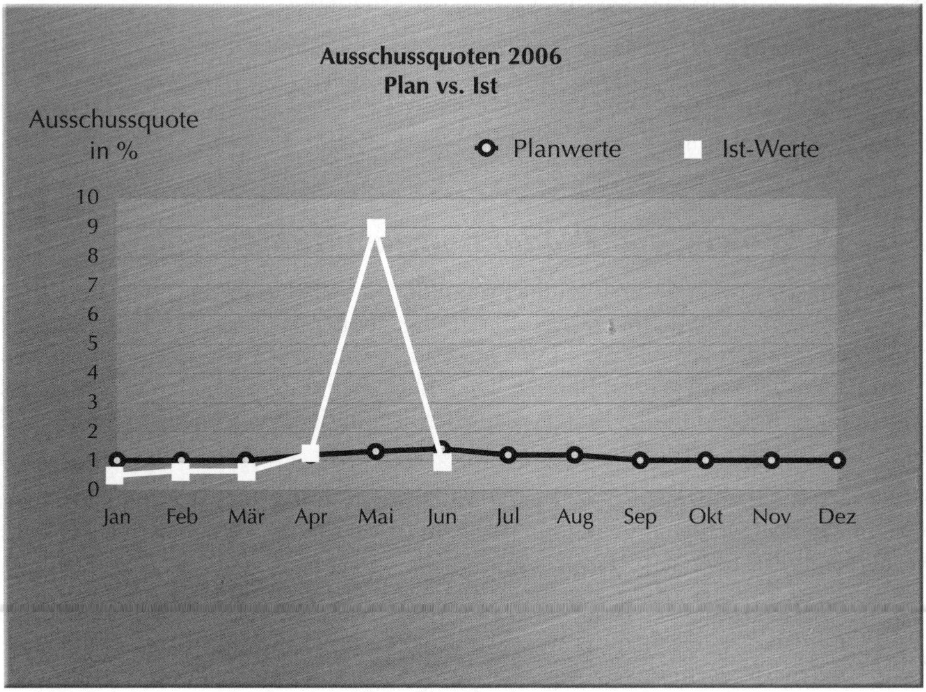

12.3: Ausschussquoten

Im Mai war ein Aggregat der Produktionsanlage kaputt und der Fehler wurde nicht rechtzeitig entdeckt. Die Ausschussquote lief deswegen total aus dem Ruder. Ende Mai wurde die Maschine repariert und seitdem ist alles wieder im grünen Bereich; sogar besser als geplant.

Produktionsplanung

Auch bei der Planung der Produktion ist der Produktionscontroller beteiligt. Oftmals stehen nämlich mehr Aufträge an, als die Anlagen produzieren können. Dann sind der Produktionscontroller und sein Know-how gefragt. Das Zauberwort, das Ihnen bei solchen Problemen helfen kann, wurde bereits in Kapitel 8 enthüllt und nennt sich »Deckungsbeitragsrechnung«.

Den Deckungsbeitrag ermitteln Sie, indem Sie die variablen Kosten für einen Auftrag von den Erlösen abziehen, die dieser erwirtschaftet. Was übrig bleibt, ist das, was hilft, die fixen Kosten zu decken: der Deckungsbeitrag.

Angenommen, Ihr Unternehmen produziert Bier- und Weingläser. Ihre Produktionsanlagen können pro Monat 100.000 Gläser fertigen. Für den Monat Juni liegen aber Bestellungen für 80.000 Bier- und 40.000 Weingläser vor. Die Lager sind leer, so dass kein Kunde mit »alter« Ware beglückt werden kann. Die Deckungsbeiträge der beiden Produkte werden in Abbildung 12.4 ermittelt.

	Biergläser	Weingläser
Erlöse je Glas	5,00 €	7,00 €
variable Kosten je Glas	3,28 €	5,69 €
Deckungsbeitrag je Glas	1,72 €	1,31 €

12.4: Deckungsbeiträge Bier- und Weingläser

Je Bierglas bleibt somit ein höherer Deckungsbeitrag hängen als für ein Weinglas. Die Kapazitäten der Produktionsanlage werden nun zunächst mit dem Produkt ausgelastet, das den höchsten Deckungsbeitrag bringt. Was dann noch an Kapazitäten frei ist, wird durch die Fertigung des Produktes mit dem nächsthöheren Deckungsbeitrag aufgefüllt.

Also werden zuerst die 80.000 bestellten Biergläser in der Maschine gefertigt. Danach kann die Anlage noch 20.000 Gläser in diesem Monat fertigen. Das heißt, im Juni kann nur die Hälfte der bestellten Weingläser produziert werden.

Auf diese Weise haben Sie die Kapazitäten Ihrer Produktionsanlage optimal ausgereizt und die Produktion gewinnmaximierend geplant.

Produktcontrolling

Herzlich willkommen im Produktcontrolling! Hier haben Sie nun die ehrenvolle Aufgabe, die einzelnen Produkte Ihres Unternehmens ins Visier zu nehmen. Und zwar hinsichtlich

- ✔ der Wirtschaftlichkeit
- ✔ der Qualität und Akzeptanz

Als Produktcontroller gilt es, sich stets eng mit dem Produktmanagement abzustimmen.

Wirtschaftlichkeit

Damit Sie bereits im Vorfeld den Erfolg oder Misserfolg eines Produktes prognostizieren können, gibt es drei wichtige Werkzeuge für den Produktcontroller:

1. den Business Case
2. die Break-Even-Analyse
3. die Life-Cycle-Berechnung

Business Case

Sie sitzen gerade gemütlich an Ihrem Schreibtisch, als ein Produktmanager freudestrahlend mit einer neuen Produktidee bewaffnet in Ihr Büro platzt. Das bedeutet Arbeit für Sie als Produktcontroller. Der Produktmanager hat einen ausgefüllten Produktsteckbrief dabei, der die Grundlage für Ihre weitere Arbeit sein wird.

In einem *Produktsteckbrief* sind die wichtigsten Daten für ein neues Produkt zusammengefasst. Darin steht, worum genau es sich bei dem Produkt handelt, aus welchen Bestandteilen es sich zusammensetzt und wie viel es im Verkauf kosten soll. Auf Basis dieser Daten dürfen Sie nun berechnen, ob das Produkt denn auch wirtschaftlich ist.

Wie dieser Produktsteckbrief aussehen kann, zeigt Abbildung 12.5.

Produktsteckbrief

Produktname:	Rabbit
Produktbeschreibung:	Schlüsselanhänger aus Blei in Form eines Hasen
Bestandteile je Produkteinheit:	5 cm^3 Blei 1 Lederband (7 cm) 1 Flachniete 1 Schlüsselring
Arbeitsschritte:	Gießen des Bleis in die bereits vorhandene Form Auskühlen und Entfernen der Figur aus der Form Montieren des Lederbands und des Schlüsselrings mittels der Flachniete
Verkaufspreis je Einheit:	5 Euro
Absatzwege:	Direktvertrieb
Geplante Menge pro Jahr:	100.000 Stück
Zuständiger Produktmanager:	Müller

12.5: Beispiel Produktsteckbrief

Mit diesen Angaben kann der Produktcontroller jetzt einen Business Case berechnen.

In einem *Business Case* werden Erlöse und Kosten von neuen Produkten auf Basis von Annahmen ermittelt. Diese Erlöse abzüglich der Kosten ergeben dann das Ergebnis, das diese neuen Produkte voraussichtlich erwirtschaften werden. Ist das Ergebnis negativ, sollte das Produkt besser erst gar nicht eingeführt werden. Solche Entscheidungen führen meist zu langen Diskussionen mit dem Produktmanagement in Bezug auf die unterstellten Kosten.

Die Kosteninformationen für das benötigte Material bekommen Sie vom Einkauf. Bezüglich der Produktionskosten gehen Sie am besten auf die Produktion direkt zu. Der richtige Ansprechpartner für die Vertriebskosten ist, Sie ahnen es schon, der Vertrieb.

Falls Ihr Unternehmen eine Prozesskostenrechnung hat und es sich hier um Standardprozesse handeln sollte, könnten Sie für die Produktions- und Vertriebskosten auch die entsprechenden Prozesskostensätze verwenden.

Mit diesen Informationen können Sie nun die voraussichtlichen Erlöse und Kosten in einem Business Case gegenüberstellen. Wie dieser aussehen kann, zeigt Abbildung 12.6.

Business Case »Rabbit«

Verkaufspreis: 5 €
Geplante Menge: 100.000 Stück

Erlöse:

Erwartete Erlöse:	500.000 €

Kosten:

Materialkosten:	150.000 €
Produktionskosten:	100.000 €
Vertriebskosten:	50.000 €

Produktergebnis:

Erwartetes Produktergebnis:	200.000 €

12.6: Business Case

Der Produktmanager kann ebenso zufrieden sein wie Sie: Das Produkt scheint sich zu lohnen, da bei der geplanten Menge abzüglich der direkten Kosten noch 200.000 Euro an Gewinn für das Unternehmen übrig bleiben.

Die Einhaltung von Werten der Business Cases wird auch gerne als Ziel bei Zielvereinbarungen für Produktmanager verwendet. So kann man die Kollegen im Produktmanagement dazu »erziehen«, dass sie realistische Annahmen treffen und nicht mit irgendwelchen Zahlen aufwarten, nur um ihr Produkt durch den Entscheidungsprozess zu bekommen.

Bleibt zu hoffen, dass auch alle produzierten Schlüsselanhänger verkauft werden. Aber jeder Business Case ist auch mit etwas Ungewissheit verknüpft. Alles in allem ist diese Methode aber immer noch besser, als in die Glaskugel zu schauen.

Auf der CD finden Sie weitere Beispiele für Business Cases unter dem gleichnamigen Stichwort. Es gibt allerdings keine feste Form und kein festes Schema für einen Business Case. Ein solcher sollte aber stets die wirtschaftlichen Auswirkungen eines Produkts abbilden. Wenn das Unternehmen, in dem Sie arbeiten, einen Standard für Business Cases hat, sollten Sie sich natürlich an diesen halten.

Break-Even-Analyse

Sie glauben aber nicht daran, dass die geplante Menge von 100.000 Stück auch wirklich abgesetzt werden kann, und wollen wissen, ab welcher verkauften Menge das Produkt beginnt, wirtschaftlich zu werden. Hierbei hilft Ihnen die so genannte »Break-Even-Analyse«.

Mit Hilfe der Break-Even-Analyse können Sie ermitteln, ab welcher abgesetzten Menge ein Produkt die Gewinnzone betritt. Dieser Wert heißt dann *Break-Even-Point*. Hierfür dividieren Sie die fixen Kosten durch den Deckungsbeitrag je Produkteinheit. Das Ergebnis ist die Menge, bei der die Erlöse gleich hoch sind wie die fixen Kosten. Verkaufen Sie mehr als diese Menge, gibt's Gewinne, bleiben Sie unter dem Wert, werden die Zahlen rot. Der Deckungsbeitrag je Schlüsselanhänger ergibt sich, wenn Sie von den Erlösen je Einheit die variablen Kosten abziehen.

In den Produktionskosten stecken 50.000 Euro fixe Kosten, da für dieses Produkt eine neue Maschine zu diesem Preis angeschafft werden musste. Die restlichen Kosten in Höhe von 150.000 Euro sind variabel. Wie Sie nun den Break-Even-Point ermitteln, sehen Sie in Abbildung 12.7.

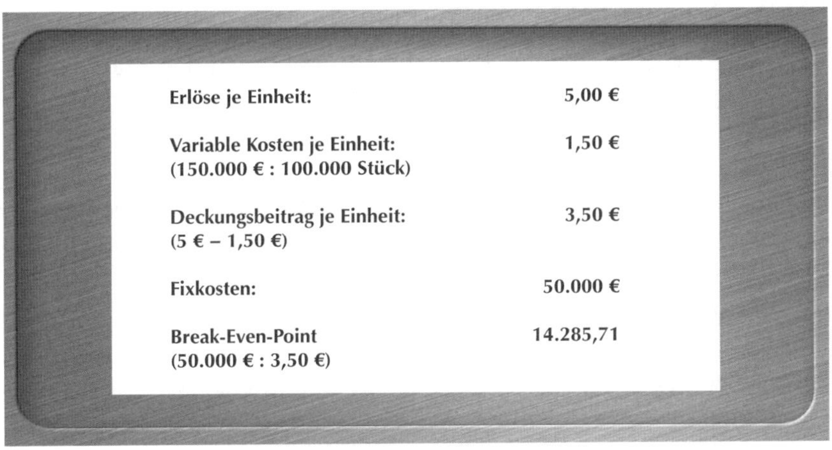

Erlöse je Einheit:	**5,00 €**
Variable Kosten je Einheit: **(150.000 € : 100.000 Stück)**	**1,50 €**
Deckungsbeitrag je Einheit: **(5 € – 1,50 €)**	**3,50 €**
Fixkosten:	**50.000 €**
Break-Even-Point **(50.000 € : 3,50 €)**	**14.285,71**

12.7: Break-Even-Analyse

Ab dem 14.286sten verkauften Schlüsselanhänger betreten Sie also die Gewinnzone. Sie lehnen sich entspannt zurück, da Sie der Meinung sind, dass diese Menge doch mit links verkauft werden kann.

Auf der CD finden Sie unter dem Stichwort »Break-Even« ein kleines Tool zur Break-Even-Analyse und zur Ermittlung des Break-Even-Points.

Forschen hilft sparen

Die Forschung und Entwicklung ist nicht nur die Ideenschmiede für neue Produkte, sie ist auch verantwortlich für einen Großteil der Kosten, die ein Produkt später verursachen wird. Während dieser Bereich im Schnitt nur gut 5% der gesamten Kosten eines Produktes selbst verursacht, entscheidet er über knapp drei Viertel der Kosten, die das Produkt in späteren Phasen »verschulden« wird. Es macht durchaus Sinn, etwas mehr Energie und Zeit in eine kostenbewusste Forschung und Entwicklung zu stecken, damit man später umso mehr an den laufenden Kosten spart.

Life-Cycle-Berechnung

Bei der Berechnung des Life Cycles werden alle Erlöse, die ein Produkt von der Ideenentstehung bis hin ins Grab erwirtschaftet, allen Kosten gegenübergestellt. So können Sie ermitteln, wie viel ein Produkt über seine komplette Lebensdauer erwirtschaftet.

Hier werden also alle Kosten und Erlöse berücksichtigt, die in

- ✔ der Entstehungsphase (Forschung, Entwicklung, Marktforschung, Markterschließung)
- ✔ der Marktphase (laufende Kosten und Erlöse)
- ✔ der Nachlaufphase (Wartung, Entsorgung)

eines Produktes entstehen. Somit erhalten Sie das komplette Produktergebnis über alle Perioden, in denen das Produkt eine Rolle spielt. Ein Business Case hingegen durchleuchtet meist nur die Marktphase.

Im vorherigen Beispiel wurden Schlüsselanhänger produziert. Das Produktmanagement plant nun, die Anhänger mit top-modernen langen Stoff-Schlüsselbändern zu versehen. Die Bänder an sich werden eingekauft, jedoch muss die Produktionsanlage umgerüstet werden, damit die Schlüsselbänder montiert werden können.

Die Forschungs- und Entwicklungsabteilung hat nach wochenlangem Tüfteln endlich ausgereifte Pläne, wie die Anlage am kostengünstigsten umgerüstet werden kann. Dies würde Kosten von 750.000 Euro verursachen. Aufgrund der Umrüstung müssen die Maschinen aber wöchentlich gewartet werden. Bisher konnte die Wartung durch eigene Techniker erfolgen, nach der Umrüstung wird aber externes Know-how für die Wartungsarbeiten notwendig. Das führt zu Mehrkosten in Höhe von 40.000 Euro je Monat, die ausschließlich der Schlüsselbandfertigung zuzurechnen sind.

Die Marktforschung hat eine 19.000 Euro teure Studie in Auftrag gegeben, um das Marktpotenzial für die Anhänger mit Schlüsselband zu ermitteln und um die Kunden zu befragen, wie viel sie für das Produkt ausgeben würden. Hierbei kam heraus, dass sich das Produkt innerhalb der nächsten fünf Jahre etwa eine Million Mal verkaufen lässt. Danach ist der Markt gesättigt. Der optimale Verkaufspreis liegt bei sieben Euro.

Die umgerüsteten Teile der Produktionsanlage könnten nach fünf Jahren für etwa 10.000 Euro weiterverkauft werden.

Die Material-, Produktions- und Vertriebskosten je Stück betragen zusammen vier Euro.

Aus diesen Werten ergibt sich die in Abbildung 12.8 dargestellte Life-Cycle-Berechnung für das Produkt über die gesamten fünf Jahre, in denen das Produkt verkauft werden soll.

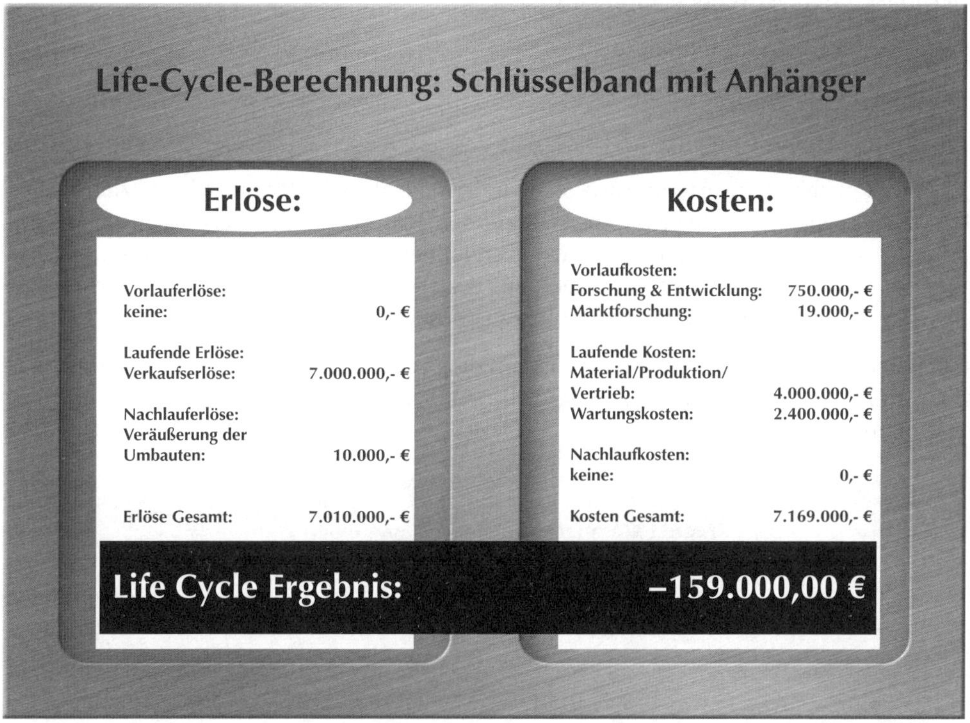

12.8: Life-Cycle-Berechnung

Hier sollten bei Ihnen nun die Alarmglocken läuten. Über die gesamte Lebensphase erwirtschaftet das Produkt voraussichtlich einen Verlust von 159.000 Euro. Raten Sie dem Produktmanager also ab, das Produkt einzuführen, beziehungsweise verweigern Sie Ihre Unterschrift zur Freigabe. Das steigert wieder einmal die Unbeliebtheit des Controllers, wobei der doch nur seinen Job macht.

Eine Vorlage zur Life-Cycle-Berechnung finden Sie natürlich auch auf der CD unter dem Stichwort »Life Cycle«.

Produktqualität und -akzeptanz

Hier geht es nun darum, nachzuhalten, ob das, was Ihren Kunden versprochen wurde, auch umgesetzt wird. Sonst gibt's schlechte Publicity und bald keine neuen Kunden mehr!

Hier sind, wie so oft im Arbeitsalltag des Controllers, Soll-Ist-Vergleiche angesagt. Wichtige Kennzahlen, die Sie als Produktcontroller hinsichtlich der Produktqualität und -akzeptanz als Steuerungsgrößen verwenden können, sind:

- ✔ Anzahl von Kundenreklamationen
- ✔ Rückläuferquote
- ✔ Terminüberschreitungen

Für die Planwerte müssen Sie lediglich die aktuelle Planung heranziehen. Die jeweiligen Istwerte bekommen Sie aus den entsprechenden Bereichen: die Anzahl der Kundenreklamationen von der Kundenbetreuung, die Ausschussquote und Infos über Terminüberschreitungen aus der Produktion. Alternativ hat normalerweise auch die Qualitätssicherung Ihres Unternehmens diese Daten parat.

Entsprechend aufbereitet sehen Sie, wie es um die Produktqualität steht und wie man diesbezüglich im Plan liegt. Abbildung 12.9 zeigt Ihnen das am Beispiel der Anzahl der Kundenreklamationen im ersten Halbjahr.

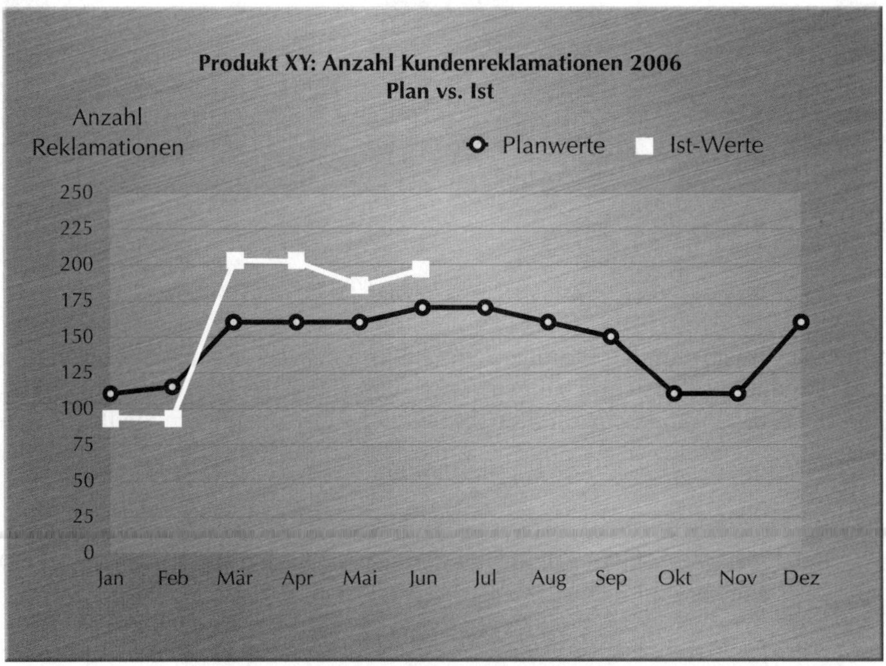

12.9: Plan-Ist-Vergleich Kundenreklamationen

Die Abbildung zeigt die geplanten und tatsächlichen Kundenreklamationen bezüglich des Produktes xy.

Je nachdem, ob damals bei der Planung in einem Monat mehr oder weniger verkaufte Stück geplant wurden, wurden auch mehr oder weniger Reklamationen geplant, da man davon ausgehen kann, dass die meisten Mängel bereits kurz nach Kauf des Produktes auftreten.

Im Januar und Februar scheint alles gut gelaufen zu sein. Doch ab März laufen die Kundenreklamationen aus dem Ruder, obwohl die Absatzzahlen seither deutlich hinter dem Plan liegen. Das riecht nach Qualitätsproblemen. Oder hat Ihre Werbung für das Produkt den Kunden etwas versprochen, was nicht eingehalten wird? Sie informieren den zuständigen Produktmanager, der umgehend eine Krisensitzung mit Kollegen aus der Produktion, der Qualitätssicherung, der Kundenbetreuung, dem Marketing und Ihnen einberuft, um das Problem möglichst rasch zu finden und zu beheben.

Vertriebscontrolling

Mancher Controller behauptet, dass es dem Vertrieb nur um hohe Absatz- und Umsatzzahlen ginge. Wir distanzieren uns natürlich hiervon! Zugleich möchten wir vom Vertrieb aufgestellte Behauptungen zurückweisen, in denen die Controller als »Erbsenzähler« bezeichnet werden.

Im Vertriebscontrolling geht es darum, die Wirtschaftlichkeit des Vertriebsapparates sicherzustellen. Beispielsweise mit Hilfe eines Berichtswesens über den Außendienst Ihres Unternehmens. Das Vertriebscontrolling hilft dadurch dem Vertrieb bei wichtigen Entscheidungen.

Der Werkzeugkasten des Vertriebscontrollers besteht aus folgenden Tools:

- ✔ die Vertriebskostenrechnung
- ✔ die Vertriebserfolgsrechnung
- ✔ Vertriebswegeanalysen
- ✔ Außendienstmitarbeitersteuerung
- ✔ Außendienstberichtswesen

Vertriebskostenrechnung

Der Vertriebsapparat Ihres Unternehmens verursacht

- ✔ Vertriebseinzelkosten
- ✔ Vertriebsgemeinkosten

Vertriebseinzelkosten lassen sich direkt einem bestimmten Auftrag zuordnen, das heißt, der eine Auftrag ist Schuld daran, dass die Kosten entstehen. *Vertriebsgemeinkosten* sind Kosten im Vertrieb, die unabhängig von bestimmten Aufträgen entstehen.

Vertriebseinzelkosten sind zum Beispiel Provisionen für einen bestimmten Auftrag oder Zölle für eine bestimmte Lieferung.

Beispiele für Vertriebsgemeinkosten sind etwa Personalkosten oder Kosten, die ein Zwischenlager verursacht.

In der Vertriebskostenrechnung werden diese Vertriebseinzel- und Vertriebsgemeinkosten den unterschiedlichen Abnehmergruppen, Vertriebsregionen oder Vertriebskanälen zugeordnet, um sie hinsichtlich der Kosten, die sie verursachen, miteinander zu vergleichen. Das kann bei vertriebspolitischen Entscheidungen ganz nützlich sein.

Hierbei handelt es sich um nichts anderes als um eine »normale« Kostenrechnung, die Sie bereits in Kapitel 4 kennen lernen durften. Jedoch sollten Ihre Vertriebskostenstellen hier so aufgebaut sein, dass jede der Abnehmergruppen, Vertriebsregionen oder Vertriebskanäle eine eigene Kostenstelle bekommt. Außerdem sollten Ihre Kostenarten so gegliedert sein, dass für den Vertrieb relevante Kostenblöcke wie etwa Provisionen, Zölle etc. jeweils eine eigene Kostenart darstellen.

Vertriebserfolgsrechnung

Jetzt geht es darum, Ihre einzelnen Kunden zu analysieren. Mit »Kunde« ist hier aber nicht der Endkunde gemeint, sondern der jeweilige Vertriebspartner, der Ihre Produkte verkauft. Da es mehr Spaß macht, mit Kunden zusammenzuarbeiten, bei denen richtig viel Geld für Ihr Unternehmen hängen bleibt, finden Sie hier heraus, wer denn nun »Spreu« und wer »Weizen« ist.

Zum besseren Vergleich werden zunächst einmal die einzelnen Vertriebspartner zu so genannten Vertriebskanälen zusammengefasst. Es macht nämlich wenig Sinn, ein großes Kaufhaus mit einem Tante-Emma-Laden zu vergleichen. Besser ist es, wenn Sie die Tante-Emma-Läden untereinander vergleichen und die Supermärkte ebenso.

Sie untergliedern Ihre Kunden erst einmal wie folgt:

- ✔ Fachgeschäfte
- ✔ Warenhäuser

Sie können auch weitere oder andere Untergliederungen vornehmen. Etwa nach Region, Auftragsvolumina oder Umsatz. Die oben genannte Gliederung nach »Betriebsform« ist aber die gängigste Aufteilung.

Die eigentliche Vertriebserfolgsrechnung ist wie eine mehrstufige Deckungsbeitragsrechnung aufgebaut. Die hierzu benötigten Daten bekommen Sie aus der Buchhaltung oder den entsprechenden Systemen in Ihrem Unternehmen.

Wie eine solche Vertriebserfolgsrechnung aussieht, zeigt Abbildung 12.10.

alle Werte in T€	Fachgeschäfte			Warenhäuser		
	Häberle	Müller	Maier	SuperStore	MegaLaden	Big-Shop
Bruttoerlöse	100	122	90	980	1.300	1.150
./. Erlösschmälerungen (z.B. Rabatte)	9	4	2	25	34	29
= Nettoerlöse	91	118	88	956	1.266	1.121
./. variable Herstellkosten der bezogenen Leistungen	82	98	72	784	1.040	920
= Kundendeckungsbeitrag I	9	21	16	172	226	201
./. produkt- und auftragsbezogene variable Vertriebskosten	6	5	5	53	70	62
= Kundendeckungsbeitrag II	3	16	11	118	156	139
./. indirekt kundenbezogene variable Vertriebskosten (z.B. Kundendienst, Werbung etc.)	2	3	2	17	23	21
= Kundendeckungsbeitrag III	1	13	9	101	133	116
./. fixe Einzelkosten des Kunden (z.B. Muster, Gratiswaren)	3	3	4	30	53	34
= Kundendeckungsbeitrag IV	-2	9	6	71	80	84
Umsatzrendite	-2,0%	7,4%	6,7%	7,2%	6,2%	7,3%

12.10: Vertriebserfolgsrechnung

Eine entsprechende Vorlage hierfür finden Sie natürlich auch auf der CD unter dem Stichwort »Vertriebserfolgsrechnung«.

Sie können nun bequem ablesen, wie viel Gewinn welcher Kunde letztendlich abwirft. Und Sie sehen, dass sich beim Kunden Häberle dringend etwas ändern muss. Vielleicht sollten Sie einmal die Konditionen für Häberle anpassen und ihm weniger Rabatte gewähren.

Wichtige Vertriebskanäle, die strategisch bedeutend sind und viel für den Erfolg Ihres Unternehmens beitragen, werden auch *Key Accounts* genannt. Die Daten der Vertriebserfolgsrechnung können Ihnen dabei helfen, im Rahmen des Key-Account-Managements Vertriebsstrategien für diese Kunden zu planen, umzusetzen und zu kontrollieren.

Vertriebswegeanalyse

Die spannende Frage bei der Vertriebswegeanalyse ist die, wie Ihre Produkte am besten und kostengünstigsten an den Endkunden kommen. Hierfür gibt es mehrere Möglichkeiten:

- **Direktvertrieb**: Angestellte Ihres Unternehmens klappern Ihre potenziellen Endkunden ab und versuchen, Ihre Waren direkt an den Mann oder die Frau zu bringen. Auch der Verkauf über das Internet (eCommerce) und der Verkauf über das Telefon gehören zum Direktvertrieb.
- **Versandhandel**: Ihre Kunden bestellen die Waren. Dies kann über Drittanbieter erfolgen oder über Ihr Unternehmen direkt.
- **Handelsvertreter**: Selbstständige Handelsvertreter bringen Ihre Produkte gegen Provision unters Volk.
- **Groß- und Einzelhandel**: Ihre Waren gelangen über den Groß- und Einzelhandel an den Endkunden.

So viele Möglichkeiten – was nun? Der Vertriebscontroller ermittelt über Kostenvergleiche den besten Absatzweg für die Produkte. Meist werden auch verschiedene Absatzwege gewählt.

Nicht immer sind Ergebnisvergleiche das Nonplusultra. Manchmal ist die Wahl des Absatzweges durch die Beschaffenheit der Produkte oder dem Verhalten und der Struktur der Abnehmer vorherbestimmt. Schnell verderbliche Lebensmittel beispielsweise sind nur schwer über den Versandhandel zu vermarkten.

Im ersten Schritt ermitteln Sie die Absatzmengen, die über den jeweiligen Absatzweg zu erwarten sind. Hier gilt es, die Experten im Vertrieb oder in der Marktforschung zu befragen oder einfach mal zu schätzen.

Wenn Sie diese Mengen haben, können Sie durch Multiplikation mit dem Verkaufspreis die Umsätze ermitteln. Im nächsten Schritt ermitteln Sie die zurechenbaren Kosten je Vertriebsweg. Das sind die Produktkosten zuzüglich der Kosten, die der jeweilige Vertriebsweg bei Verkauf der geschätzten Menge verursacht. Dann bilden Sie die Differenz zwischen Umsatz und Kosten – den Deckungsbeitrag je Vertriebsweg. Wenn Sie diesen Deckungsbeitrag je Vertriebsweg durch die Umsätze dividieren, erhalten Sie den relativen Deckungsbeitrag, anhand dessen Sie die verschiedenen Möglichkeiten prima beurteilen können.

Genug der Worte, jetzt lassen wir Bilder sprechen – und zwar in Abbildung 12.11.

Der Vertriebsweg mit dem höchsten relativen Deckungsbeitrag ist aus Kostengründen der beste, da hier am meisten vom Umsatz als Gewinn hängen bleibt.

Vertriebsweg	Umsatz (in €)	zurechenbare Kosten	Deckungs-beitrag (in €)	relativer Deckungs-beitrag
Direktvertrieb	800.000	350.000	450.000	56,25%
Versandhandel	300.000	230.000	70.000	23,33%
Handelsvertreter	350.000	300.000	50.000	14,29%
Großhandel	1.000.000	700.000	300.000	30,00%

12.11: Vertriebswegeanalysen

Das heißt nun aber nicht, dass Ihr Vertrieb alles über den Direktvertrieb verkaufen soll. Das ist zwar der lukrativste Vertriebsweg, aber der richtige Mix macht's. Die große Masse erreichen Sie beispielsweise über den Großhandel. Bei der Frage nach dem richtigen »Vertriebsmix« gilt es, sich eng mit dem Vertrieb abzustimmen, denn hier regieren nicht nur nackte Zahlen, sondern auch ein klein wenig Fingerspitzengefühl.

Steuerung des Außendiensts

Ihre Kollegen im Außendienst werden in der Regel leistungsbezogen entlohnt. Als Kriterium für das variable Gehalt der Außendienstmitarbeiter werden oftmals der Umsatz der einzelnen Mitarbeiter, ihre verkauften Stückzahlen oder die Anzahl der Kundenbesuche herangezogen. Solche Anreizsysteme haben aber einen entscheidenden Nachteil: Die Kostenseite wird nicht betrachtet. Vor allem, wenn die Kollegen im Außendienst dann auch noch rege von ihrem Rabatt-Spielraum Gebrauch machen, um auf Teufel-komm-raus zu verkaufen.

Die Steuerung des Außendiensts sollte sich an den Unternehmenszielen orientieren. In der Regel haben Unternehmensziele etwas mit Rentabilität und Gewinn zu tun.

Um aus diesem Dilemma herauszukommen, haben sich schlaue Leute zum Beispiel »Staffel-Nutzen-Provisionssysteme« ausgedacht. Hier werden die Mitarbeiter im Außendienst auch auf Basis von Deckungsbeiträgen gemessen, die ja bereits die Kostenseite berücksichtigen.

Bei »Staffel-Nutzen-Provisionssystemen« wird zunächst einmal für jedes Produkt in Ihrer Produktpalette der Deckungsbeitrag ermittelt. Dieser wird dann durch den jeweiligen Umsatz geteilt. Bei älteren Produkten können Sie mit Vergangenheitswerten rechnen, bei neuen Produkten müssen Sie kalkulieren oder schätzen. Was bei dieser Rechnung herauskommt, ist der relative Deckungsbeitrag.

Als Nächstes gruppieren Sie die relativen Deckungsbeiträge zu so genannten DBU-Klassen. Am besten gruppieren Sie in 10%-Schritten.

DBU bedeutet: *D*eckungs*B*eitrag geteilt durch den *U*msatz.

Beispiel: Produkt A hat einen relativen Deckungsbeitrag von 25% und fällt somit in die DBU-Klasse »20%–30%«.

Jedes Produkt wird dadurch einer DBU-Klasse zugeordnet. Und auf Basis dieser Zuordnung erfolgt nun die Entlohnung der Außendienstmitarbeiter. Als zweites Kriterium kommt jedoch noch der gewährte Rabatt hinzu. Gewährt der Kollege als Verkaufsargument einen hohen Rabatt, vermindert sich seine Provision, gewährt er einen geringen oder gar keinen Rabatt, erhöht sie sich.

Das Ganze kann man in einer übersichtlichen Provisionstabelle zusammenfassen. Diese sehen Sie in Abbildung 12.12.

DBU-Klasse	Provisionssatz (in %) bei Gewährung eines Rabatts von				
	0%	3%	5%	10%	15%
40% bis 50%	9,4%	9,6%	9,3%	9,1%	8,8%
30% bis 40%	8,7%	8,5%	8,2%	8,0%	7,7%
20% bis 30%	7,9%	7,7%	7,4%	7,2%	6,9%
bis 20%	6,9%	6,7%	5,5%	5,3%	5,1%

12.12: Staffel-Nutzen-Provisionssystem

Ein kleines Beispiel: Ein Produkt bringt 1.200 Euro an Umsatz und erwirtschaftet einen Deckungsbeitrag von 300 Euro. Der relative Deckungsbeitrag ergibt sich, indem man die 300 Euro durch den Umsatz von 1.200 Euro teilt: Das macht 25%.

Bringt ein Außendienstmitarbeiter nun das Produkt mit 15% Skonto an den Mann, bekommt er 6,9% vom Umsatz als Provision und verdient 82,80 Euro.

Gewährt er lediglich 3% Skonto, erhöht sich seine Provision auf 7,7% und somit auf einen Betrag von 92,40 Euro.

Die Provision ist am höchsten, wenn ein Produkt mit einem relativen Deckungsbeitrag über 40% ohne Gewährung eines Rabatts verkauft wird. Somit wäre ein handliches und übersichtliches Provisionssystem für den Außendienst geschaffen, das sich auch an den Kosten orientiert.

Die Aufgabe des Vertriebscontrollers ist es, die DBU-Klassen und die jeweiligen Provisionssätze zu bilden und anzupassen.

Damit der Verkauf von Produkten mit einem niedrigen relativen Deckungsbeitrag nicht mit der Gewährung von hohen Rabatten einhergeht, bietet es sich an, diesen Fall mit besonders niedrigen Provisionen zu »bestrafen«.

Außendienstberichtswesen

Damit das Vertriebscontrolling und die Vertriebsleitung immer auf dem Laufenden darüber sind, was draußen geschieht, liefern die Mitarbeiter im Außendienst regelmäßig Zahlen über die

- ✔ Anzahl der Kundenbesuche
- ✔ verkauften Produkte
- ✔ gewährten Rabatte

an das Vertriebscontrolling.

Der Vertriebscontroller als »Herr der Zahlen« fasst diese Daten zusammen und stellt sie den geplanten Werten gegenüber, um aufzuzeigen, wie toll man im Plan liegt – oder auch nicht. Damit versorgt das Vertriebscontrolling dann die Vertriebsleitung und die einzelnen Außendienstmitarbeiter mit relevanten Daten.

Welche Zahlen relevant sind und wie die Berichte aussehen sollen, müssen Sie mit den beteiligten Kollegen abstimmen. Hier sind der Phantasie wieder einmal kaum Grenzen gesetzt.

Investitionscontrolling

Von nix kommt nix. Ab und zu muss der Maschinenpark eben erneuert werden, damit die Firma mit der Konkurrenz und dem Marktdruck weiterhin mithalten kann. Dann heißt es »Investieren« und das kostet Geld. Das Investitionscontrolling unterstützt die Kollegen aus den Bereichen Forschung, Planung, Entwicklung und der Fertigung bei Fragen zur Finanzierung und Planung dieser Investitionen.

Das Investitionscontrolling beschäftigt sich mit drei Hauptaufgaben:

1. der Investitionsplanung
2. der Investitionsrealisierung
3. der Investitionskontrolle

Investitionsplanung

Der erste Schritt bei der Investitionsplanung ist das Sammeln der geplanten Investitionen in den jeweiligen Bereichen.

Dann schauen Sie, ob es Abhängigkeiten gibt: Vielleicht ergibt es sich ja, dass man zwei Anforderungen mit einer Investition abdecken kann. Prüfen Sie auch, ob die angeforderten Investitionen überhaupt zu den Zielen des Unternehmens passen.

Keine falsche Scheu! Fragen Sie ruhig auch mal nach, ob man eventuell auch irgendwo sparen kann. Müssen es beispielsweise immer neue Maschinen sein oder tun es auch mal gebrauchte? Das Investitionscontrolling hat somit auch eine gewisse Beratungsfunktion.

Dann sollten Sie noch wissen, was die Investitionen denn so kosten. Diese Daten sollten Ihnen die betroffenen Bereiche liefern, die die Maschinen etc. benötigen.

Als Nächstes kommt die spannende Frage der Investitionsplanung: Wie soll das alles finanziert werden? Sollen die Maschinen gekauft oder geleast werden? In den seltensten Fällen werden alle Investitionen mit eigenem Geld getätigt.

Für die Beantwortung dieser Frage müssen Sie eine Reihe von gesetzlichen Bestimmungen berücksichtigen. So ist es beispielsweise beim Leasing möglich, dass die Maschine rechtlich nicht Ihnen gehört und Sie somit keine Abschreibungen vornehmen können.

Jetzt heißt es rechnen. Damit Sie bestimmen können, ob sich eine Investition auch lohnt, gibt es verschiedene Rechenwerke:

- ✔ **statische Investitionsrechnungen**: Hier wird nur eine Periode betrachtet.
  - Kostenvergleichsrechnung: Welche Alternative verursacht die geringsten Kosten?
  - Gewinnvergleichsrechnung: Welche Alternative bringt den höchsten Gewinn?
  - Rentabilitätsrechnung: Welche Alternative bringt den höchsten Return on Investment?
  - Amortisationsrechnung: Welche Alternative ist am schnellsten wieder zurück gezahlt?
- ✔ **dynamische Investitionsrechnungen**: Die Betrachtung geht über mehrere Perioden.
  - Kapitalwertmethode: Welche Alternative erwirtschaftet den höchsten Kapitalwert über den betrachteten Zeitraum?

Beim Kapitalwert werden zunächst einmal zukünftige Erlöse auf den heutigen Zeitpunkt abgezinst. Von diesem Betrag, den man auch *Barwert* nennt, werden dann noch die Anfangszahlungen der Investition abgezogen, um zu sehen, ob sich die Investition überhaupt lohnt.

   - Annuitätenwertmethode: Welche Alternative bringt die höchste Annuität (konstanter Zielwert je Periode) über den betrachteten Zeitraum?

Die Annuität ist eine regelmäßige Rente, die auf den heutigen Zeitpunkt abgezinst wird.

   - Interne Zinsfußmethode: Die Verzinsung jeder Alternative wird mit dem Kapitalmarktzins verglichen. Ist der Kapitalmarktzins höher, sollten Sie die Finger von der Investition lassen und das Geld lieber auf dem Kapitalmarkt anlegen.

✔ **Risikoanalysen**

✔ **Nutzwertanalysen**

Sie rechnen mit prognostizierten Ein- und Auszahlungen die Vorteilhaftigkeit der Investition durch und vergleichen diese miteinander.

Wir ersparen Ihnen hier die zum Teil sehr sperrigen Formeln der Investitionsrechnung und geben Ihnen bewusst nur einen groben Überblick über die Rechenwerke. Ein paar Vorlagen hierzu finden Sie auf der CD unter dem Stichwort »Investitionscontrolling«.

Eine weitere Alternative wäre es, benötigte Maschinen oder auch Materialien selbst herzustellen, anstatt sie von Lieferanten zu beziehen: make or buy? Dazu sollte aber das nötige Know-how in Ihrem Unternehmen vorhanden sein. Und der ganze Spaß kostet ja immerhin auch etwas.

Make or buy?

Ihr Schlüsselanhänger-Unternehmen überlegt zum Beispiel, ob es die Flachnieten, die es für die Fixierung der Lederbänder benötigt, selbst herstellen soll. Bisher wurden diese fertig eingekauft, was jährlich eine Million Euro kostet.

Um die Nieten selbst herzustellen, muss eine Maschine gekauft werden, die 1,5 Millionen Euro kostet. Zusätzlich würden pro Jahr Materialkosten für das Metall in Höhe von 120.000 Euro anfallen. Die Maschine hat eine Lebensdauer von drei Jahren und ist danach nichts mehr wert.

Wenn Sie die Investition durchführen, fallen in Zukunft die Kosten für die fertigen Nieten weg. Dafür haben Sie neue Kosten durch den Einkauf des Rohmetalls.

Nun ermitteln Sie über die drei Jahre die wegfallenden sowie die anfallenden Kosten. Die Differenz hieraus nennt man auch *Cash Flow*. Abbildung 12.13 zeigt, wie eine solche Cash-Flow-Betrachtung aussieht.

Jahr	2005	2006	2007	2008
Investitionsaufwand	-1.500.000,- €			
wegfallende Kosten		1.000.000,- €	1.000.000,- €	1.000.000.- €
zusätzliche Kosten		-120.000,- €	-120.000,- €	-120.000,- €
Cash Flow	-1.500.000,- €	880.000,- €	880.000,- €	880.000,- €

12.13: Cash-Flow-Ermittlung

Sie haben zwar in 2005 Ausgaben in Höhe von 1,5 Millionen Euro, erwirtschaften jedoch in den drei Folgejahren eine Ersparnis von jeweils 880.000 Euro. Über die drei Jahre macht das zusammen 2,64 Millionen Euro. Sie sparen also mehr, als Sie die Investition kostet.

Jedoch ist ein gesparter Euro in drei Jahren weniger wert als ein Euro heute. Wenn Sie diesen Euro nämlich heute zu einem bestimmten Zinssatz – sagen wir einmal zu 5% – anlegen, hat er sich in drei Jahren schon ein klein wenig vermehrt. Folglich wird der Cash Flow für zukünftige Jahre noch abgezinst, also der Barwert ermittelt.

Das geschieht, indem man einen Cash Flow, der in der Zukunft liegt, mit einem Faktor kleiner eins multipliziert. Diese Vorgehensweise wird auch *DCF-Methode* genannt. Das steht für *Diskontierter (abgezinster) Cash Flow.*

Wie die Berechnung nach der Abzinsung aussieht, zeigt Abbildung 12.14.

Jahr	2005	2006	2007	2008
Investitionsaufwand	-1.500.000,- €			
wegfallende Kosten		1.000.000,- €	1.000.000,- €	1.000.000.- €
zusätzliche Kosten		-120.000,- €	-120.000,- €	-120.000,- €
Cash Flow	-1.500.000,- €	880.000,- €	880.000,- €	880.000,- €
Barwertfaktor bei einem Kapitalmarktzins von 5%	1,000	0,952	0,907	0,864
Abgezinster Cash Flow	-1.500.000,- €	837.760,- €	798.160,- €	760.320,- €

12.14: DCF-Methode

Wie Sie auf den ersten Blick erkennen können, liegt die Summe der abgezinsten Cash-Flow-Werte immer noch deutlich über der Investitionssumme von 1,5 Millionen Euro. Es ist also wirtschaftlich sinnvoller, die Nieten selbst herzustellen, als sie für teures Geld einzukaufen. Hier gilt deshalb: make, not buy.

Investitionsrealisierung

Die Entscheidung, welche Maschine gekauft werden soll, ist ebenso gefallen wie die Entscheidung, wie sie denn nun finanziert wird. Jetzt heißt es für den Investitionscontroller, einen reibungslosen Ablauf des Investitionsvorhabens zu planen und sicherzustellen. Zu dieser Ablaufplanung gehören folgende Aufgaben:

- ✔ Abstimmung von Terminen: Wann wird die Maschine geliefert, wann erfolgt die Zahlung?
- ✔ Bereitstellung des benötigten Kapitals: Haben Sie das Geld für die Maschine beisammen?
- ✔ Abstimmung mit den Bereichen, für die die Maschinen sind: Müssen neue Mitarbeiter eingestellt werden, die die neuen Maschinen bedienen können? Ist genug Platz vorhanden oder muss noch angebaut werden?

Investitionskontrolle

Die Investitionen wurden unter bestimmten Voraussetzungen geplant. Zum Beispiel wurden bestimmte Erträge unterstellt, die die Maschine abwerfen soll, damit die Investition sich auch lohnt.

Durch eine Kontrolle der vor Durchführung der Investition geplanten Vorgaben wird die Wirtschaftlichkeit der Investition unter die Lupe genommen. Läuft etwas aus dem Ruder, das heißt, passen die Istwerte nicht zu den ursprünglich geplanten, müssen Sie sich dringend mit dem jeweiligen Fachbereich zusammensetzen, um zu überlegen, wie man sich den Planwerten wieder annähern könnte. Oder waren gar die Vorgaben des Fachbereichs, was den Nutzen der Maschine betrifft, unrealistisch?

Die Investitionskontrolle beurteilt also letztendlich, wie erfolgreich eine Investition war.

Wo Controller sonst noch gebraucht werden

13

In diesem Kapitel

- Über den Tellerrand des klassischen Controllings hinaus schauen
- Bereichsübergreifende Arbeit leisten
- Proaktiv controllen lernen

Überall dort, wo in Unternehmen Aktivitäten an Umfang und Gewicht zulegen oder gar neu entstehen, kann man stets einen Kulturfolger beobachten, der sich in kürzester Zeit dort einnistet. Bei diesem erstaunlich anpassungsfähigen Wesen handelt es sich um so genannte *Controller*.

Egal ob die projektorientierte Arbeit zunimmt oder die IT an Bedeutung gewinnt: Ehe man sich versieht, ist auch schon ein Controller da. Entweder siedelt er sich als Bereichscontroller direkt in den jeweiligen Fachbereichen an oder er versucht mit regelmäßigen Ausflügen aus seiner zentralen Controllingabteilung heraus, das neue Revier zu erobern.

Über Kunst lässt sich bekanntlich streiten

Sollen Controller, die einigermaßen spezialisierte Controllingaufgaben wahrnehmen, direkt in den Fachbereichen als Bereichscontroller angesiedelt sein und damit näher am Geschehen sitzen? Oder können die Bereichscontroller dann nicht bis zur letzten Konsequenz durchgreifen, da sie einem Vorgesetzten unterstellt sind, der im Ernstfall seine eigenen Fachinteressen wahrnimmt? Oder sitzen die Controller der zentralen Controllingabteilung zu weit weg vom Geschehen, so dass sie leichter an der Nase herumgeführt werden können? Für diese Fragen kann es keine pauschale Antwort geben. Welches die bessere Lösung ist, hängt von einigen Faktoren ab: zum Beispiel von den beteiligten Charakteren oder davon, wie intelligent die unternehmensweiten Regeln sind, die alle zu beachten haben.

Projektcontrolling

Hurra! Es ist mal wieder so weit. Ein neues Projekt wird ins Leben gerufen. Das bedeutet stundenlange Meetings, viel Kaffee, Sitzungskekse und neue Kollegen kennen lernen. Und wie es bei allen vernünftigen Projekten eben so ist, benötigt man auch bei diesem Projekt einen Projektcontroller. Und der sind Sie!

Eine kleine Projektkunde

Projektorganisation

Ein Projekt sollte stets einen Lenkungsausschuss besitzen. Dieser gibt die Projektziele vor und kontrolliert deren Einhaltung während des Projekts. Dazu finden in regelmäßigen Abständen Lenkungsausschusssitzungen statt. Auf diesen muss der Projektleiter zeigen, was bisher alles geschah.

Damit solch ein Projekt keine One-Man-Show wird, sind dem Projektleiter meistens ein paar Teilprojektleiter unterstellt, die für die jeweiligen Teilaspekte verantwortlich sind. Und wie das immer so ist, gibt es nicht nur Häuptlinge, sondern auch jede Menge Indianer, die ausschließlich für das Projekt arbeiten. Diese bilden dann das Kernteam.

Daneben gibt es noch jede Menge Kollegen, die ab und an etwas für das Projekt arbeiten, ansonsten aber weiterhin ihrer normalen Arbeit nachgehen. Diesen Personenkreis haben wir hier einfach mal als *erweitertes Team* bezeichnet.

Und da bei solch einem Projekt oft auch etwas völlig Neues gemacht wird, kann es passieren, dass es bestimmte Themengebiete im Projekt gibt, bei denen sich kein Mitarbeiter so richtig auskennt. Bevor man hier blind etwas ausprobiert, engagiert man dann oft externe Berater, die sich damit auskennen.

Projektphasen

Damit Sie die Übersicht bei einem Projekt nicht verlieren, empfehlen wir Ihnen, ein Projekt sowohl längs als auch quer zu sezieren. Längs teilen Sie das Projekt nach Themengebieten auf, die Sie in die einzelnen Teilprojekte packen. Etwa in kaufmännische oder technische Teilprojekte. Quer unterteilen Sie die Projekte in kleine Arbeitspakete. Ein Arbeitspaket besteht aus einer oder mehreren Aktivitäten, die thematisch zusammengehören. Jedes Mal, wenn mehrere wichtige Arbeitspakete abgeschlossen sind, platzieren Sie einen Meilenstein. Das sind wichtige Eckpunkte innerhalb eines Projekts. An solch einem Meilenstein schauen Sie kurz zurück und prüfen, ob alles richtig läuft. Der Meilenstein darf nur überschritten werden, wenn alle Aufgaben erfüllt wurden. Erst dann kann mit der nächsten Projektphase begonnen werden. Meistens finden um die Meilensteintermine herum auch Lenkungsausschusssitzungen statt.

Ein Projekt, ein Projekt ...

Ihre Firma ist in den letzten Jahren prächtig gediehen. Letzten Monat wurde der 500. Mitarbeiter eingestellt. So weit, so gut. Jeden Mittag leiden aber auch Sie unter der Firmenexpansion, wenn Sie sich an der Imbissbude in der langen Schlange die Beine in den leeren Bauch stehen. Und so richtig ausgewogen ernähren Sie sich dabei auch nicht. Der Vorstand konnte sich letzten Monat endlich mit dem Betriebsrat darüber verständigen, dass Ihre Firma eine Kantine bekommt. Der offizielle Projektname lautet: »EAT«. Das ist die Abkürzung von »**E**rrichtung einer **A**rbeitnehmer-**T**afel«.

Die internationalen Projektgelehrten streiten sich darüber, was man alles als *Projekt* bezeichnen kann, beziehungsweise was ein Projekt denn auszeichnet. Hier ist die Definition: Ein Projekt ist dann ein Projekt, wenn der Chef sagt, dass es eines ist. Und die Wahrscheinlichkeit, dass er dies sagt, steigt, wenn es sich dabei um eine einmalige Sache handelt, die zeitlich und inhaltlich begrenzt ist und eine abteilungsübergreifende Zusammenarbeit erfordert.

Zu einem zünftigen Projekt gehören natürlich auch ganz arg viele Folien. Also beginnt dieser Abschnitt gleich mit einer solchen, die die Grundlagen eines Projektes aufzeigt (siehe Abbildung 13.1:).

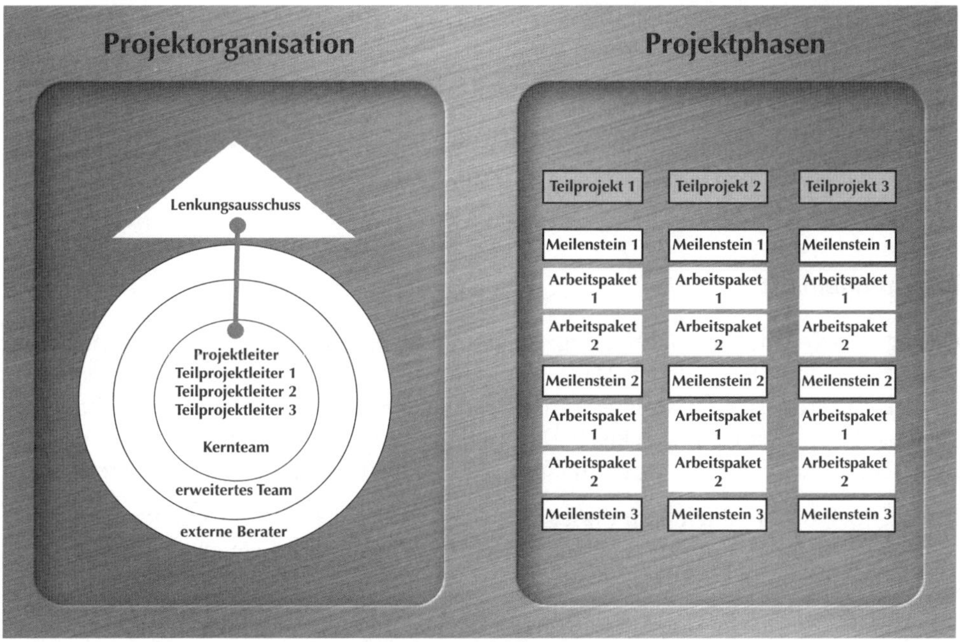

13.1: Projektgrundlagen

Der Startschuss ist gefallen: Sie vertreten das kaufmännische Ressort im Kick-Off-Meeting des EAT-Projektes. Der Lenkungsausschuss – bestehend aus einem Vorstand, mehreren Bereichsleitern und einem Betriebsrat – ließ sich nicht lumpen und hat folgenden Auftrag erteilt: »Errichtung einer Kantine innerhalb der nächsten 18 Monate, die eine ausgewogene und angemessene Ernährung aller Mitarbeiter sicherstellt. Das maximale Investitionsbudget beträgt fünf Millionen Euro. Der dauerhafte Betrieb der Kantine muss sich nach wirtschaftlichen Gesichtspunkten orientieren.« Und für das Projekt selbst gibt es auch noch ein Budget über 100.000,- Euro für externe Berater, Reisekosten und so weiter.

Unter einem *Kick-Off-Meeting* versteht man meist sehr lange Meetings, an denen sich die Kollegen zu diesem Thema zum ersten Mal treffen. Hier stellt der Projektleiter die Rahmenbedingungen und Zuständigkeiten vor und verteilt eventuell bereits erste Aufgaben.

Kick	techn. Teil-projekt	Bau-aus-schreibung	erste Auswahl	Meilen	End-auswahl	Fein-planung	Projekt-
Off				-stein 1:			ab-
Meeting	TP Kantinen-konzepte	Kantinen-besichti-gungen	erste Auswahl	Be-wertung	End-auswahl	Fein-planung	schluss

13.2: Das EAT-Projekt

Zeitmanagement

Der Tag 1 nach dem Kick-off-Meeting: Sie fahren wie jeden Morgen Ihren Rechner hoch und werfen einen Blick auf Ihre Mails. Vor Schreck verschütten Sie zuerst einmal Kaffee auf Ihre Tastatur. Das technische Teilprojekt hat in Ihrem Terminkalender 50% Ihrer Arbeitszeit mit Sitzungen blockiert. Das Teilprojekt »Kantinenkonzepte« war da etwas nachsichtiger und lädt Sie nur einmal pro Woche zu einem sechsstündigen Treffen ein.

Ihr Chef hat Sie zwar offiziell für dieses Projekt ein halbes Jahr freigestellt, kann aber doch nicht ganz loslassen. Für ein paar Spezialaufgaben benötigt er weiterhin ganz dringend Ihre Unterstützung.

Nun geht es ans Aufräumen. Auch wenn es auf den ersten Blick sehr reizvoll ist, mit den Kollegen des technischen Teilprojektes andere Kantinen und ein paar Architekturbüros zu besuchen: Sie müssen nicht überall dabei sein. Es reicht, wenn Sie sich nach manchen Terminen nur mit den anderen Teilprojektleitern kurz treffen und instruieren lassen. Sie müssen dabei nur aufpassen, dass Ihnen keine wichtigen Informationen entgehen. Das ist die Kunst bei der Projektarbeit.

Und gegenüber Ihrem Chef müssen Sie sehr offen sein und manchmal auch nein sagen können. Sonst fahren Sie ganz schnell gegen die Wand!

Bereits auf der ersten Sitzung werden Sie mit Arbeit überhäuft:

- ✔ Sie begleiten das technische Teilprojekt bei der Baukalkulation und sämtlichen Auftragsvergaben.
- ✔ Sie begleiten das Teilprojekt »Kantinenkonzepte« bei der Prüfung der unterschiedlichen Betriebskonzepte.

Technisches Teilprojekt

In der ersten Phase wird das Bauprojekt ausgeschrieben. Mehrere Architekturbüros haben daraufhin ihre Vorschläge eingereicht, die es nun zu beurteilen gilt. Vorhang auf für die Angebote:

- **Angebot 1:** Architekturbüro Stahl & Glas: Ein eingeschossiger Anbau aus Stahl und Glas mit 200 Sitzplätzen. Am Ende des Anbaus befindet sich ein überdachtes Atrium, in dem eine Cafeteria untergebracht ist. Kostenpunkt: 4,9 Millionen Euro. Die dringend notwendige Klimaanlage kostet extra – etwa 0,6 Millionen Euro. Gesamtkosten somit: 5,5 Millionen Euro.
- **Angebot 2:** Beton Bauer: Ein zweigeschossiger Anbau. Die Küche ist wie bei Stahl & Glas im Untergeschoss untergebracht. Im fensterlosen Erdgeschoss, das durch Lichtschächte und Neonlicht illuminiert werden soll, befindet sich die Kantine mit 180 Sitzplätzen. Im Obergeschoss ist Platz für eine kleine Cafeteria. Diese hat Fenster. Kostenpunkt: 4,6 Millionen Euro.
- **Angebot 3:** Holzhauer und Söhne: Ein eingeschossiger Anbau aus Holz mit großen Fensterflächen. Hier finden ebenfalls die Kantine mit 220 Sitzplätzen und die Cafeteria Platz. Auf dem Schrägdach sind Solarzellen zur Stromerzeugung und Warmwassergewinnung angebracht. Kostenpunkt: 5,9 Millionen Euro. Der Anbieter weist auf diverse Förder- und Einsparmöglichkeiten hin.

Für Sie als Controller wäre die Sache auf den ersten Blick eigentlich schnell entschieden. Nur das Angebot 2 bliebe unter dem vom Vorstand vorgegebenen Limit von fünf Millionen Euro. Bevor Sie hier aber eine Empfehlung abgeben, warten Sie lieber noch die Ergebnisse des Teilprojektes »Kantinenkonzepte« ab. Eventuell ergeben sich hieraus erhebliche Auswirkungen auf das technische Teilprojekt.

Teilprojekt Kantinenkonzepte

In diesem Teilprojekt wurden unterschiedliche Betriebskonzepte geprüft.

- **Konzept A:** Die Kantine wird mit einer Küche ausgestattet. Einige Mitarbeiter kochen zwar für ihr Leben gern, können aber während der regulären Arbeitszeit wohl kaum in der Küche stehen. Deshalb müsste bei dieser Variante Küchenpersonal eingestellt werden. Ein durchschnittliches Essen kostet deshalb etwa 6,00 Euro und müsste mit

3,00 Euro subventioniert werden, um auf den gewünschten Verkaufspreis von 3,00 Euro zu kommen.

- **Konzept B:** Hier ist alles so wie in Konzept A. Aber nicht nur die eigenen Mitarbeiter sollen verköstigt werden, sondern auch noch die Mitarbeiter der beiden Nachbarfirmen. Die haben nämlich auch keine Kantine. Hierzu würde man insgesamt knapp 300 Sitzplätze benötigen. Der Nachteil dieses Konzeptes ist, dass man eine etwas größere Kantine braucht; der Vorteil wäre, dass die Kosten auf mehrere Schultern verteilt werden könnten und man zusätzlich noch Größeneffekte erzielen kann. Ein Essen würde durchschnittlich 5,20 Euro kosten und müsste damit mit 2,20 Euro subventioniert werden.
- **Konzept C:** Es wird nicht selber gekocht. Das Essen soll angeliefert werden. Angedacht sind die leckeren Aluessen von »Mikro & Welle«. Ein Essen würde hier auf durchschnittlich 4,20 Euro kommen und müsste nur noch mit 1,20 Euro subventioniert werden.

Und so haben Sie die drei Konzepte kalkuliert

Konzept A

Kostenart	Euro / Essen
Küchenpersonal: 151.200,- p.a. (bei 200 Essen/Tag; 21 Arbeitstagen/Monat und 12 Monaten). Diesen Betrag haben Sie ermittelt, indem Sie »befreundete Kantinen« mit Fragen wie etwa diesen gelöchert haben: »Mit wie viel Personal kann ich 200 Essen am Tag bereitstellen? Wie viele davon sind vollzeit- und wie viele davon teilzeitbeschäftigt? Was kostet das?«	3,00
Kosten für Nahrungsmittel pro Essen. Auf diesen Wert sind Sie ebenfalls durch Befragungen gekommen.	2,50
Verbrauchsstoffe (Wasser, Strom etc.) Auch dieser Wert ist das Ergebnis von Befragungen.	0,50
Gesamtkosten	6,00
Möglicher Verkaufspreis	3,00
Verbleibender Subventionsbetrag	3,00

Konzept B

Kostenart	Euro / Essen
Küchenpersonal: 166.400,- p.a. (bei 300 Essen/Tag; 21 Arbeitstagen/Monat und 12 Monaten). Diesen Betrag haben Sie ermittelt, indem Sie »befreundete Kantinen« mit Fragen wie etwa diesen gelöchert haben: »Mit wie viel Personal kann ich 300 Essen am Tag bereitstellen? Wie viele davon sind vollzeit- und wie viele davon teilzeitbeschäftigt? Was kostet das?«	2,20
Kosten für Nahrungsmittel pro Essen. Auf diesen Wert sind Sie ebenfalls durch Befragungen gekommen.	2,30
Verbrauchsstoffe (Wasser, Strom etc.) Auch dieser Wert ist das Ergebnis von Befragungen.	0,50
Gesamtkosten	5,00
Möglicher Verkaufspreis	3,00
Verbleibender Subventionsbetrag	2,00

Konzept C

Kostenart	Euro / Essen
Gesamtkosten	4,20
Möglicher Verkaufspreis	3,00
Verbleibender Subventionsbetrag	1,20

Auch hier könnte für Sie die Sache auf den ersten flüchtigen Blick betrachtet sonnenklar sein. Nur das Konzept C entspricht der Vorgabe des Lenkungsausschusses, sich stur an wirtschaftlichen Gesichtspunkten zu orientieren. Nur ist keiner der am Projekt Beteiligten mit dieser Lösung zufrieden. Wer isst schon gerne ständig Essen aus der Mikrowelle? Und Salate und Desserts gäbe es dann auch keine. Das Projekt will daher den Lenkungsausschuss einberufen. Dieser soll entscheiden, was ihm die Gesundheit der Mitarbeiter wert ist.

Der Lenkungsausschuss entscheidet sich für das Konzept B. Das hat natürlich Auswirkungen auf das technische Teilprojekt, da die Kantine nun mehr Sitzplätze benötigt.

Nach mehreren Treffen mit den Architekturbüros, den Kücheneinrichtern und mit Vertretern der beiden Nachbarfirmen, an denen Sie als Projektcontroller auch stets anwesend sein sollten und dabei ständig die Zahlen im Griff behalten sollten, konnte folgendes Ergebnis erzielt werden:

Das Projekt wird dem Lenkungsausschuss vorschlagen, das überarbeitete Angebot 3 in Verbindung mit dem Konzept B zu realisieren. Im Einzelnen sähen die mit Ihrer Unterstützung erstellten Zahlen so aus:

- ✔ Beim Angebot 3 wurden nun teilweise günstigere Materialien verplant. Und die Zahl der Sitzplätze konnte auf 290 erweitert werden. Die Gesamtkosten betragen jetzt 5,3 Millionen Euro, wobei sich die beiden Nachbarfirmen mit insgesamt einer Million Euro beteiligen würden. Die Solaranlage brächte zwanzig Jahre lang jährlich 100.000 Euro an Fördergeldern und eingesparten Energiekosten ein.
- ✔ Das überarbeitete Konzept B sieht die Gründung einer Kantinengesellschaft vor. Eigentümer wären alle drei Firmen. Ein Essen würde damit durchschnittlich noch 4,40 Euro kosten und müsste mit 1,40 Euro subventioniert werden. Die Projektleitung ist der Ansicht, dass so eine ausgewogene Ernährung sichergestellt werden kann.

Dieses Beispiel soll zeigen, dass es nicht genügt, nur die Zahlen zu vergleichen und die günstigsten Angebote zu empfehlen. Und es genügt auch nicht, daneben noch die Einhaltung des Projektbudgets – in diesem Beispiel waren es 100.000,- Euro für externe Berater, Reisekosten und so weiter – zu verfolgen. Dies alles wäre lediglich eine buchhalterische Nachverfolgung, aber noch lange kein Projektcontrolling. Als Projektcontroller müssen Sie sich auch inhaltlich schlau machen und sich bei den einzelnen Diskussionen und Entscheidungsprozessen voll einbringen.

IT-Controlling

Worauf achten Sie beim Autokauf? Nur auf den Kaufpreis oder auch auf die Betriebskosten? Falls Sie nur auf den Kaufpreis achten, sollten Sie um das IT-Controlling besser einen ganz großen Bogen machen. Denn das IT-Controlling wird von einem Schlagwort dominiert, das die »Betriebskosten« als sehr wichtig ansieht: dem TCO.

TCO steht für *Total Costs of Ownership* und meint alle IT-Kosten, die pro Arbeitsplatz entstehen, wie zum Beispiel die Kosten für die Hard- und Software, die Installation, die Betreuung (Denglisch: Support) und Reparaturen. Und *IT* steht für *Informationstechnologie* und umfasst alles, was mit Computern, also der Datenverarbeitung, zu tun hat.

Neue Server braucht das Land

Die Klagen der Mitarbeiter über die langsamen, anfälligen Rechner und Anwendungen häufen sich immer mehr. In der IT-Abteilung fallen deshalb ständig viele teure Überstunden an, um wenigstens die gröbsten Serverausfälle beheben zu können. Neue Server müssen her.

Sie haben zusammen mit der IT eine Liste für das TCO erstellt:

1. Anschaffungskosten der Hardware
2. Restwert der Hardware nach drei Jahren
3. Lizenzkosten für die Software
4. Durchschnittliche Reparaturkosten für die Hardware
5. Betreuungskosten bei Hard- und Software-Problemen
6. Kosten der Ausfallzeiten

In der folgenden TCO-Modellrechnung werden drei mögliche Server-Plattformen miteinander verglichen. Sicherlich könnten wir in einer Modellrechnung auch noch Netzwerkkosten, die Kosten für neue Großrechner, neue Notebooks und so weiter einbeziehen. Und statt der Punkte 1 und 2 hätten wir auch die Abschreibungen ausweisen können. Nur wird es dann beliebig komplex und mehr gesagt haben wir Ihnen dann trotzdem nicht.

Los geht's

Hier sind die ersten drei Punkte aus unserer Liste (siehe Abbildung 13.3:).

Modellrechnung für einen neuen Server

Plattform	Windows	Mac	Suse Linux
Anschaffungskosten für den Server	HP Proliant mit 2 CPU 3.232,- €	XServe mit 2 CPU 4.639,- €	HP Proliant mit 2 CPU 3.232,- €
Server Softwarelizenzen	Windows Server 10 Lizenzen 815,- €	Mac OS X Server unbegrenzte Lizenzen inklusive (= 0,- €)	Suse Standard Server bis 2 CPU 406,- €
Netzwerk & Sicherheit	Microsoft ISA Server 7.262,- €	inklusive (= 0,- €)	inklusive (= 0,- €)
Mailserver	Microsoft Exchange 10 Lizenzen 1.519,- €	inklusive (= 0,- €)	Suse Linux Open Exchange 10 Lizenzen 1.438,- €
Zwischensumme	12.828,- €	4.639,- €	5.076,- €
abzgl. Restwert der Server nach 3 Jahren (abgezinst)	698,- €	1.335,- €	698,- €
Gesamtkosten Server	12.130,- €	3.304,- €	4.378,- €

13.3: TCO-Modellrechnung

Diese Modellrechnung ist beim Erscheinen dieses Buches natürlich bereits längst wieder veraltet. In der IT-Branche verändern sich die Preise für die Hard- und Software bekanntlich fast täglich. Außerdem empfehlen wir Ihnen dringend – falls das bei Ihnen nicht der Einkauf oder die IT-Abteilung selber macht –, mit den diversen IT-Anbietern die Preise immer wieder zu verhandeln.

Die noch nicht ganz vollständige Modellrechnung ergibt bereits recht hohe Kostenunterschiede. Diese werden von den Lizenzkosten der Software verursacht. Diese Unterschiede könnten sich mit einer höheren Userzahl noch weiter vergrößern. Oder aber wieder ein ganz anderes Bild ergeben. Das Ergebnis ist von der jeweils aktuellen Lizenzpreispolitik der Anbieter abhängig.

Bei der Hardware haben wir übrigens unterstellt, dass alle drei Jahre neue Rechner angeschafft werden und die alten verkauft werden. Alternativ hätten wir hier auch die entsprechenden Leasingkosten ansetzen können.

Die Reparaturkosten

Kaputt geht bei uns in der Modellrechnung auch manchmal etwas, so dass wir jetzt die Reparaturkosten der Hardware (Punkt 4 auf der Liste) für die nächsten drei Jahre kalkulieren müssen (siehe Abbildung 13.4:).

	Windows	Mac	Linux
Reparaturkosten in den nächsten drei Jahren	500 €	500 €	500 €

13.4: Reparaturkosten

Hier müssen Sie nicht mehr machen, als einfach die Erfahrungswerte Ihrer IT zu nehmen. Wir haben für Sie hier einmal jeweils 500 € unterstellt.

Supportkosten

In den bisherigen Berechungen fehlen natürlich noch die Betreuungskosten (Punkt 5 auf der Liste).

Spricht ein Informatiker vom *Support*, meint er die laufende Betreuung, zum Beispiel die Betreuungsleistung der Service-Hotline oder die nötige Betreuung der Server.

Wie hoch die Supportkosten für die jeweilige Server-Plattform sein werden, kann wie immer die IT am besten abschätzen. Da die Informatiker in der IT-Abteilung unseres Beispiels alles passionierte Windows-Freaks sind und sich mit anderen Systemen nicht so auskennen, müssten sie sich erst einmal ein paar Stunden in die anderen Serversysteme einarbeiten. Deshalb würden bei den anderen beiden Plattformen zusätzlich noch jeweils 80 Stunden Einarbeitungszeit anfallen. Ansonsten schätzt die IT den Zeitaufwand auf etwa zwei Stunden pro Woche (siehe Abbildung 13.5:).

Supportkosten in den nächsten drei Jahren

	Windows	Mac	Linux
Anzahl Stunden pro Jahr und Server	2 Std/Woche x 52 Wochen x 3 Jahre = 312 Stunden	2 Std/Woche x 52 Wochen x 3 Jahre = 312 Stunden + 80 Std Einarbeitung = 392 Stunden	2 Std/Woche x 52 Wochen x 3 Jahre = 312 Stunden + 80 Std Einarbeitung = 392 Stunden
Support-kosten	= 312 Std x 60,- € Std = 18.720 €	= 392 Std x 60,- € Std = 23.520 €	= 392 Std x 60,- €/Std = 23.520 €

13.5: Supportkosten

Es kann auch vorkommen, dass die IT-Kollegen mangels Ressourcen oder Wissen mit dem Support heillos überfordert sind. Dafür bieten die jeweiligen Hard- und Software-Hersteller auch schlaue Leute an, die den Support für ihre jeweiligen Produkte übernehmen. Das hört sich nicht nur teuer an, sondern das ist es auch. Es kann meist aus mehreren »Supporttiefen« gewählt werden: Wenn Ihnen die Externen nur bei kleinen Problemchen helfen, nennt man das »Basic Maintenance«; soll Ihnen auch bei komplexeren Problemen und Systemerweiterungen geholfen werden, heißt dies im Fachjargon »Enhanced Maintenance« und ist natürlich gleich viel teurer ...

Ausgabenwirksam

Sie können die Gesamtkosten auf zwei verschiedene Arten ermitteln.

Die erste Möglichkeit: Sie zählen nur die ausgabenwirksamen Werte zusammen, also nur die Positionen, für die Ihr Unternehmen an Dritte etwas bezahlen muss; die Stunden der IT-Mitarbeiter für die Einarbeitung ins neue System rechnen Sie nicht mit ein, da die Leute sowieso da sind und ein festes Gehalt beziehen.

Die zweite Möglichkeit: Sie beziehen die Stunden der IT-Mitarbeiter auch in die Rechnung mit ein, da denen diese Zeit ja für andere produktive Tätigkeiten fehlt. Das haben wir hier gemacht.

Kosten der Ausfallzeiten

Welches System ist das zuverlässigere und wird nicht so schnell durch Viren oder Fehler in die Knie gezwungen? Auch hier müssen Sie den Angaben der IT-Leute vertrauen. Viel mehr, als kritisch nachzufragen, bleibt Ihnen nicht übrig. Die Ermittlung dieser Kosten (Punkt 6 auf der Liste) ist jedoch ein äußerst schwieriges und vages Unterfangen.

Gehen Sie hier am besten wie folgt vor:

1. Die IT soll Ihnen eine Abschätzung der erwarteten durchschnittlichen Ausfallzeit je Server-Plattform geben. Natürlich aufgeteilt nach den jeweils betroffenen Unternehmensbereichen.
2. Dann gehen Sie mit diesen Zeitangaben auf die jeweiligen Unternehmensbereiche zu und fragen nach den Kosten, die ein Ausfall mit diesen zeitlichen Ausmaßen verursacht.
3. Am Ende zählen Sie die Angaben noch zusammen und tragen das Ergebnis mit Fassung.

Die Ausfallkosten durch Virenbefall, Abstürze und Ähnlichem halten sich in diesem Beispiel noch schwer in Grenzen, da nur zehn Mitarbeiter betroffen sind.

Bei den in diesem Beispiel aufgeführten Ausfallzeiten sind wir einfach einmal völlig willkürlich davon ausgegangen, dass die beiden Unix-Systeme stabiler arbeiten würden als das Windows-System. Aber sicherlich wird jeder Anbieter überzeugend darlegen können, warum gerade sein System das stabilste und sicherste ist. Dies hier soll auch nur ein Zahlenbeispiel sein und keine Entscheidungsgrundlage für Sie darstellen. Bei solchen Fragen informieren Sie sich am besten in der einschlägigen Fachpresse, um bei den Informatikern ein bisschen mitreden zu können.

Kosten durch Hard- und Software-bedingte Ausfälle in den nächsten drei Jahren

	Windows	Mac	Linux
Anzahl Ausfall-stunden	0,5 Std/Monat 12 Monate x 3 Jahre = 18 Stunden	0,2 Std/Monat x 12 Monate x 3 Jahre = 7,2 Stunden	0,3 Std/Monat x 12 Monate x 3 Jahre =10,8 Stunden
Anzahl betroffene Mitarbeiter	10	10	10
Ausfall-kosten	=18 x 10 x 60 € = 10.800 €	=7,2 x 10 x 60 € = 4.320 €	=10,8 x 10 x 60 € = 6.480 €

13.6: Ausfallkosten

Das Ergebnis sähe weitaus betrüblicher aus, wenn ein Vielfaches an Mitarbeitern von einem Serverausfall betroffen wäre. Aber auch das Sprichwort »Kleine Ursache – große Wirkung« kann in diesem Bereich schnell zu Ehren kommen. Zwei Beispiele:

- ✔ Stellen Sie sich vor, der Mailserver ist wegen eines Virenbefalls zusammengebrochen. Und ausgerechnet jetzt bittet ein wichtiger Kunde per Rundmail seine besten Lieferanten um ein kurzfristiges Angebot. Bis Ihr Server wieder funktioniert, ist der Auftrag leider schon vergeben.
- ✔ Der Serverausfall führt zu einem Produktionsstillstand. Die Ware kann nicht mehr fristgerecht ausgeliefert werden. Dadurch können Folgeaufträge verloren gehen.

Risikominimierung

Unter »Spiegeln« versteht ein Informatiker nicht den morgendlichen Blick in den Badezimmerspiegel, sondern einen zweiten gespiegelten Rechner. Dieser zweite Rechner ist ein Ersatzwagen mit Chauffeur, der ständig hinter Ihnen herfährt. Und wenn Sie mit Ihrem Auto eine Panne haben sollten, können Sie ohne großen Zeitverlust sofort umsteigen und mit dem Ersatzwagen weiterfahren. Große Rechenzentren bestehen daher meistens aus zwei identischen, gespiegelten Gebäuden mit demselben Inhalt – mal abgesehen von den Mitarbeitern; hier wird ohne Klone gearbeitet. Fällt ein Rechner aus, springt sofort der Ersatzrechner im anderen, gespiegelten Gebäude ein. Dies mag zwar auf den ersten Blick ein teurer Spaß sein. Sie müssen dies aber immer in Relation zu den möglichen Ausfallkosten sehen.

Das Gesamtergebnis der TCO-Modellrechnung

Nun haben Sie alle Punkte der TCO-Liste durch und müssen die Beträge aus den Abbildungen 13.3 bis 13.6 nur noch zusammenzählen. Fertig ist Ihre TCO-Betrachtung. Die billigste Lösung kostet 31.644 € und die teuerste 42.150 €. Natürlich könnten Sie die jährlich anfallenden Kosten auch noch abzinsen. Aber Sie sehen auch so bereits, dass der Hardwarepreis – 3.232 € bzw. 4.639 € – nur einen kleinen Teil der Gesamtkosten ausmacht. Die Abbildung 13.7 zeigt das Gesamtergebnis:

Serverkosten für drei Jahre

	Windows	Mac	Linux
Hard- und Software-kosten	12.130,- €	3.304,- €	4.378,- €
Reparatur-kosten	500,- €	500,- €	500,- €
Support-kosten	18.720,- €	23.520,- €	23.520,- €
Ausfall-kosten	10.800,- €	4.320,- €	6.480,- €
Gesamt-kosten	42.150,- €	31.644,- €	34.878,- €

13.7: Gesamtergebnis

Outsourcing

Ein nettes Druckmittel, um realistische Angaben über die Supportkosten und die Ausfallzeiten zu erhalten, könnte die Aussicht auf die Vergabe der IT an externe Dienstleister sein (neudeutsch Outsourcing genannt). Unabhängig davon sollten Sie so oder so immer wieder überprüfen, ob es nicht günstiger und besser ist, bestimmte Leistungen an externe Dienstleister zu vergeben. So haben Sie zumindest ein kleines Benchmarking durchgeführt und wissen, ob Ihre IT gut und günstig arbeitet oder Verbesserungspotenziale besitzt.

Migrationskosten bei einem Software-Wechsel

Zum letzten Monatsersten wurde im Controlling ein neuer Mitarbeiter eingestellt. Der neue Kollege kommt frisch von der Uni. Er ist voller Energie und neuer Ideen. Bereits nach der ersten Woche kommt sein erster Verbesserungsvorschlag: »Wechsel weg vom kostenpflichtigen MS Office hin zum kostenlosen Open Office.« Dadurch könnten pro Office-Paket rund 500 Euro gespart werden.

Das ist aber nur die halbe Wahrheit. Sie müssen auch prüfen, ob alle MS-Office-Dateien ohne großen Anpassungsaufwand auch unter Open Office funktionieren.

Veranschlagen Sie für jede hierfür verwendete Mitarbeiterstunde zum Beispiel 60,- € und schätzen mit der IT zusammen ab, wie viele Stunden für die Datenmigration – damit meint man den Umzug der Daten von einer Umgebung in die andere – benötigt würden. Mal angenommen, mit der kompletten Datenmigration wären fünf Mitarbeiter eine ganze Woche lang beschäftigt, würden sich Migrationskosten ergeben, wie in Abbildung 13.8 dargestellt.

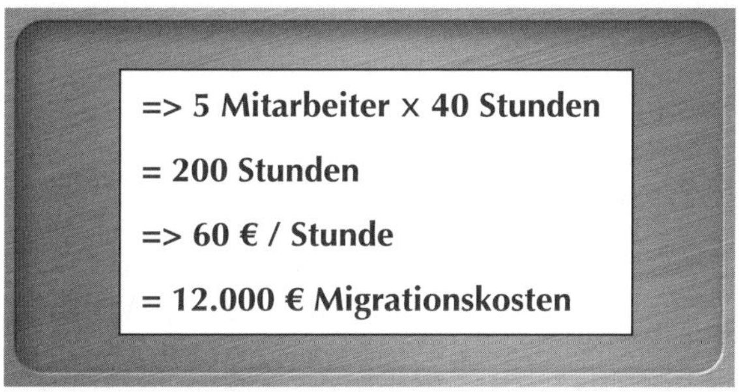

13.8: Migrationskosten

Diesen 12.000,- Euro an Migrationskosten stellen Sie die Kosten für MS Office gegenüber. Und fertig ist zumindest Ihre quantitative Entscheidungsgrundlage (siehe Abbildung 13.9).

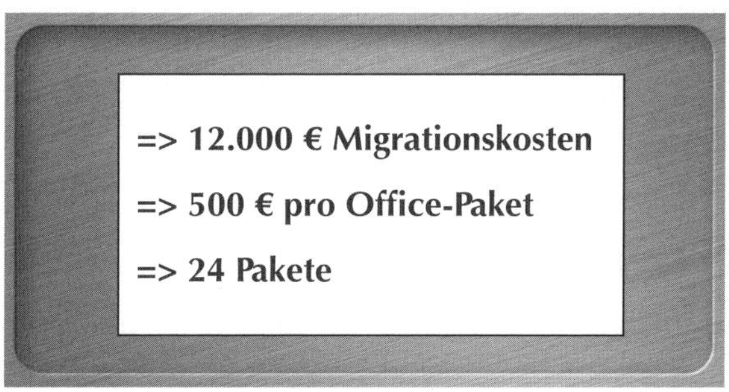

13.9: Entscheidungsgrundlage

Im Beispiel lohnt der Umstieg also, wenn Sie mehr als 24 Office-Lizenzen kaufen müssten.

Vorsicht! Wenn am Ende der Berechnungen eine Alternative die kostengünstigste ist, heißt das noch lange nicht, dass diese von allen befürwortet werden kann. Rechnen Sie hier mit Gegenargumenten wie zum Beispiel: »Bei dieser Alternative können wir aber die wichtige Zusatz-Software XY nicht mehr einsetzen. Darum muss es weiterhin die teurere Alternative sein.« Hinterfragen Sie hier, ob diese Software wirklich benötigt wird und ob es nicht auch ähnliche Produkte gibt, die mit den anderen Alternativen zusammen funktionieren. Sie sollten aber auch nicht vergessen, dass Ihre Mitarbeiter sich in die neue Software erst einmal einarbeiten müssen und gegebenenfalls teure Schulungen benötigen.

Orientierungshilfe

Manche Firmen verraten der Öffentlichkeit, wie viel sie angeblich für ihre IT ausgeben. So gibt etwa eine im DAX notierte deutsche Aktiengesellschaft an, dass ihre IT-Kosten etwa 2% des Konzernumsatzes ausmachen. Das ist doch ein ganz netter Anhaltspunkt für Ihr IT-Controlling. Aber halten Sie bloß nicht sklavisch an dieser Zahl fest. Wenn bei Ihnen jeder Mitarbeiter einen Rechner benötigt, dürfte der Prozentsatz natürlich höher sein.

Personalcontrolling

Bei Ihnen läuft wieder einmal die Tagesschau, als das Telefon klingelt. Ein alter Schulfreund ist dran. Er kommt schnell zur Sache: Ab dem nächsten Monat soll er die Personalabteilung an einem neuen Firmenstandort übernehmen. Sie gratulieren ihm ganz herzlich und hoffen auf eine Einladung zur Beförderungsfeier. Doch weit gefehlt. Er ruft nur an, weil er Sie um Hilfe bitten möchte. Denn die neue Position hat einen kleinen Haken: Er soll auch ein Personalcontrolling aufbauen. Ihr Schulfreund hatte zwar BWL studiert, seine Schwerpunkte lagen aber mehr im Marketing, so dass er beim Thema Controlling ziemlich ahnungslos dasteht.

Seine Bitte: Sie als Controller sollen ihm ein Konzept für den Aufbau des Personalcontrollings erstellen. Als Gegenleistung will er Sie zum Essen einladen. Da das »Essengehen« heutzutage eine nahezu unerschwingliche Sache ist, sagen Sie ihm natürlich sofort begeistert zu und machen sich unverzüglich an die Arbeit.

Schritt 1: Die Personalkosten

Sie fangen mit der klassischen Personalcontrolleraufgabe an, also mit der Betrachtung der Personalkosten. Das Personalcontrolling sollte stets die Entwicklung dieser Kosten verfolgen. Die Buchhaltung bzw. die Lohnbuchhaltung ist hier der Datenlieferant. Sie benötigen folgende Angaben:

- ✔ Lohn- und Gehaltskosten (Grundlohn und -gehalt)
- ✔ Leistungszulagen
- ✔ Überstundenvergütungen
- ✔ Gesetzliche Sozialabgaben und Altersvorsorge
- ✔ Lohnersatzleistungen
- ✔ Freiwillige Sozialleistungen
- ✔ Weiterbildungskosten

Sollten Sie diese Angaben auf Mitarbeiterebene erhalten haben, müssen Sie damit sehr sensibel umgehen. Die Grundregel: Geben Sie niemals Reports heraus, bei denen Rückschlüsse auf einen Mitarbeiter gezogen werden können. Etwa wenn eine Abteilung nur aus einem Mitarbeiter besteht und Sie die Gehaltskosten pro Abteilung berichten.

In Verbindung mit den Daten aus der Personalabteilung werden damit folgende Standardberichte erstellt und monatlich herausgegeben:

- ✔ Entwicklung der Personalkosten gesamt
- ✔ Entwicklung der durchschnittlichen Personalkosten pro Mitarbeiter
- ✔ Entwicklung der Personalkosten je Abteilung oder Standort

In diesen Berichten werden alle Bestandteile der Personalkosten einzeln dargestellt. Der zweite Bericht über die Entwicklung der durchschnittlichen Personalkosten kann dann zum Beispiel so aussehen, wie in Abbildung 13.10 dargestellt.

	Durchschnittliche Personalkosten je Mitarbeiter			
	Januar	Februar	März	...
Anzahl Mitarbeiter	212	211	213	...
∅ Grundgehalt	2.975 €	2.977 €	2.968 €	...
∅ Leistungszulagen	248 €	236 €	251 €	...
∅ Überstundenvergütung	378 €	372 €	385 €	...
∅ gesetzl. Sozialabgaben	720 €	720 €	720 €	...
∅ Lohnersatzleistungen	20 €	18 €	20 €	...
∅ freiw. Altersvorsorge	45 €	45 €	45 €	...
∅ Weiterbildungskosten	95 €	101 €	99 €	...
∅ Gesamtkosten je Mitarbeiter	4.481 €	4.463 €	4.484 €	...

13.10: Durchschnittliche Personalkosten

Die beiden anderen Berichte unterscheiden sich von dem hier gezeigten nur dadurch, dass Sie beim ersten Bericht nicht die durchschnittlichen Kosten, sondern die Gesamtkosten nehmen und beim dritten Bericht die Gesamtkosten je Abteilung oder Standort.

Der Bericht lässt tief blicken. Das Unternehmen hat zurzeit 213 Mitarbeiter, die im Durchschnitt knapp 3.000 Euro im Monat verdienen. Dazu kommen noch Leistungszulagen und Überstundenvergütungen. Die Überstundenvergütung liegt auf einem recht hohen Niveau und nimmt eher zu als ab, obwohl die Mitarbeiterzahl im März erst erhöht wurde. Die durchschnittlich 20 Euro Lohnersatzleistung pro Mitarbeiter werden wohl entweder durch eine Altersteilzeit oder einer Mitarbeiterin im Mutterschutz verursacht. Daneben zahlt der Arbeitgeber zur zusätzlichen Motivation freiwillig für jeden Mitarbeiter monatlich 45 Euro an Altersvorsorge. Die jährlichen Weiterbildungskosten liegen bei etwa 1.200 Euro je Mitarbeiter.

Damit wird Ihr alter Schulfreund schon fast das gesamte Standardgeschäft im Personalcontrolling abdecken können. Jetzt fehlen nur noch ein paar typische Personal-Kennzahlen.

Schritt 2: Personal-Kennzahlen

Um auf ein paar wichtige und vor allem sinnvolle Kennzahlen zu kommen, muss man nicht lange nachdenken. Sie selbst sind eine wunderbare Fallstudie zur Ermittlung der Kennzahlen. Fangen Sie mal an, alle wichtigen Rahmendaten abzuklappern:

1. Wie viel Tage Urlaubsanspruch haben Sie noch: Resturlaub je Mitarbeiter
2. Wie oft waren Sie dieses Jahr schon krank: Krankheitstage je Mitarbeiter
3. Wie viele Überstunden haben Sie auf Ihrem Zeitkonto: Zeitguthaben je Mitarbeiter
4. Haben Sie eine 50- oder eine 35-Stunden-Woche laut Vertrag: Sollarbeitszeit je Mitarbeiter
5. Haben Sie diese Woche schon ein paar Verbesserungsvorschläge gemacht: Verbesserungsvorschläge je Mitarbeiter
6. Wie oft sind Sie dieses Jahr eingestellt und wieder entlassen worden? Scherz beiseite: Zugänge und Abgänge in diesem Jahr

Mit den sechs hier aufgezählten Kennziffern erstellen Sie nun einen Personal-Bericht.

Resturlaubsanspruch

Die 213 Mitarbeiter haben zum 31. März insgesamt einen Resturlaubsanspruch von 6.177 Tagen. Das macht je Mitarbeiter 29 Tage. Im Vormonat waren das noch 31 Tage. Und im März letzten Jahres nur 28 Tage. Hierüber kann man selbstverständlich auch schöne Bilder malen. Verzeihung: Nun visualisieren Sie diese Kennziffer (siehe Abbildung 13.11).

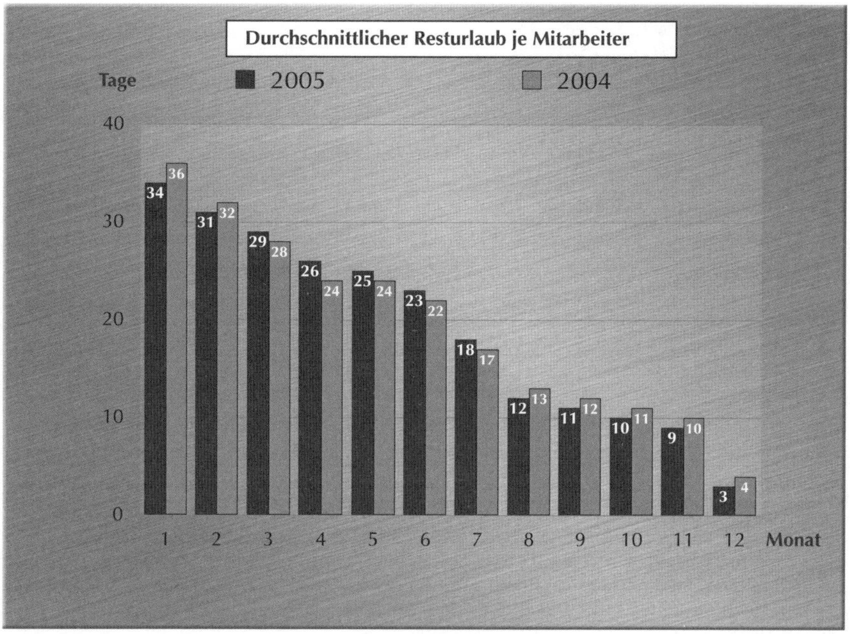

13.11: Resturlaub

Anhand dieser Kennziffer können Sie aufzeigen, wie viele Tage Resturlaub die Mitarbeiter durchschnittlich am Monatsende haben. Sollte es mal bedenklich viel Resturlaub sein, können Sie die Personalverantwortlichen dazu aufrufen, ihren Mitarbeitern doch mal Urlaub zu gewähren. Aber vielleicht muss man einige Mitarbeiter ja auch zu ihrem Glück zwingen ...

Krankheitsquote

Hier präsentieren wir Ihnen eine Kennzahl, bei der gerne viel hineininterpretiert wird. Sollte sie sehr niedrig sein, hätten die Leute Angst um ihren Job – meinen manche. Sie würden sich deshalb auch mit Fieber zur Arbeit schleppen. Ist die Quote zu hoch, soll etwa ein schlechtes Arbeitsklima die Ursache sein. Passen Sie hier auf und fassen bloß keine voreiligen Schlüsse. Vergleichen Sie diese Quote am besten auch branchen- oder bundesweit. Es kann nämlich sein, dass gerade die Grippewelle rollt und Ihr Unternehmen auch nicht verschont.

Natürlich können Sie die Quote aus Punkt 4 der Abbildung 13.12 auch grafisch darstellen. Vielleicht ja auch im Vergleich mit dem Vorjahr oder mit überbetrieblichen Vergleichswerten.

Wenn die Mitarbeiterzahl im Jahresverlauf schwankt, hat dies natürlich einen Einfluss auf Ihre Berechnungsbasis. Dann müssen Sie in Punkt 3 der Abbildung anstatt der 213 einfach die monatlich aktuelle Mitarbeiterzahl berücksichtigen.

Krankheitsquote

1. Auflistung der Krankheitstage für alle 213 Mitarbeiter

Monat	Jan	Feb	Mär	Apr	Mai	Jun	Jul	Aug	Sep	Okt	Nov	Dez
Tage	195	211	269	34	134	34	7	78	246	190	280	134

2. Ermittlung der Anzahl der Soll-Arbeitstage (Quelle: handelsüblicher Kalender)

Monat	Jan	Feb	Mär	Apr	Mai	Jun	Jul	Aug	Sep	Okt	Nov	Dez
Tage	20	20	23	20	19	21	22	22	22	21	22	23

3. Ermittlung der Anzahl der Soll-Arbeitstage für alle 213 Mitarbeiter (Tage aus Punkt 2 * 213)

Monat	Jan	Feb	Mär	Apr	Mai	Jun	Jul	Aug	Sep	Okt	Nov	Dez
Tage	4.260	4.260	4.899	4.260	4.047	4.473	4.686	4.686	4.686	4.473	4.686	4.899

4. Krankheitsquote pro Monat (= Krankheitstage / Soll-Arbeitstage für alle * 100)

Monat	Jan	Feb	Mär	Apr	Mai	Jun	Jul	Aug	Sep	Okt	Nov	Dez
Tage	4,6%	4,9%	5,4%	0,8%	3,3%	0,8%	0,1%	1,7%	5,2%	4,2%	6,0%	2,7%

5. Berechnung der Krankheitsquote fürs gesamte Jahr

a) Summe Tage aus Punkt 3 = 54.315 Soll-Arbeitstage
b) Summe Krankheitstage aus Punkt 1 = 1.812
c) Krankheitsquote: 1.812 / 54.315 * 100 = 3,4%

13.12: Krankheitsquote

Zeitguthaben

Bei der Kennzahl »Zeitguthaben je Mitarbeiter« gehen Sie am besten genau so vor wie beim Resturlaubsanspruch. Wenn Sie dann die Stunden aus den Zeitkonten grafisch darstellen, werden Sie im Jahresverlauf Hochs und Tiefs sehen. Diese ähneln sich sehr wahrscheinlich jedes Jahr, falls es in Ihrer Firma saisonale Beschäftigungsschwankungen geben sollte.

Sollarbeitszeit je Mitarbeiter

Nicht alle Beschäftigten müssen gleich lang im Betrieb anwesend sein. Einige Leute haben etwa eine 38-Stunden-Woche, die anderen möglicherweise einen Teilzeitvertrag über 20 Stunden:

- ✔ 122 Mitarbeiter haben eine 38-Stunden-Woche = 4.636 Stunden
- ✔ 47 Mitarbeiter haben eine 35-Stunden-Woche = 1.645 Stunden
- ✔ 23 Mitarbeiter haben eine 20-Stunden-Woche = 460 Stunden
- ✔ 21 Mitarbeiter haben eine 8-Stunden-Woche = 168 Stunden

Die 213 Mitarbeiter sollten also pro Woche insgesamt 6.909 Stunden anwesend sein – pardon – arbeiten. Im nächsten Monat kann die gesamte Sollarbeitszeit schon wieder ganz anders aussehen. Vielleicht sind es dann nicht 213, sondern 215 Mitarbeiter. Oder zwei Vollzeitmitarbeiter wollen Teilzeit arbeiten.

Die Zeitkennzahlen könnten Sie dann zum Beispiel wie in der Abbildung 13.13 darstellen.

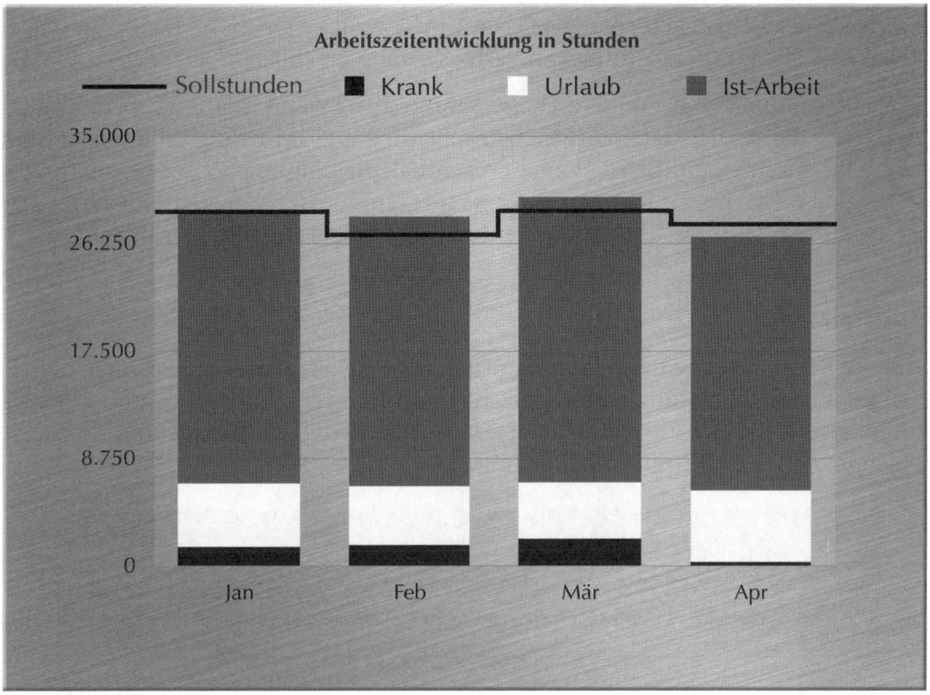

13.13: Arbeitszeitentwicklung

Die gesamte Höhe einer Säule gibt an, wie viele Stunden pro Monat angefallen sind. Eine Säule setzt sich aus der tatsächlichen Arbeitszeit, der Urlaubszeit und der Ausfallzeit durch Krankheit zusammen. Die schwarze Linie zeigt, wie viele Sollstunden pro Monat geleistet werden müssen.

Im Januar entfielen ein paar Stunden auf krankheitsbedingte Abwesenheiten, auf endlich genommenen Urlaub und auf die Arbeitszeit. Zusammen ergibt das in diesem Monat exakt die Sollarbeitszeit. Mit anderen Worten: Es wurden keine Überstunden gemacht und auch keine Zeitkonten abgebaut. In Summe wohlgemerkt. Es kann natürlich sein, dass in einer Abteilung Überstunden rangeklotzt wurden und in einer anderen Abteilung Überstunden abgebaut wurden. Und wie es der Zufall so will, gleicht es sich in diesem Monat genau aus. Deshalb kann eine abteilungs- oder bereichsweite Betrachtung auch sinnvoll sein.

Im Februar und März wurden Überstunden gemacht, die im April wieder teilweise abgebaut wurden.

Verbesserungsvorschläge

Die Kennziffer »Verbesserungsvorschläge pro Mitarbeiter« wird zwar immer wieder gerne als Zeichen der Innovationskraft und eines tollen Gruppengefühls verwendet. Wir halten von ihr jedoch nicht besonders viel. Vor allem, wenn mit Hilfe von Aktionen kurzfristig die Zahl der Verbesserungsvorschläge nach oben getrieben wird. Damit erhöhen Sie meist nur den administrativen Aufwand zur Bearbeitung von Verbesserungsvorschlägen.

Kontinuität ist bei diesem Thema sehr wichtig. Wenn jeder Mitarbeiter weiß, dass sein Vorschlag stets objektiv beurteilt wird und im Erfolgsfalle eine anständige Prämie wie zum Beispiel eine prozentuale Beteiligung an der Einsparung lockt, und nicht nur im Rahmen einer Sonderaktion mal ein Regenschirm mit großem Firmenlogo drauf, kommen eventuell ab und an sinnvolle Vorschläge.

Fluktuationsrate

Die Liste der Personalkennziffern kann natürlich noch beliebig erweitert werden. Achten Sie dabei darauf, nur wirklich nützliche Kennzahlen einzuführen. Wir beenden hier den Reigen dieser Kennziffern mit der Fluktuationsrate. Das sollte dem Schulfreund zum Aufbau seines Personalcontrollings zu Beginn vollauf genügen.

Fluktuationsrate

Bereich	Einkauf	Produktion	Buchhaltung	Vertrieb
MA-Bestand	18	112	32	51
davon Zugänge	0	4	4	6
davon wurden gekündigt	0	1	0	1
davon haben gekündigt	0	3	8	9
Fluktuations quote	0,0%	3,6%	25,0%	19,6%

13.14: Fluktuation

Hier geht es um die Personalzu- und -abgänge gemessen am Personalbestand. Wie bei den anderen Kennziffern können Sie auch hier wieder bereichsweite Betrachtungen anstellen.

Die Fluktuation in Abbildung 13.14 wurde zum Beispiel im Vertrieb wie folgt berechnet: Mitarbeiterbestand inklusive der 6 Zugänge: 45 + 6 = 51. Abgänge: 10. Fluktuationsquote: 10 / 51 = 0,196 => 19,6%.

Bei dieser Kennzahl gibt die bereichsweise Betrachtung viel Anlass zu wilden Spekulationen: Was ist nur in der Buchhaltung los? Ist der Chef so ein Ekel? Ist die Arbeit zu langweilig oder zu schlecht bezahlt? Oder gibt es gar andere Gründe? Das gilt es hier zu hinterfragen.

Im Zusammenhang mit der Fluktuationsrate wird auch gerne die Frage gestellt: »Und wie viele Jahre Betriebszugehörigkeit haben die Mitarbeiter in den einzelnen Bereichen?« In manchen Unternehmen wird es den Mitarbeitern sogar zur Auflage gemacht, nicht länger als drei Jahre in derselben Abteilung zu bleiben. Man befürchtet, dass sich hier schlechte Gewohnheiten und zu viel Routine einschleichen könnten. Mit der Messung der durchschnittlichen Betriebs- oder Abteilungszugehörigkeit haben Sie ein schönes Instrument zur Verfolgung solcher Auflagen zur Verfügung.

Qualitätscontrolling

In jedem Unternehmen gibt es ein Qualitätsmanagement. Ganz sicher. Auch wenn es nicht so genannt wird; es existiert trotzdem. Irgendein Mitarbeiter oder ein Vorgesetzter wird mit Sicherheit dann und wann auf die Qualität der Arbeit und der Produkte ein Auge werfen. Vielleicht sind sogar ein oder mehr Mitarbeiter mit diesem Thema offiziell betraut worden.

Es sind die Qualitätsmanager, die in der Werkshalle die neuesten Ausschusszahlen der letzten Nachtschicht aufhängen. Und auch die großen Plakate mit Floskeln wie »Mehr Qualität schafft mehr Ertrag« stammen nicht aus der ehemaligen DDR, sondern aus dem Qualitätsmanagement.

Und da die Qualitätsmanager in der Regel nicht besonders angesehene Leute sind, erfand man das Qualitätscontrolling, um dem Thema Qualitätsmanagement noch mehr Gewicht zu verleihen. Vielleicht war es aber auch ganz anders. Wer weiß das schon?

Das Qualitätscontrolling erstellt im Grunde eine Qualitätsbilanz. Da gibt es auf der einen Seite die Kosten und auf der anderen Seite vermiedene Kosten. Zuerst zu den Kosten.

Kosten

- ✔ **Fehlerkosten:** Unter Fehlerkosten versteht man die Kosten, die etwa durch die Produktion von Ausschuss und Nacharbeit verursacht werden. Ein Beispiel: Eine Firma stellt Fahrradreifen im Dreischichtbetrieb her. Pro Schicht fallen durchschnittlich 100 Reifen an, die aufgrund von Qualitätsmängeln so nicht verkäuflich sind (zum Beispiel eckig statt rund).

Ein Reifen kostet in der Herstellung 5 Euro. Von diesen 100 Reifen können 20 Stück erfolgreich nachgebessert werden. Pro Reifen verursacht dies 3 Euro Kosten. Also fielen 460 Euro Fehlerkosten an:

(80 Reifen x 5,- Euro) + (20 Reifen x 3,- Euro)

- ✔ **Ausfallzeiten**: Es passiert immer wieder: Entweder ist das Material ausgegangen oder die Maschine läuft nicht. Dann kann das Produktionssoll nicht erreicht werden. In der letzten Schicht standen die Maschinen zwei Stunden still, da der Materialvorrat mal wieder zu knapp kalkuliert wurde. Es wurden 300 Reifen zu wenig produziert. Ein paar Mitarbeiter werden Überstunden machen müssen, um dies wieder aufzuholen. Kostenpunkt: 1.000,- Euro.
- ✔ **Qualitätsmanagement:** Die Kontrolle der Qualität und die großen Plakate, die in der Werkshalle hängen, kosten auch Geld. Damit die Qualitätskostenrechnung vollständig ist, müssen Sie die Personal- und Sachkosten des Qualitätsmanagements voll berücksichtigen. In der Reifenfabrik gibt es einen Qualitätsmanager. Dieser verursacht Personalkosten in Höhe von 45.000,- Euro pro Jahr und besitzt ein Sachkostenbudget von 10.000,- Euro.

Was soll diesen Kosten in der Qualitätsbilanz nun gegenüberstehen? Die vermiedenen Kosten. Jeder Controller wird Ihnen dazu nur eine Antwort geben: »Kenne ich nicht. Wie hoch sollen die denn sein?« Abbildung 13.15 zeigt Ihnen die vermiedenen Kosten als Differenz aus den erlaubten Fehlerkosten und den tatsächlichen Fehlerkosten.

Wir haben für Sie dafür einmal ein einfaches Modell einer Qualitätsbilanz gebastelt.

Qualitätsbilanz 2005

Bezeichnung	Euro
1. Kosten Qualitätsmanagement pro Jahr	– 55.000
2.1 Fehlerkosten: Vorgabe: Pro Schicht max. 500,- € => 3 Schichten x 21 Tage x 12 Monate	+ 378.000
2.2 Fehlerkosten: IST: Pro Schicht durchschnittlich 460,- € => 3 Schichten x 21 Tage x 12 Monate	– 347.760
3.1 Ausfallkosten: Vorgabe: Pro Schicht max. 500,- € => 3 Schichten x 21 Tage x 12 Monate	+ 378.000
3.2 Ausfallkosten: IST: Pro Schicht durchschnittlich 320,- € => 3 Schichten x 21 Tage x 12 Monate	– 241.920
4. Ergebnis	+ 111.320

13.15: Qualitätsbilanz

- ✔ **Punkt 1:** Der erste Punkt der Bilanz ist noch der einfachste. Hier werden die oben bereits erwähnten Kosten für das Qualitätsmanagement mit einem negativen Vorzeichen eingetragen.
- ✔ **Punkt 2.1 und 2.2:** In 2.1 steht in der Bilanz ein positiver Betrag. Dies sind die erlaubten Fehlerkosten. In 2.2 werden die tatsächlich angefallenen Fehlerkosten mit einem negativen Vorzeichen eingetragen. Der Hintergrund: Sind die tatsächlichen Fehlerkosten niedriger als die erlaubten, weist die Bilanz in Punkt 2 in Summe einen positiven Wert aus. Würde das Ziel jedoch nicht erreicht und höhere Fehlerkosten als vorgegeben erzeugt werden, würde die Bilanz an dieser Stelle einen negativen Wert ausweisen.
- ✔ **Punkt 3:** Bei den Ausfallkosten gilt dieselbe Systematik wie in Punkt 2.
- ✔ **Punkt 4:** Hier steht das Ergebnis der Qualitätsbilanz. Ist es positiv, wurden die Zielvorgaben erreicht. Es wurden dann weniger Kosten durch Fehler und Ausfälle verursacht als in der Zielvorgabe erlaubt. Und die Kosten des Qualitätsmanagements wurden auch noch mit abgedeckt.

Falls die Bilanz einmal negativ werden sollte, muss das Qualitätsmanagement aktiv werden und nach den Ursachen forschen. Anschließend geht es dann an die Bekämpfung dieser Ursachen, um die Bilanz wieder in Ordnung zu bringen.

Relativitätstheorie

Mit den Zielvorgaben besitzt das verantwortliche Management natürlich ein schönes Spielzeug. Wird an dieser »Schraube« gedreht, verändert sich das Bilanzergebnis. Deshalb täuscht der Begriff Qualitätsbilanz hier nur handfeste Zahlen vor. In Wirklichkeit befinden Sie sich bei diesem Thema auf sumpfigem Gelände. Wir empfehlen Ihnen daher dringend, die Zielvorgaben niemals ungefragt zu akzeptieren.

Riskmanagement

Nun erfahren Sie etwas zum Thema Vorsorgeuntersuchungen. Jeder von uns sollte ja ab und an beim Arzt eine Vorsorgeuntersuchung machen lassen. Da wir bekanntlich jeweils nur einen Körper zur Verfügung haben, legen wir auf solch einen Check meist großen Wert.

Anders ist es natürlich mit einem Unternehmen: Wenn man hier auf die Vorsorgeuntersuchungen verzichtet und das Unternehmen deshalb gegen die Wand fährt, kann man sich ja immer noch bei einem anderen Unternehmen um eine Stelle bewerben. Dies dürfte sich jedoch auf Dauer nicht besonders gut im Lebenslauf machen.

Um so etwas zu vermeiden, wurde das Riskmanagement bzw. Risikomanagement entwickelt.

Das Riskmanagement soll laufend alle möglichen Risiken aufzeigen und bewerten. Risiken bewertet man nach der Eintrittswahrscheinlichkeit und der Höhe der finanziellen Auswirkung. Nahezu ideal wäre es, wenn dann im dritten Schritt auch noch Maßnahmen zur Risikominderung empfohlen werden könnten. Das Riskmanagement besteht somit aus drei Schritten.

Basler Morgestraich

Basel ist nicht nur bekannt für ein sich alljährlich am Montag nach Aschermittwoch wiederholendes Schauspiel, bei dem um vier Uhr morgens die öffentliche Beleuchtung ausgeschaltet wird und die Stadt mit den Laternen der Cliquen erhellt und mit deren Musik beschallt wird.

Die Stadt ist auch für Basel II bekannt. Das ist der Name der Vorschriften, die vom Baseler Ausschuss für Bankenaufsicht vorgeschlagen wurden. Diese Regeln gelten seit Ende 2006 in der Europäischen Union .

In diesen Regeln werden die Banken verpflichtet, Kredite nach Risiken zu klassifizieren. Je niedriger das Kreditrisiko, desto niedriger sind die mit der Kreditvergabe verbundenen Kosten für die Bank. Und was hat das mit Ihnen zu tun? Ganz einfach: Die Banken werden die Kredite natürlich je nach Risikoklasse unterschiedlich bepreisen – also unterschiedliche Zinssätze verlangen. Damit Ihr Unternehmen keine hohen Kreditzinsen zahlen muss, benötigt es eine gute Risikobewertung. Und diese erhalten Sie einfacher, wenn Sie unter anderem ein ordentliches Risikomanagement vorweisen können.

Also: Sollte Ihr Unternehmen auf Kredite angewiesen sein, macht sich ein Risikomanagement auch hier bezahlt!

Schritt 1: Aufzeigen der möglichen Risiken

Nun gibt es ja eine unüberschaubare Anzahl an Risiken, so dass man bei vernünftiger Überlegung am besten daheim im Bett liegen bleiben sollte. Oder vielleicht auch nicht ...

Für jedes Unternehmen existieren Risiken, auf die es in der Regel keinen Einfluss hat. Oder doch?

- ✔ **Natürliche Risiken:** Wenn die Erde bebt, die Zufahrtsstraße zum Fabrikgelände einen zehn Meter tiefen Riss bekommt und für einen Monat niemand mehr in die Firma gelangt – Pech gehabt. Oder bei der nächsten Standortwahl vorher prüfen, welche natürlichen Risiken der Standort birgt (Erdbeben, Lawinengefahr etc.)
- ✔ **Gesellschaftliche Risiken:** Um Produktionskosten zu sparen, hat Ihre Firma zusätzlich eine Fabrik im Ausland aufgebaut. Das Controlling hatte die Standortsuche tatkräftig unterstützt. Am Ende wurde der günstigste Standort ausgewählt. Dort arbeiten die Menschen für 5 Cent die Stunde und Steuern muss die Firma auch fast gar keine zahlen. Das ging

ein ganzes Jahr lang gut. Doch dann begannen die Arbeiter wild zu streiken. Die dortige Regierung schlug den Streik dann auch nieder. Andere Länder – andere Sitten. Danach fehlten jedoch wichtige Konstruktionszeichnungen.

Hier hätte ein funktionierendes Riskmanagement im Vorfeld auf die Risiken des Standorts hinweisen müssen. Und wenn die Fabrik trotzdem unbedingt dort gebaut werden musste, hätte man wenigstens höhere Sicherheitsvorkehrungen zum Schutz der Firmengeheimnisse treffen müssen und die eigenen Arbeiter vielleicht etwas besser bezahlen können.

- ✔ **Marktrisiken:** Die Nachfrage nach günstigen analogen Fotokameras bricht weltweit ein. Niemand will mehr Ihre analoge Mitteklasse-Kamera kaufen. Zu allem Unglück haben Sie erst vor kurzem in neue Maschinen investiert. Ihr Unternehmen steht damit kurz vor dem Aus. Hier hätte das Riskmanagement zumindest auf die »Gefahr« des technischen Fortschritts hinweisen und sich ein paar Strategien zur Risikostreuung überlegen können. So hätte man versuchen können, sich zusätzlich im Profisegment breit zu machen oder rechtzeitig auf den Zug der digitalen Kameras aufzuspringen.

Neben dieser Art von Risiken, gerne auch als externe Risiken bezeichnet, gibt es natürlich auch hausgemachte Risiken. Sie können solche Risiken in zwei Arten unterteilen:

- ✔ **Technische Risiken:** Wenn die Maschinen stets gut gewartet sind, dürften sich die Ausfallrisiken in Grenzen halten. Und das Fabrikgebäude dürfte auch nicht einstürzen, wenn es einigermaßen solide gebaut wurde. Sie sehen, dass diese Risiken stark beeinflussbar sind.

- ✔ **Finanzielle Risiken:** Dazu zählen zum Beispiel Finanzierungsrisiken: Wenn die Finanzierung der gesamten Unternehmung davon abhängt, ob Ihr Investment in ein Paket Aktienoptionen 250% Gewinn abwirft – dann gute Nacht! Oder Wechselkursrisiken: Wenn Ihr Unternehmen Geschäftsbeziehungen mit Firmen aus anderen Währungsräumen unterhält, kann es vorkommen, dass die Waren, die Sie ein- oder verkaufen, wechselkursbedingt im Preis schwanken. Auch solch ein Risiko muss aufgezeigt und mit absichernden Maßnahmen abgefedert werden.

Seher und Auguren

Um im ersten Schritt auf alle möglichen Risiken hinzuweisen, muss man kein Seher sein. Zumal diese Zunft mit ihren Vorhersagen auch öfters daneben lag. Zitiert sei hierzu der Asterix-Band »Der Seher« auf Seite 9: »... und so lange Brutus bei dir ist, o Cäsar, hast du nichts zu befürchten.« Ein gutes Riskmanagement hätte vielleicht eher folgende Aussage getroffen: »... und so lange du gute Personenschützer um dich hast, brauchst du weniger zu befürchten.« Aber hier sind wir bereits beim dritten Schritt der Maßnahmenempfehlung und greifen damit etwas vor. Im ersten Schritt hätte man auf das mögliche Risiko eines Anschlags hinweisen müssen. Und im zweiten Schritt hätte man darauf hinweisen müssen, dass die Eintrittswahrscheinlichkeit für solch einen Anschlag relativ hoch ist.

Schritt 2: Bewertung der Risiken

Nachdem Sie ein Risiko identifiziert haben, müssen Sie dieses auch bewerten. Im Riskmanagement ist die Bewertung nach der Eintrittswahrscheinlichkeit und der Schadenshöhe der Standard. In Abbildung 13.16 haben wir ein paar Risiken für Sie bewertet.

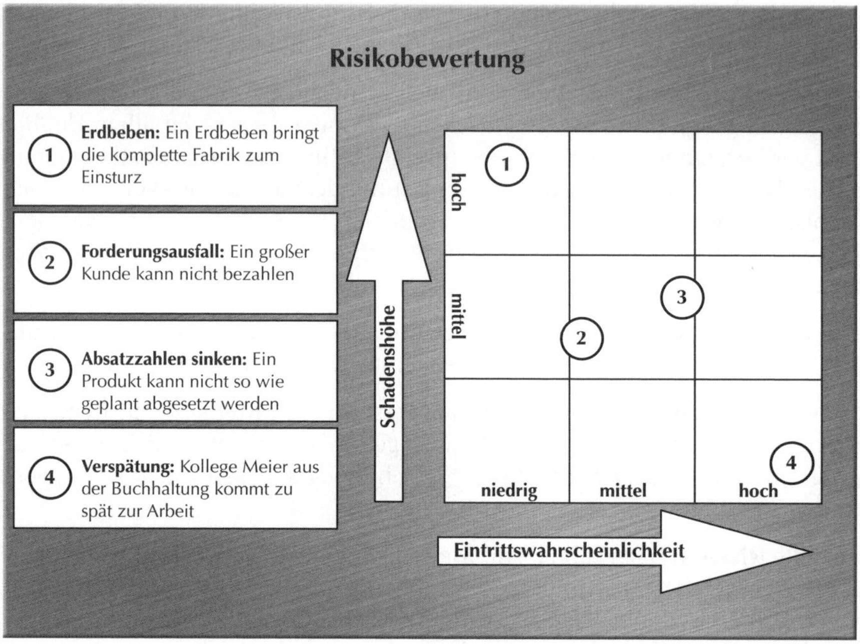

13.16: Risikobewertung

- **Risiko 1**: Wenn die Erde bebt, wird der Schaden sehr hoch sein. Die Eintrittswahrscheinlichkeit ist jedoch sehr niedrig.
- **Risiko 2**: Die Wahrscheinlichkeit, dass ein großer Kunde bereits gelieferte Ware nicht bezahlen kann, ist relativ hoch. Da es jedoch noch andere Kunden gibt, ist die relativ betrachtete Schadenshöhe noch kein Desaster, sondern als »mittel« einzustufen.
- **Risiko 3**: Unter dem Plan liegende Absatzzahlen kommen dann und wann schon vor. Die Eintrittswahrscheinlichkeit ist als hoch einzustufen. Der daraus resultierende Schaden ist beträchtlich, aber noch nicht existenzgefährdend.
- **Risiko 4**: Herr Meier trägt ein schweres Los: Er muss jeden Morgen aufstehen und zur Arbeit gehen. Verständlich, dass er nur jeden zweiten Tag pünktlich erscheint. Genug der Ironie: Das Risiko Nummer 4 mag zwar ärgerlich sein und eine extrem hohe Eintrittswahrscheinlichkeit besitzen; die Schadenshöhe ist trotzdem nicht der Rede wert. Denn Herr Meier bleibt dafür abends immer so lange, bis alle Rechnungen verbucht sind.

Schritt 3: Maßnahmen zur Risikominimierung

Nachdem nun alle Risiken aufgezeigt und bewertet wurden, geht es abschließend darum, Maßnahmen zur Risikominimierung aufzuzeigen und eventuell sogar durchzuführen.

- ✔ Gegen Risiko 1 gibt es drei wirksame Maßnahmen. Die erste Maßnahme ist eher vorbeugender Natur: Das Unternehmen meidet erdbebengefährdete Gebiete. Die zweite Maßnahme sollte ergriffen werden, wenn man sich unbedingt in einem erdbebengefährdeten Gebiet ansiedeln möchte oder muss: erdbebensicher bauen. Und die dritte Maßnahme sollte mit der zweiten unbedingt kombiniert werden: eine Versicherung gegen Erdbebenschäden abschließen.
- ✔ Gegen Risiko 2 hilft:
    - ständig aktuelle Informationen über die finanzielle Situation der Kunden einholen und reporten
    - die Vorstände ständig über die finanzielle Situation des eigenen Unternehmens mittels geeigneter Reports auf dem Laufenden zu halten. Dann wird hoffentlich auf eine angemessene Finanzdecke geachtet, so dass ein Forderungsausfall für das Unternehmen nicht gleich eine kleine Katastrophe ist.
- ✔ Risiko 3: Je besser und aktueller die Reports des Controllings sind, desto höher die Wahrscheinlichkeit, dass Planabweichungen rechtzeitig entdeckt werden und gegengesteuert werden kann.
- ✔ Risiko 4 sollte kein Gegenstand des Riskmanagements sein.

Teil IV

Kennzahlen über Kennzahlen

»Den Investoren gefällt unser Businessplan, besonders unsere detallierte Konkurrenzanalyse. Deshalb haben sie sich entschieden, dass Sie lieber dort hinein investieren wollen.«

In diesem Teil ...

Ein Controller gibt sich selten mit einzelnen Zahlen zufrieden. Er mag es, mehrere Zahlen scheinbar bunt durcheinander zu würfeln und mittels Division, Multiplikation, Addition oder Subtraktion miteinander zu verknüpfen. Was dabei herauskommt, nennt er dann »Kennzahl«. Und genau diese Kennzahlen können sehr wertvoll und aussagekräftig für die verschiedensten Fragestellungen sein. In diesem Teil erfahren Sie alles Wissenswerte über die wichtigsten Kennzahlen sowie ihre jeweilige Bedeutung und ihren Zweck. Aus einzelnen Kennzahlen wiederum können ganze Kennzahlensysteme entstehen, die wir Ihnen in diesem Teil ebenfalls erklären.

Aber das ist noch nicht alles: Beim Benchmarking vergleichen Sie Ihre Zahlen mit denen der Konkurrenz und bei der Balanced Scorecard werden die wichtigsten Kennzahlen auf einem einzigen Blatt übersichtlich dargestellt.

Los geht's ...

Von Äpfeln und Birnen – Kennzahlen

14

In diesem Kapitel

- Was ist eine Kennzahl
- Die wichtigsten Kennzahlen
- Kennzahlen ermitteln

Sie gehen regelmäßig zum Arzt und lassen sich einem Routine-Check unterziehen? Wir hoffen, Ihr Cholesterinwert ist in Ordnung, Ihr Blutzuckerspiegel okay und Ihre Körpergröße passt einigermaßen zu Ihrem Gewicht. Somit wäre alles im grünen Bereich und Sie sind kerngesund. Was hat das jetzt um Himmelswillen mit Controlling zu tun?

Als Controller sind Sie auch ein Stück weit »Arzt«: Sie behalten den »Gesundheitszustand« Ihres Unternehmens im Auge und suchen nach der richtigen »Medizin«, wenn sich dieser Zustand zu verschlechtern droht. Aber keine Sorge: Es wird kein Hippokratischer Eid von Ihnen abverlangt.

Natürlich hat Ihr Unternehmen keinen Cholesterinwert, kein Blutzuckerspiegel und kein messbares Gewicht. Dies sind nun mal rein biologische Kennzahlen. Welche Kennzahlen für den »Gesundheitszustand« Ihres Unternehmens wichtig sind, erfahren Sie im folgenden Kapitel.

Keine Angst vor Kennzahlen

Der Begriff »Kennzahl« mag für den einen oder anderen zunächst einmal Angst einflößend und abstrakt klingen. Aber keine Panik: Eine Kennzahl ist zumeist nichts anderes als die Kombination mehrerer Ihnen bereits bekannter Zahlen, die dann entweder addiert, subtrahiert, multipliziert oder sehr oft dividiert werden. Sofern Sie die vier Grundrechenarten beherrschen, kann Ihnen also eine Kennzahl nichts anhaben.

Beispiele für das, was wir mit »bereits bekannten Zahlen« meinen, sind etwa der Umsatz, der Gewinn oder diverse Werte aus der Bilanz Ihres Unternehmens.

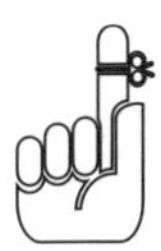

Prinzipiell könnten Sie alle absoluten Zahlen, die Sie in Bezug auf Ihr Unternehmen haben, miteinander in Beziehung setzen. Allerdings macht nicht alles Sinn. So bringt es Sie beispielsweise kaum weiter, wenn Sie den Gewinn Ihres Unternehmens durch die durchschnittliche Schuhgröße Ihrer Kunden dividieren.

Kennzahlen können in mehrfacher Hinsicht ganz nützlich sein:

- **Unternehmensentwicklung:** Mit Hilfe von Kennzahlen kann die Entwicklung Ihres Unternehmens im Zeitverlauf betrachtet werden, wenn dieselben Kennzahlen regelmäßig ermittelt werden.
- **Unternehmensbewertung:** Ihr Unternehmen kann anhand von Kennzahlen mit anderen Unternehmen verglichen und somit im direkten Vergleich bewertet werden.
- **Frühwarninstrument:** Gewitterwolken für das Unternehmen können durch Kennzahlen erkannt werde, bevor es blitzt und donnert.
- **Bilanzanalyse:** Die »nackten« Zahlen des Jahresabschlusses können durch Kennzahlen zu aussagekräftigen Werten zusammengeschnürt werden.

Der Phantasie sind im Bezug auf die Ermittlung von Kennzahlen keine Grenzen gesetzt. Doch keine Sorge: Wir trennen für Sie die Spreu vom Weizen und bringen Ihnen im Folgenden die aussagekräftigsten und in der Praxis anerkanntesten Kennzahlen näher.

Diese beschäftigen sich mit:

- der Rentabilität
- der Liquidität
- der Kapitalstruktur
- dem Cash Flow

Los geht's! Vorhang auf für die Rentabilität.

Rentabilität: Umsatz allein reicht nicht aus

Es ist Montagmorgen. Verschlafen checken Sie Ihre E-Mails und entdecken unter anderem eine Mail von Ihrem Chef, der gerne mehr über die Rentabilität Ihres Unternehmens wissen will. Und nun? Was ist überhaupt diese ominöse »Rentabilität«?

Zunächst einmal sollten Sie wissen, dass es drei wichtige Kennzahlen zur Rentabilität gibt:

- Eigenkapitalrentabilität
- Gesamtkapitalrentabilität
- Umsatzrentabilität

Es lebe wieder einmal die verbale Vielfalt: Falls Ihnen der Begriff *Rendite* über den Weg läuft, so ist damit nichts anderes gemeint als die Rentabilität.

Grundsätzlich wird bei allen Formen der Rentabilität der Gewinn als Prozentsatz einer bestimmten Größe ausgedrückt. Bei der Eigenkapitalrentabilität wird er zum Beispiel auf das Eigenkapital bezogen.

Eigenkapitalrentabilität

Sie haben Ihr privates Vermögen auf einem Tagesgeldkonto angelegt. Pro Jahr bekommen Sie 2,5% Zinsen. Legen Sie beispielsweise 1.000 Euro an, erwirtschaften Sie einen Zinsgewinn von 25 Euro. Haben Sie etwas mehr übrig und legen 10.000 Euro an, beträgt der Zinsgewinn 250 Euro.

So gesehen ist ein Unternehmen auch nichts anderes als ein Tagesgeldkonto. Anteilseigner investieren ihr Geld, um einen bestimmten Nutzen – auch *Gewinn* genannt – zu erzielen. Anders als beispielsweise bei einem Tagesgeldkonto lässt sich aber der »Zinssatz« der Investition erst nachträglich ermitteln. Und dieser »Zinssatz« ist das, was sich hinter der Eigenkapitalrendite versteckt.

Wie die Berechnung der Eigenkapitalrentabilität funktioniert, zeigt Abbildung 14.1.

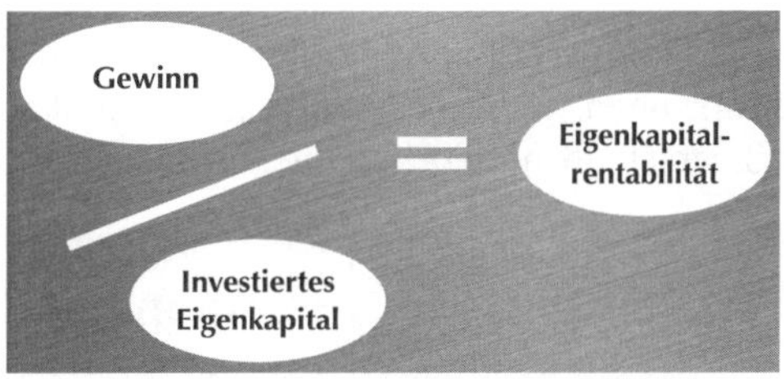

14.1: Ermittlung der Eigenkapitalrentabilität

Und wo bekommen Sie nun die Daten her, um die Eigenkapitalrentabilität zu ermitteln? Hierfür gehen Sie am besten zum Aktenschrank und suchen den Ordner mit dem letzten Jahresabschluss:

- ✔ Den Gewinn können Sie aus der Gewinn- und Verlustrechnung entnehmen.
- ✔ Das Eigenkapital finden Sie auf der Passivseite der Bilanz.

Eine Gewinn- und Verlustrechnung kann wie in Abbildung 14.2 aussehen. Die Position »Jahresüberschuss/Jahresfehlbetrag« zeigt den Gewinn auf – sofern Ihr Unternehmen einen erwirtschaften konnte.

Falls das Unternehmen dummerweise in den roten Zahlen landen sollte und Verluste schreibt, ist die Position »Jahresüberschuss/Jahresfehlbetrag« negativ. Dadurch landen auch die Kennzahlen zur Rentabilität im negativen Bereich.

Gewinn- und Verlustrechnung 2005 der Alles-Supi AG (in Millionen €)	
Umsatzerlöse	4.400
Herstellungskosten	3.000
Bruttoergebnis	1.400
Vertriebskosten	150
allg. Verwaltungskosten	250
sonst. betriebl. Erträge	200
sonst. betriebl. Aufwendungen	300
sonstige Zinsen	2
Abschreibungen auf Finanzanlagen	350
Ergebnis der gewöhnlichen Geschäftstätigkeit	548
außerordentliche Erträge	5
Ertragssteuern	200
sonstige Steuern	9
Jahresüberschuss / Jahresfehlbetrag	344

14.2: Gewinn aus der Gewinn- und Verlustrechnung

Wie hoch das Eigenkapital ist, können Sie problemlos aus der Bilanz entnehmen. Dieses erscheint auf der Passivseite ganz oben. Addieren Sie alle zum Eigenkapital gehörigen Positionen zusammen. Abbildung 14.3 verschafft hoffentlich die absolute Klarheit.

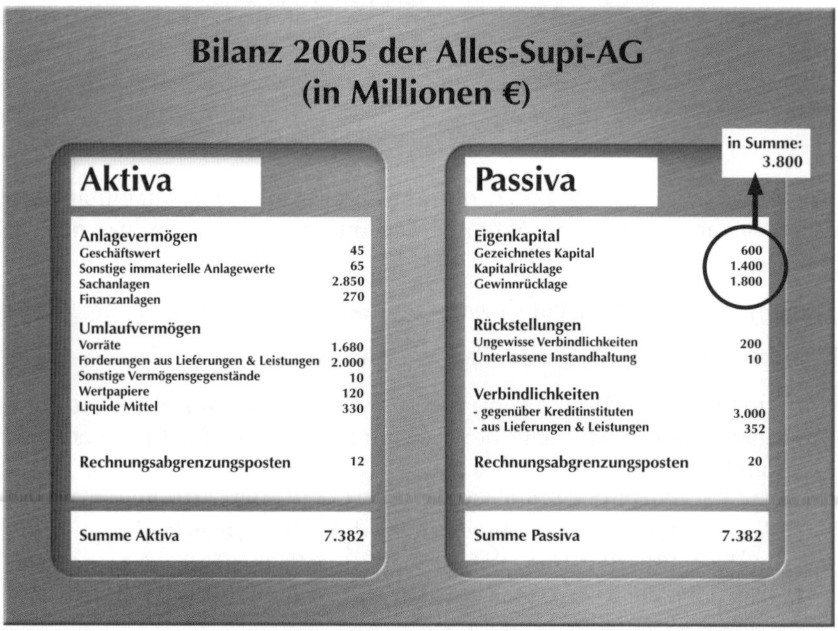

14.3: Eigenkapital in der Bilanz

Jetzt haben Sie alle Werte beisammen, die Sie zur Berechnung der Eigenkapitalrentabilität benötigen. Wie Sie daraus die Eigenkapitalrentabilität ermitteln, zeigt Ihnen Abbildung 14.4.

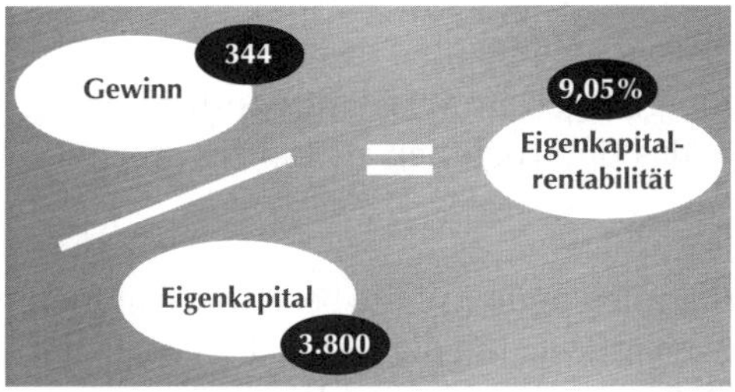

14.4: Berechnung Eigenkapitalrentabilität

Das Unternehmen hatte also eine Eigenkapitalrentabilität von 9,05%. Dies bedeutet, dass sich das Eigenkapital der Anteilseigner um diesen Prozentsatz verzinst hat. Wenn man bedenkt, dass die durchschnittliche Eigenkapitalrendite der deutschen Industrie bei ca. 6% liegt und auf Tagesgeldkonten noch weniger zu holen ist, können die Anteilseigner des Unternehmens sehr gut damit leben.

Die Eigenkapitalrentabilität ist in der Regel diejenige Kennzahl, auf die die Anteilseigner das größte Augenmerk legen. Warum? Sie besagt, ob es überhaupt noch Sinn macht, in das Unternehmen zu investieren oder ob das Geld woanders eine bessere Verzinsung einfahren könnte.

Alles ist relativ

Sie haben Ihr Geld auf einem Tagesgeldkonto angelegt. Angenommen, Sie würden 250 Euro Zinsen erhalten. Wenn Sie nur 1.000 Euro angelegt hätten, würde der Zinssatz satte 25% betragen. Erhalten Sie diese 250 Euro an Zinsen für 10.000 Euro, ergibt sich ein magerer Zinssatz von 2,5%.

Das heißt: Der absolute Gewinn alleine sagt nichts darüber aus, wie rentabel die Anlage ist. Im einen Fall – sie haben nur 1.000 Euro auf der hohen Kante – wäre eine Verzinsung, die 250 Euro abwirft, relativ hoch. Im anderen Fall – Sie legen 10.000 Euro an – sind die Früchte des Kapitals mit 250 Euro relativ gering bemessen.

Neben dem Gewinn benötigen Sie somit immer auch die Angabe, welcher Betrag denn investiert wurde, um die Rentabilität der Anlage zu beurteilen. Alles ist eben doch relativ ...

Gesamtkapitalrentabilität

In der Regel sind Unternehmen jedoch nicht nur mit Eigenkapital, sondern auch zusätzlich noch mit Fremdkapital finanziert. Beides zusammen ergibt das Gesamtkapital der Firma.

Das Fremdkapital setzt sich zusammen aus den Verbindlichkeiten, den Rückstellungen und den passiven Rechnungsabgrenzungsposten.

Statt die Verzinsung für die gierigen Anteilseigner zu betrachten, zeigt die Gesamtkapitalrentabilität, wie erfolgreich das Unternehmen als Ganzes arbeitet – Ihre Arbeit als Controller eingeschlossen.

Falls Ihr Unternehmen neue Kredite bei Banken aufnehmen will, sind diese natürlich daran interessiert, wie toll die Firma dasteht. In der Praxis wird die Gesamtkapitalrentabilität oftmals dazu verwendet, dies zu beurteilen.

Wie die Berechnung der Gesamtkapitalrentabilität verläuft, sehen Sie in Abbildung 14.5.

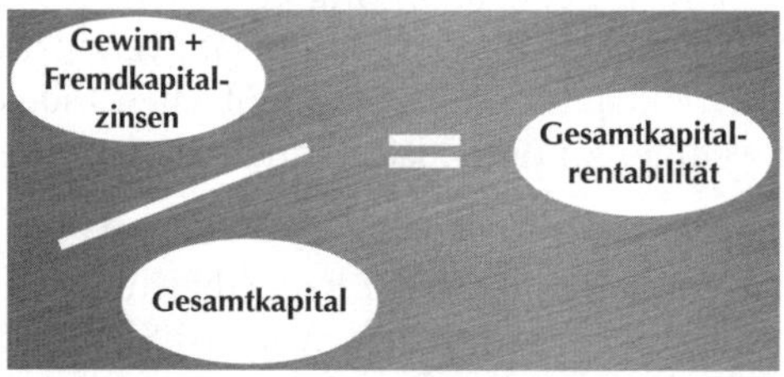

14.5: Ermittlung der Gesamtkapitalrentabilität

Für die Ermittlung dieser Kennzahl benötigen Sie dieselben Quellen wie bei der Eigenkapitalrentabilität: den Gewinn aus der GuV und die Kapitalinformationen aus der Bilanz.

Der Gewinn bleibt fast derselbe wie vorhin in Abbildung 14.2. »Fast« deswegen, da im Gewinn die Zinsen, die Ihr Unternehmen für Fremdkapital bezahlen muss, als Aufwand abgezogen wurden. Diese müssen hier wieder hinzugerechnet werden, um den Gewinn vor Abzug der Fremdkapitalzinsen zu erhalten. Die Position »Sonstige Zinsen« enthält im Beispiel zwei Millionen Euro Zinsen für Fremdkapital. Folglich erhöht sich der für die Berechnung herangezogene Gewinn von 344 Millionen auf 346 Millionen Euro.

Auch bei der Größe, auf die dieser Gewinn bezogen wird, ändert sich etwas. Das Fremdkapital muss noch zum Eigenkapital hinzugerechnet werden. Welche Bilanz-Werte Sie hierfür aufaddieren müssen, zeigt Abbildung 14.6.

Jetzt haben Sie alles parat, um die Gesamtkapitalrentabilität zu ermitteln. Die Berechnung erfolgt wie in Abbildung 14.7 dargestellt.

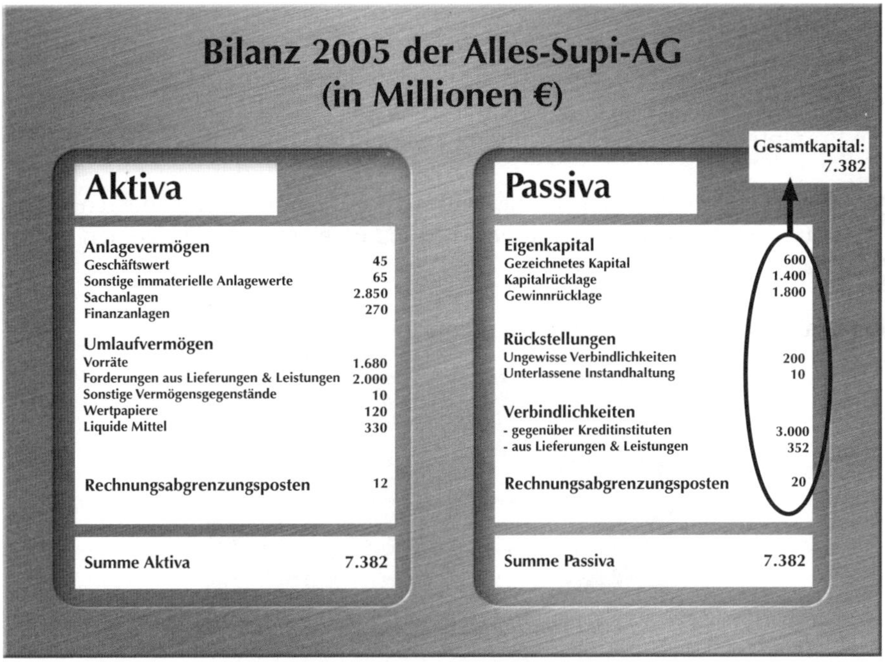

14.6: Gesamtkapital in der Bilanz

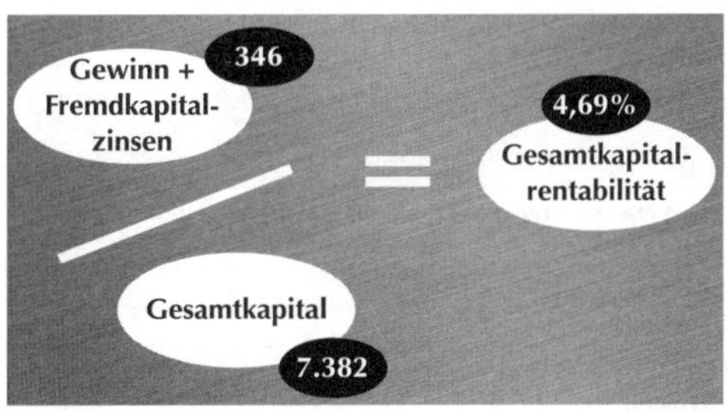

14.7: Berechnung der Gesamtkapitalrentabilität

Dieser Wert bedeutet, dass jeder Euro, unabhängig davon, wer ihn in das Unternehmen gebracht hat, 0,0469 Euro an Gewinn abwirft. Immerhin ist das Unternehmen für alle Beteiligten immer noch attraktiver als ein Tagesgeldkonto.

Je höher der Fremdkapital-Anteil am Gesamtkapital ist, desto größer wird auch der Unterschied zwischen Eigenkapital- und Gesamtkapitalrentabilität. Trotz einer tollen Eigenkapitalrentabilität kann sich mit einem hohen Fremdkapital-Anteil eine miserable Gesamtkapitalrentabilität ergeben. Ein Leben auf Pump zahlt sich eben nicht aus und hier gilt wie so oft im Leben: Die richtige Mischung macht's.

Umsatzrentabilität

Umsatz ist zwar gut und schön, doch was bleibt letztendlich vom Umsatz als Gewinn hängen? Diese Frage beantwortet Ihnen eine tolle Kennzahl, die sich »Umsatzrentabilität« nennt. Sie drückt in Prozenten aus, wie viel Gewinn mit einem Euro an Umsatz erwirtschaftet wurde.

Die Umsatzrentabilität ist eine prima Kennzahl, um sich mit anderen Unternehmen zu messen und die Ergebnisentwicklung im eigenen Unternehmen über mehrere Jahre hinweg zu verfolgen.

Diese Kennzahl berechnen Sie wie in Abbildung 14.8 dargestellt.

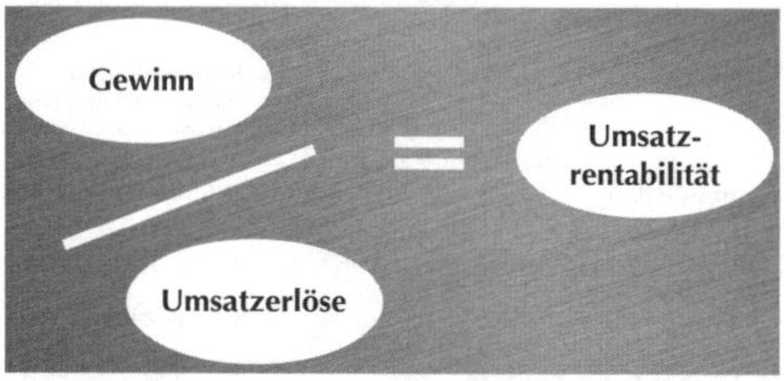

14.8: Ermittlung der Umsatzrentabilität

Bei der Ermittlung der Umsatzrentabilität können Sie erst einmal die Bilanz wieder beiseite legen. Alle Daten hierfür stehen in der Gewinn- und Verlustrechnung. Wo? Das zeigt Abbildung 14.9.

Gewinn- und Verlustrechnung 2005 der Alles-Supi AG (in Millionen €)	
Umsatzerlöse	4.400
Herstellungskosten	3.000
Bruttoergebnis	1.400
Vertriebskosten	150
allg. Verwaltungskosten	250
sonst. betriebl. Erträge	200
sonst. betriebl. Aufwendungen	300
sonstige Zinsen	2
Abschreibungen auf Finanzanlagen	350
Ergebnis der gewöhnlichen Geschäftstätigkeit	548
außerordentliche Erträge	5
Ertragssteuern	200
sonstige Steuern	9
Jahresüberschuss / Jahresfehlbetrag	344

14.9: Datenbasis für die Umsatzrentabilität

Nun dividieren Sie einfach den Gewinn durch die Umsatzerlöse und Sie wissen, wie viel Prozent von einem Euro Umsatz als Gewinn bei Ihrem Unternehmen hängen bleiben. Abbildung 14.10 sagt Ihnen, wie viel es im Beispiel sind.

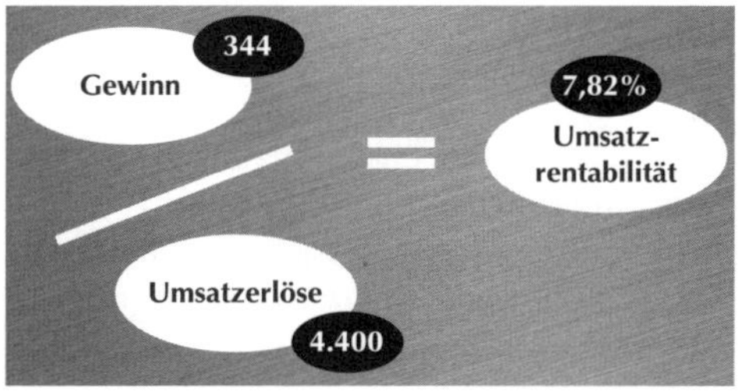

14.10: Berechnung der Umsatzrentabilität

Das bedeutet, dass das Unternehmen mit jedem Euro Umsatz 7,82 Cent Gewinn macht. Der Rest des hart verdienten Euros wird von irgendwelchen Kosten aufgefressen.

Alles was »Rentabilität« heißt, bezieht sich auf den Gewinn. Der Begriff, der vor dem Wörtchen »Rentabilität« steht, ist diejenige Größe, durch die der Gewinn bei der jeweiligen Kennzahlenermittlung dividiert wird. Ist der Gewinn einmal negativ, was man landläufig auch »Verlust« nennt, landen auch die Kennzahlen zur Rentabilität allesamt im negativen Bereich.

Stolz präsentieren Sie Ihrem Chef eine Aufstellung der Rentabilitätskennzahlen. Diese könnte aussehen wie in Abbildung 14.11.

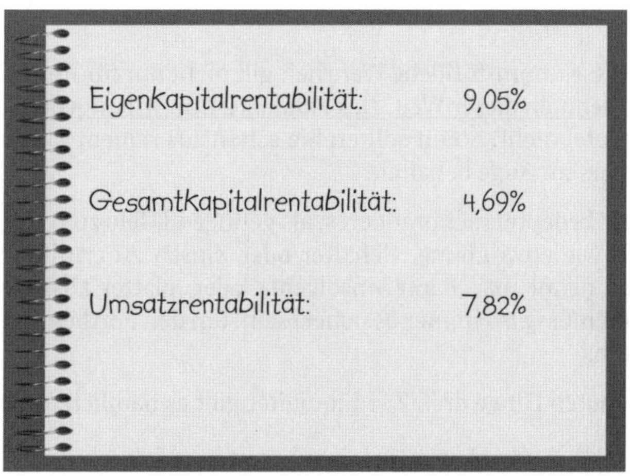

14.11: Kennzahlen zur Rentabilität

Voller Vorfreude auf die Mittagspause wollen Sie gerade das Büro Ihres Chefs verlassen, als er Ihnen hinterher ruft, er bräuchte dann noch super dringend Informationen über die Liquidität des Unternehmens. Leicht genervt holen Sie sich doch nur ein Brötchen und machen sich wieder frisch ans Werk.

Vergleichen lohnt sich

Ihr Unternehmen weist also eine Umsatzrentabilität von 7,82% auf. Ihr größter Konkurrent allerdings protzt mit einer Umsatzrentabilität von über 10%. Dies bedeutet, dass bei ihm mehr vom Umsatz als Gewinn hängen bleibt. Um mithalten zu können und marktfähig zu bleiben, müssen Sie sich Gedanken machen, wie in Ihrer Firma die Umsatzrentabilität nach oben getrieben werden kann.

Die beste Methode hierfür ist es, den Gewinn zu steigern. Hier wären wir wieder bei einem Thema, dass die Spezies »Controller« so beliebt macht: Kostenreduktion. Ihr Konkurrent zeigt Ihnen nämlich, dass er eine schlankere Kostenstruktur hat, da mehr vom Umsatz im Gewinn landet und im Umkehrschluss weniger Kosten vom Umsatz abgezogen werden müssen.

Hier könnte es somit mal wieder heißen: Rotstift herauskramen und nach Einsparpotenzialen suchen.

Liquidität - oder: Auch die Gehälter müssen bezahlt werden

Ohne Moos nix los. Diese unumstößliche Wahrheit gilt nicht nur für Ihren Geldbeutel, sondern auch für jedes Unternehmen dieser Welt. Das Fatale: Hat Ihr Arbeitgeber kein Geld mehr, füllt sich auch Ihr Geldbeutel nicht. Somit sollten Sie schon aus reinem Eigeninteresse die Liquidität Ihres Arbeitgebers im Auge behalten.

Liquidität bedeutet nichts anderes, als genügend Geld zu haben, um die Zahlungspflichten wie etwa Löhne, Gehälter oder Zinsen zu erfüllen. Das Gegenteil von »liquide« nennt man dann »insolvent« oder, platter ausgedrückt: »pleite«. Die Liquidität muss also immer gesichert sein, um den Fortbestand des Unternehmens zu sichern.

Auch hier sind aller guten Dinge drei. Zur Liquidität gibt es nämlich folgende Kennzahlen:

- ✔ Liquidität 1. Grades
- ✔ Liquidität 2. Grades und – Sie ahnen es schon
- ✔ Liquidität 3. Grades

Liquidität 1. Grades (Barliquidität)

Diese Kennzahl setzt die flüssigen Mittel des Unternehmens mit dem kurzfristigen Fremdkapital in Relation. Sie sagt also aus, wie hoch der Anteil des kurzfristigen Fremdkapitals ist, der mit den flüssigen Mitteln des Unternehmens theoretisch sofort bezahlt werden könnte.

Flüssige Mittel sind Bankguthaben, die Kasse, Wechsel und Schecks. Also alle sofort verfügbaren Geldmittel des Unternehmens.

Als *kurzfristiges Fremdkapital* bezeichnet man alle Kredite, Verbindlichkeiten und Schulden, die binnen eines Jahres zurückgezahlt werden müssen. Auch kurzfristige Rückstellungen gehören dazu.

Abbildung 14.12 zeigt Ihnen die Berechnung der Liquidität 1. Grades.

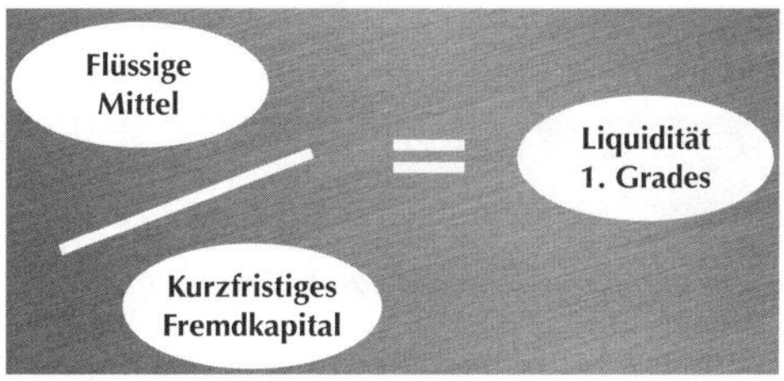

14.12: Ermittlung der Liquidität 1. Grades

Die Angaben, die Sie für die Ermittlung der Liquidität 1. Grades brauchen, stehen wieder einmal alle in der Bilanz.

Das einzige Problem, das auftauchen könnte, ist die Unterscheidung des Fremdkapitals in kurz- und langfristiges Fremdkapital. Hierfür klingeln Sie im Zweifelsfall am besten einmal in der Buchhaltung durch.

Im folgenden Beispiel haben Sie die Info aus der Buchhaltung erhalten, dass 50% des gesamten Fremdkapitals kurzfristiger Natur ist und innerhalb eines Jahres zurückgezahlt werden muss. Wo die Daten in der Bilanz wiederzufinden sind, verrät Ihnen nicht das Licht, sondern Abbildung 14.13.

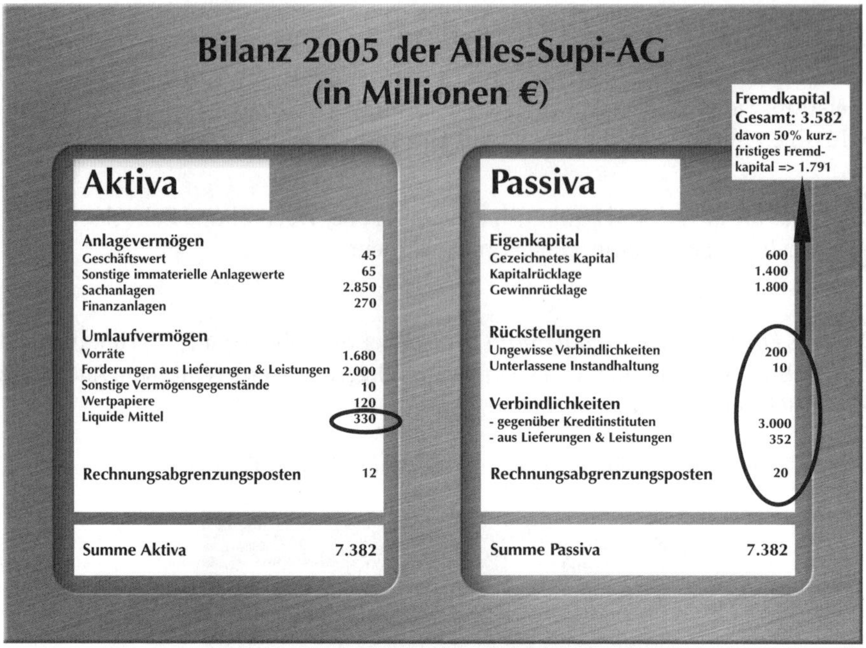

14.13: Daten für die Liquidität 1. Grades in der Bilanz

Wie nun die Liquidität 1. Grades in diesem Beispiel genau aussieht, sehen Sie in Abbildung 14.14.

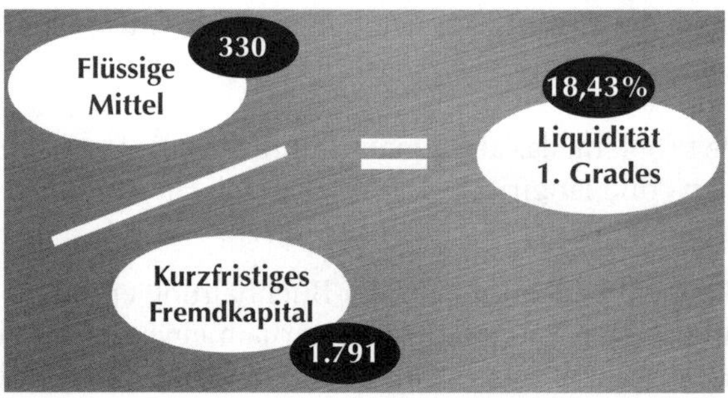

14.14: Berechnung der Liquidität 1. Grades

Dieser Wert besagt, dass Ihre liquiden Mittel nur für eine Deckung von 18,43% aller kurzfristigen Verbindlichkeiten ausreichen. Das hört sich erst einmal erschreckend an. Aber das Geld soll ja nicht sinnlos in Ihren Kassen herumliegen, sondern in Ihrem Unternehmen gewinnbringend arbeiten.

Die durchschnittliche Liquidität 1. Grades liegt bei den deutschen Unternehmen bei etwa 10%.

Nach einigem Nachdenken fällt Ihnen ein, dass Kunden und Händler Ihrem Unternehmen auch noch einiges schulden. Sie nehmen noch einmal die Bilanz zur Hand und schauen sich die Bilanzposition »Forderungen« genauer an. Jetzt kommt nämlich die Liquidität 2. Grades ins Spiel.

Liquidität 2. Grades

Im Gegensatz zur Liquidität 1. Grades werden hier zu den liquiden Mitteln noch die kurzfristigen Forderungen hinzugezählt und das Ganze wird wie gehabt durch das kurzfristig fällige Fremdkapital geteilt. Wie das als Formel aussieht, sehen Sie in Abbildung 14.15.

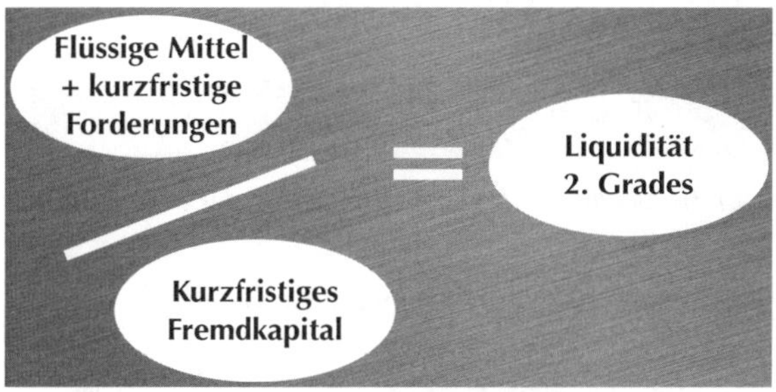

14.15: Ermittlung der Liquidität 2. Grades

Kurzfristige Forderungen sind Beträge, die Ihnen andere schulden und die innerhalb von einem Jahr zurückbezahlt werden müssen. Die Forderungen finden Sie in der Bilanz. Für die Unterteilung in kurz- und langfristige Forderungen hilft ein Anruf in der Buchhaltung.

Wir nehmen an, dass 75% aller Forderungen kurzfristig fällig sind. Abbildung 14.16 zeigt noch einmal, wo Sie die Werte in der Bilanz finden.

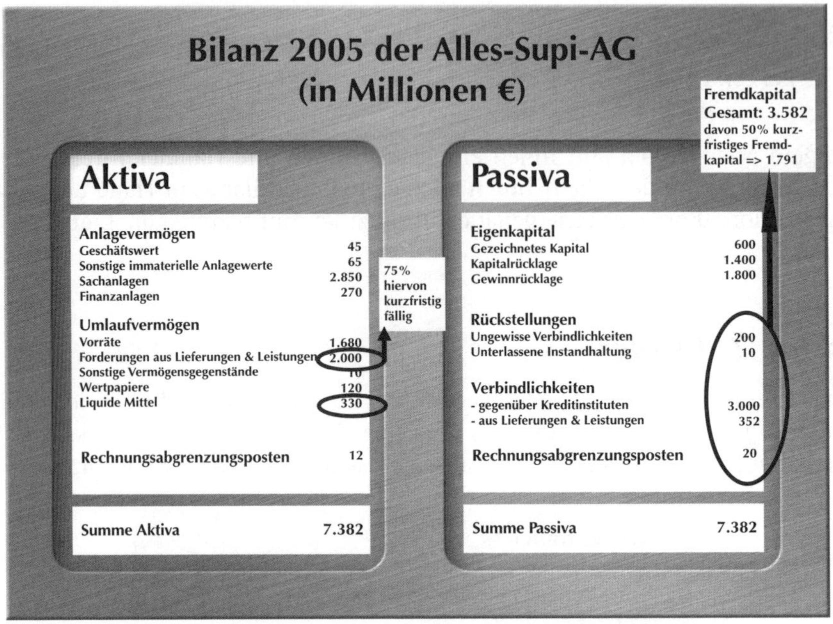

14.16: Werte für die Liquidität 2. Grades in der Bilanz

Und jetzt ran an den Taschenrechner und flugs die Liquidität 2. Grades ermittelt.

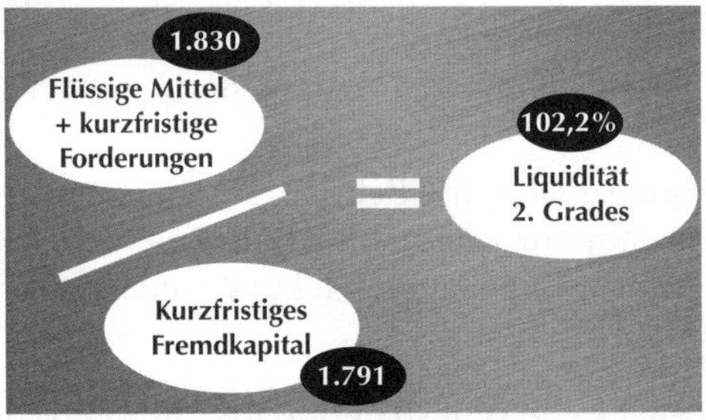

14.17: Berechnung der Liquidität 2. Grades

Sie können sich beruhigt zurücklehnen und einen Kaffee holen, denn die Liquidität 2. Grades liegt in Ihrem Unternehmen bei über 100%.

Im Idealfall sollte die Liquidität 2. Grades zwischen 100% und 120% liegen. Ist dies nicht der Fall, liegen vermutlich zu viele Ihrer Produkte auf Lager oder es gibt Problemchen in der Wertschöpfung Ihres Unternehmens. Liegt diese Kennzahl sogar deutlich unter 100%, könnte im schlimmsten Fall die Insolvenz vor der Türe stehen.

Die Liquidität 2. Grades gilt als die aussagekräftigste aller drei Varianten der Liquidität. Aber noch nicht genug der Liquidität. Eine haben wir noch.

Liquidität 3. Grades

Zusätzlich zu den flüssigen Mitteln und den kurzfristigen Forderungen werden hier auch noch die Vorräte berücksichtigt.

»Vorräte« sind beispielsweise die fertigen, aber noch nicht verkauften Erzeugnisse in Ihrem Lager oder gelagerte Rohstoffe und Materialien.

Die Formel für die Liquidität 3. Grades sehen Sie in Abbildung 14.18.

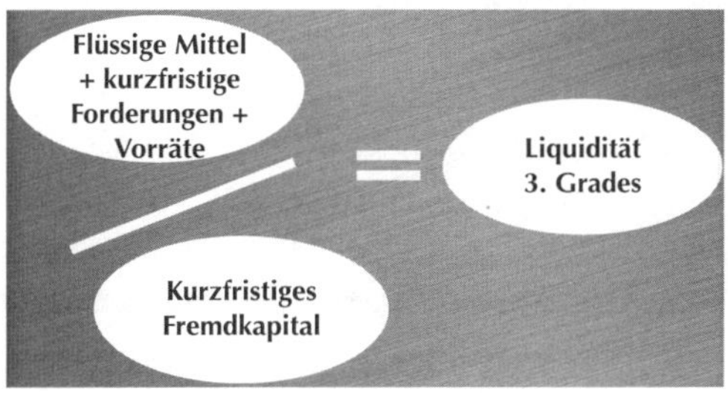

14.18: Ermittlung der Liquidität 3. Grades

Wie Sie in Abbildung 14.16 erkennen können, liegt der in der Bilanz angesetzte Wert der Vorräte bei 1.680 Euro. Diesen Wert müssen Sie also zu den bisherigen Werten im Zähler der Berechnung hinzuaddieren. Abbildung 14.19 zeigt die Ermittlung der Liquidität 3. Grades im Beispiel.

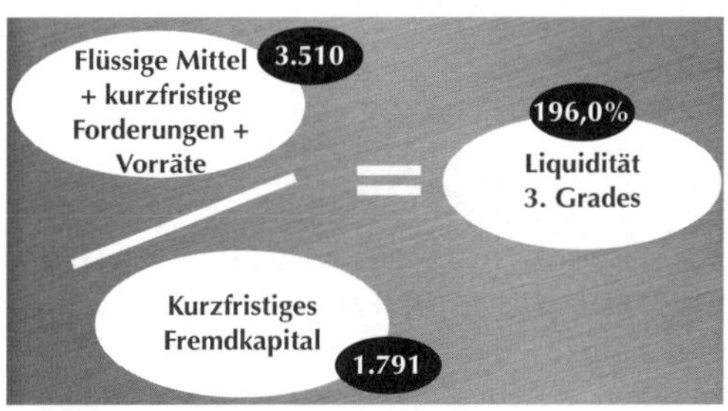

14.19: Berechnung der Liquidität 3. Grades

Mit knapp 200% ist diese Kennzahl in unserem Beispiel sehr hoch.

Wenn die Liquidität 3. Grades zwischen 120% und 150% liegt, ist alles im grünen Bereich. Bei einem Wert darunter wurden eventuell die Preise falsch kalkuliert. Ist der Wert – wie hier – darüber, liegen eindeutig zu viele nicht verkaufte Produkte auf Lager. Hier sollte dann erst einmal das Lager abgebaut werden, um nicht unnötig Kapital zu binden.

Mittlerweile spät am Nachmittag marschieren Sie nun mit dem Zettel aus Abbildung 14.20 erneut zu Ihrem Chef und freuen sich auf einen baldigen Feierabend.

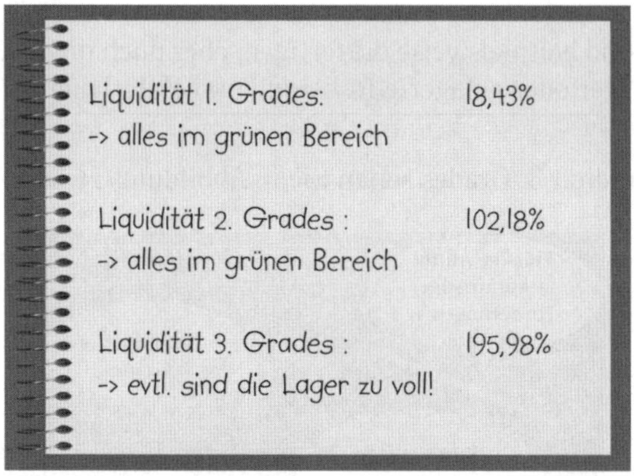

14.20: Kennzahlen zur Liquidität

Doch Undank ist der Welten Lohn! Ihr Chef bedankt sich kurz für Ihre Mühe – immerhin, jedoch folgt im nächsten Satz der nächste Schock: »Ich bräuchte für die Vorstandssitzung morgen früh dringend noch Infos zu unserer Kapitalstruktur.«

Genervt gehen Sie auf dem Rückweg in Ihr Büro noch kurz in die Kaffeeküche. Sie entscheiden sich, statt einer Tasse gleich eine ganze Kanne Kaffee mitzunehmen, denn der Abend könnte lange werden. Ob es auch Kennzahlen bezüglich des Kaffeekonsums von Controllern gibt?

Working Capital

Neben den verschiedenen Graden zur Liquidität gibt es noch weitere Kennzahlen bezüglich der Zahlungsfähigkeit. Gerne genommen wird auch das *Working Capital*. Das ist die Differenz zwischen dem gesamten Umlaufvermögen und den kurzfristigen Verbindlichkeiten. Das Ergebnis sollte positiv sein, damit die Zahlungsfähigkeit gesichert ist und Sie ruhig schlafen können.

Wenn Sie das gesamte Umlaufvermögen durch die kurzfristigen Verbindlichkeiten teilen, haben Sie es mit der *Working Capital Ratio* zu tun. Im Prinzip ist die *Working Capital Ratio* die logische Fortführung der Liquidität 3. Grades, da hier auch die noch fehlenden Positionen des Umlaufvermögens berücksichtigt werden.

Was gehört wem – Kapitalstruktur

Die Fragestellung, mit der Sie sich nun beschäftigen dürfen, lautet: Wie ist eigentlich das Unternehmen finanziert? Hierzu brauchen Sie erst einmal folgende Informationen:

✔ Wie hoch ist das Eigenkapital?

✔ Wie hoch ist das Fremdkapital?

✔ Wie hoch ist die Summe aus beidem: das Gesamtkapital?

Zum Glück haben Sie den Ordner mit der Bilanz noch nicht ins Regal geräumt. Denn die brauchen Sie hier einmal mehr. Wohin Sie Ihr Augenmerk hinsichtlich der Finanzstruktur lenken sollten, verdeutlicht Abbildung 14.21.

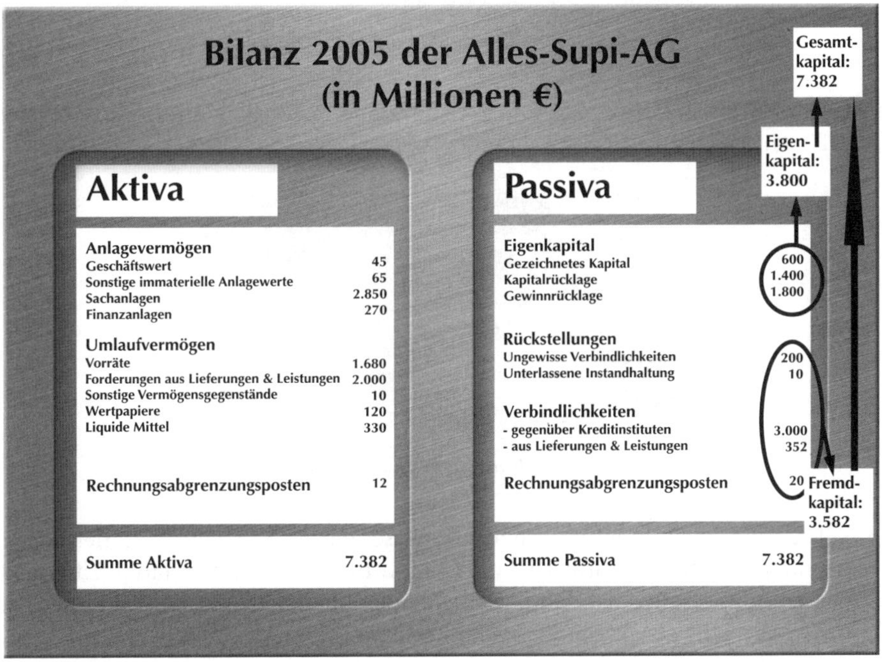

14.21: Werte für die Kapitalstruktur in der Bilanz

Nun raten Sie mal, wie viele wichtige Kennzahlen es zur Kapitalstruktur gibt. Sie ahnen es schon – wieder einmal drei:

1. die Eigenkapitalquote
2. die Fremdkapitalquote
3. die Verschuldungsquote

Die Eigenkapitalquote

Diese Kennzahl sagt Ihnen, wie hoch der Anteil des Eigenkapitals am Gesamtkapital ist. Abbildung 14.22 lüftet das Geheimnis: Sie dividieren einfach das Eigenkapital durch das Gesamtkapital.

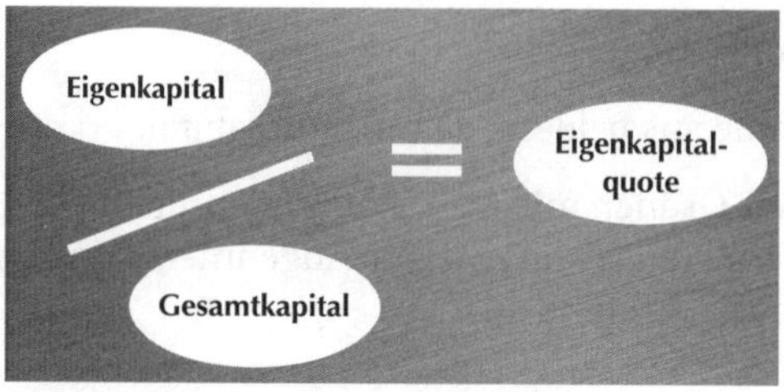

14.22: Ermittlung der Eigenkapitalquote

Mit den Werten der Bilanz aus Abbildung 14.21 ergibt sich für die »Alles-Supi-AG« die in Abbildung 14.23 dargestellte Eigenkapitalquote.

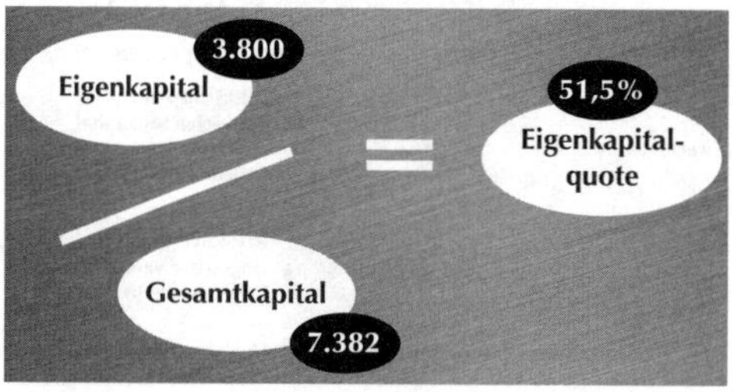

14.23: Berechnung der Eigenkapitalquote

Die Eigenkapitalquote sollte idealerweise über 50% liegen. Je höher die Eigenkapitalquote, desto geringer ist die Gefahr, in die Zahlungsunfähigkeit zu rutschen. Das Unternehmen hat dann nämlich einen finanziellen Puffer für Zeiten, in denen es mal nicht so gut läuft, und muss dann nicht so schnell neues Fremdkapital aufnehmen.

Der Eigenkapitalanteil des Unternehmens ist zwar nur knapp über der magischen 50%-Grenze, aber immerhin darüber. Folglich scheint alles in Butter zu sein.

Als Nächstes kümmern Sie sich um das Gegenstück zur Eigenkapitalquote.

Die Fremdkapitalquote

Wie viel von allem ist fremdfinanziert? Hier wird der Anteil des Fremdkapitals am Gesamtkapital ermittelt. Abbildung 14.24 zeigt ihnen, wie.

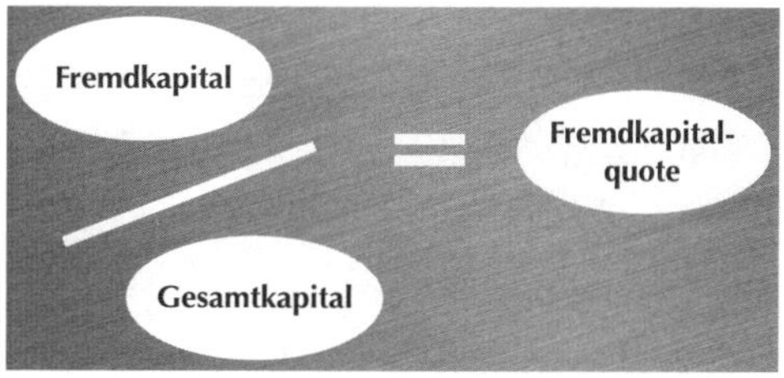

14.24: Ermittlung der Fremdkapitalquote

In harten Fakten und Zahlen ausgedrückt, sehen Sie dies für das Beispiel in Abbildung 14.25.

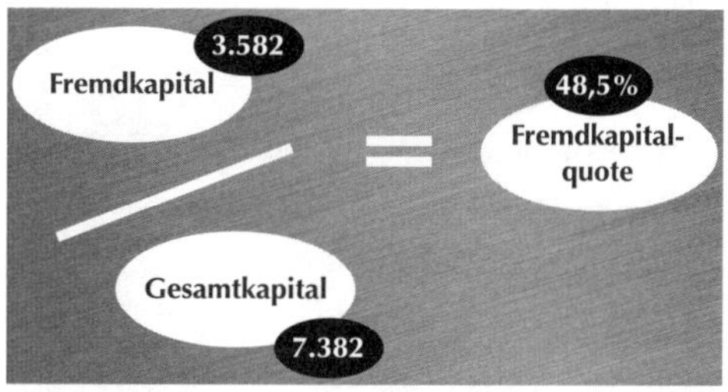

14.25: Berechnung der Fremdkapitalquote

Man könnte natürlich auch die 100% Gesamtkapital nehmen und die Eigenkapitalquote davon abziehen, um die Fremdkapitalquote zu erhalten.

Die Fremdkapitalquote ist das Gegenstück zur Eigenkapitalquote und beide zusammen ergeben stets 100%. Da die Eigenkapitalquote über 50% liegen soll, bedeutet dies somit eine ideale Fremdkapitalquote von unter 50%. Sonst geht das Unternehmen das Risiko ein, sich zu überschulden.

Wenig überraschend: Die Fremdkapitalquote ist ebenso knapp unter der 50%-Grenze, wie die Eigenkapitalquote diese Marke überstiegen hat. Der Feierabend naht – nur noch eine Kennzahl, um Ihren Chef zufrieden zu stellen!

Die Verschuldungsquote

Bei der Verschuldungsquote wird das Eigenkapital in Relation zum Fremdkapital gesetzt. Abbildung 14.26 stellt dies in einer schmucken Formel dar.

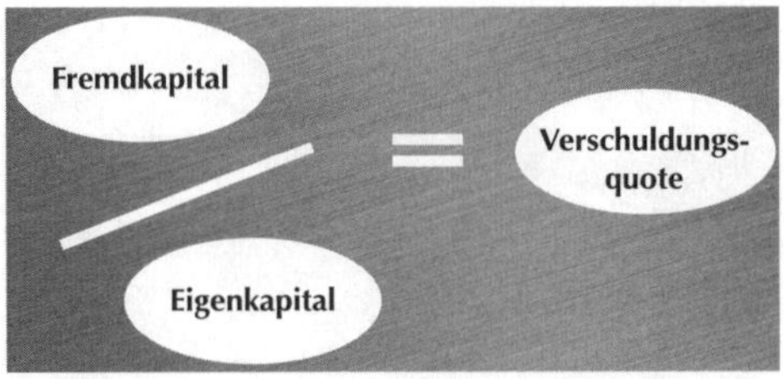

14.26: Ermittlung der Verschuldungsquote

Die Verschuldungsquote sagt aus, wie viel Euro Fremdkapital einem Euro Eigenkapital gegenüberstehen. Im Beispiel sind das gut 94 Cent, wie Abbildung 14.27 zeigt.

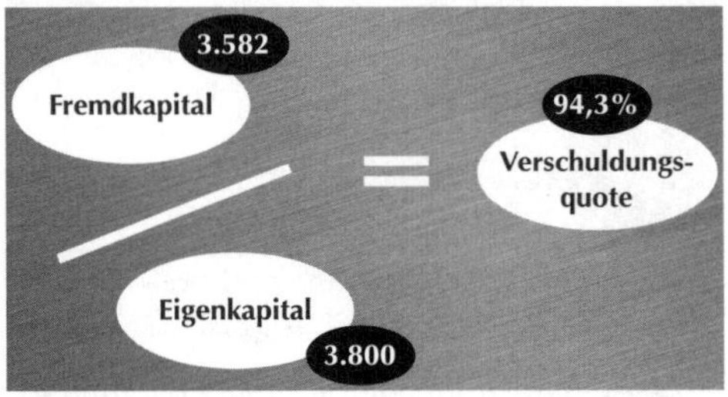

14.27: Berechnung der Verschuldungsquote

Die Verschuldungsquote sollte stets unter 100% liegen. Das bedeutet dann, dass jedem Euro Eigenkapital weniger als ein Euro an Fremdkapital gegenübersteht. Je geringer diese Kennzahl ausfällt, desto besser. Nimmt sie einen Wert jenseits der 100% an, heißt es: Aufpassen – Überschuldungsgefahr!

Sie fassen erneut die Ergebnisse auf einem Blatt zusammen. Gerade fertig damit, steht Ihr Chef in Ihrem Büro. Sie überreichen ihm hoffnungsvoll den Zettel, der in Abbildung 14.28 abgebildet ist, und freuen sich, dass Sie es noch vor Ladenschluss schaffen werden, Feierabend zu machen. Sowohl der leere Kühlschrank zu Hause als auch Ihr Magen schreien nach Nachschub.

Vergessen Sie das mit dem Einkauf am besten sofort wieder. Denn der Herr Chef hat eine neue Überraschung parat: Der kaufmännische Vorstand möchte noch gerne etwas zum Cash-Flow wissen. Und da alle Ihre Kollegen schon im Feierabend sind, ist klar, an wem diese ehrenvolle Aufgabe hängen bleiben wird. Herzlichen Glückwunsch! Kaffee tanken, tief durchatmen, überlegen, an welcher Tankstelle es Lebensmittel gibt, und los geht's.

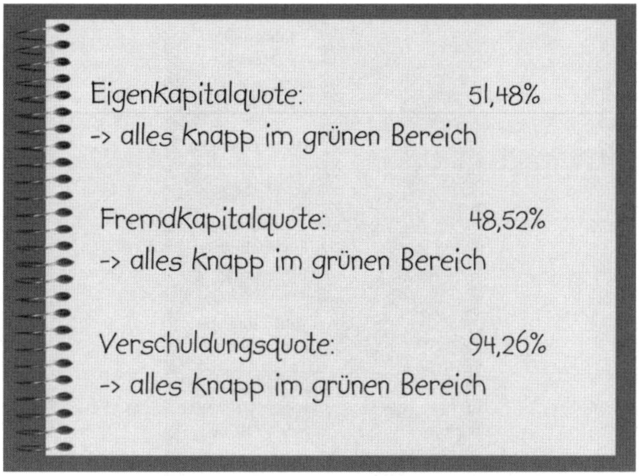

14.28: Kennzahlen zur Kapitalstruktur

Der Cash-Flow

Im Normalfall erwirtschaftet ein Unternehmen Geld. Wir hoffen und unterstellen nun einmal, dass dies auch für das Unternehmen gilt, für das Sie arbeiten.

Mit diesem vom Unternehmen selbst verdienten Geld können etwa Investitionen getätigt oder die Verbindlichkeiten zurückbezahlt werden. Und wenn dann noch etwas übrig ist, können davon auch Gewinnanteile ausbezahlt werden.

Der Cash-Flow misst die Selbstfinanzierungskraft eines Unternehmens. Darunter versteht man die Fähigkeit des Unternehmens, sich aus eigener Kraft zu finanzieren, ohne Schulden aufnehmen zu müssen. Die Kennzahl Cash-Flow besagt somit, wie viel Geld tatsächlich fließt und für das Unternehmen hängen bleibt.

Sie könnten nun denken: »Ja klar, das ist nichts anderes als der Jahresüberschuss.« Doch das ist nur die halbe Wahrheit. Denn bei der Ermittlung des Jahresüberschusses werden unter anderem auch

- ✔ Abschreibungen vorgenommen und
- ✔ Rückstellungen gebildet.

Das geschieht aus Mitteln, die eigentlich dem Unternehmen zur freien Verfügung stehen. Und wenn wiederum Rückstellungen aus Vorjahren aufgelöst werden, erhöht das den Jahresüberschuss des aktuellen Jahres, ohne dass tatsächlich Geld fließt. Folglich muss der Jahresüberschuss noch etwas angepasst werden, um den Cash-Flow zu erhalten. Wie diese Anpassungen aussehen, können Sie in Abbildung 14.29 sehen.

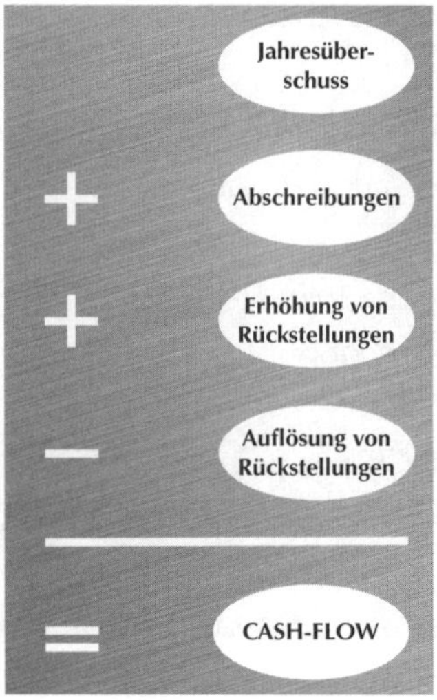

14.29: Ermittlung des Cash-Flow

Den Jahresüberschuss können Sie ohne weiteres aus der letzten Gewinn- und Verlustrechnung übernehmen. Bezüglich der Abschreibungen und Rückstellungen quälen Sie am besten erneut die Buchhaltung. Diese Werte können Sie nämlich nicht ohne weiteres aus der Bilanz oder der GuV entnehmen. Ein Glück, dass Sie zu solch später Stunde dort noch jemanden erreichen, der Ihnen die Daten liefern kann. Mit den erfragten Werten ergibt sich für das Unternehmen ein Cash-Flow wie in Abbildung 14.30 dargestellt.

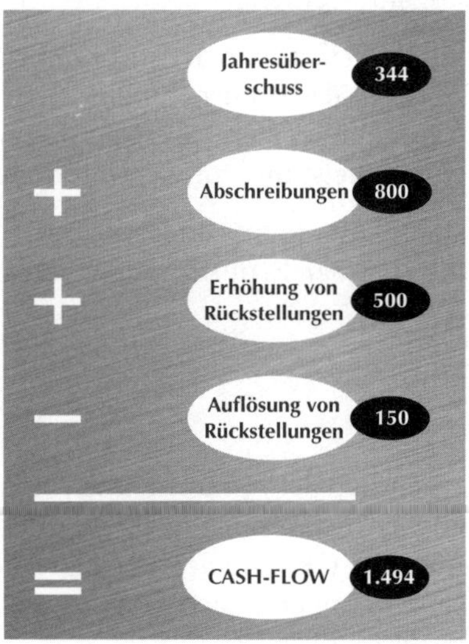

14.30: Berechnung des Cash-Flow

Der Cash-Flow kann auch ermittelt werden, indem alle zahlungswirksamen Aufwendungen von den zahlungswirksamen Erträgen abgezogen werden. Das Ergebnis ist dasselbe. Zahlungswirksam bedeutet, dass auch tatsächlich eine Veränderung der Liquidität vorliegt. Das heißt, dass bei den Erträgen auch wirklich Geld in die Kasse oder auf das Konto kommt beziehungsweise bei Aufwendungen das Geld von dort verschwindet.

Je höher der Cash-Flow ist, desto kreditwürdiger steht man da. Ist er negativ, sieht's zappenduster aus. Sie sind ganz zufrieden mit dem Ergebnis und Ihr Chef scheinbar auch. Endlich entlässt er Sie in den wohl verdienten Feierabend. Ein Blick auf die Uhr verrät: Vor fünf Minuten war Ladenschluss.

Dies waren nur die wichtigsten Kennzahlen, die Sie aus der Bilanz, der Gewinn- und Verlustrechnung und sonstigen Datenquellen bilden können. Falls Sie Ihrem Chef imponieren und sich nach Herzenslust austoben wollen, haben wir auf der CD unter dem Stichwort »Kennzahlen« einen bunten Strauß weiterer Kennzahlen für Sie zusammengestellt.

Der Controller und der Tankwart

Häufig werden Controller zu später Stunde an Tankstellen gesichtet. Dies hat aber nichts damit zu tun, dass sie mehr Sprit verbrauchen als Nicht-Controller. Es ist vielmehr den gesetzlichen Ladenschlusszeiten zu verdanken: Dank des späten Feierabends müssen Einkäufe von Controllern meist auf Zeiten verschoben werden, zu denen Lebensmittel nur noch an Tankstellen erhältlich sind. Das Kapitel hat Ihnen gezeigt, warum das so ist. Eine geschicktere Einkaufsplanung am letzten Wochenende hätte dies vermeiden können. Sie haben sich bereits mit dem Tankwart Ihres Vertrauens angefreundet? Sehr gut. Denn dann gibt es vielleicht Sonderpreise für Sie – bevor eine Überschuldung durch Tankstellenpreise droht. Und wenn Sie schon mal da sind, kaufen Sie doch auch gleich eine Schachtel Pralinen für die nette Dame aus der Buchhaltung, ohne die Sie heute ganz schön alt ausgesehen hätten.

Von Obstplantagen – Kennzahlensysteme

15

In diesem Kapitel

- Was ist ein Kennzahlensystem
- Eines der wichtigsten Kennzahlensysteme: ROI
- Was gibt es sonst noch an Kennzahlensystemen

Nach einem anstrengenden Arbeitstag genießen Sie einen wohlverdienten Fernsehabend und schauen sich die Nachrichten an. Danach natürlich auch die Wettervorhersage. Denn dort erfahren Sie, was Sie am nächsten Tag anziehen können und ob Sie eventuell noch etwas bügeln müssen.

Nun fragen Sie sich sicherlich, was die Wettervorhersage mit einem Kennzahlensystem gemeinsam hat. Sehr viel: Hinter der simplen Aussage, dass das Wetter umschwenkt und eine zwei bis drei Wochen andauernde Schönwetterperiode auf uns zukommt, steckt ein umfangreiches System aus verschiedenen Messwerten wie etwa der Luftfeuchtigkeit oder dem Luftdruck. Ähnliches erwartet Sie in diesem Kapitel, nur dass es hier um Messwerte wie beispielsweise Gewinn, Umsatzerlöse oder Gesamtkapital geht.

Kennzahlen mit System

Wie die modernen Systeme zur Bestimmung der Wettervorhersage setzen sich Kennzahlensysteme aus mehreren unterschiedlichen Faktoren zusammen. Im Gegensatz zu den Kennzahlen, bei denen es sich um einsame Einzelkämpfer handelt, werden in Kennzahlensystemen mehrere Kennzahlen zusammen betrachtet, um dadurch mehrere Sichtweisen und Einflussfaktoren berücksichtigen zu können.

Ein *Kennzahlensystem* ist eine Ansammlung mehrerer, in der Regel miteinander verknüpfter Kennzahlen. Das Ziel dieser Systeme ist es, komplizierte Sachverhalte auf möglichst wenige Größen zu reduzieren. Und dies unter Berücksichtigung der Abhängigkeiten zwischen den einzelnen Kennzahlen. So können dann Aussagen und Prognosen zu unternehmerisch wichtigen Entwicklungen vorgenommen werden.

Volle Fahrt voraus ...

Es ist 15.00 Uhr. Sie fahren auf der Autobahn A8 aus Stuttgart kommend in Richtung München. Die nette Stimme des Navigationssystems teilt Ihnen mit, dass Sie in voraussichtlich zwei Stunden in München ankommen werden. Diese tollkühne Aussage basiert auf zwei Kennzahlen: Der Entfernung Stuttgart-München von gut 200 km sowie der angenommenen durchschnittlichen Fahrgeschwindigkeit von 111 km/h. Sie können sich mit dieser Prognose zufrieden geben und Ihren Termin in München auf 17.00 Uhr legen. Da Sie auf Pünktlichkeit großen Wert legen, ist Ihnen die Ansage des Navigationssystems aber zu vage. Ihnen ist bewusst, dass die Fahrtzeit noch von vielen anderen Faktoren (also Kennzahlen) beeinflusst wird: Wie ist das Wetter und das Verkehrsaufkommen? Gibt es auf dem Weg Unfälle oder Baustellen? Wie viele rote Ampeln sorgen für unfreiwillige Ruhepausen? Somit haben Sie es bereits bei einem relativ simplen Sachverhalt wie einer Fahrt von Stuttgart nach München mit einem komplexen Kennzahlensystem zu tun. Da Sie Ihren Termin auch einhalten möchten, versuchen Sie, alle Faktoren zu berücksichtigen. In Anbetracht zweier Unfälle sowie einer Dauer-Baustelle korrigieren Sie die erwartete Fahrzeit auf knapp drei Stunden. Sie rufen Ihren Gesprächspartner in München an und vereinbaren 18.00 Uhr.

Genau zwei Stunden und vierzig Minuten später haben Sie es geschafft: Sie sind in München.

Wie Sie sehen, war Ihre Entscheidung goldrichtig, mehrere Kennzahlen, das heißt ein Kennzahlensystem, zu berücksichtigen.

Vier Gründe für ein Kennzahlensystem

Warum der Controller einzelne Kennzahlen benötigt, konnten Sie bereits im vorigen Kapitel erfahren. Manchmal reichen einzelne Kennzahlen aber nicht aus, um komplizierte Sachverhalte darzustellen.

Erfahren Sie nun die wichtigsten Vorteile eines Kennzahlensystems.

Alles auf einen Blick

Sie sehen alle wichtigen Einflussgrößen auf einen Blick. Außerdem werden die vielen Einflussfaktoren auf einen oder einige wenige bedeutende Faktoren reduziert. So können Sie auch die kompliziertesten Sachverhalte einfach darstellen und dem Management die notwendige Entscheidungsbasis zur Verfügung stellen.

Transparente Darstellung

In Kennzahlensystemen sollen unternehmerische Kennzahlen sowie die Abhängigkeiten zwischen den einzelnen Größen transparent und gut überschaubar dargestellt werden. So kann diese Darstellungsweise eine ausreichende Steuerungs- und Entscheidungsgrundlage für das Management bieten.

Entscheidungsunterstützung

Dank der bestehenden Verknüpfungen zwischen den einzelnen Kennzahlen können Sie mit einem Kennzahlensystem Sensitivitätsanalysen erstellen. Diese können bei wichtigen Entscheidungen sehr wertvoll sein.

Durch *Sensitivitätsanalysen* erfahren Sie, wie sich die Veränderungen bestimmter Faktoren auf andere Faktoren auswirken. Das kann man bei einfacheren Sachverhalten zum Beispiel mit Excel machen.

Systemseitige Unterstützung

Ferner können die Kennzahlensysteme in bestehenden Systemen abgebildet werden. So können sie automatisch erstellt werden und stehen Ihnen Tag und Nacht zur Verfügung.

Lassen Sie bitte Ihre Kunden nie ohne Ihre fachliche Unterstützung mit den automatisch erstellten Kennzahlen alleine. Erst wenn die Zahlen eines Kennzahlensystems entsprechend plausibilisiert, kommentiert und um mögliche Sondereffekte bereinigt worden sind (wie beispielsweise um Sonderabschreibungen aufgrund der Pleite eines Lieferanten), können die Zahlen eines Kennzahlensystems auch korrekt interpretiert werden.

Darüber hinaus sind Kennzahlensysteme seit einiger Zeit einfach »in« und alleine schon deshalb für den Controller nicht zu umgehen.

Es ist nicht immer zielführend, sich an den bereits bekannten, klassischen Kennzahlensystemen und deren Strukturen festzuklammern. Im Gegenteil: Betrachten Sie die klassischen Systeme eher als eine Art Grundgerüst, auf dem Sie Ihr individuelles, an die Lage und Bedürfnisse Ihrer Firma angepasstes Kennzahlensystem aufbauen können.

Eines der wichtigsten »klassischen« Kennzahlensysteme ist das so genannte »Du-Pont-Kennzahlensystem«.

Die Einflussgrößen des ROI: Das Du-Pont-System

Das Du-Pont-System wurde im Jahre 1919 entwickelt und ist wohl das älteste und bekannteste Kennzahlensystem.

Vereinfacht lässt sich das Du-Pont-System wie in Abbildung 15.1 als eine Pyramide darstellen. Die einzelnen Kennzahlen werden dabei »aufeinander gestapelt«. Ganz oben an der Spitze steht die wichtigste Kennzahl des Systems, der ROI (Return on Investment).

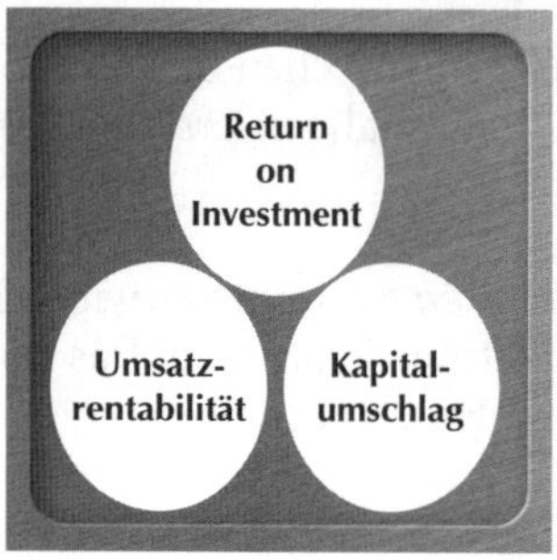

15.1: Pyramidendarstellung des Du-Pont-Kennzahlensystems

Der Return on Investment wird direkt aus zwei Kennzahlen berechnet: aus der Umsatzrentabilität und dem Kapitalumschlag.

Umsatzrentabilität oder: Welchen Anteil des Umsatzes darf ich behalten?

Wenn Sie das Kapitel 14 schon kennen, ist das ein alter Hut für Sie. Falls nicht, kein Problem. Hier noch einmal das Wichtigste in Kürze: Die Umsatzrentabilität ist der Gewinn geteilt durch die Umsatzerlöse. Beide Werte erhalten Sie ohne Probleme aus der Gewinn- und Verlustrechnung. Die Kennzahl besagt, wie viel vom Umsatz als Gewinn für das Unternehmen hängen geblieben ist. Und zwar als Prozentwert.

Ein kleines Zahlenbeispiel hierzu in Abbildung 15.2.

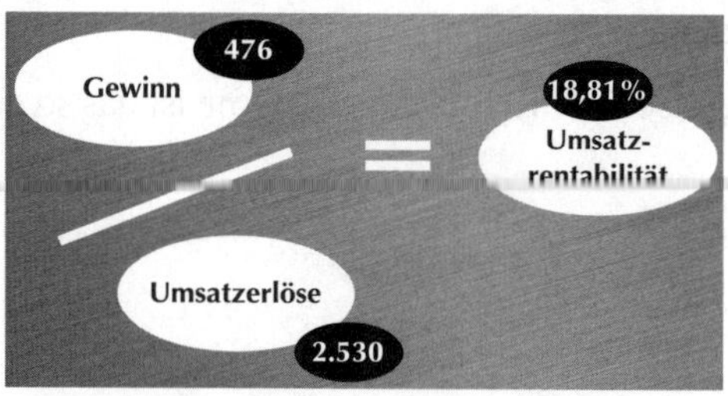

15.2: Beispiel zur Umsatzrentabilität

Kapitalumschlag – wie arbeitet mein Kapital?

Den Kapitalumschlag berechnen Sie, indem Sie die Umsatzerlöse durch das Gesamtkapital Ihres Unternehmens dividieren, so wie Abbildung 15.3 veranschaulicht.

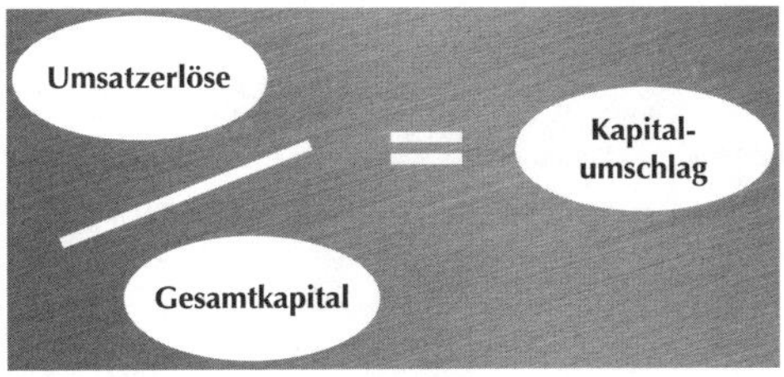

15.3: Berechnung Kapitalumschlag

Die Umsatzerlöse erhalten Sie aus der Gewinn- und Verlustrechnung Ihres Unternehmens, das Gesamtkapital aus der Bilanz.

Abbildung 15.4 zeigt zunächst einmal, wo die Umsatzerlöse in der GuV stehen, nämlich ganz oben.

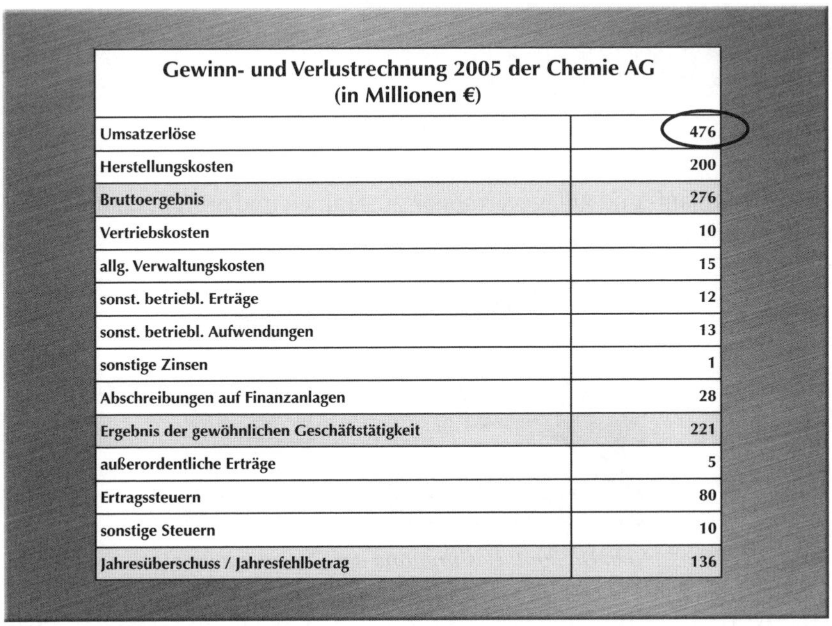

Gewinn- und Verlustrechnung 2005 der Chemie AG (in Millionen €)	
Umsatzerlöse	476
Herstellungskosten	200
Bruttoergebnis	276
Vertriebskosten	10
allg. Verwaltungskosten	15
sonst. betriebl. Erträge	12
sonst. betriebl. Aufwendungen	13
sonstige Zinsen	1
Abschreibungen auf Finanzanlagen	28
Ergebnis der gewöhnlichen Geschäftstätigkeit	221
außerordentliche Erträge	5
Ertragssteuern	80
sonstige Steuern	10
Jahresüberschuss / Jahresfehlbetrag	136

15.4: Umsatzerlöse in der Gewinn- und Verlustrechnung

Das Gesamtkapital steht in der Bilanz. Und zwar ist es die Summe aus Anlagevermögen und Umlaufvermögen. Abbildung 15.5 zeigt, wie die Bilanz im Beispiel aussieht.

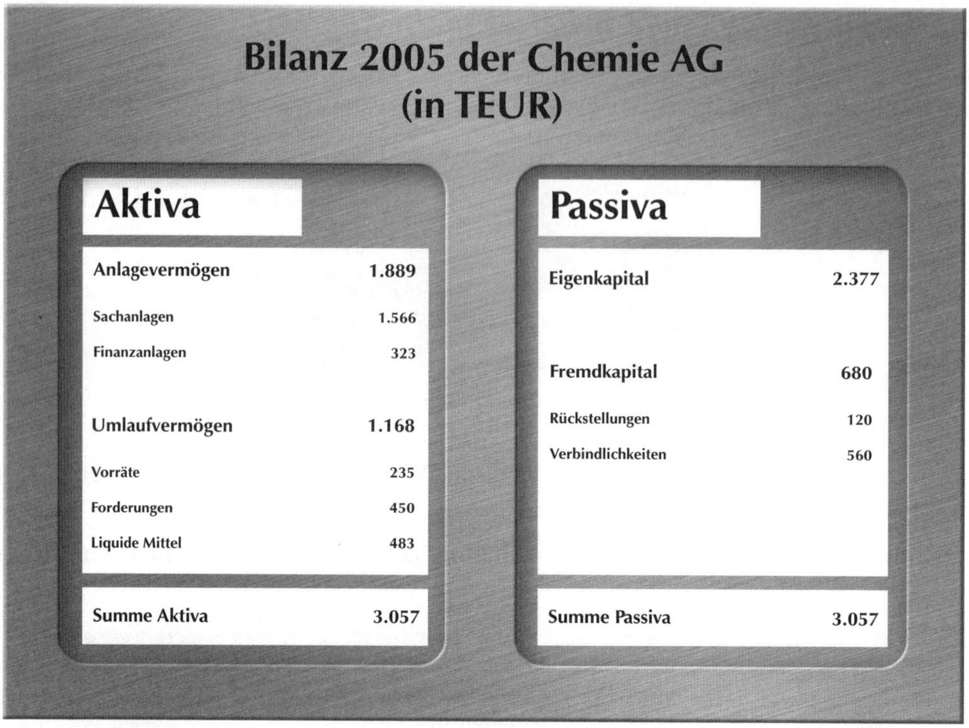

15.5: Bilanz der Chemie AG 2005

Nun addieren Sie Umlauf- und Anlagevermögen zusammen und prompt haben Sie das Gesamtkapital ermittelt; wie in Abbildung 15.6.

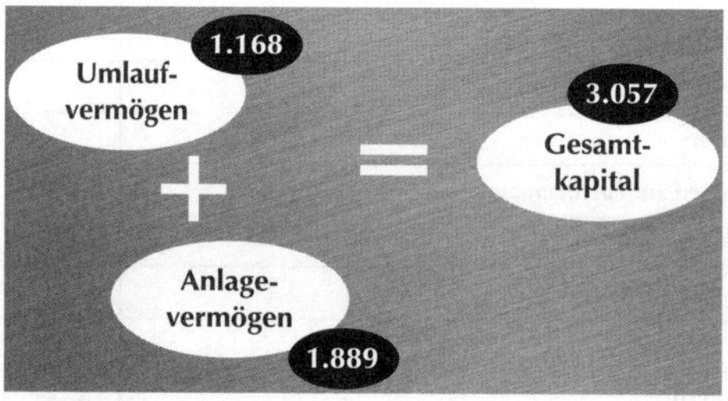

15.6: Du Pont: Bestimmung des Gesamtkapitals

Jetzt werden die Umsatzerlöse durch das Gesamtkapitel dividiert und damit der Kapitalumschlag berechnet. Abbildung 15.7 macht's vor.

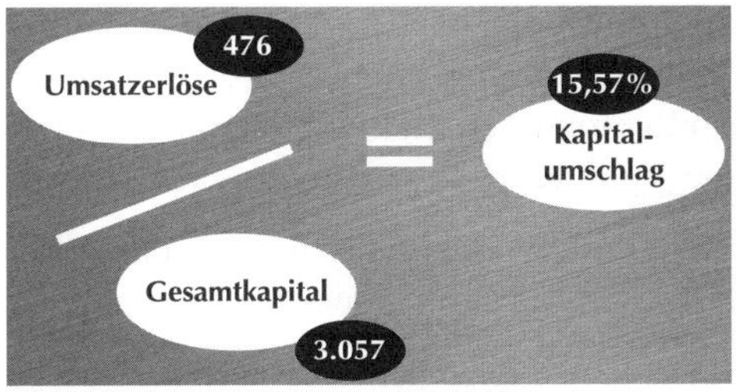

15.7: Berechnung des Kapitalumschlags

Der *Kapitalumschlag* beschreibt, wie hoch der Anteil der erzielten Umsätze am gesamten Kapital ist, und somit, wie oft das investierte Kapital eingesetzt werden muss, um den Unternehmensumsatz zu erzielen. Je niedriger diese Zahl, desto mehr Kapital wird benötigt, um den gleichen Umsatz zu erwirtschaften; das heißt, desto ineffizienter ist das Unternehmen. Bei einem Kapitalumschlag von knapp 83% liegen somit stolze 17% des eingesetzten Kapitals brach – sie arbeiten nicht. Davon werden die Kapitalgeber mit Sicherheit nicht begeistert sein. Gut wäre hier ein Wert, der weit über der 100%-Marke liegt.

Return on Investment: Was springt für Eigner und Anleger raus?

Der dritte und letzte Berechnungsschritt: Nun wird endlich der Return on Investment, auch kurz ROI genannt, ermittelt.

Dieser setzt sich aus der Umsatzrentabilität und dem Kapitalumschlag zusammen. Sie multiplizieren einfach die beiden Größen miteinander und erhalten den Return on Investment. Das zeigt Ihnen Abbildung 15.8.

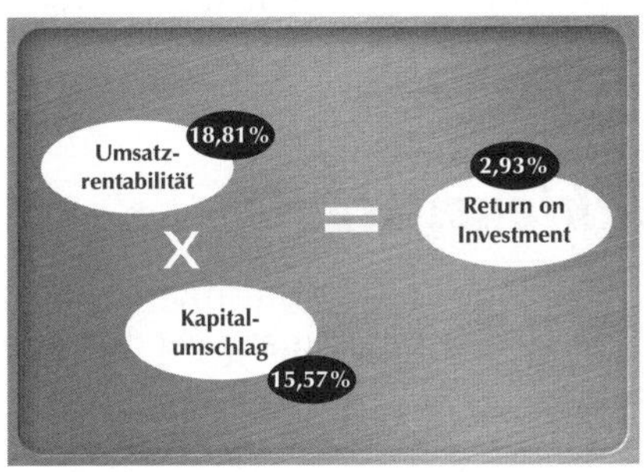

15.8: Berechnung des Return on Investment

Sie können den ROI aber auch ermitteln, indem Sie den Gewinn durch das Gesamtkapital dividieren. Das Ergebnis ist dasselbe.

Der ROI (Return on Investment) liefert die Antwort auf die Frage, wie lohnenswert es ist, Geld in das Unternehmen zu investieren. Er besagt, wie viel Gewinn aus dem investierten Kapital erwirtschaftet wird. Je höher der ROI, desto schneller findet ein Unternehmer im Bedarfsfall neue Kapitalgeber.

Im Beispiel sieht es mit dem ROI nicht so gut aus: Aus dem investierten Kapitel werden lediglich 2,93% als Gewinn erwirtschaftet. Nicht sonderlich prickelnd.

Abbildung 15.9 zeigt Ihnen das ganze Kennzahlensystem im Überblick.

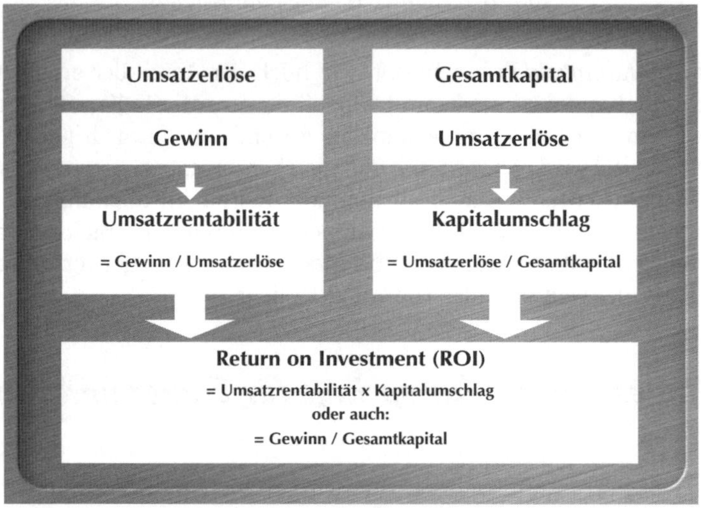

15.9: Überblick Du-Pont-Kennzahlensystem

Der ROI kann nicht nur für das gesamte Unternehmen, sondern auch für Unternehmensteile oder sogar einzelne Produkte oder Aktionen berechnet werden.

Noch mehr Kennzahlensysteme

Sie ahnen es sicherlich schon. Neben dem Du-Pont-Kennzahlensystem gibt es noch ein paar weitere Kennzahlensysteme. Wir wollen Ihnen hier zwei davon kurz vorstellen, damit Sie im Zweifelsfalle mitreden können.

Das ZVEI-Kennzahlensystem

Der Zentralverband der Elektrotechnik- und Elektroindustrie e.V. (ZVEI) hat im vorigen Jahrhundert ein Kennzahlensystem entwickelt, das nicht nur für Unternehmen aus der Elektrobranche verwendbar sein soll. Dieses Kennzahlensystem wird oftmals als Weiterentwicklung des Du-Pont-Kennzahlensystems bezeichnet. So viel zur Geschichte. Jetzt zum praktischen Teil.

Das ZVEI-Kennzahlensystem gliedert sich in zwei Teile: in einen Wachstums- und einen Strukturteil.

Die Wachstumsanalyse

Die Wachstumsanalyse steht vor dem Strukturteil und soll einen groben Überblick über die Entwicklung des gesamten Unternehmens geben. Also werden einige absolute Kennzahlen im Zeitablauf dargestellt. Und zwar aus den Themenbereichen:

- ✔ Vertrieb
- ✔ Ergebnis
- ✔ Kapitalbindung
- ✔ Wertschöpfung
- ✔ Beschäftigung

Das könnte dann für das Ergebnis und die Beschäftigung etwa so wie in Abbildung 15.10 aussehen.

Jahr	2003	2004	2005
Gewinn	110 Mio. €	54 Mio. €	23 Mio. €
Mitarbeiter	75	54	23

15.10: Beispiele aus einer Wachstumsanalyse

Die Strukturanalyse

Nach der Wachstumsanalyse folgt im ZVEI-System die Strukturanalyse. Durch gezieltes Dividieren und Multiplizieren werden weitere Kennzahlen ermittelt. Diese sind alle miteinander verknüpft. Ganz oben in der Hierarchie steht die Eigenkapitalrentabilität. Diese Kennzahl basiert wiederum auf dem Return on Investment und dem Eigenkapitalanteil. Und so weiter.

Wenn Sie dieses System vollständig anwenden, werden Sie am Ende ungefähr 200 Kennzahlen gebildet haben. Diese hohe Anzahl an Kennzahlen kann das System leicht unübersichtlich werden lassen. Daher unsere Empfehlung: Wenden Sie dieses System besser nur dann an, wenn Sie wirklich einen Nutzen daraus ziehen können sowie das System stark standardisiert anwenden können und nicht jedes Jahr neu variieren müssen. Sonst bricht schnell ein Kennzahlenchaos aus.

Das Rentabilitäts-Liquiditätssystem

Die beiden Systeme Du Pont und ZVEI haben sich im Wesentlichen mit Kennzahlen zur Rentabilitätsmessung begnügt. In den siebziger Jahren des vergangenen Jahrhunderts erkannten die Herren Reichmann und Lachnit, dass dies zur Unternehmensführung alleine nicht reicht. Denn zu Beginn dieser Dekade erschütterte die erste Ölkrise die Weltwirtschaft. Jetzt wurde es für viele Unternehmen zu einer Überlebensfrage, genügend liquide Mittel zur Verfügung zu haben, um diese Krise überstehen zu können. Kennzahlen zur Liquidität gerieten in den Fokus.

Das Rentabilitäts-Liquiditätssystem von Reichmann und Lachnit besteht im Wesentlichen aus zwei Blöcken.

Der erste Block: Rentabilitätsteil

Dieser Block besteht unter anderem aus den folgenden Kennzahlen:

- ✔ Ordentliches Ergebnis: also das ordentlichen Betriebs- und Finanzergebnis
- ✔ Gesamtkapitalrentabilität
- ✔ Return on Investment

Der zweite Block: Liquiditätsteil

Dieser Block besteht unter anderem aus diesen Kennzahlen:

- ✔ Liquide Mittel
- ✔ Cash Flow
- ✔ Working Capital

Dieses System besteht aus wesentlich weniger Kennzahlen als das ZVEI-System und bildet zugleich noch weitere Aspekte zur Beurteilung der Unternehmenslage ab.

Auf der CD finden Sie alle Kennzahlen dieses Systems unter dem Stichwort »RL-System«.

Ein kleines Fazit zum Thema Kennzahlen

Eine eindeutige Antwort auf die Frage, welche Kennzahlen oder welches Kennzahlensystem Sie verwenden sollen, gibt es nicht. Es steht Ihnen selbstverständlich frei, ein fertiges Kennzahlensystem komplett zu übernehmen. Sie sollten sich bei dieser Entscheidung jedoch stets von der Frage leiten lassen: »Welche Kennzahlen benötige ich wirklich, um ein rundes Bild vom gesamten Unternehmen zu erhalten?« Damit machen Sie sicherlich nichts falsch.

Benchmarking oder: Wer ist der Beste im ganzen Land

16

In diesem Kapitel

- Ziele des Benchmarkings
- Inhalte und Vorgehensweise
- Ergebnisse des Benchmarkings

Spieglein, Spieglein an der Wand, wer ist die Schönste im ganzem Land? Mit diesen Worten fragt die böse Stiefmutter bereits im Märchen, wie gut sie im Vergleich zu anderen abschneidet. Und als sie erfuhr, dass die Prinzessin viel schöner sei als sie, hat sie alles versucht, um die schöne Prinzessin aus dem Weg zu räumen. Genau diese Stelle markiert den entscheidenden Unterschied zwischen Märchen und Realität: Im wirklichen Leben ist es in der Regel nicht möglich, mit Hilfe eines vergifteten Apfels wieder die Nummer eins zu werden. So ist man gezwungen, auch an sich selbst zu arbeiten. So viel zu der märchenhaften Grundidee des Benchmarkings.

Warum Benchmarking

Im Wettbewerb stehende Unternehmen wollen immer wieder mal wissen, wie gut oder schlecht sie im Vergleich zu ihrer Konkurrenz sind. Dazu führen sie dann ein Benchmarking durch.

Beim *Benchmarking* werden einfach ein paar Kennzahlen miteinander verglichen. Vergleichen können Sie alles, was an Zahlenmaterial greifbar und sinnvoll ist. Von A wie Absatzzahlen über F wie Fehlerquoten bis Z wie die Zahlungsfähigkeit (gemeinhin auch als Liquidität bekannt). Nach dem Vergleich weiß man dann, ob man sich auf seinen Lorbeeren ausruhen darf oder ein paar Verbesserungsmaßnahmen durchführen muss.

Wozu das alles

Was gibt es Besseres, als Erkenntnisse über die Abläufe oder Kosten des besten Wettbewerbers der Branche zu besitzen? So wissen Sie nicht nur, wie hoch Ihre Kosten sein dürfen. Vielmehr erfahren Sie auch, wie der Branchenprimus dieses Kostenniveau erreicht hat. Etwa, indem er die Qualitätskontrolle kostengünstig outgesourct hat.

Wie führe ich ein Benchmarking durch? Die zehn Schritte zum Erfolg

Nun wird sich in der *Foto und mehr GmbH* (FUM GmbH) einiges ändern! Der Juniorchef hat mit Anfang 30 die Firma endgültig übernommen. Als erste Amtshandlung hat er alle Produktmanager aufgefordert, die geplanten Produktergebnisse bei ihm abzuliefern. Auch Sie als Produktcontroller für die hochwertige digitale Kamera *Digi 2010* haben Zahlen geliefert. Es sieht nicht rosig aus. Ihr Produkt erwirtschaftet zwar schwarze Zahlen, aber die geplante Umsatzrendite liegt lediglich bei 1,9%. Dies ist dem neuen Chef leider entschieden zu wenig. Er fordert Sie deshalb auf, mit Hilfe des Benchmarkings die Umsatzrendite im laufenden Jahr mindestens zu verdreifachen.

Die *Umsatzrendite* ist nichts anderes als der Gewinn geteilt durch den Umsatz. Ergibt zwar wenig Sinn, wird aber trotzdem gerne verwendet.

Und nun? Keine Sorge – auf den folgenden Seiten finden Sie das Wichtigste über Benchmarking – häppchenweise aufgeteilt in zehn Schritten.

Schritt 1: Was und wann

Bevor es richtig losgeht, müssen Sie wissen, was verglichen werden soll. Und natürlich auch, welcher Zeitraum dabei betrachtet werden soll.

1. **Welches Produkt?**

   Auf Wunsch des neuen Chefs wird auch das Produktergebnis der digitalen Kamera *Digi 2010* verglichen (also gebenchmarkt).

2. **Zeitraum**

   Der neue Chef hat erst einmal nur den diesjährigen Erfolg im Sinn. Daher soll nur das aktuelle Geschäftsjahr betrachtet werden.

Schritt 2: Weg mit den alten Plänen. Her mit den neuen Zielen

Die alte Planung für das Produkt stand ja bereits fest. Danach sollte eine Umsatzrendite von 1,9% erzielt werden. Die neue Zielmarke des Chefs liegt jetzt aber bei 5,7%. Schock schwere Not, da muss etwas geändert werden. Aber wie? Denken Sie zurück an die Schulzeit und schauen vom Klassenbesten ab.

Nun wissen Sie, welches Ziel zu verfolgen ist. Bevor Sie jedoch beginnen, müssen Sie ermitteln, was ganz genau verglichen werden soll.

Schritt 3: Kottan ermittelt: Die Suche nach den schlimmen Fingern

Ein guter Inspektor, Verzeihung, Major, Entschuldigung: Ein guter Controller beginnt jetzt mit der Suche nach den Faktoren, die den Umsatz und die Kosten beeinflussen. Und ein sehr guter Controller muss erst gar nicht suchen gehen, da er das eh schon weiß ...

Die Umsatzseite

Der derzeit erzielbare Verkaufspreis für eine *Digi 2010*-Kamera liegt bei 803 Euro. Damit sollte auch die geplante Menge an Kameras verkauft werden können. Dieser Preis entspricht aus der Sicht des Produktmanagements und der Informationen aus der Marktforschungsabteilung der gegenwärtigen Marktsituation.

Die Kostenseite

Nach der Umsatzseite ist nun die Kostenseite dran. Sie müssen jetzt die für das Ergebnis verantwortlichen Kosten suchen. Das Ergebnis Ihrer Kostenanalyse kann dann etwa so aussehen, wie in Abbildung 16.1 dargestellt.

Gesamtkosten in TEUR		Stückkosten je Kostentreiber in €	
Einkauf	6.804	bei 42.000 Stück: je Kamera	162
Produktion	7.140		170
Vertrieb	2.184		52
Marketing	630		15
Kundenreklamation	545	je Reklamation	118
Personalkosten	22.000	je Mitarbeiter/Jahr	62.500

16.1: Kostentreiber

Um an die Kosten zu kommen, können Sie auf die bereits vorhandene Prozesskostenrechnung zurückgreifen. Vorausgesetzt man hat eine.

Nun haben Sie in Form der Stückkosten einige Zahlen, die für ein Benchmarking ideale Größen bilden. Was lässt sich besser vergleichen als zum Beispiel die Marketing- oder Produktionskosten je hergestellter Kamera?

Nur langsam!

Angesichts dieser Zahlen vermag der eine oder andere jetzt die Frage zu stellen, ob die Produktionskosten von 170 Euro je Kamera nicht viel zu hoch sind. Sie können natürlich versuchen, bereits zu diesem Zeitpunkt diese Frage zu beantworten. Allerdings ist davon eher abzuraten. Warten Sie ab, bis Ihnen die Benchmarkingergebnisse vorliegen. Sie können erst dann wirklich fundierte Erklärungen liefern. Lassen Sie sich nicht unter Druck setzen!

Was kann man noch alles vergleichen?

Neben den Stückkosten können Sie auch Prozesse vergleichen. So können Sie zum Beispiel der Frage nachgehen, wie viel Zeit benötigt wird, um eine Kamera herzustellen. Da die Auswirkungen dieser Faktoren normalerweise in den Stückkosten münden, finden Sie hier oft die eigentlichen Gründe, warum man besser oder schlechter als andere ist.

Man kann in Abhängigkeit von dem, was verglichen werden soll, zwischen Kosten-, Prozess- oder Methoden-Benchmarking unterscheiden. Bei der Beschränkung des Benchmarkings auf bestimmte Stufen der Wertschöpfungskette wird beispielsweise vom Produktions-, Vertrieb- oder Marketingbenchmarking gesprochen.

Nachdem Sie Ihre relevanten Größen ermittelt haben, empfehlen wir Ihnen, sich für das Benchmarking mit den betroffenen Bereichen abzustimmen. Damit verschaffen Sie sich eine höhere Akzeptanz für die Ergebnisse des Benchmarkings und ersparen sich viel Zeit und Ärger bei der späteren Umsetzung der Erkenntnisse.

Schritt 4: Die Suche nach Benchmarking-Partnern

Als Benchmarking-Partner kommen praktisch alle Wettbewerber oder auch andere Bereiche im eigenen Unternehmen in Frage, die ähnliche Produkte herstellen.

Unter *Benchmarking-Partner* versteht man die Firmen, an denen man sich messen möchte.

Besonders wichtig dabei ist es, möglichst die Firmen oder Bereiche in das Benchmarking einzubeziehen, bei denen Sie die größten positiven Abweichungen gegenüber Ihren Zahlen erwarten und somit die größten Verbesserungspotenziale vermuten. Wählen Sie also ruhig den besten Wettbewerber aus!

Internes Benchmarking

Intern wäre es zum Beispiel möglich, die Stückkosten für die *Digi 2010*-Kamera mit den Kosten der kleineren digitalen Kamera *Gut & Günstig 1910* zu vergleichen. Nach Gesprächen mit den Fachbereichen stellen Sie jedoch fest, dass Sie Äpfel mit Birnen vergleichen würden. Da ein Vergleich mit der Low-Cost-Kamera keinen Sinn ergibt, müssen Sie wohl oder übel Ihr Glück beim externen Benchmarking versuchen.

Externes Benchmarking

Leider müssen Sie sehr schnell feststellen, dass Sie aufgrund des harten Wettbewerbs wahrscheinlich kaum an Daten aus einer anderen Firma herankommen werden.

Was nun? Ist das Thema Benchmarking somit für Sie beendet? Oje, was sagen Sie bloß dem neuen Firmenchef?

Keine Panik! Es gibt einen weiteren Weg, den Sie beschreiten können: Zum Glück gibt es noch externe Berater. Durch einen alten Schulfreund erfahren Sie, dass die Beratungsgesellschaft »Guter Rat ist teuer« über erstklassige Informationen verfügt.

Einige Tage später ist der Stress vorbei. Von der Beratungsgesellschaft haben Sie die Zusicherung erhalten, die benötigten Daten bald zu bekommen. Und Ihr Chef hat auch das nötige Kleingeld für die Beauftragung der Berater locker gemacht!

Idealerweise wird das Benchmarking mit mehreren Benchmarking-Partnern durchgeführt. Dadurch erhöhen sich die Chancen, an wertvolle Informationen zu kommen. Leider erhöhen sich neben den Chancen dann aber auch die Kosten.

Schritt 5: Datenerhebung: Ran an die Zahlen!

Sie haben Glück! Nach einigen Sitzungen mit den externen Beratern erhalten Sie die Daten. Sollten Sie nicht auf Berater zurückgreifen können, müssen Sie eine ziemliche Wühlarbeit verrichten.

- ✔ Firmeninterne Größen aus anderen Unternehmensbereichen können Sie in allen möglichen Systemen suchen und eventuell auch finden. Bevor Sie viel unnötige Zeit mit dem ziellosen Herumsuchen vergeuden, fragen Sie vorher lieber jeden Kollegen, der Ihnen über den Weg läuft, ob er zufällig weiß, wer etwas wissen könnte. Hier eröffnen sich manchmal sprudelnde Informationsquellen.
- ✔ Daten anderer Firmen können Sie manchmal auch aus den vorhandenen offiziellen Veröffentlichungen, wie zum Beispiel Geschäftsberichte, bekommen. Sehr hilfreich sind dabei, wie schon erwähnt, auch externe Berater, die unter Umständen über das Branchen-Knowhow und die entsprechenden Vergleichswerte verfügen. Darüber hinaus gibt es auch Institutionen, die sich mit der Erhebung verschiedenster firmenbezogener Kennzahlen und Informationen beschäftigen. Fragen Sie einfach bei Ihrem Branchenverband nach.

Seien Sie mal richtig dreist und rufen einfach eine für Sie interessante Firma an. Erzählen Sie ganz offen, wer Sie sind und was Sie wollen. Manchmal bekommen Sie auf diesem Weg interessante Informationen. Manchmal, aber auch nur manchmal.

Schritt 6: Datenaufbereitung: Von den Rohdaten zu richtigen Benchmarking-Zahlen

Jetzt müssen Sie Ihre eingesammelten Rohdaten erst einmal aufbereiten, damit Sie vernünftige Vergleiche anstellen können. Schauen Sie jetzt also jeden Wert daraufhin an, ob er sich auch auf dieselben Inhalte bezieht wie Ihre Vergleichswerte. Was nicht passt, wird passend gemacht. Oder auch komplett verworfen. Am Ende halten Sie dann hoffentlich noch ein paar vergleichbare Daten in Händen, die als Benchmarking-Basis verwendet werden können.

Mal angenommen, Sie hätten Angaben über die Produktionskosten eines Wettbewerbers bekommen. In diesen Zahlen stecken aber noch Kosten für andere Produkte (hier die digitalen Camcorder) in Höhe von 6,7 Mio. Euro drin. Die müssen Sie herausrechnen. Und Sie müssen bei den Marketingkosten die Kosten für die letzte Cebit-Messe in Höhe von 350.000 Euro herausnehmen und auf die Vertriebskosten aufschlagen. Denn bei Ihnen werden die Messekosten ja als Vertriebskosten verbucht. Und so weiter.

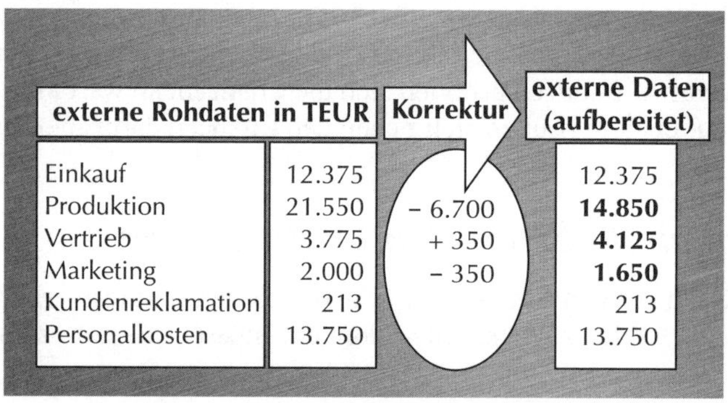

16.2: Datenaufbereitung

Jetzt teilen Sie die aufbereiteten Kosten durch die Mengenangaben, die Sie hoffentlich auch haben. Damit erhalten Sie die Stückkosten, die Ihnen nun als Referenzgröße im Benchmarking dienen werden.

Lassen Sie sich für diesen Schritt ruhig ein wenig mehr Zeit! Von der Qualität der Datenaufbereitung und der Bereinigung der Sondereffekte hängt das Endergebnis des Benchmarkings ab. Der Teufel steckt oft im Detail.

externe Rohdaten in TEUR (aufbereitet)		geteilt durch die Menge		Referenz-Stückkosten in EUR
Einkauf	12.375	82.500	Kameras	150
Produktion	14.850	82.500	Kameras	180
Vertrieb	4.125	82.500	Kameras	50
Marketing	1.650	82.500	Kameras	20
Kundenreklamation	213	2.475	Reklas	86
Personalkosten	13.750	250	MA	55.000

16.3: Ermittlung der Referenz-Stückkosten

Schritt 7: Das Vergleichsergebnis

Nun mögen die Vergleiche beginnen und der Beste gewinnen!

- ✔ Der Wettbewerber stellt fast die doppelte Menge an Kameras mit 102 Mitarbeitern weniger her. Und seine Reklamationsquote liegt um 8 Prozentpunkte niedriger. Au weia!
- ✔ Bei anderen Punkten ist Ihre Firma aber besser: zum Beispiel bei den Produktionskosten.
- ✔ Unterm Strich braucht Ihre Beispielfirma aber locker ein paar Millionen Euro mehr, um eine ähnliche Kamera herzustellen. Warum nur?

1. Personal -und Qualitätskennzahlen		unser alter Plan	Referenzgrößen	Differenz
Anzahl Mitarbeiter für das Produkt		352	250	- 102
Anteil Reklamationen am Verkauf		11%	3%	- 8%
2. Stückkosten				
Einkauf	je Kamera	162 €	150 €	- 12 €
Produktion	je Kamera	170 €	180 €	+ 10 €
Vertrieb	je Kamera	52 €	50 €	- 2 €
Marketing	je Kamera	15 €	20 €	+ 5 €
Kundenreklamation	je Reklamation	118 €	86 €	- 32 €
Personal	je Mitarbeiter / Jahr	62.500 €	55.000 €	- 7.500 €

16.4: Vergleichsergebnis

Schritt 8: Abweichungsanalyse und Verbesserungsmaßnahmen

Nun stehen die quantitativen Ergebnisse des Vergleichs fest. Leider helfen diese nackten Zahlen allein nicht aus, die vom Juniorchef geforderte Ergebnissteigerung zu erreichen. Im nächsten Schritt analysieren Sie die Ursachen des Benchmarkingergebnisses. Auf dieser Basis können Sie dann anschließend die Optimierungspotenziale aufzeigen.

Abweichungsanalyse: Die Ursachensuche

Die Personalkosten liegen bei 62.500 Euro und sind damit um 7.500 Euro je Mitarbeiter und Jahr höher als beim Wettbewerber. Aber bedeutet dies, dass die Mitarbeiter zu viel verdienen? Zugegeben, die Firma *Foto und mehr* gehört eher zu den besser zahlenden Arbeitgebern. Aber der Hauptgrund für die höheren Personalkosten liegt in den regionalen Gehaltsunterschieden. Es kostet nun mal mehr, wenn Sie auf einem teureren Pflaster wie Stuttgart gute Mitarbeiter beschäftigen möchten, als in einem strukturschwachen Gebiet.

Aufzeigen der Optimierungspotenziale

Nach den Gesprächen mit der Personalabteilung, den externen Beratern sowie den betroffenen Abteilungen stellen Sie fest, dass die Höhe der Personalkosten je Mitarbeiter tatsächlich berechtigt ist und hier somit keine Einsparungspotenziale gegeben sind. Schließlich sollen die Gehälter für die Miete reichen. Anders sieht es aber bei der Anzahl der Mitarbeiter aus. Ihre Gesprächspartner bestätigen Ihre Befürchtung, dass Ihre Firma etwa 50 Mitarbeiter zu viel hat.

Geben und nehmen

Mitarbeiter zu entlassen, ist eine verdammt unangenehme und schlimme Sache. Aber was tun, wenn für diese Mitarbeiter wirklich keine andere Arbeit im Unternehmen zu finden ist? Oftmals werden die Mitarbeiter aus Abteilungen, die outgesourct werden sollen, richtiggehend zur Verhandlungsmasse mit den Outsourcinganbietern. Nach dem Motto »Du bekommst den Auftrag, wenn du meine Mitarbeiter übernimmst« wurde schon so manches Outsourcing-Geschäft abgeschlossen. Die Mitarbeiter behielten erst einmal ihre Jobs und die Firma hat ein paar Abfindungszahlungen gespart. Damit der Betriebsrat hier auch mitmacht, muss es natürlich auch längerfristige Beschäftigungszusicherungen geben.

Maßnahmen

Die personalintensive Lagerführung muss weitestgehend automatisiert werden. Und die Reklamationsbearbeitung soll an einen kostengünstigen externen Anbieter outgesourct werden. Dadurch können Sie die 50 Mitarbeiter betriebsbedingt auf die Straße setzen.

Nach dem gleichen Muster werden alle anderen Abweichungen aus der Benchmarking-Analyse abgefrühstückt. Das Ergebnis können Sie der Tabelle in Abbildung 16. 5 entnehmen.

		FUM GmbH	Bench-mark	Delta	Ursachen (was macht der Wettbewerber besser?)	erforderliche Veränderung	Zielwerte
1. Personal- und Qualitätskennzahlen							
Anzahl Mitarbeiter (MA)		352	250	−102	mehr Automatisierung	−52	300
Anteil Reklamationen		11 %	3 %	−8 %	bessere Qualität	−6 %	5 %
2. Stückkosten je Kostentreiber							
Einkauf	je Kamera	162 €	150 €	−12 €	zentraler Einkauf	-12 €	150 €
Produktion	je Kamera	170 €	180 €	+10 €	ätsch! wir sind besser	--- €	170 €
Vertrieb	je Kamera	52 €	50 €	−2 €	weniger eigene POS	−2 €	50 €
Marketing	je Kamera	15 €	20 €	+5 €	ätsch! wir sind besser	--- €	15 €
Reklamationen	je Rekla	118 €	86 €	−32 €	outgesourct	-28 €	90 €
Personal	je MA p.a.	62.500 €	55.000 €	-7.500 €	regionale Unterschiede	--- €	62.500 €

16.5: Abweichungsanalyse

Der Weg ist das Ziel

Besonders interessant ist die Antwort auf die Frage, wie der Wettbewerber es schafft, das Endprodukt zu günstigeren Kosten herzustellen. Sie möchten letztendlich nicht nur erfahren, dass Ihre Firma besser oder schlechter als die Konkurrenz ist. Sie wollen auch wissen, wie der Weg zu geringeren Kosten aussehen könnte. So sehen Sie beispielsweise anhand der höheren Personalkosten je Mitarbeiter, dass eine Verlagerung des Betriebes an kostengünstigere Standorte zu geringeren Gehältern führen könnte. Da die Infrastruktur an »günstigeren« Standorten meist viel schlechter ist (Zulieferer sind weiter entfernt, nicht genug qualifizierte Mitarbeiter vor Ort), können die Kosten an anderer Stelle schnell steigen. Also sehen Sie von einem Firmenumzug ab.

Dagegen sind die höheren Einkaufskosten bei *Foto und mehr GmbH* auf die bislang dezentral geführte Einkaufsorganisation zurückzuführen. Die Zentralisierung des Einkaufs führt zu ähnlich niedrigen Einkaufskosten wie beim Wettbewerber.

Nobody's perfect: *Best Practice* bedeutet einzig, von Besseren zu lernen – das Gelernte umzusetzen – und dadurch selbst noch besser zu werden.

Schritt 9: Festlegung der Ziele und Maßnahmen

Nachdem alle erdenklichen Optimierungsmöglichkeiten und Maßnahmen mit den einzelnen Fachbereichen besprochen wurden, ist wieder Ihre Rechenkunst gefragt. So müssen Sie auf Basis der möglichen Optimierungspotenziale eine neue Ergebnisberechnung für die Digi 2010 erstellen. In dieser Übersicht werden neben den harten Zahlen auch die Maßnahmen zu deren Erreichung gezeigt.

		alter Plan	Veränderung	Zielwert	Maßnahmen zur Erreichung des Zielwertes
1. Personal- und Qualitätskennzahlen					
Anzahl Mitarbeiter (MA)		352	–52	300	Verbesserung bestehender Prozesse + klar abgegrenzte Zuständigkeiten (Doppelarbeiten künftig vermeiden)
Anteil Reklamationen		11 %	–6 %	5 %	beim Einkauf mehr auf Qualität achten
2. Stückkosten je Kostentreiber					
Einkauf	je Kamera	162 €	–12 €	150 €	Zentralisierung des Einkaufs
Produktion	je Kamera	170 €	--- €	170 €	auf den Lorbeeren ausruhen
Vertrieb	je Kamera	52 €	–2 €	50 €	Abbau eigener POS
Marketing	je Kamera	15 €	--- €	15 €	nix
Reklamationen	je Rekla	118 €	–28 €	90 €	Outsourcing der Abteilung
Personal	je MA p.a.	62.500 €	--- €	62.500 €	rein gar nix

16.6: Festlegung der Ziele und Maßnahmen

Idealerweise beinhaltet solch eine Rechnung jeweils drei Varianten: Worst, Realistic und Best Case. Diese drei Varianten zeigen das Produktergebnis in Abhängigkeit davon, inwieweit die Optimierungspotenziale umgesetzt wurden. Der Worst Case sollte dabei nicht schlechter als das gegenwärtige Ergebnis sein, sonst ist irgendetwas mächtig schief gegangen.

Nun es ist so weit! In einem Meeting mit dem Juniorchef und anderen prominenten Persönlichkeiten der Firma stellen Sie die Ergebnisse Ihrer Arbeit vor. Neben den gerade dargestellten Zielen und Maßnahmen präsentieren Sie zum Schluss auch eine Berechnung der besseren

Umsatzrendite für die *Digi 2010*-Kamera nach Umsetzung der Maßnahmen aus dem Benchmarking.

Schritt 10: Umsetzung und Kontrolle

Die neuen Ziele werden an die Fachabteilungen zur Umsetzung weitergegeben. Natürlich stehen Sie weiterhin unterstützend bei allen kaufmännischen Belangen zur Seite. Nach der Umsetzung der verabschiedeten Maßnahmen macht eine Kontrolle der Zielerreichung Sinn. Konnten die Kosten nicht im geplanten Umfang reduziert werden, sollten Sie wieder mit der Ursachenforschung und gegebenenfalls mit einer weiteren Benchmarkingrunde beginnen.

Sie sehen also, dass so ein Benchmarking ein recht sportlicher Ansatz ist und auch sehr sinnvoll sein kann. Der großen Haken daran ist jedoch die Datenbeschaffung und ihre Kosten. Damit steht und fällt das gesamte Benchmarking.

Aufgepasst! Manchmal kann es auch konkurrierende Maßnahmen geben. Die niedrigen Produktionskosten können z.B. Schuld an der hohen Reklamationsquote sein. Bringen Sie deshalb alle Beteiligten wenigstens einmal an einen Tisch um die Auswirkungen aller Ziele und Maßnahmen auf die einzelnen Fachbereiche prüfen zu können.

Öffentliche Verwaltung

Es gibt einen Bereich, der mit großer Sicherheit das Benchmarking stets erfolgreich einsetzen könnte: die öffentlichen Verwaltungen. Diese dürften keine größeren Probleme haben, an die erforderlichen Daten vergleichbarer Verwaltungen heranzukommen. Hier kann das Benchmarking ein wenig den fehlenden Wettbewerb sinnvoll ersetzen.

Balanced Scorecard: Vier gewinnt

17

In diesem Kapitel

- Was ist eine Balanced Scorecard
- Den Unterbau einer Balanced Scorecard kennen lernen
- Wie Sie selbst eine Balanced Scorecard erstellen

Es begab sich im Jahre 1992 Anno Domini, als die Herren Robert S. Kaplan und David P. Norton angeblich völlig frustriert darüber waren, dass die Manager ihre dicken Managementratgeber nicht lasen. Daraufhin haben die beiden einen Artikel für die Zeitschrift mit dem Namen »Harvard Business Review« verfasst. Da diese beiden Herren wohl offensichtlich mit einem hohen Maß an Kreativität ausgestattet sind, haben sie in diesem Artikel nicht einfach ihren Frust abgeladen, sondern konstruktiv an einer Lösung des Problems gearbeitet. Die Lösung, die diese beiden Herren entwarfen, hieß Balanced Scorecard und sorgt nun wiederum selbst – das soll hier nicht verschwiegen werden – bei dem einen oder anderen Manager für eine ordentliche Portion Frust. Warum das so ist und wie Sie mit dem Thema Balanced Scorecard erfolgreich umgehen können, erfahren Sie in diesem Kapitel.

Auswahl der Perspektiven

Wenn über das Thema Balanced Scorecard gesprochen wird, dreht sich das Gespräch meistens um die vier so genannten Perspektiven oder Dimensionen. Was steckt dahinter?

Die Balanced Scorecard soll mit Hilfe weniger aggregierter Kennzahlen alle wichtigen Perspektiven eines Unternehmens, die für die Umsetzung der Unternehmensziele wichtig sind, auf einem Blatt Papier darstellen können. Der Leser einer Balanced Scorecard soll also schnell erkennen können, ob das Unternehmen auf dem richtigen Weg ist. Und das geht nun mal nicht alleine mit finanziellen Kennzahlen, da diese in der Regel meist nur Auskunft über die Vergangenheit geben können. Wenn der Gewinn im letzten Geschäftsjahr gut war, heißt dies ja noch lange nicht, dass dies in der Zukunft auch so sein wird. Um dies zum Beispiel besser abschätzen zu können, versucht die Balanced Scorecard, auch andere Unternehmensdimensionen beziehungsweise -perspektiven abzubilden.

Die *Balanced Scorecard* – abgekürzt *BSC* – sollte im Idealfall ein ausbalanciertes Kennzahlensystem sein, das vier Perspektiven abbildet. Damit soll die Unternehmensleitung in die Lage versetzt werden, ihre kurzfristigen und strategischen Ziele verfolgen und umsetzen zu können.

Bei diesen vier Perspektiven handelt es sich um die:

1. **Finanzielle Perspektive:** Diese Perspektive soll meist die Ertrags- und die Vermögenslage mit Hilfe geeigneter Kennzahlen darstellen.
2. **Kundenperspektive:** Hier werden wichtige Informationen über die Marktsituation und dem Verhältnis zur Kundschaft aufgezeigt.
3. **Prozessperspektive:** Hier werden die Arbeitsabläufe des Unternehmens abgebildet.
4. **Lern- und Entwicklungsperspektive:** Diese Perspektive soll Aussagen über die Mitarbeiter, die Informationssysteme und die Organisation des Unternehmens treffen.

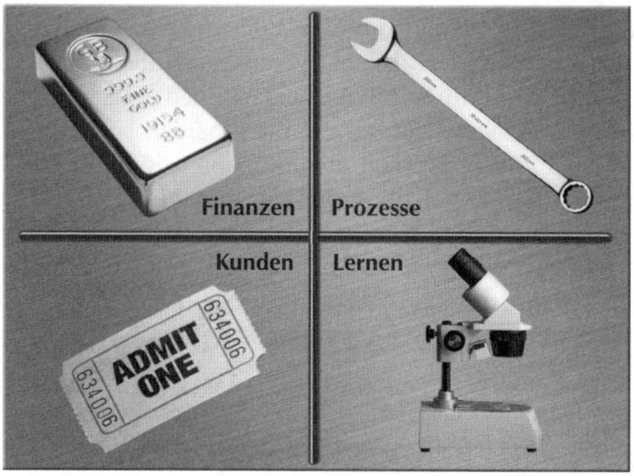

17.1: Vier gewinnt

Eines möchten wir Ihnen an dieser Stelle nicht vorenthalten: Ihre Balanced Scorecard darf natürlich auch nur aus drei Perspektiven bestehen. Oder auch aus zwei oder fünf. So wie es eben in Ihrem Unternehmen am besten passt. Es bleibt trotzdem eine Balanced Scorecard, auch wenn etwas von der reinen Lehre abgewichen wurde.

Es wäre zu einfach, für jede der genannten Perspektiven nun irgendwelche Kennzahlen zu verwenden und in die Balanced Scorecard zu packen. Die Kunst besteht nämlich darin, am Ende auf der Scorecard nur einige wenige Kennzahlen stehen zu haben, die im Wesentlichen alle anderen wichtigen Kennzahlen mit beinhalten und so alle Perspektiven repräsentieren. Dann kann das Management bei seiner Zielverfolgung am besten unterstützt werden.

Umsetzung in Kennzahlen

Bevor Sie sich ernsthaft mit dem Aufbau einer Balanced Scorecard auseinander setzen, müssen Sie zuerst prüfen, ob bereits alle Bausteine einer Scorecard in Ihrem Unternehmen vorhanden sind. Deshalb nun Vorhang auf für die vier Schritte vom globalen Unternehmensziel hin zu den einzelnen Kennzahlen.

Stellen Sie sich dazu bitte vor, Sie seien Controller in der Quitscheentchenfabrik Entenmann & Söhne und haben den Auftrag erhalten, eine Balanced Scorecard zu erstellen.

Schritt 1: Finden Sie das Unternehmensziel der nächsten ein, zwei Jahre heraus!

Falls Ihnen das Unternehmensziel noch nicht bekannt sein sollte, fragen Sie doch Ihren Geschäftsführer. Der muss es wissen! In unserem Fall lautet das oberste strategische Ziel: »Entenmann & Söhne stellt die schönsten und besten Badeenten her.« Etwas irritiert verlassen Sie nun wieder das Büro der Geschäftsführung. Zum Glück hat Ihnen der Geschäftsführer auch gleich noch weitere Unternehmensziele auf einen Zettel notiert:

- ✔ Entenmann & Söhne will Marktführer werden!
- ✔ Jedes neue Jahr soll das beste Geschäftsjahr in der Unternehmensgeschichte werden!

Das sind Visionen! Damit lässt sich nun eine ordentliche Scorecard aufbauen.

Schritt 2: Die passenden Strategien entwickeln

Bei der Entwicklung der Strategie geht es darum, diese drei Ziele etwas genauer zu konkretisieren.

Das Topziel »Entenmann & Söhne stellt die schönsten und besten Badeenten her« ist dann erreicht, wenn die Kundenzufriedenheit und das Urteil der Fachpresse himmelhochjauchzend sind. Dazu müssen das Design und die Qualität der Produkte tipptopp sein.

Für das zweite Ziel ist die Strategie einfach: Die Marktführerschaft soll durch den Ausbau der Vertriebswege, verstärkte Werbeaktivitäten und durch die Umsetzung des Topziels erreicht werden.

Das dritte Ziel kann nur dann erreicht werden, wenn die ersten beiden Ziele geschafft sind und das Unternehmen dabei ständig die internen Prozesse optimiert und die Mitarbeiter voll motiviert und engagiert sind.

Schritt 3: Konkrete Aktionen erarbeiten

Jetzt werden konkrete Aktionen für die Strategien aus Schritt 2 erarbeitet. Beim Topziel gibt es ja bereits zwei grobe Richtungen: das Design und die Qualität. Hier sind die konkreten Aktionen zum Thema Design:

- **D1:** Alle Mitarbeiter aus der Abteilung Design sollen vermehrt auf Fortbildungen, Messen und Tagungen gehen und dadurch eine Vielzahl neuer Ideen einbringen.
- **D2:** Die Firma will mindestens zwei dauerhafte Praktikantenplätze für Studierende aus der Fachrichtung Design schaffen. Dies soll für zusätzlichen frischen Wind in der Designabteilung sorgen.
- **D3:** Die Designabteilung soll bei der Produktentwicklung bereits von Anfang an integriert werden.
- **D4:** Die Designabteilung soll ein höheres Budget erhalten, um ihre Arbeitsmittel ständig auf dem neuesten Stand halten zu können.

Die Aktionen zur Qualitätssteigerung und -sicherung sehen so aus:

- **Q1:** Es soll ein Qualitätsmanagement mit zwei Qualitätsbeauftragten aufgebaut werden. Entsprechendes Budget wird sofort bereitgestellt.
- **Q2:** Die Firma will alle sinnvollen Qualitätsaudits durchführen.

Als *Audit* bezeichnet man die Untersuchung von bestehenden Abläufen. Qualitätsaudits sind im Grunde also Prüfungen, die untersuchen, wie ernst das Thema Qualität im Unternehmen genommen wird.

- **Q3:** Alle Mitarbeiter der Firma sollen im Laufe der nächsten zwölf Monate jeweils mindestens ein Seminar zum Thema Qualität besuchen.

Das zweite strategische Ziel – »die Marktführerschaft gewinnen« – soll neben den obigen D- und Q-Aktionen mit folgenden Vertriebs- und Marketingaktionen erreicht werden:

- **V&M1:** Es soll sofort mit der Planung zur räumlichen Expansion begonnen werden. Das heißt, dass in allen EU-Ländern, der Schweiz, USA, Kanada, Japan, Südkorea und China Vertriebs- und Marketingbüros gegründet werden sollen, sofern es in den jeweiligen Ländern noch keine geben sollte.
- **V&M2:** Parallel dazu soll ein schrittweiser Aktionsplan zur Intensivierung des Vertriebs in den einzelnen Ländern erarbeitet werden. In diesem Plan wird beschrieben, wie und welche neuen Vertriebswege erschlossen werden sollen.
- **V&M3:** Das Gehalt aller Vertriebsmitarbeiter wird ab dem nächsten Jahr in einen festen und einen variablen, erfolgsabhängigen Teil aufgeteilt.
- **V&M4:** Alle Vertriebsmitarbeiter müssen zukünftig pro Jahr mindestens zwei Vertriebsschulungen besuchen.

Das dritte strategische Ziel, Jahr für Jahr neue finanzielle Rekorde aufzustellen, gelingt nicht nur, wenn die anderen Ziele erreicht werden. Zusätzlich werden dafür folgende Aktionen aufgesetzt:

- ✔ **F1:** Das Target Costing wird flächendeckend eingeführt.
- ✔ **F2:** Die Einkaufsabteilung wird mit der Controllingabteilung zu einem Bereich fusioniert, damit beide Abteilungen enger zusammenarbeiten.
- ✔ **F3:** Es wird ein Projekt gestartet, das das Unternehmen nach Einsparmöglichkeiten durchforsten soll.

Schritt 4: Die passenden Kennzahlen suchen und finden

Nun wurden einige konkrete Aktionen entwickelt. Diese müssen jetzt mit geeigneten Kennzahlen ausgestattet werden, damit Sie verfolgen können, inwieweit die Aktionen erfolgreich umgesetzt wurden.

- ✔ **Aktion D1** (Designerfortbildungen ...): Die Kennzahl könnte hier so aussehen: durchgeführte Maßnahmen pro Mitarbeiter aus der Designabteilung.
- ✔ **Aktion D2** (Praktikanten ...): Die Kennzahl könnte aus den Einflussgrößen Praktikantenplätze und Anwesenheit von Praktikanten in Tagen pro Jahr bestehen.
- ✔ **Aktion D3** (Beteiligung an der Produktentwicklung ...): Hier könnten Sie eine Kennzahl auf Basis einer Befragung der Designabteilung erstellen. Pro Produkt muss die Designabteilung ein Statement über ihre Beteiligung abgeben. Das könnte zum Beispiel mit Hilfe von Schulnoten geschehen. Eine weitere Kennzahl hierzu wäre etwa die Anzahl der unterschiedlichen Produktvarianten oder die Anzahl der neuen Produkte pro Jahr.
- ✔ **Aktion D4** (Budget ...): Hier könnten Sie etwa eine Kennzahl Sachkosten je Mitarbeiter in der Designabteilung bilden.
- ✔ **Aktion Q1** (Qualitätsmanagement ...): Hier bieten sich Kennzahlen wie etwa die Anzahl der Garantiefälle pro Monat, Ausschussquoten oder Bewertungen aus den einschlägigen Testzeitschriften an.
- ✔ **Aktion Q2** (Qualitätsaudits ...): Lassen Sie hier das neue Qualitätsmanagement doch messen, wie gut oder schlecht Ihr Unternehmen bei den internen Qualitätsaudits ist.
- ✔ **Aktion Q3** (Qualitätsseminare ...): Wie bei D1 können Sie hier die Anzahl der durchgeführten Maßnahmen je Mitarbeiter messen.
- ✔ **Aktion V&M1** (räumliche Expansion ...): Der grobe Klotz wird ausgepackt: Ein Punkt pro Land. Es können also maximal 31 Punkte erzielt werden. Etwas feiner wird es, wenn Sie auch die Absatzzahlen pro Land messen.
- ✔ **Aktion V&M2** (Intensivierung ...): Die Anzahl der vorhandenen Vertriebswege oder die Anzahl der Verkaufsstellen könnte hier gemessen werden. Dazu natürlich auch wieder die Absatz- und Umsatzzahlen.
- ✔ **Aktion V&M3** (erfolgsabhängiges Gehalt ...): Die Umstellung der Gehaltsstruktur ist eine einmalige Sache. Hierfür lohnt sich keine Kennzahl. An dieser Stelle ließe sich eher der

Grad der persönlichen Zielerreichung der Mitarbeiter als Kennzahl verwenden. Aber bitte immer fein aggregieren, damit Sie nicht zu persönlich werden!

- **Aktion V&M4** (Vertriebsschulungen ...): Und noch eine Kennzahl aus dem Bereich der Fortbildung.
- **Aktion F1** (Target Costing ...): Hier kommen klassische Finanzkennzahlen zum Zug, die den Erfolg des Target Costing messen sollen, wie zum Beispiel diverse Ertragskennzahlen.
- **Aktion F2** (Umorganisation ...): Mit dieser Umorganisation sind ja auch Erwartungen verknüpft, wie etwa bessere Einkaufskonditionen und vereinfachte und schlankere kaufmännische Prozesse. Also messen Sie hier doch die Entwicklung der Einkaufskonditionen und lassen Sie zusätzlich das Qualitätsmanagement die Prozessgeschwindigkeiten in diesem kaufmännischen Bereich messen und bewerten.
- **Aktion F3** (Einsparungsprojekt ...): Hat das Projekt Erfolg, müsste der Gewinn steigen. Also bieten sich hier wieder klassische Finanzkennzahlen wie etwa die Eigenkapitalrentabilität an.

Bevor wir Ihnen nun zeigen, wie Sie aus den in diesen vier Schritten erarbeiteten Bausteinen die Balanced Scorecard aufbauen, fassen wir für Sie das Bisherige erst einmal in Abbildung 17.2 zusammen, denn ein Bild sagt ja bekanntlich mehr als tausend Worte ...

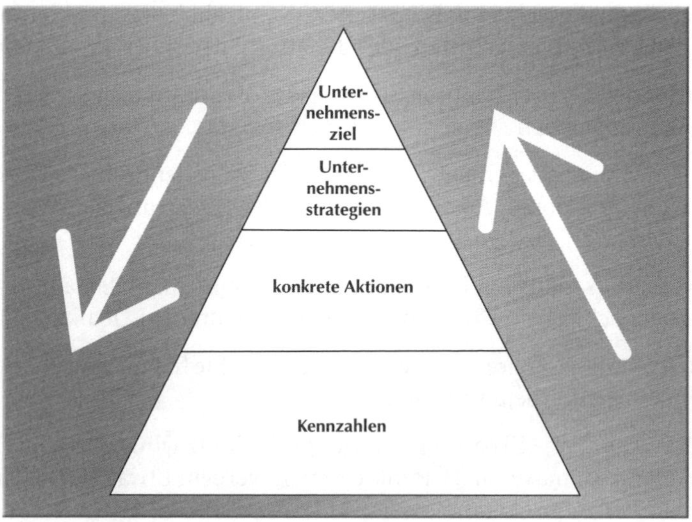

17.2: Vier Schritte

Der linke Pfeil steht für die bisherigen Arbeitsschritte. Die Arbeit, die hinter dem rechten, aufsteigenden Pfeil steckt, zeigen wir Ihnen jetzt.

Aufbau einer Balanced Scorecard

Bisher haben Sie aus dem Unternehmensziel bereits sinnvolle Kennzahlen abgeleitet. Damit haben Sie aber leider noch überhaupt keine Struktur, die in etwa der einer Balanced Scorecard entspräche – also eine Ausrichtung der Aktionen und Kennzahlen nach den vier Dimensionen der Balanced Scorecard. Dies folgt in den nächsten Schritten. Dabei werden die bisher ermittelten Kennzahlen noch weiter verfeinert.

Die Kennzahlen für die Balanced Scorecard sollten auch konkrete Zielmarken beinhalten. Nur so kann jeder Mitarbeiter einschätzen, ob seine Arbeitsergebnisse den Zielen der Balanced Scorecard nahe kommen oder ob Verbesserungsbedarf besteht.

Schritt 5: Kennzahlen nach Perspektiven sortieren

Die Finanzperspektive

Wir beginnen mit den Kennzahlen zur Finanzperspektive. Hierzu gehören alle Kennzahlen zum Target Costing (Aktion F1) und aus dem Einsparungsprojekt (Aktion F3). Für die Balanced Scorecard nehmen wir:

- ✔ (1) Den absoluten Gewinn als Kennzahl: Nachdem das Target Costing im Einsatz ist, müsste der Gewinn ja steigen. Hier wird für die nächsten beiden Jahre jeweils ein absoluter Gewinn von mindestens 100 Millionen Euro pro Jahr erwartet.
- ✔ (2) Die Eigenkapitalrendite = Gewinn / Eigenkapital. Hiermit können Sie verfolgen, ob sich die Eigenkapitalrendite nach dem Einsatz des Target Costing verbessert hat. Zur Erinnerung: Die Eigenkapitalrendite stellt die Verzinsung des von den Anteilseignern in das Unternehmen gesteckten Kapitals dar. Die Firmenleitung will zumindest eine Eigenkapitalrendite in Höhe von 26% pro Jahr erzielen – weniger wäre Peanuts. Das bedeutet, dass bei dem derzeit eingesetzten Eigenkapital von 380 Millionen Euro tatsächlich 100 Millionen Euro Gewinn her müssen.
- ✔ (3) Die Fixkostenentwicklung: Das Einsparungsprojekt kann dann als Erfolg gewertet werden, wenn die Fixkosten sinken.
- ✔ (4) Die Entwicklung der variablen Kosten: Wenn durch das Einsparungsprojekt auch noch die variablen Kosten sinken würden, wäre das eine feine Sache. Das soll also auch verfolgt werden. Die fixen und variablen Kosten dürfen demnach zusammen in diesem Jahr maximal bei 300 Millionen Euro liegen.
- ✔ (5) Die Umsatzerlöse ordnen wir für Sie hier in die Finanzperspektive ein. Hier liegt die Messlatte bei 400 Millionen Euro.
- ✔ (6) Der Grad der persönlichen Zielerreichung bei allen Mitarbeitern ist ebenfalls der Finanzperspektive zuzurechnen. Denn: die persönliche Zielerreichung wird bei Entenmann

& Söhne noch zu 90% aus der Eigenkapitalrendite, dem Gewinn und den Umsatzerlösen ermittelt. Nur die restlichen 10% stammen aus der Bewertung der Mitarbeiter durch ihre jeweiligen Vorgesetzten.

- ✔ (7) Sollten sich die Einkaufskonditionen verbessern, ist das womöglich der Umorganisation und damit der Prozessperspektive zuzuschreiben. Vielleicht haben aber auch andere Einflussfaktoren eine Rolle gespielt. Auf jeden Fall verringern sich dann die Kosten. Also wird diese Kennzahl der Finanzperspektive zugeordnet.

Für die Finanzperspektive wurden somit sieben Kennzahlen ausgewählt.

Die Prozessperspektive

- ✔ (8) Zur Prozessperspektive gehören alle Themen, die mit der Arbeitsorganisation zusammenhängen. Also auch die beiden aus der Aktion D3 (Beteiligung an der Produktentwicklung) abgeleiteten Kennzahlen. Die erste Kennzahl wäre das Statement der Designabteilung, das sich irgendwo zwischen der Note 1 und 6 bewegt. Die Benotung darf nicht schlechter als 3,0 sein – sonst müssen sich alle Beteiligten unverzüglich an einen Tisch setzen und Verbesserungen erarbeiten.
- ✔ (9) Die Anzahl der unterschiedlichen Produktvarianten ist die zweite Kennzahl der Prozessperspektive. Hier werden mindestens zehn neue Produktvarianten pro Jahr erwartet. Alle neuen Produktvarianten müssen selbstverständlich eine Wirtschaftlichkeitsprüfung durchlaufen. Sollte eine neue Produktvariante diese Prüfung nicht bestehen, wird sie verworfen.
- ✔ (10) Die Anzahl der neuen Produkte pro Jahr ist die dritte Kennzahl der Prozessperspektive. Das Ziel: Pro Quartal ein neues Produkt! Hier zählen natürlich nur Produkte, die einen vernünftigen Business Case vorweisen können. Potenzielle Verlustbringer zählen also nicht dazu.
- ✔ (11) Die Sachkosten je Mitarbeiter in der Designabteilung sollen darüber Auskunft geben, ob das Equipment in der Designabteilung noch auf der Höhe der Zeit ist. Hier gibt es keinen absoluten Zielwert; vielmehr wird hier auf eine enge Abstimmung zwischen der Fachabteilung und dem Controlling vertraut.
- ✔ (12) Die internen Qualitätsaudits sollen die Güte der Arbeitsprozesse bewerten. Je besser die Noten, desto besser die Arbeitsprozesse. Das Qualitätsmanagement bedient sich dabei wohlklingender Kennzahlen wie etwa »First Pass Yield« oder »On Time Delivery«. Diese Kennzahlen sollen mindestens bei 95% liegen.

Unter *First Pass Yield* versteht man den Prozentsatz an Arbeitsergebnissen, die nach dem ersten Durchlauf bereits in Ordnung sind. Oder umgekehrt: Je besser dieser Wert, desto niedriger die Fehlerquote. Und unter *On Time Delivery* versteht man die zeitliche Zuverlässigkeit. Hier misst man, ob Zeit- und Terminvorgaben eingehalten wurden. Zum Beispiel, ob Ware termingerecht ausgeliefert wurde oder ob neue Produkte zum angekündigten Zeitpunkt fertig entwickelt sind.

- ✔ (13) Das Qualitätsmanagement misst ab sofort, wie viel Zeit der kaufmännische Bereich für Anfragen des Vertriebs und der Produktion benötigt. Hier zählt nur die Geschwindigkeit. Keine Sorge, die Qualität kommt schon nicht unter die Räder, da diese ja in andere Kennzahlen einfließt. Das Qualitätsmanagement misst hier mittels der Kennzahl »Cycle Time« ein paar Prozesse wie etwa die durchschnittliche Antwortzeit des kaufmännischen Bereichs auf Anfragen der Fachabteilungen. Das Ziel: 80% der schriftlichen Anfragen (meist per Mail) sollen innerhalb von 24 Stunden beantwortet sein.

Für die Prozessperspektive gibt es damit sage und schreibe sechs Kennzahlen!

Die Lernperspektive

- ✔ (14) Man lernt nie aus: Pro Mitarbeiter ein besuchtes Seminar zum Thema Qualität – pro Jahr! Das soll die Arbeitsabläufe verbessern.
- ✔ (15) Lebenslanges Lernen: Jeder Vertriebler muss pro Jahr ein Seminar zum Thema Verkauf und Vertrieb besuchen. Das soll den Absatz fördern.
- ✔ (16) Die Designer dürfen auch auf Fortbildungen, Tagungen und und und. Hier messen Sie einfach die Anzahl der durchgeführten Maßnahmen je Designer.
- ✔ (17) Praktikanten: Die klassische Win-Win-Situation: Die Praktikanten sammeln Praxiserfahrung in der Designabteilung und die alten Füchse bekommen ein wenig frischen Wind um die Nase. Außerdem sind Praktikanten relativ günstig zu unterhalten. Das Ziel ist hier erfüllt, wenn die Praktikanten in Summe auf 400 Arbeitstage pro Jahr kommen.

Für die Lernperspektive gibt es somit vier Kennzahlen.

Die Kundenperspektive

- ✔ (18) Die Anzahl der Garantiefälle im Verhältnis zur verkauften Menge pro Monat zählen Sie zur Kundenperspektive. Je geringer diese Quote, desto zufriedener die Kunden. Angestrebt wird eine Quote von maximal 1%.
- ✔ (19) Die Testurteile in den einschlägigen Zeitschriften zählen sonnenklar zur Kundenperspektive. Bei diesen Tests sind Spitzenergebnisse ein Muss! Dies bedeutet, dass alle getesteten Produkte mindestens mit »Gut« bewertet sein sollten.
- ✔ (20) Die Anzahl der vorhandenen Vertriebswege und Verkaufsstellen gehört auch zu dieser Perspektive. Je mehr Vertriebswege, desto höher die Wahrscheinlichkeit, dass potenzielle Kunden Ihre Produkte sehen und kaufen. Das Ziel: Die Anzahl der Verkaufsstellen soll sich pro Jahr um jeweils 15% erhöhen.
- ✔ (21) Die Absatzzahlen packen wir in die Kundenperspektive. Denn ein höherer Absatz gemessen in verkauften Stück ist auch ein Indikator der Kundenzufriedenheit. Die Absatzzahlen sollen pro Jahr um mindestens 20% gesteigert werden.

Für die Kundenperspektive existieren damit vier Kennzahlen.

Schritt 6: Kennzahlen hierarchisieren

In diesem Schritt werden die Kennzahlen hierarchisiert, das heißt, man sucht nach Abhängigkeiten zwischen verschiedenen Kennzahlen. Das hat einen einfachen Grund: Sie können nicht alle 21 Kennzahlen in die Balanced Scorecard packen. Das wäre zu viel für ein Blatt Papier. Sie können auch nicht einfach ein paar Kennzahlen weglassen, die Ihnen nicht so wichtig erscheinen. Dann würden Informationen verloren gehen. Darum diese ominöse Hierarchisierung. So sollen die Informationen von weniger wichtigen Kennzahlen in übergeordnete Kennzahlen mit einfließen.

Es ist am besten, wenn Sie sich zu Beginn dieses Arbeitsschrittes Gedanken darüber machen, wie viele Kennzahlen pro Perspektive auf die Balanced Scorecard sollen. Entsprechend rigide oder locker können Sie dann hier vorgehen.

Im Beispiel hier versuchen wir pro Perspektive, maximal zwei Kennzahlen auf die Balanced Scorecard zu packen.

Hierarchisierung der Finanzkennzahlen

Die Kosten- und Erlöskennzahlen (3) »Fixkostenentwicklung«, (4) »Entwicklung der variablen Kosten« und (5) »Umsatzerlöse« beeinflussen die Kennzahl (1) »absoluter Gewinn«. Je niedriger die Kosten, desto höher der Gewinn.

Die Kennzahl (2) »Eigenkapitalrendite« wiederum ist vom absoluten Gewinn abhängig. Je höher dieser ausfällt, desto besser die Eigenkapitalrendite.

Die Kennzahl (6) »persönliche Zielerreichung« bildet nur noch einmal die Kennzahlen (5) und (2) ab und kann deshalb in der Balanced Scorecard ruhig weggelassen werden.

Die Kennzahl (7) »Einkaufskonditionen« fließt bereits in die Kennzahlen (3) und (4) ein.

Zu verwirrend? Abbildung 17.3 schafft hoffentlich Klarheit.

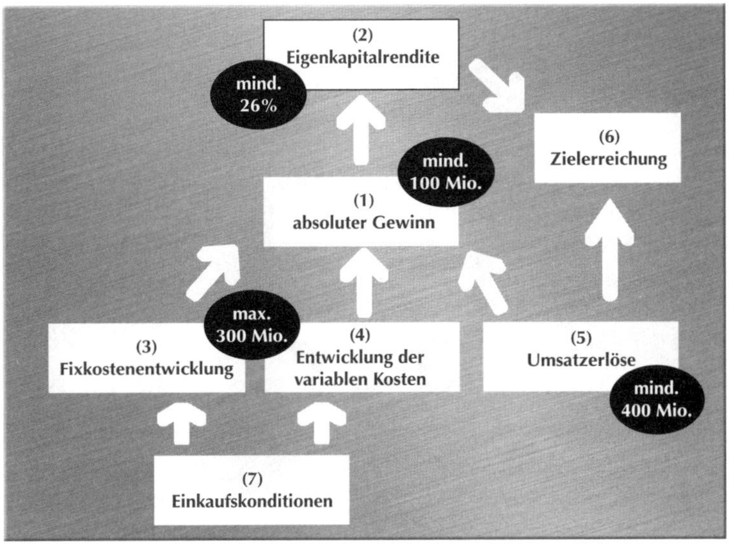

17.3: Hierarchisierung der Finanzkennzahlen

Hierarchisierung der Prozesskennzahlen

Die Prozesskennzahlen können Sie auch nach den Wirkungsketten einordnen, also nach der Frage, ob die Kennzahl X die Kennzahl Y beeinflusst.

Beispiel: Die Kennzahl (8) »Statement der Designabteilung zur Beteiligung an der Produktentwicklung« beeinflusst aus unserer Sicht die Kennzahlen (9) »Anzahl Produktvarianten« und (10) »Anzahl neue Produkte«. Wir unterstellen hier, dass es umso mehr neue Produktvarianten und Produkte gibt, je stärker die Designabteilung mitreden darf.

Für die Kennzahl (11) gilt dasselbe. Je mehr Budget bei den Designern, desto höher die Wahrscheinlichkeit, dass es mehr Produktvarianten (9) und neue Produkte (10) gibt.

Das gleiche Spiel bei der Kennzahl (12) »Interne Qualitätsaudits«. Bessere Prozesse sollten sich positiv auf die Produktentwicklung auswirken.

Bei der Kennzahl (13) vermuten wir, dass schlankere kaufmännische Prozesse der Kreativität dienlich sind und ebenfalls positiv auf die Produktentwicklung wirken.

Die Hierarchisierung der Prozessperspektive zeigt Ihnen auch Abbildung 17.4 nochmals.

Für die Prozessperspektive werden die zwei Kennzahlen (9) und (10) ausgewählt. Diese spiegeln die Ergebnisse der Prozessverbesserungen wider.

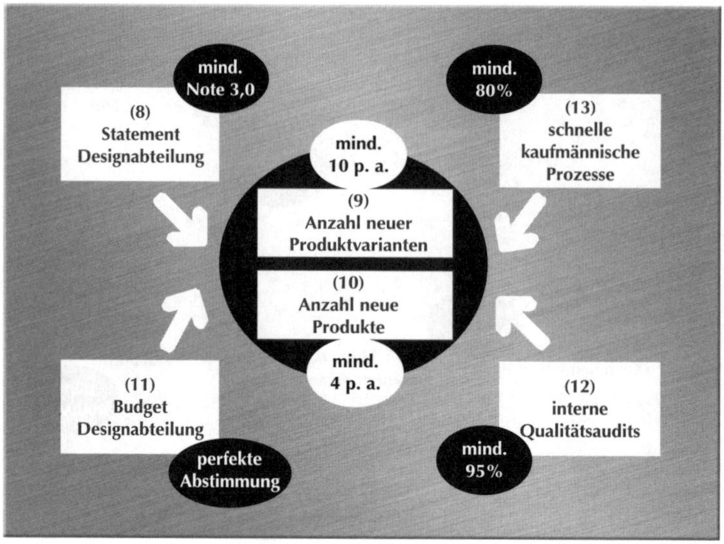

17.4: Hierarchisierung Prozessperspektive

Hierarchisierung der Kennzahlen aus der Lernperspektive

Bei dieser Perspektive fällt die Hierarchisierung der vorhandenen Kennzahlen schwer. Zwischen den vier Kennzahlen sind keine Wirkungsketten auszumachen. Entwerfen Sie hier deshalb doch zum Beispiel einfach eine übergeordnete Kennzahl, die die Ergebnisse der vier Kennzahlen widerspiegelt. Und zwar so:

- ✔ Die Kennzahl (14) »Qualitätsseminare pro Mitarbeiter« bekommt eine Bewertung. Die Kennzahl erhält null Punkte, wenn nur zwischen 0% und 60% der Mitarbeiter ein Qualitätsseminar besucht haben. Zwischen 61% und 80% erhält die Kennzahl einen Punkt. Sollten mehr als 80% der Mitarbeiter solche Seminare absolviert haben, werden der Kennzahl zwei Punkte zugeordnet.
- ✔ Bei der Kennzahl (15) wenden Sie dieselbe Systematik an: Falls lediglich 0% bis 60% der Vertriebsmitarbeiter Verkaufsseminare besucht haben, gibt es null Punkte und so weiter.
- ✔ Bei der Kennzahl (16) können Sie zum Beispiel so vorgehen: Ist die Anzahl der durchschnittlich durchgeführten Maßnahmen je Designer kleiner 0,8, gibt es keinen Punkt. Zwischen 0,8 und 1,1 gibt es einen Punkt und bei mehr als durchschnittlich 1,1 Maßnahmen je Designer gibt es zwei Punkte. Ein Rechenbeispiel: Die 100 Designer in Ihrer Firma waren im vergangenen Jahr insgesamt auf 90 Veranstaltungen. 90 geteilt durch 100 ergibt 0,9. Es gibt also einen Punkt.
- ✔ Bei der Kennzahl (17) schlagen wir vor: Ab 350 Arbeitstagen gibt es zwei Punkte, zwischen 300 und 350 Arbeitstagen einen Punkt. Waren alle Praktikanten in Summe an weniger als 300 Arbeitstagen anwesend, gibt es keine Punkte.

- ✔ Jetzt können Sie die übergeordnete Kennzahl zum Beispiel durch einfaches Zusammenzählen bilden. Acht Punkte sind das Maximum, null Punkte erbärmlich. Zufrieden sind Sie zum Beispiel ab fünf Punkten. Anhand dieser Skala können Sie auf einen Blick sehen, wie es um die Lernperspektive steht.
- ✔ Abbildung 17.5 zeigt Ihnen dieses Schema nochmals in Wort und Bild auf.

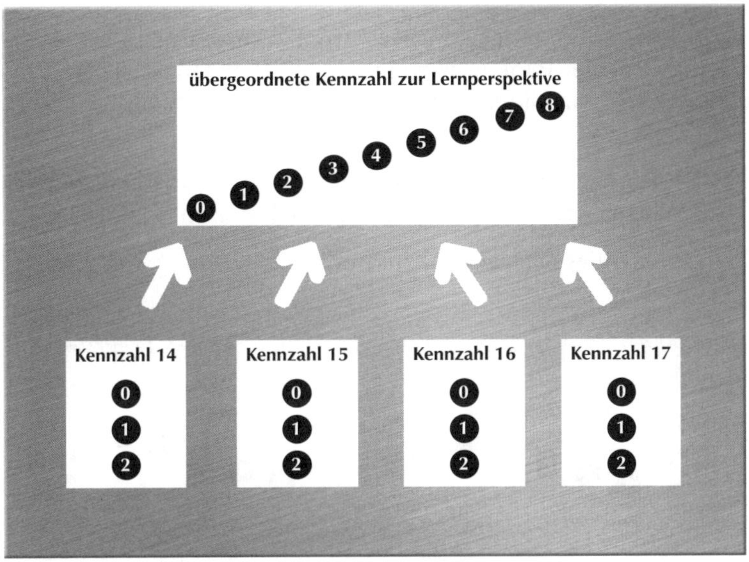

17.5: Hierarchisierung der Lernperspektive

Hierarchisierung der Kennzahlen aus der Kundenperspektive

Sollen Sie hier die Absatzzahlen als einzige Kennzahl auswählen? Das hier angestrebte Wachstum von mindestens 20% kann doch nur erreicht werden, wenn alle anderen Kennzahlen der Kundenperspektive erfüllt sind. Oder nicht? Leider können wir Ihnen hierauf keine eindeutige Antwort geben. Die Absatzzahlen können von den anderen Kennzahlen abhängig sein, müssen es aber nicht. Dies müssen Sie fallweise untersuchen.

So wie im Übrigen bei allen anderen Perspektiven auch, müssen Sie hier ebenfalls individuell entscheiden, wie Sie die Kennzahlen hierarchisieren.

Wir basteln in diesem Beispiel zwei übergeordnete Kennzahlen, die die Kundenperspektive auf der Balanced Scorecard würdig vertreten sollen:

- ✔ Die erste übergeordnete Kennzahl wird aus den Kennzahlen 18 und 19 gebildet – also aus den qualitätslastigen Kennzahlen:

Die Kennzahl 18 wird mit den folgenden Ausprägungen versehen: Liegt die Quote der Garantiefälle unter 1%, gibt es zwei Punkte, liegt die Quote zwischen 1% und 2%, gibt es noch einen Punkt. Ab 2% aufwärts gibt es keine Punkte mehr.

Die Kennzahl 19 wird ebenfalls bepunktet. Fallen wenigstens 90% der Testergebnisse eines Jahres mit mindestens »Gut« aus, gibt es zwei Punkte. Zwischen 70% und 90% gibt es einen Punkt, unter 70% gibt es keine Punkte.

Die mit dem Namen »Garantiefälle & Testurteile« versehene, übergeordnete Kennzahl kann damit maximal vier Punkte erhalten. Ab drei Punkten ist die Welt in Ordnung, bei zwei Punkten besteht Handlungsbedarf und bei weniger als zwei Punkten bricht Panik aus.

- ✔ Die zweite übergeordnete Kennzahl bekommt den Namen »Wachstum« und wird nach dem gleichen Schema wie die erste übergeordnete Kennzahl gebildet.

Abbildung 17.6 fasst das alles noch einmal zusammen.

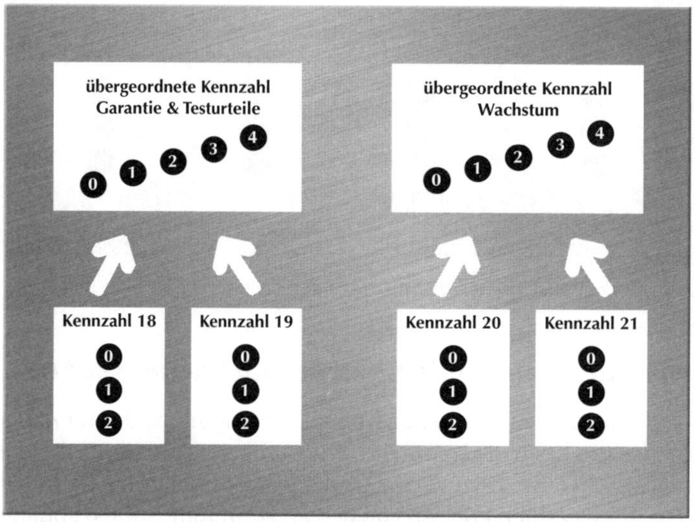

17.6: Hierarchisierung der Kundenperspektive

Sie können die Punktevergabe selbstverständlich viel stärker differenzieren, indem Sie zum Beispiel 0 bis 100 Punkte vergeben. Zusätzlich können Sie die einzelnen untergeordneten Kennzahlen auch noch mit verschiedenen Gewichtungsfaktoren versehen, das heißt, die Punkte der einen Kennzahl werden zum Beispiel mit dem Faktor 0,8 multipliziert und die Punkte der anderen Kennzahl mit dem Faktor 1,2, da Ihnen diese Kennzahl wichtiger erscheint. Ihrer Kreativität sind hier fast keine Grenzen gesetzt. Sie müssen nur aufpassen, dass Sie das System am Ende selbst noch durchschauen.

Scorecard-Software

Die BSC können Sie ganz einfach mit Hilfe einer Tabellenkalkulations- und Präsentationssoftware aufbauen oder Sie richten beispielsweise ein eventuell vorhandenes Data Warehouse entsprechend aus. Es gibt auch spezielle Scorecard-Software wie etwa hyScore BSC, STRAT&GO oder die finnische QPR ScoreCard. Meist ist diese BSC-Software webbasiert und funktioniert auch unter unterschiedlichen Betriebssystemen so wie etwa die QPR ScoreCard.

Manche Lizenzpreise kann man jedoch als gehoben bezeichnen. Bei 40.000,- Euro für fünf Anwender zuzüglich 18% Wartungsgebühr pro Jahr sollten Sie schon genau prüfen, ob diese Investition wirklich nötig ist. Je komplexer Ihr Kennzahlensystem, desto eher lohnt solch eine spezielle BSC-Software. Eine selbst gestrickte Excel-Lösung reicht meistens aus.

Schritt 7: Die Balanced Scorecard erstellen

Nun ist es so weit. Sie haben alle erforderlichen Bausteine beisammen und erstellen jetzt die eigentliche Balanced Scorecard.

Die Balanced Scorecard der Firma Entenmann & Söhne soll mit der kostenlosen Software OpenOffice erstellt werden und damit gleich einen Beitrag zur Erreichung des Ziels aus der Finanzperspektive – mindestens 26% Eigenkapitalrendite – leisten.

Die Berechnungsbasis für die Finanzperspektive ist in diesem Beispiel sehr einfach aufgebaut. Die entscheidenden Kennzahlen werden einfach in eine OpenOffice-Tabellenkalkulation eingetragen. Abbildung 17.7 zeigt das Blatt »Finanzen«.

In der Zelle P10 steht der Wert »26,32%«, der nun in die Balanced Scorecard übertragen werden soll.

Die anderen drei Perspektiven werden in den Dateiblättern »Prozesse«, »Lernen« und »Kunden« entsprechend abgebildet. Wie das Blatt für die Prozessperspektive aussieht, sehen Sie in Abbildung 17.8.

Im Blatt »Lernen« werden die vergebenen Punkte gemäß Abbildung 17.9 eingetragen.

Das Dateiblatt »Kunden« in Abbildung 17.10 entspricht dem Aufbau des Blattes »Lernen«. Der einzige Unterschied: Sie pflegen die Punktzahlen für zwei übergeordnete Kennzahlen.

Im Dateiblatt »BSC« werden mit Hilfe von Verknüpfungen die entscheidenden Kennzahlen der einzelnen Perspektiven übertragen, um daraus dann zum Beispiel ein Diagramm zu erzeugen. Dieses können Sie dann noch ein bisschen aufhübschen und fertig ist Ihre Balanced Scorecard! Wie eine aufgehübschte BSC aussehen kann, zeigt Ihnen Abbildung 17.11.

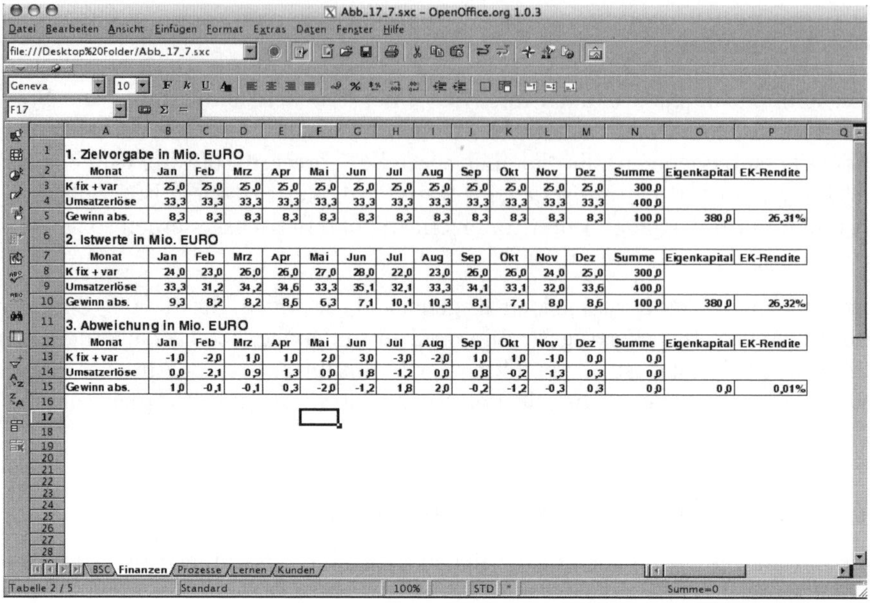

1. Zielvorgabe in Mio. EURO

Monat	Jan	Feb	Mrz	Apr	Mai	Jun	Jul	Aug	Sep	Okt	Nov	Dez	Summe	Eigenkapital	EK-Rendite
K fix + var	25,0	25,0	25,0	25,0	25,0	25,0	25,0	25,0	25,0	25,0	25,0	25,0	300,0		
Umsatzerlöse	33,3	33,3	33,3	33,3	33,3	33,3	33,3	33,3	33,3	33,3	33,3	33,3	400,0		
Gewinn abs.	8,3	8,3	8,3	8,3	8,3	8,3	8,3	8,3	8,3	8,3	8,3	8,3	100,0	380,0	26,31%

2. Istwerte in Mio. EURO

Monat	Jan	Feb	Mrz	Apr	Mai	Jun	Jul	Aug	Sep	Okt	Nov	Dez	Summe	Eigenkapital	EK-Rendite
K fix + var	24,0	23,0	26,0	26,0	27,0	28,0	22,0	23,0	26,0	26,0	24,0	25,0	300,0		
Umsatzerlöse	33,3	31,2	34,2	34,6	33,3	35,1	32,1	33,3	34,1	33,1	32,0	33,6	400,0		
Gewinn abs.	9,3	8,2	8,2	8,6	6,3	7,1	10,1	10,3	8,1	7,1	8,0	8,6	100,0	380,0	26,32%

3. Abweichung in Mio. EURO

Monat	Jan	Feb	Mrz	Apr	Mai	Jun	Jul	Aug	Sep	Okt	Nov	Dez	Summe	Eigenkapital	EK-Rendite
K fix + var	-1,0	-2,0	1,0	1,0	2,0	3,0	-3,0	-2,0	1,0	1,0	-1,0	0,0	0,0		
Umsatzerlöse	0,0	-2,1	0,9	1,3	0,0	1,8	-1,2	0,0	0,8	-0,2	-1,3	0,3	0,0		
Gewinn abs.	1,0	-0,1	-0,1	0,3	-2,0	-1,2	1,8	2,0	-0,2	-1,2	-0,3	0,3	0,0	0,0	0,01%

17.7: Berechnungsbasis der Finanzperspektive

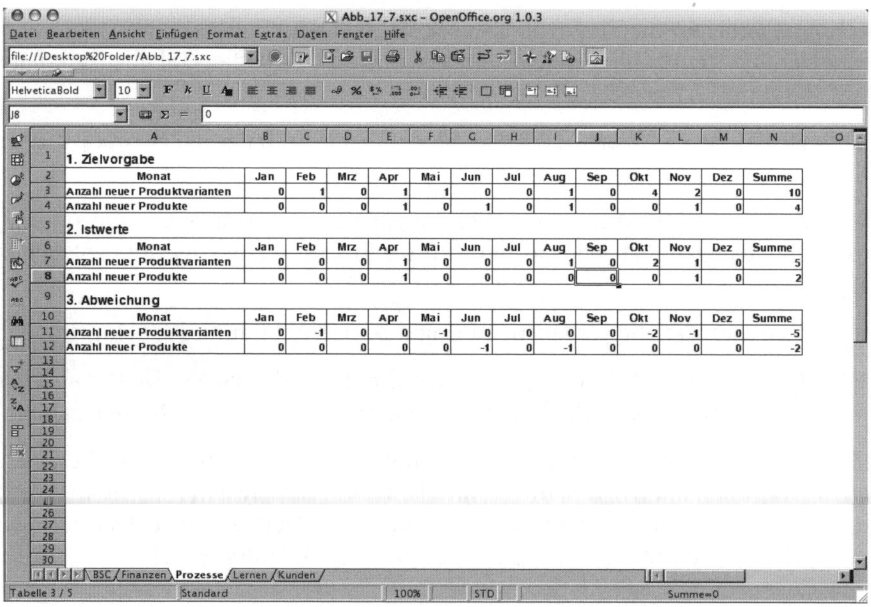

1. Zielvorgabe

Monat	Jan	Feb	Mrz	Apr	Mai	Jun	Jul	Aug	Sep	Okt	Nov	Dez	Summe
Anzahl neuer Produktvarianten	0	1	0	1	1	0	0	1	0	4	2	0	10
Anzahl neuer Produkte	0	0	0	1	0	1	0	1	0	0	1	0	4

2. Istwerte

Monat	Jan	Feb	Mrz	Apr	Mai	Jun	Jul	Aug	Sep	Okt	Nov	Dez	Summe
Anzahl neuer Produktvarianten	0	0	0	1	0	0	0	1	0	2	1	0	5
Anzahl neuer Produkte	0	0	0	1	0	0	0	0	0	0	1	0	2

3. Abweichung

Monat	Jan	Feb	Mrz	Apr	Mai	Jun	Jul	Aug	Sep	Okt	Nov	Dez	Summe
Anzahl neuer Produktvarianten	0	-1	0	0	-1	0	0	0	0	-2	-1	0	-5
Anzahl neuer Produkte	0	0	0	0	0	-1	0	-1	0	0	0	0	-2

17.8: Berechnungsbasis der Prozessperspektive

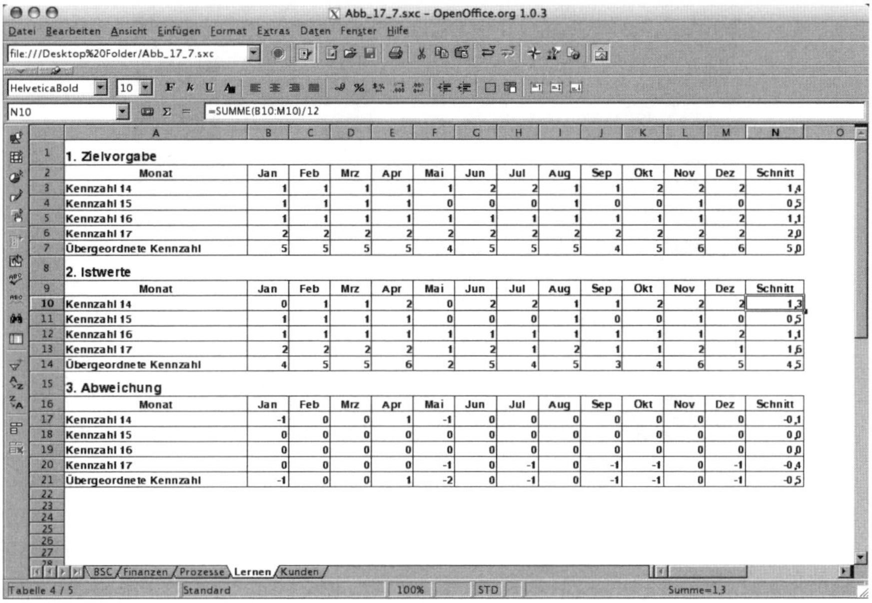

1. Zielvorgabe

Monat	Jan	Feb	Mrz	Apr	Mai	Jun	Jul	Aug	Sep	Okt	Nov	Dez	Schnitt
Kennzahl 14	1	1	1	1	1	2	2	1	1	2	2	2	1,4
Kennzahl 15	1	1	1	1	0	0	0	1	0	0	1	0	0,5
Kennzahl 16	1	1	1	1	1	1	1	1	1	1	1	2	1,1
Kennzahl 17	2	2	2	2	2	2	2	2	2	2	2	2	2,0
Übergeordnete Kennzahl	5	5	5	5	4	5	5	5	4	5	6	6	5,0

2. Istwerte

Monat	Jan	Feb	Mrz	Apr	Mai	Jun	Jul	Aug	Sep	Okt	Nov	Dez	Schnitt
Kennzahl 14	0	1	1	2	0	2	2	1	1	2	2	2	1,3
Kennzahl 15	1	1	1	1	0	0	0	1	0	0	1	0	0,5
Kennzahl 16	1	1	1	1	1	1	1	1	1	1	1	2	1,1
Kennzahl 17	2	2	2	2	1	2	1	2	1	1	2	1	1,6
Übergeordnete Kennzahl	4	5	5	6	2	5	4	5	3	4	6	5	4,5

3. Abweichung

Monat	Jan	Feb	Mrz	Apr	Mai	Jun	Jul	Aug	Sep	Okt	Nov	Dez	Schnitt
Kennzahl 14	-1	0	0	1	-1	0	0	0	0	0	0	0	-0,1
Kennzahl 15	0	0	0	0	0	0	0	0	0	0	0	0	0,0
Kennzahl 16	0	0	0	0	0	0	0	0	0	0	0	0	0,0
Kennzahl 17	0	0	0	0	-1	0	-1	0	-1	-1	0	-1	-0,4
Übergeordnete Kennzahl	-1	0	0	1	-2	0	-1	0	-1	-1	0	-1	-0,5

17.9: Blatt »Lernen«

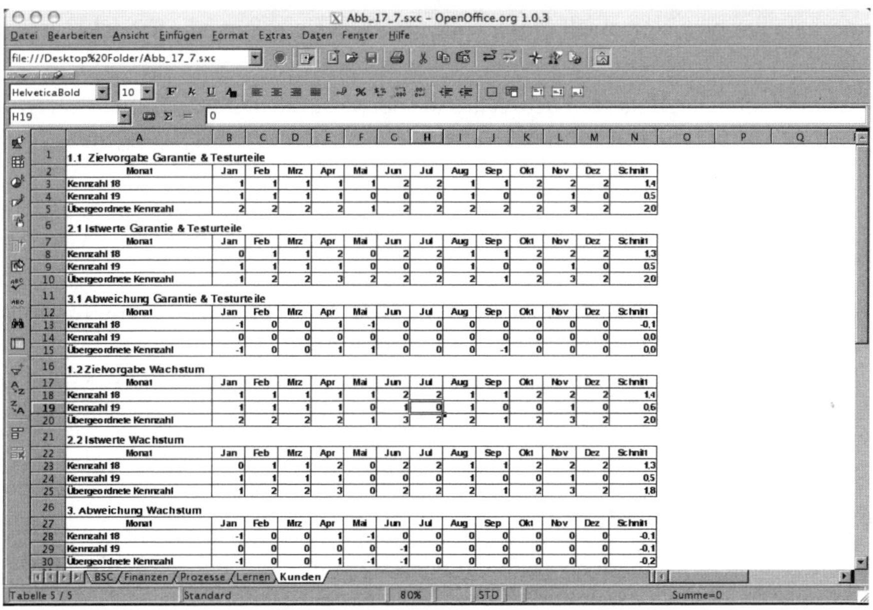

1.1 Zielvorgabe Garantie & Testurteile

Monat	Jan	Feb	Mrz	Apr	Mai	Jun	Jul	Aug	Sep	Okt	Nov	Dez	Schnitt
Kennzahl 18	1	1	1	1	1	2	2	1	1	2	2	2	1,4
Kennzahl 19	1	1	1	1	0	0	0	1	0	0	1	0	0,5
Übergeordnete Kennzahl	2	2	2	2	1	2	2	2	2	2	3	2	2,0

2.1 Istwerte Garantie & Testurteile

Monat	Jan	Feb	Mrz	Apr	Mai	Jun	Jul	Aug	Sep	Okt	Nov	Dez	Schnitt
Kennzahl 18	0	1	1	2	0	2	2	1	1	2	2	2	1,3
Kennzahl 19	1	1	1	1	0	0	0	1	0	0	1	0	0,5
Übergeordnete Kennzahl	1	2	2	3	2	2	2	2	1	2	3	2	2,0

3.1 Abweichung Garantie & Testurteile

Monat	Jan	Feb	Mrz	Apr	Mai	Jun	Jul	Aug	Sep	Okt	Nov	Dez	Schnitt
Kennzahl 18	-1	0	0	1	-1	0	0	0	0	0	0	0	-0,1
Kennzahl 19	0	0	0	0	0	0	0	0	0	0	0	0	0,0
Übergeordnete Kennzahl	-1	0	0	1	1	0	0	0	-1	0	0	0	0,0

1.2 Zielvorgabe Wachstum

Monat	Jan	Feb	Mrz	Apr	Mai	Jun	Jul	Aug	Sep	Okt	Nov	Dez	Schnitt
Kennzahl 18	1	1	1	1	1	2	2	1	1	2	2	2	1,4
Kennzahl 19	1	1	1	1	0	1	0	1	0	0	1	0	0,6
Übergeordnete Kennzahl	2	2	2	2	1	3	2	2	1	2	3	2	2,0

2.2 Istwerte Wachstum

Monat	Jan	Feb	Mrz	Apr	Mai	Jun	Jul	Aug	Sep	Okt	Nov	Dez	Schnitt
Kennzahl 18	0	1	1	2	0	2	2	1	1	2	2	2	1,3
Kennzahl 19	1	1	1	1	0	0	0	1	0	0	1	0	0,5
Übergeordnete Kennzahl	1	2	2	3	0	2	2	2	1	2	3	2	1,8

3. Abweichung Wachstum

Monat	Jan	Feb	Mrz	Apr	Mai	Jun	Jul	Aug	Sep	Okt	Nov	Dez	Schnitt
Kennzahl 18	-1	0	0	1	-1	0	0	0	0	0	0	0	-0,1
Kennzahl 19	0	0	0	0	0	-1	0	0	0	0	0	0	-0,1
Übergeordnete Kennzahl	-1	0	0	1	-1	-1	0	0	0	0	0	0	-0,2

17.10: Blatt »Kunden«

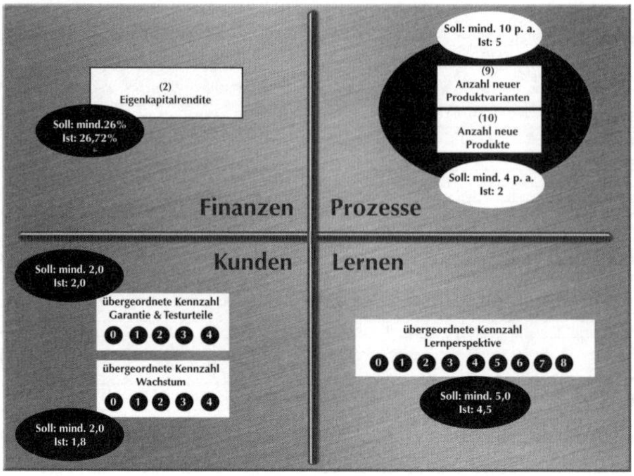

17.11: Fertige Balanced Scorecard

Auf der Balanced Scorecard können Sie nun sehen, dass die Ziele der Lern- und der Prozessperspektive in diesem Berichtsmonat nicht und dass die Ziele der Kundenperspektive nur teilweise erreicht wurden. Lediglich das Ziel der Finanzperspektive wurde erreicht. Die Geschäftsführung von Entenmann & Söhne befürchtet nun, dass die hohe Eigenkapitalrendite nur auf Kosten der Zukunft erzielt werden konnte, und fordert verstärkte Anstrengungen, damit innerhalb der nächsten zwölf Monate die anderen Ziele ebenfalls erreicht werden.

Sie sollten die Balanced Scorecard idealerweise jeden Monat aktualisieren. So können alle Beteiligten zeitnah sehen, wie es um die Zielverfolgung steht.

Auf Kosten der Zukunft

Wenn die Geschäftsführung von Entenmann & Söhne befürchtet, dass die hohe Eigenkapitalrendite nur auf Kosten der Zukunft erzielt werden konnte, meint sie, dass die Kosten nur deshalb im Zaum gehalten wurden, da man nötige Investitionen in neue Maschinen oder Software aufgeschoben hat und die Mitarbeiter nicht auf Fortbildungen geschickt hat.

Begrenzte Haltbarkeit

Die Ziele einer Balanced Scorecard müssen spätestens alle ein bis zwei Jahre überarbeitet werden. Ansonsten kann es passieren, dass sich die gesamte Organisation an veralteten Zielvorgaben orientiert. Und damit es Ihnen niemals langweilig wird, sollten Sie bei der Überarbeitung des Ziels auch gleich sämtliche Bausteine der BSC daraufhin überprüfen, ob noch alles zusammenpasst. Wenn Sie dies beherzigen, kann die BSC ein sinnvolles Instrument sein, um frühzeitig auf mögliche Fehlentwicklungen im Unternehmen hinzuweisen.

Auf der CD finden Sie unter dem Stichwort »Balanced Scorecard« die hier dargestellte sowie eine um Ampeln und so genannte Tachos etwas erweiterte Scorecard. Außerdem erwartet Sie dort ein kurzer Präsentationsfilm.

Teil V

Der Top-Ten-Teil

»Diese neuen Technologien sind wirklich praktisch, wenn man sich besser organisieren will. Ich lege einfach die Projektberichte immer unter den PC, die Budgets unter den Laptop und die Memos unter das Handy.«

In diesem Teil ...

Falls Sie schon das eine oder andere Buch aus der Reihe ... *für Dummies* gelesen haben, wissen Sie, was jetzt kommt. Falls nicht, werden Sie es gleich wissen: Es folgen die obligatorischen Zehnerlisten.

Wir haben die unserer Meinung nach zehn nützlichsten Internet-Seiten für Controller zusammengetragen und geben Ihnen dann zehn praktische Tipps für den gekonnten Umgang mit MS Office. Schließlich machen wir Sie mit zehn fachchinesischen Begriffen vertraut, die Ihnen im Umgang mit dem Thema Controlling über den Weg laufen könnten.

Viel Spaß!

Zehn Webseiten für Controller

18

In diesem Kapitel

- Websites
- Foren
- Downloads

Sollten Sie nach der Lektüre dieses Buchs noch immer nicht genug vom Thema Controlling haben – kein Problem: Weitere Informationen finden Sie natürlich auch im Internet. Wir stellen Ihnen hier zehn Websites vor. Auf einigen gibt es auch Foren, in denen Sie zu speziellen Problemen Antwort erhalten können. Und vielleicht können Sie dort auch anderen bei deren Fragen weiterhelfen. Einige Websites bieten auch kleinere Tools zum kostenlosen Download an.

Glauben Sie bitte nicht sofort alles, was Sie im Internet finden. Überprüfen Sie die Inhalte, indem Sie zumindest noch weitere Websites zu Ihrem Thema absuchen. Geht es gar um gesetzliche Vorschriften oder Ähnliches, sollten Sie auch auf Fachliteratur oder externen Sachverstand zurückgreifen und sich nicht nur auf ein oder zwei Internetseiten berufen.

Controllerspielwiese

`www.controllerspielwiese.de`

Hier handelt es sich eindeutig um die Website mit dem schönsten Namen. Die Startseite ist übersichtlich in verschiedene Themengebiete gegliedert. In der Toolbox finden Sie zum Beispiel Kennzahlen, Reports, diverse Berechnungen und Excel-Tools. Unter den Links `News`, `Wörterbuch`, `Königsdisziplin` und `Themenspeicher` gibt es kurze Erläuterungen zu den wichtigsten Themen.

Besonders erwähnenswert ist die Kontaktecke. Sollten Sie sich für die kostenlose Mitgliedschaft auf der Controllerspielwiese entscheiden, können Sie diese Plattform zum Erfahrungsaustausch nutzen. Im Forum können Sie zudem Ihre Fragen loswerden und mit ein bisschen Glück auch Antworten bekommen. Das Forum verfügt auch über eine Suchfunktion.

Ergänzt wird das Angebot dieser Seite durch einen kleinen Stellenmarkt und eine Linksammlung.

Controlling-Portal

www.controlling-portal.org

Für das Controlling-Portal zeichnet das österreichische Controller-Institut aus Wien verantwortlich. Im Mittelpunkt der Startseite stehen abrufbare Beiträge zu diversen Themen. Besonders positiv: Hier handelt es sich nicht nur um kurze Erläuterungen oder Leseproben, sondern um komplette Artikel.

Daneben gibt es noch einige Themen-Links wie etwa zum operativen Controlling oder dem Projektcontrolling. Ein Forum wird auch angeboten.

Controllingportal

www.controllingportal.de

Und noch ein Controllingportal. Dieses Controllingportal glänzt durch ein relativ gut frequentiertes Forum, das zudem mit einer Suchfunktion ausgestattet ist.

Auf dieser Website finden Sie unter dem Stichwort »Grundlagen« kurze Erläuterungen zu den wichtigen Controlling-Themen. Bei den Controller-Tools werden ein paar kleinere Excel-Dateien gratis zum Download angeboten. Wunder dürfen Sie aber nicht erwarten. Dafür erhalten Sie aber ein paar Basics. Unter dem Link `Fachartikel` gibt es eine recht gute Auswahl an Artikeln zu den unterschiedlichsten Themen.

My-Controlling

www.my-controlling.de

Auch wenn das Layout dieser Seite derzeit auf den ersten Blick etwas antiquiert wirkt: Der Inhalt zählt. So gibt es zum Beispiel ein gut strukturiertes Forum mit Suchfunktion. Bei den angebotenen Themen und Beiträgen handelt es sich meist um Links zu anderen Seiten. Das erspart zumindest ab und an die eigene Suche im Netz.

Competence-Site

www.competence-site.de

Auf der Competence-Site finden Sie jede Menge Beiträge aus der Welt des Managements. Darunter natürlich auch Artikel zum Thema Controlling. Wenn Sie sich für die kostenlose Mitgliedschaft auf dieser Seite entschieden haben sollten, dürfen Sie dort sogar eigene Artikel verfassen. Eine Redaktion wacht darüber, dass kein Unsinn auf die Seite gestellt wird. Das Angebot dieser Website wird durch ein Forum und dem Angebot zum Bezug von Newslettern abgerundet.

Controllerverein

`www.controllerverein.de`

Das Unvermeidliche geschah im Jahre 1975. Controller gründeten den Internationalen Controllerverein e.V. Heute hat dieser Verein nach eigenen Angaben über 4.000 Mitglieder, hauptsächlich aus dem deutschsprachigen Raum.

Die übersichtlich gestaltete Website gliedert sich unter anderem in die Bereiche VEREIN, ARBEITSKREISE, COMMUNITY, PUBLIKATION, VERANSTALTUNGEN und JOBS. Im Bereich VEREIN finden Sie allgemeine Informationen rund ums Controlling sowie Informationen über den Verein. In der COMMUNITY gibt es eine Werkzeugkiste mit ein paar Tools zum Downloaden sowie ein kleines Forum. Besonders empfehlenswert: die Vortragsunterlagen im Bereich PUBLIKATIONEN. Dort lohnt es zu stöbern.

Auch auf dieser Website gibt es die Möglichkeit, einen Newsletter zu abonnieren. Wer das nicht will, kann im Archiv alle bisherige Newsletter einsehen.

Business-Wissen

`www.business-wissen.de`

Die Rubrik »Controlling« versteckt sich unter dem Link `Fachwissen`. Dort können Sie ein paar Artikel zu Controllingthemen ansehen. Aber erst, wenn Sie sich als Mitglied angemeldet haben. Aber keine Angst, die Mitgliedschaft ist kostenlos.

Unister

`www.unister.de`

Unister ist die Seite für Studierende, aber auch für »Ehemalige«. Unter dem Stichwort »Wissen« finden Sie ein umfangreiches Controlling-Lexikon. Bis Sie dort jedoch zu Ihrem gesuchten Wort gelangen, müssen Sie ein paar Mal klicken. Die Einträge sind kurz gehalten.

Unter dem Stichwort »Wissen« gibt es auch komplette Hausarbeiten, Skripte und Diplomarbeiten zum Download. Sie müssen vorher jedoch einen Unister-Account einrichten. Auch dieser Account kostet nichts. Einige Diplomarbeiten sind jedoch kostenpflichtig; der Erlös geht zu 100% an den Verfasser.

Bilanzbuchhalter

www.bilanzbuchhalter.de

Auf dieser Seite gibt es ein sehr umfangreiches Forum mit Suchfunktion. Hier finden Sie Antworten auf Fragen aus dem Gebiet der Buchhaltung.

Controllernetz

www.controllernetz.de

Auf der Seite »Controllernetz« finden Sie unter des Controllers Lieblingswort GRATIS ein paar nützliche Links. Das CONTROLLER-LEXIKON ist gut strukturiert und bietet etwa 100 ausführlichere Beiträge.

Ebenfalls einen Blick wert: Die PRAXISTIPPS. Hier finden Sie kleinere Beiträge zu aktuellen Themen sowie einige Excel-Tipps.

Zehn Microsoft-Office-Tipps für Controller

19

In diesem Kapitel

- Pivot-Tabellen
- Lästige Fehler beheben
- Access benutzen
- Excel austricksen

In diesem Kapitel haben wir für Sie ein paar Excel- und Access-Tipps zusammengestellt, die Ihnen dann und wann die tägliche Arbeit erleichtern sollen.

Pivot-Tabellen

Der Begriff »Pivot« kommt aus dem Französischen und bedeutet »Dreh- und Angelpunkt«. Mit Excel können Sie mittels dieses »Dreh- und Angelpunktes« problemlos Kreuztabellen erstellen und Daten so ordnen oder gruppieren, wie Sie es wünschen. Aus bestehenden Rohdaten können Sie mit einer Pivot-Tabelle das als Spalten und Zeilen definieren, was Sie benötigen.

Markieren Sie in Excel die Tabelle, die Sie als Kreuztabelle darstellen wollen, und wählen Sie DATEN|PIVOTTABLE UND PIVOTCHART-BERICHT. Klicken Sie bei den folgenden beiden Dialogboxen jeweils auf WEITER und dann auf FERTIG STELLEN.

Nun erscheint die Rohform der Pivot-Tabelle, die Sie nun selbst mit Leben füllen können, indem Sie die Seitenfelder, die Zeilenfelder, die Spaltenfelder und die Datenfelder bestimmen. Ziehen Sie hierfür einfach die Felder aus der erscheinenden Dialogbox auf die jeweilige Kategorie.

Was Sie als Zeilenfeld definieren, wird in der Zeile dargestellt, die Spaltenfelder erscheinen logischerweise als Spalten. Der Datenbereich wird mit den Werten aus beiden Ebenen befüllt. Bestimmen Sie eine Spalte aus den Rohdaten als Seitenfeld, können Sie nach diesem Kriterium filtern. Hierfür klicken Sie einfach das nach unten zeigende Dreieck an und wählen die Ausprägungen aus, die Sie sehen wollen.

Das hört sich nun alles etwas kompliziert an – ist es aber gar nicht. Nehmen Sie sich einfach mal die Zeit und spielen mit Pivot-Tabellen herum. Es wird sich für Ihren Arbeitsalltag sicherlich lohnen. Bei Fragen konsultieren Sie einfach die Hilfefunktion in Excel oder fragen einen Kollegen, der sich damit auskennt.

Entfernen des lästigen »#DIV/0!« in Excel-Reports

Sie haben einen schönen Excel-Report gebastelt, in dem die Ausschussquote pro Monat für das komplette Jahr dargestellt wird. Bei der Ausschussquote wird die Anzahl der fehlerhaften Produkte durch die gesamte Produktion dividiert. Diese Formel haben Sie für alle Monate des Jahres hinterlegt, damit Sie nicht jeden Monat die Formel neu kopieren und einfügen müssen. Wenn Sie nun im Januar den Report aufsetzen, erscheint in den Monaten, für die noch keine Daten vorliegen, stets ein hässliches `#DIV/0!`. Excel versucht nämlich, zu dividieren, obwohl es noch keine Zahlen gibt. Folglich wird durch null dividiert, was aber mathematisch nicht erlaubt ist.

Angenommen, die Funktion in der Excel-Tabelle lautet für den Monat Februar `C3/C4`: Solange die Zelle C4 keinen Wert annimmt, erscheint stets `#DIV/0!`. Dies können Sie umgehen, indem Sie die Formel wie folgt abändern: `=WENN(C4="";"";C3/C4)`. Sie sagen Excel hier, dass es nichts anzeigen soll, wenn auch die Zelle C4 nichts enthält. Sind in C4 Daten, erscheint das Ergebnis der Berechnung `C3/C4`. Schon sieht ihr Report bedeutend schöner aus.

Bedingte Formatierung in Excel

In vielen Reports kann es sinnvoll sein, eine so genannte Alarmfunktion einzubauen. Das bedeutet, bestimmte Kennzahlen sollen bei bestimmten Werten besonders ins Auge stechen, weil sie entweder besonders gut oder besonders schlecht sind. Vor allem bei umfangreichen Reports mit vielen Kennzahlen verliert man leicht einmal den Überblick und erkennt Auffälligkeiten nicht auf Anhieb. Excel verliert den Überblick allerdings nicht so schnell – wenn Sie die entsprechenden Felder mit einer bedingten Formatierung versehen.

Klicken Sie hierzu auf die Zelle, die Sie kontrollieren wollen, und wählen Sie FORMAT|BEDINGTE FORMATIERUNG.

Es erscheint eine Dialogbox, in der Sie angeben können, bei welchen Werten die Zelle anders formatiert werden soll.

Wenn Sie diese Werte eingegeben haben, klicken Sie dort auf FORMAT und bestimmen den Look, den die Zelle bei Erreichen der eben eingegebenen Kriterien haben soll. Wählen Sie beispielsweise MUSTER aus und markieren dann ein kräftiges Rot. Eine solche rote Zelle übersieht man nur sehr schwer.

Sie müssen sich aber nicht nur auf ein Kriterium beschränken. Wählen Sie HINZUFÜGEN, falls noch weitere Bedingungen abgefragt werden sollen.

Excel: Die Richtung bei Drücken der Eingabetaste ändern

Das ist ein kleiner Trick, der Ihnen einiges an Zeit und Nerven sparen kann. Sie geben Werte manuell in eine Excel-Tabelle ein und drücken danach die Eingabetaste. Standardmäßig wandert die aktive Zelle eins nach unten. Wenn Sie aber Zahlen zeilenweise, dass heißt von links nach rechts eingeben wollen, ist dies reichlich unpraktisch. Sie können selbst bestimmen, in welche Richtung sich die aktive Zelle nach Drücken der Eingabetaste verschieben soll. Im Menü EXTRAS finden Sie in den OPTIONEN die Registerkarte BEARBEITEN. Unter dem Punkt MARKIERUNG NACH DEM DRÜCKEN DER EINGABETASTE VERSCHIEBEN können Sie die Richtung eingeben, in die die aktive Zelle wandern soll.

Excel-Tabellen in Access einbinden

Excel ist zwar gut und schön, doch wenn es um komplexere Abfragen und Analysen geht, stoßen Sie selbst mit Pivot-Tabellen oftmals an Grenzen. Da hilft nur noch eins: Access. Das Schöne daran ist, dass Sie Excel-Tabellen recht unproblematisch in Access einbinden können, um diese dann hier weiter zu analysieren.

Sie haben zwei Möglichkeiten, was Sie mit der Excel-Tabelle machen können:

1. Sie importieren die Daten.
2. Sie verknüpfen die Tabelle.

Importieren heißt, dass Sie die Tabelle eins zu eins in Access kopieren, wo sie auch physisch gespeichert wird. Der große Nachteil hierbei: Verändern Sie etwas in den Excel-Rohdaten, greift diese Änderung in der Access-Tabelle nicht. Bei einer Verknüpfung hingegen wird lediglich auf die Excel-Tabelle verwiesen und Änderungen an dieser werden automatisch auch in Access wirksam. Deshalb empfehlen wir, so oft es geht, mit Verknüpfungen zu arbeiten. Das spart außerdem noch Speicherplatz.

Beide Varianten finden Sie in Access unter dem Menübefehl DATEI|EXTERNE DATEN. Wählen Sie in der sich öffnenden Box den Dateityp MICROSOFT EXCEL (*.XLS) aus und suchen Sie die Excel-Datei, in der sich die Tabelle befindet, die Sie importieren oder verknüpfen wollen. Wählen Sie diese aus und bestimmen Sie in der nächsten Box, welches Tabellenblatt Sie denn genau meinen. Klicken Sie auf WEITER. Jetzt können Sie bestimmen, ob Sie die erste Zeile als Spaltenüberschrift in Access haben wollen. Geben Sie der Tabelle einen passenden Namen und stellen Sie den Import oder die Verknüpfung fertig. Nun können Sie mit der Tabelle in Access weiterarbeiten.

Zwei Dinge noch hierzu:

1. Die Excel-Tabelle sollte keine Leerzeilen oder Leerspalten enthalten.
2. Änderungen, die Sie in Access an einer verknüpften Tabelle vornehmen, werden auch in der Ursprungstabelle wirksam.

Doppelte Daten aus unterschiedlichen Access-Tabellen löschen

Mal angenommen, Sie haben in Access zwei Tabellen mit Kundendaten: KUNDEN1 und KUNDEN2. Nun wollten Sie jene Datensätze, die in beiden Tabellen enthalten sind, in einer der Tabellen löschen.

Sie öffnen also eine Abfrage, lassen sich die beiden Tabellen anzeigen und verknüpfen die Tabellen über die Kundennummer. Dann ziehen Sie das Sternchen am Anfang der Tabelle KUNDEN1 nach unten, damit auch alle Daten aus KUNDEN1, die in KUNDEN2 enthalten sind, gelöscht werden. Jetzt wählen Sie über das Menü ABFRAGE und LÖSCHABFRAGE aus und klicken auf das rote Anführungszeichen, um die Abfrage auszuführen.

Aha, es erscheint eine Meldung wie LÖSCHEN AUS ANGEGEBENEN TABELLEN NICHT MÖGLICH. Mist! Doch keine Panik: Mit einem klitzekleinen Trick können Sie Access dazu bringen, das zu tun, was Sie wollen.

Wechseln Sie erst einmal über den Menübefehl ANSICHT|SQL-ANSICHT den Ansichtsmodus. Jetzt erscheint das so genannte SQL, das Access sagt, was es tun soll. Dieses SQL beginnt stets mit `DELETE`, wenn etwas gelöscht werden soll. Danach steht der Name der Tabelle, aus der die Datensätze entfernt werden sollen, ein Punkt und ein Sternchen. Im Beispiel: `KUNDEN1.*`. Geben Sie einfach zwischen `DELETE` und dem Tabellennamen von Hand das Wörtchen `DISTINCTROW` ein, jeweils mit einem Leerzeichen von den anderen Ausdrücken getrennt. Im Beispiel: `DELETE DISTINCTROW KUNDEN1.*`.

Dann klicken Sie erneut auf das rote Ausrufezeichen und siehe da: Die Daten werden ordnungsgemäß aus der Tabelle gelöscht.

Kommentare in Excel einfügen

Sie verschicken eine Tabelle und wollen vermeiden, dass die Empfänger zwei Minuten später bei Ihnen anrufen, um Fragen zu den Daten zu stellen? Das schaffen Sie am besten, wenn Sie bereits im Vorfeld Antworten auf mögliche Fragen in die Excel-Tabelle einbauen: Arbeiten Sie mit Kommentaren.

Klicken Sie die Zelle an, in der etwas steht, was Sie näher erklären wollen. Klicken Sie nun mit der rechten Maustaste und wählen Sie im Kontextmenü KOMMENTAR EINFÜGEN aus.

Es öffnet sich eine Box, in der Sie Erläuterungen zu dieser Zelle hineinschreiben können. Wenn Sie den Text eingegeben haben, klicken Sie auf eine andere Zelle auf dem Tabellenblatt. Sie sehen nun in der kommentierten Zelle oben rechts ein rotes Dreieckchen. Wenn Sie mit der Maus über diese Zelle fahren, öffnet sich automatisch der Kommentar.

Sie können allerdings diesen Kommentar auch dauerhaft im Vordergrund belassen. Hierfür klicken Sie in der kommentierten Zelle mit der rechten Maustaste und wählen im Kontextmenü einfach KOMMENTAR ANZEIGEN aus.

Schon haben Sie ein paar wertvolle Arbeitsminuten mehr, an denen Sie sich nicht mit lästigen Fragen herumschlagen müssen.

Excel-Tabellen drehen

Sie habe eine Kreuztabelle vor sich. Das heißt, eine Tabelle, die sowohl Zeilen- als auch Spaltenüberschriften hat und in der die Zahlenwerte als Kombination dieser beiden Ebenen dargestellt werden. Beispielsweise können in den Spalten die Kunden abgetragen sein und in den Zeilen verschiedene Produkte, als Daten steht die Anzahl der jeweiligen Produkte je Kunde in der Tabelle.

Nun fällt Ihnen ein, dass Sie die Tabelle eigentlich gedreht bräuchten: In den Spalten sollen die Produkte stehen und in den Zeilen die Kunden. Was nun? Nichts leichter als das:

Markieren Sie die komplette Tabelle, die Sie drehen wollen inklusive aller Überschriften. Dann kopieren Sie diese, zum Beispiel mit der Tastenkombination [Strg]+[C]. Danach klicken Sie die erste Zelle auf einer freien Fläche in diesem oder in einem anderen Arbeitsblatt an, wo die gedrehte Tabelle hin soll.

Jetzt klicken Sie mit der rechten Maustaste und wählen im nun erscheinenden Menü INHALTE EINFÜGEN aus. Es öffnet sich eine Dialogbox, in der Sie unten rechts TRANSPONIEREN anklicken und dadurch mit einem Häkchen versehen. Nun müssen Sie das Ganze nur noch mit OK bestätigen und schon erscheint die gedrehte Tabelle.

Zellnamen in Excel vergeben

Wenn Sie in Excel mit langen, unhandlichen Formeln arbeiten, kennen Sie das Problem: Man verliert vor lauter kryptischen Zellnamen wie `C93` schnell einmal den Überblick, was nun was ist und was mit der Formel nun eigentlich berechnet werden soll. Das muss nicht sein! Taufen Sie die Zellennamen ganz einfach um. Und zwar so, wie es Ihnen passt.

Das geht denkbar einfach: Wenn Sie eine Zelle anklicken, erscheint links unter den Menüleisten, im so genannten Namensfeld, der Name der Zelle. Normalerweise steht dort etwas wie etwa `A1`. Klicken Sie nun in dieses Feld und überschreiben Sie die hässliche Buchstaben-Zahlenkombination. Geben Sie der Zelle einen sprechenden Titel wie zum Beispiel `Zinssatz`, sofern die Zelle beispielsweise einen Zinssatz enthält. Jetzt können Sie den Namen der Zelle auch problemlos in den Formeln verwenden: `=Zinssatz*B2`. Noch besser: Sie geben `B2` auch gleich einen sprechenden Namen.

Haben Sie mehrere Werte in einer Spalte angeordnet, die eine Spaltenüberschrift hat, können Sie auch auf bequeme Weise allen gefüllten Zellen in dieser Spalte den Namen der Spaltenüberschrift geben. Hierfür markieren Sie alle Werte der Spalte, die den Namen tragen sollen – inklusive der Überschrift. Klicken Sie nun im Menü auf EINFÜGEN, dann auf NAME und hier auf ERSTELLEN. Es öffnet sich eine Box, in der Sie gefragt werden, aus welcher Zelle der Name erstellt werden soll. Klicken Sie OBERSTER ZEILE an und prompt wird allen Zellen in der Spalte der Name der Spaltenüberschrift zugewiesen.

Haben Sie beispielsweise Zinssätze in der Spalte angeordnet und die Spalte mit `Zinssatz` überschrieben, können Sie nun in allen Formeln im Bereich dieser Tabelle statt etwa `B5` das Wort `Zinssatz` verwenden.

Die Excel-Funktion SummeWenn

Gäbe es eine Top Ten der am meisten unterschätzten Funktionen in Excel, `SummeWenn` würde sicherlich dort erscheinen.

Mal angenommen, Sie haben eine große Tabelle vor sich. In der ersten Spalte stehen Namen von Materialien, in der zweiten die jeweiligen Lieferanten, von denen Sie diese beziehen, und in der dritten die bestellte Menge (der Einfachheit halber sind alle in derselben Einheit dargestellt, in `Stück`). Sie bestellen teilweise von einem Lieferanten mehrere Sachen und wollen nun wissen, wie hoch die bestellte Menge bei Lieferant Müller ist – unabhängig davon, welches Material denn genau bestellt wurde. Und zwar möglichst einfach, ohne dafür extra eine Pivot-Tabelle erstellen zu müssen.

Hier hilft `SummeWenn`. Geben Sie in eine freie Zelle zunächst einmal Folgendes ein: `=SUMMEWENN(`. Dann markieren Sie den Tabellenbereich, in dem die Lieferanten stehen, tippen ein Semikolon ein und schreiben den Namen des Lieferanten in Anführungszeichen in die Formel. Jetzt geben Sie noch einmal ein Semikolon ein und markieren abschließend den Tabellenbereich, in dem die bestellten Mengen stehen. Klammer zu und fertig.

Die Formel sieht dann so aus: `=SUMMEWENN(A1:A1000;"Müller";B1:B1000)`.

Wenn Sie nun die Formel durch Drücken der Eingabetaste bestätigen, erscheint die Summe aller bestellten Mengen beim Lieferanten Müller und zwar ohne aufwändiges Filtern, Sortieren oder Pivot-Tabellen-Basteln.

Zehn Begriffe, die Ihnen über den Weg laufen könnten

20

In diesem Kapitel

- Aus Alt mach Neu
- Neuere Entwicklungen kennenlernen
- Nobody is perfect

Es ist wie in der Mode: Nichts währt ewig. Auch im Controlling wird ständig Neues entwickelt. Manches setzt sich durch, anderes verschwindet schnell wieder in der Versenkung. Böse Zungen behaupten, manches werde auch aus schnödem Profitinteresse der Berater- und Software-Industrie auf den Markt geworfen. Wie dem auch sei, wir wollen hier die derzeit interessantesten Ansätze vorstellen.

Value Based Management

Das Value Based Management soll das Management bei der wertorientierten Unternehmensführung unterstützen. Um den Wert des Unternehmens (neudeutsch auch Shareholder Value genannt) steigern zu können, muss man die Werttreiber suchen. Mit denen lässt sich das Unternehmen dann hervorragend steuern und alle werden glücklich und reich.

Sollten Sie jemals den Auftrag erhalten, die wertorientierte Unternehmensführung in Ihrem Unternehmen einzuführen, müssen Sie also zuerst die Werttreiber suchen. Hier für Sie eine kleine Liste mit möglichen Werttreibern:

- ✔ Sinkende Kosten bei gleich bleibender Qualität und Absatzmenge
- ✔ Höhere Verkaufspreise bei gleich bleibender oder gar steigender Absatzmenge
- ✔ Ein gutes Unternehmensimage in der Öffentlichkeit
- ✔ Ein gutes Betriebsklima
- ✔ Ein relativ hoher Forschungsetat

Die Liste ist spielend leicht aufgestellt und mit ein wenig Fleiß auch schnell erweitert oder verfeinert. Die operative Umsetzung ist dagegen eher mühsam. Wie kann man dies alles messen? Woran erkennt man, ob eine Kostensenkung tatsächlich langfristig wertsteigernd ist? Und woher wollen Sie heute wissen, ob die Gelder für die Forschung erfolgreiche Produkte hervorbringen oder eher Flops?

Die Frage, ob sich ein Unternehmen nach dem Konzept des Value Based Management ausgerichtet hat oder nicht, lässt sich objektiv betrachtet leider niemals eindeutig beantworten. Ihr Unternehmen muss sich daher selber Maßstäbe setzen, an denen es feststellen kann, ob es entsprechend dem Value Based Management handelt oder nicht. Als Instrument kann hierfür zum Beispiel die Balanced Scorecard dienen.

Diese Balanced Scorecard könnten Sie dann auf Kennzahlen aufbauen, die vorher als Werttreiber eingeordnet wurden. Ein Beispiel dafür:

Bei jeder größeren Anschaffung muss künftig eine Investitionsrechnung aufgestellt werden. Nur wenn diese Rechnung positiv ausfällt, darf gekauft werden. Hier könnten Sie also die Einhaltung dieser Regel messen, indem Sie prüfen, wie viele größere Anschaffungen nach dieser Vorschrift getätigt wurden. Je näher Sie hier an die 100%-Marke kommen, desto positiver ist der Einfluss der Investition auf den Unternehmenswert.

Bei einer Aktiengesellschaft können Sie täglich beobachten, ob der Wert des Unternehmens gestiegen ist. Ob dies dann jedoch dem Value Based Management zu verdanken ist oder etwa einem auch unabhängig davon vernünftig handelnden Management oder einfach nur einem guten Börsenumfeld? Oftmals schwer zu sagen.

Beyond Budgeting

Finden Sie auch, dass die jährliche Budgetierung viel zu starr ist und zu viel Arbeit macht? Sind Sie der Meinung, dass von den Abteilungsleitern jedes Jahr aufs Neue viel zu viele Puffer in die Budgets eingeplant werden? Und befürworten Sie die Aussage, dass Budgetvorgaben nur selten zielführend sind?

Falls Sie alle drei Fragen mit Ja beantwortet haben, könnten Sie sich für das Konzept des Beyond Budgeting interessieren. Dieses Modell wurde vom Beyond Budgeting Round Table (BBRT) entwickelt. Ziel des Modells ist es, Unternehmen unter Verzicht auf Budgets besser steuern zu können.

Und damit kein Chaos ausbricht, müssen die alten Instrumente der zentralen und detaillierten Budgetplanung und -kontrolle durch andere Instrumente ersetzt werden:

- ✔ **Rollierende Forecasts anstatt Budgetplanung:** Die jährliche Budgetplanung sowie die unterjährigen Isterwartungen werden in diesem Modell durch rollierende Forecasts ersetzt – also durch ab und an aktualisierte Kostenvorhersagen.
- ✔ **Balanced Scorecard und Benchmarking statt Budgetvorgaben:** Das Management soll keine Vorgaben wie etwa »10% Kostensenkung in diesem Jahr« mehr erhalten, sondern Ziele verfolgen, die in einer Balanced Scorecard vorgegeben werden. Beispiel: Die Abteilung ist ab sofort ein Profit Center und soll 20% Eigenkapitalrendite erwirtschaften. Alternativ könnten es auch Ziele aus einem Benchmarking sein – also dem Vergleich mit anderen

Abteilungen. Beispiel: Die erwirtschaftete Rendite muss mindestens genauso hoch sein wie beim Benchmarking-Partner. Je höher, desto besser.

- ✔ **Dezentrale Verantwortung statt zentraler Planung und Kontrolle:** Durch die Anwendung der Instrumente Balanced Scorecard und Benchmarking werden die Manager dazu gezwungen, Ziele zu verfolgen. Eigenverantwortliches Handeln soll die Folge sein. Die zentrale Kontrolle soll so durch eine Selbstkontrolle ersetzt werden.

Das Modell des Beyond Budgeting ist nicht unumstritten. Befürworter argumentieren damit, dass es darauf ankommt, die Instrumente gut aufeinander abgestimmt einzusetzen. Dann würden gute Ergebnisse erzielt. Kritiker sehen in diesem Modell wenig Neues, sondern lediglich eine weitere Kombination bereits bekannter Methoden und Instrumente.

Zero-Base-Budgeting

Stellen Sie sich einmal vor, Sie wären im Controlling einer alteingesessenen Firma und das jährliche Budget würde dort einfach jedes Jahr fortgeschrieben. Die Budgetplanung geht dann relativ schnell:

- ✔ **Personalkosten:** Letztes Jahr hatten Sie Personalkosten in Höhe von 500.000 Euro. Also planen Sie für dieses Jahr 510.000 Euro ein, da Sie mit einer Gehaltserhöhung von etwa 2% rechnen.
- ✔ **Sachkosten:** Die Miete für die Lagerhallen betrug letztes Jahr 220.000 Euro. Sie wissen, dass der Vermieter die Miete derzeit jedes Jahr um 5% erhöht, so dass Sie hier 231.000 Euro einplanen. Und so weiter ...

Der Ansatz des Zero-Base-Budgeting ist dem gegenüber viel aufwändiger. Denn Sie sollen von null an planen, also von der so genannten grünen Wiese aus. Das sähe in diesem Beispiel dann so aus:

- ✔ **Personalkosten:** Sie sprechen mit allen Personalverantwortlichen, um den Personalbedarf für dieses Jahr festzustellen. Entspricht der Personalbedarf genau dem Personalbestand, können Sie die vertraglich fixierten Gehälter zuzüglich der erwarteten Gehaltserhöhungen einplanen. Also so wie oben auch 510.000 Euro.

  Liegt der Personalbedarf um eine Planstelle über dem Bestand, müssen Sie diese mögliche Einstellung einplanen: Voraussichtlicher Einstellungstermin ist der 1. Juni. Sie planen also ein halbes Jahresgehalt noch zu den 510.000 Euro hinzu.

  Liegt der Personalbedarf langfristig unter dem Bestand, kann es unangenehm werden. Wenn niemand aus der Belegschaft in Rente geht, keine natürliche Fluktuation zu erwarten ist und zum Beispiel auch keine Teilzeitregelungen erzielbar sind, müssen Sie Gelder für die Zahlung von Abfindungen für betriebsbedingte Kündigungen oder Aufhebungsverträge einplanen.

✔ **Sachkosten:** Miete für Lagerhallen: Sie sprechen mit den Verantwortlichen zuerst einmal den künftigen Flächenbedarf durch. Vielleicht wird die gesamte angemietete Fläche ja gar nicht mehr benötigt oder es muss eine weitere Fläche hinzugemietet werden. Alles ist möglich. Zusätzlich sollten Sie oder andere dafür Zuständige die Mietkonditionen ab und an auch neu verhandeln. Wenn Sie dies alles berücksichtigt haben, erzielen Sie auch eine höhere Planungsqualität.

Das Fazit: Es lohnt sich sicherlich nicht, jede Kostenart völlig neu zu beplanen. Die Vorjahreswerte dienen oft als gute Anhaltspunkte. Aber bei einigen Kostenarten lässt sich mit diesem Denkansatz sicherlich eine bessere Planungsqualität erzielen.

Kanban

Der Begriff Kanban stammt aus Japan und kann mit Schild oder Karte übersetzt werden. Die Kanban-Methode wurde bei Toyota entwickelt und soll die Lagerbestände im Produktionsablauf senken helfen.

Kanban funktioniert nach dem so genannten Holprinzip: Diejenigen in der Produktionskette, die Material benötigen, fordern es dann an, wenn sie wieder Nachschub brauchen. Das Material wird dann mit Hilfe von Karten angefordert – daher der Begriff Kanban.

Stellen Sie sich vor, Sie würden in einer Bettenfabrik Lattenroste montieren. Pro Lattenrost benötigen Sie vier Rahmenhölzer, 25 Latten, 50 Latteneinfassungen, 16 Schrauben und 100 Heftklammern für Ihren Drucklufttacker. Tack tack. Sie wissen außerdem, dass Sie pro Stunde maximal drei Lattenroste montiert bekommen. Also fordern Sie jeden Abend aus dem Lager entsprechend viel Material mit Hilfe einer Materialkarte für Ihren nächsten Arbeitstag an – der hat übrigens sieben Stunden.

Am nächsten Tag fällt der Drucklufttacker für anderthalb Stunden aus. Sie montieren an diesem Tag deshalb fünf Lattenroste weniger. Ihre abendliche Materialanforderung fällt entsprechend kleiner aus.

Und nun stellen Sie sich vor, dass in dieser Firma zehn weitere Kollegen Lattenroste montieren und jeden Abend mit ihren Karten bedarfsgerecht Material anfordern. Und die Bettrahmenmonteure arbeiten ebenfalls mit Kanban und so weiter ...

Das Materiallager behält mit Hilfe dieser Materialkarten dennoch einen Überblick über den Materialbedarf und kann seinen eigenen Bedarf entsprechend steuern. Dieses System lässt sich natürlich noch weiter verfeinern und ausbauen. Auf dem Markt tummeln sich auch einige Anbieter mit fertigen Lösungen.

Working Capital Management

Manche Themen müssen erst in schicke Begriffe gepackt werden, um die nötige Beachtung zu finden, obwohl sie eigentlich selbstverständlich sein sollten. Dies ist beim Working Capital Management zum Beispiel der Fall.

Das Working Capital Management ist die Optimierung des operativen Umlaufvermögens, das sich aus den Forderungen, Vorräten und Verbindlichkeiten zusammensetzt:

- **Vorräte:** Der Lagerbestand hat dann die optimale Höhe, wenn möglichst wenig Kapital gebunden wird und die Produktion mit ausreichend Material versorgt werden kann.
- **Forderungen:** Sie müssen die Zahlungsziele so gestalten, dass Ihre Kunden möglichst schnell bezahlen. Das erreichen Sie, indem Sie zum Beispiel ein klein wenig Skonto gewähren.
- **Verbindlichkeiten:** Hier kommt es auf Ihr Verhandlungsgeschick und Ihre Marktmacht an. Ihr Ziel müssen möglichst lange Zahlungsziele sein.

BEISPIEL

Angenommen, Ihr privater Haushalt sei ein Unternehmen und stünde vor folgendem Problem: Die laufenden Einnahmen reichen gerade so, um die Ausgaben abzudecken. Ihr Ziel ist es jedoch, am Monatsende immer etwas auf die hohe Kante legen zu können. Da Sie keine weiteren Einsparmöglichkeiten haben, um Kosten zu senken, müssen Sie sich etwas Schlaueres einfallen lassen.

Ihr Ziel ist es, das Working Capital auf das Nötigste zu reduzieren, damit am Monatsende etwas Geld übrig bleibt. Und das geht so:

- **Vorräte:** Sie analysieren Ihre privaten Lagerbestände und stellen fest, dass Sie eigentlich die nächsten acht Wochen gar nicht mehr einkaufen gehen müssten, wenn Sie sich komplett aus den Vorräten ernähren würden. Nachdem Sie alle abgelaufenen Produkte in den Abfalleimer geschmissen haben, bleiben immer noch Vorräte für mindestens sechs Wochen. Sie nehmen sich also vor, Ihre Lagerhaltung zu optimieren.
- **Forderungen:** Sie sind in zwei Vereinen aktiv und managen dort ein wenig die Vereinsfeste. Das Geld für solche Einkäufe strecken Sie regelmäßig vor, obwohl eigentlich genug Geld in der Vereinskasse wäre. Sie nehmen sich ab sofort vor, nur noch in Notfällen mit Ihrem eigenem Geld auszuhelfen. Das Geld, das Ihnen nun wieder privat zur Verfügung steht, können Sie sofort auf ein Tagesgeldkonto schieben und Zinsen kassieren.
- **Verbindlichkeiten:** Bisher handelten Sie getreu dem Motto: »Nur Bares ist Wahres« und haben Ihre gesamten Einkäufe stets bar bezahlt. Kreditkarten und Kundenkarten mit zinsfreien sechsmonatigen Zahlungszielen hielten Sie bislang für unnötigen Schnickschnack. Ab sofort nutzen Sie solche Vorteile radikal aus, ohne deshalb jedoch in einen Konsumrausch zu verfallen. Bis die Rechnungen fällig werden, legen Sie das Geld gut an und kassieren schon wieder Zinsen.

Diese Maßnahmen werden Ihre finanzielle Situation sicherlich nicht grundsätzlich verändern, aber zumindest ein wenig aufhellen.

Customer Relationship Management

Die Erkenntnis, dass die Kundschaft für ein Unternehmen von Bedeutung sein könnte, führte zur Entwicklung des Customer Relationship Management – kurz: CRM. CRM bedeutet in etwa so viel wie »Kundenbeziehungsverwaltung«. Die Aufgabe des CRM ist es, alle Prozesse zu unterstützen, die mit der Kundschaft zu tun haben. Dabei handelt es sich im Wesentlichen um folgende Prozesse:

- ✔ **Kunden identifizieren:** Vor der Kundengewinnung müssen Sie in der Regel erst einmal wissen, welcher Kundenkreis für Ihre Produkte überhaupt in Frage kommt. Babynahrungshersteller suchen ihre Kundschaft in den Kreißsälen, Finanzdienstleister sprechen ihre zahlungskräftige Kundschaft zum Beispiel an der Uni an und Textilhandelsketten können ihren Käufern an den Kassen Kundenkarten anbieten, um sie zu identifizieren. In der Identifizierungsphase geht es also darum, Daten von der potenziellen Kundschaft zu gewinnen und in die CRM-Datenbank einzutragen.

- ✔ **Kunden gewinnen und binden:** Hat man die Daten der potenziellen Kundschaft, geht es nun darum, diese Leute als Kunden für sich zu gewinnen oder an sich zu binden. Das Customer Relationship Management soll diesen Prozess unterstützen, indem es nun entsprechend bestimmter Raster kundenspezifische Angebote unterbreitet. Kunden können zum Beispiel nach dem Alter, dem Wohnort oder dem Geschlecht eingeteilt werden. Die Textilhandelskette wird in ihren Werbebriefen oder Mails mit Hilfe des CRM-Systems der Kundschaft nun maßgeschneidertere Angebote machen können und so vielleicht eher Kunden gewinnen beziehungsweise binden können.

- ✔ **Kunden zurückgewinnen:** In der CRM-Datenbank schlummern Daten von Kunden, die seit geraumer Zeit nichts mehr bei Ihnen gekauft haben. Sie unterbreiten nun allen Kunden, die seit mindestens zwölf Monaten nichts mehr gekauft haben, ein Lockangebot in der Hoffnung, deren Interesse für Ihre Produkte wieder neu zu beleben.

Ohne eine gute CRM-Software funktioniert hier natürlich nichts. Auf dem Markt gibt es hierzu eine Vielzahl an Anbietern. Sogar kostenlose Open-Source-Lösungen sollen bereits existieren.

Ist die CRM-Software erst im Einsatz, bietet sie die Chance, gemäß dem CRM-Schlagwort »One face to the customer« Kunden an sich binden zu können, anstatt sie mit ständig wiederholenden Nachfragen zu vergraulen.

Beachten Sie bei der Einführung des Customer Relationship Management stets die datenschutzrechtlichen Vorschriften! Denn Sie arbeiten hier mit personenbezogenen Daten.

Knowledge Management

Ihr Chef will von Ihnen ganz dringend eine Auswertung, die Ihr Kollege letzte Woche erstellt hat. Nun gibt es vier Möglichkeiten:

1. Ihr Kollege ist im Urlaub und hat keine Informationen hinterlassen, wo diese Aufstellung zu finden ist.
2. Ihr Kollege ist anwesend, antwortet jedoch auf die Frage nach der Aufstellung leider immer wieder nur mit dem Satz »Verflixt – gestern hatte ich's noch.«
3. Ihr Kollege ist im Urlaub und hat die Aufstellung dort abgelegt, wo solche Themen auch abgelegt werden sollen, so dass Sie sie auch gleich finden.
4. Ihr Kollege ist anwesend und antwortet auf Ihre Frage mit: »Die Aufstellung liegt im dafür vorgesehenen Ordner Aufstellungen XY.«

Unter Knowledge Management versteht man also die Verwaltung des im Unternehmen vorhandenen Wissens. Eigentlich ganz einfach: Das Wissen muss erschlossen und strukturiert werden, verteilt und archiviert sowie beständig aktualisiert werden. Funktioniert dies reibungslos, können oftmals Doppelarbeiten vermieden werden. Das Rad muss ja nicht ständig neu erfunden werden.

Leider ist mit dem Wissensmanagement eine Menge Arbeit verbunden. Irgendjemand muss zum Beispiel die Daten aktuell halten und die Aktualisierungen an den jeweiligen Adressatenkreis veröffentlichen. Dies bedeutet, dass diese Frau Jemand oder dieser Herr Jemand regelmäßig bei allen Wissensträger nachfragen muss, ob das archivierte Wissen noch aktuell ist oder wieder überarbeitet werden muss.

Diese Holschuld könnte natürlich auch in eine Bringschuld umgewandelt werden: Alle Wissensträger müssen Änderungen beim Wissensmanagement melden. Aber woher will das Wissensmanagement dann wissen, ob auch alle fleißig Meldung machen?

Sand im Getriebe des Wissensmanagements ist neben mangelnder Lust oft auch Zeitnot. Das Thema wird als nicht so wichtig betrachtet und nach hinten geschoben. Aber auch die Angst vor Machtverlust durch die Dokumentation und Veröffentlichung von Wissen können ein gutes Wissensmanagement behindern. Da hilft dann auch keine noch so tolle Knowledge Management Software.

Ökobilanz

Keine Frage: Sie werden auch in Zukunft noch ein paar Diesel-Pkw ohne Rußfilter verkaufen können. Auch Waschmaschinen oder Kühlschränke mit einer Energieeffizienzklasse C oder schlechter werden sicherlich noch den einen oder anderen Käufer finden. Aber nur zu entsprechend niedrigeren Preisen, da ökologische Kriterien bei der Kaufentscheidung eine wesentliche Rolle spielen können.

Mit dem Instrument der Ökobilanz können Sie Ihre Produkte unter umweltpolitischen Gesichtspunkten analysieren und – sofern gute Ergebnisse erzielt wurden – mit diesen werben. So eine Ökobilanz ist in vier Teile gegliedert:

1. **Zieldefinition**

   Hier stellen Sie zuerst einmal den Lebensweg Ihres Produktes dar: von der Entwicklung über die Produktion, den Betrieb bis hin zur Entsorgung.

2. **Sachbilanz**

   In der Sachbilanz erfassen Sie für alle Produktlebensphasen die quantitativen Ressourcenverbräuche (Input) und Emissionen (Output).

3. **Wirkungsbilanz**

   In der Wirkungsbilanz müssen die in der Sachbilanz erfassten In- und Outputgrößen bewertet werden. Die Bewertung muss wissenschaftlich fundiert sein.

4. **Bewertung**

   Zum Schluss müssen die Ergebnisse bewertet werden.

Die Erstellung einer Ökobilanz ist sicherlich keine klassische kaufmännische Tätigkeit. Der Abgleich der mit der Umsetzung von ökologischen Kriterien verbunden Kosten in Entwicklung und Produktion mit den dadurch möglicherweise höheren Erlösen jedoch schon.

Workflow Management

Unter einem *Workflow* versteht man einen Arbeitsprozess, der wiederum aus einzelnen Aktivitäten besteht. Diese einzelnen Aktivitäten sind voneinander abhängig und müssen deshalb koordiniert werden. Und unter *Workflow Management* versteht man die computergestützte Steuerung solcher Prozesse.

Der Einsatz des Workflow Managements bietet sich bei immer wiederkehrenden Geschäftsprozessen an. Ein Beispiel wäre die Schadensaufnahme und -regulierung bei Kfz-Versicherungen. Im Zusammenhang mit dem Workflow Management könnten Sie auch dem Begriff Dokumenten-Management begegnen.

Stellen Sie sich dazu einmal vor, Ihre Kfz-Versicherung würde den gesamten Schriftverkehr noch in Papierform ablegen. Wenn Sie bei Ihrer Versicherung nun nach einem Unfall mit Blechschaden anrufen würden, um den aktuellen Stand der Schadensregulierung zu erfragen, könnte die Antwort des Schadensachbearbeiters etwas auf sich warten lassen. Er muss ja erst die Papiere holen.

Basiert der Schadensregulierungsworkflow jedoch auf einem funktionierenden Dokumenten-Management, kann Ihr zuständiger Sachbearbeiter schnell auf alle bereits eingescannten und kategorisierten Schreiben zugreifen und Ihre Angelegenheit bearbeiten.

Six Sigma

Die Six-Sigma-Methode wurde in den 80er Jahren bei Motorola in den USA entwickelt und ist dem Qualitätsmanagement zuzurechnen. Ziel dieser Methode sind fehlerfreie Produktionsprozesse und damit Kostensenkungen. Mittlerweile versuchen einige Unternehmen auch, diese Methode auf Dienstleistungsprozesse anzuwenden.

Bei Six Sigma wird nach Perfektion gestrebt. Denn: Six Sigma ist ein statistischer Ausdruck und bedeutet in etwa, dass Sie bei einer Million Möglichkeiten maximal drei Fehler machen dürfen. Versuchen Sie doch einmal, einen Text mit einer Million Buchstaben fehlerfrei einzutippen. Okay, drei Fehler erlauben wir Ihnen. Dann haben Sie das Soll gerade so erfüllt.

Über die CD

A

Was wäre der Controller ohne Tabellenkalkulationsprogramm? Nichts! Aus diesem Grunde haben wir Ihnen einige Vorlagen hierfür auf die Buch-CD gepackt – in der Hoffnung, dass die eine oder andere Datei Ihnen bei Ihrer Arbeit eine Hilfe sein wird. Die Dateien sind im Excel-Format, können in der Regel aber auch mit anderen Tabellenkalkulationsprogrammen genutzt werden. Neben diesen Brot-und-Butter-Dateien haben wir auch zwei kleine Filme für Sie produziert. Der Unterhaltungswert dieser beiden Filme ist im Vergleich zu einigen Hollywood-, Bollywood- oder Babelsberg-Produktionen natürlich etwas geringer.

Die Voraussetzungen

Um die CD benutzen zu können, benötigen Sie:

- ✔ einen funktionsfähigen Rechner inkl. Stromversorgung und ein Betriebssystem, wie zum Beispiel Windows XP oder Mac OS X
- ✔ einen Monitor, um sich das alles ansehen zu können
- ✔ eine Tastatur und eine Maus zum Navigieren
- ✔ ein CD-Laufwerk
- ✔ unter Windows: einen Browser wie etwa den Internet Explorer oder Mozilla Firefox für unser Navigationstool
- ✔ Microsoft Excel oder ein vergleichbares Programm, das das xls-Format »versteht« – zum Beispiel Star Office
- ✔ Für die Filme benötigen Sie den QuickTime Player. Diesen können Sie sich auch kostenlos unter `http://www.apple.com/de/quicktime/download/` besorgen.

Die Handhabung

Zu jedem Thema finden Sie stets zwei Excel-Dateien: eine Beispieldatei und eine Formblatt-Datei. In der Beispieldatei – Sie ahnen es wahrscheinlich bereits – sind alle Felder bereits ausgefüllt, so dass Sie die Funktionsweise erst einmal in Ruhe betrachten können. In den

Formblättern haben wir dann die Beispieldaten entfernt. Alle leeren Eingabefelder haben wir für Sie farbig (man könnte es eventuell als »türkis« bezeichnen) markiert.

Den Blattschutz aufheben

Sollten Sie auf die Idee kommen, die Formblätter variieren zu wollen, müssen Sie zuerst den von uns eingerichteten Blattschutz aufheben. Diesen haben wir zu Ihrer eigenen Sicherheit eingerichtet. Den Blattschutz in Excel heben Sie unter EXTRAS|SCHUTZ|BLATTSCHUTZ AUFHEBEN auf.

Der Inhalt

Was wir genau auf die CD gepackt haben, lesen Sie in der nachfolgenden Aufstellung.

Kapitel 2: Planung

Für die Planung haben wir Ihnen die folgenden Dateien gebastelt und auf CD gepresst:

- ✔ Zwei Tools für die Gesamtplanung: Diese enthalten unter anderem die Formblätter für die Absatz-, Einkaufs-, Logistik- und Produktionsplanung
- ✔ Eine rollierende Planung
- ✔ Eine Budgetplanung

Kapitel 4: Betriebsabrechungsbogen

- ✔ Wie in Kapitel 4 angekündigt, finden Sie hier einen Betriebsabrechnungsbogen.

Kapitel 6: Gewinn- und Verlustrechnung

- ✔ Hier haben wir für Sie die gängigsten Konten den jeweiligen GuV-Positionen zugeordnet, damit Sie wissen, welche Auswirkungen es auf die GuV hat, wenn Sie ein bestimmtes Konto bebuchen lassen.

Kapitel 8: Deckungsbeitragsrechnung

- ✔ Es erwartet Sie eine Schritt-für-Schritt-Anleitung zur Deckungsbeitragsrechnung. In zwei Varianten: als ein- sowie als mehrstufige Deckungsbeitragsrechnung.

Kapitel 11: Berichtswesen

Hier finden Sie

- ✔ ein Beispiel für Excel-Verknüpfungen von monatlichen Reports samt einem Beispiel für einen Vertriebsreport
- ✔ Variationen zur Forecastberechnung
- ✔ einen Business Case
- ✔ eine Cockpit Chart
- ✔ einen Film über Cockpit Charts

Kapitel 12: Bereichscontrolling

Folgende Dateien gibt es zu diesem Kapitel:

- ✔ zwei kleine Tools zur Break-Even-Analyse
- ✔ eine Life-Cycle-Berechnung
- ✔ eine Vertriebserfolgsrechnung
- ✔ eine Investitionsrechnung als Beispiel aus dem Finanzcontrolling

Kapitel 14: Kennzahlen

Ein bunter Strauß Kennzahlen samt den jeweiligen Berechnungsformeln erwartet Sie.

Kapitel 15: Kennzahlensysteme

Hier haben wir für Sie die wichtigsten Kennzahlen des Rentabilitäts-Liquiditätssystems zusammengestellt sowie ein Beispiel für die Berechnung der Kennzahlen des Du-Pont-Systems vorbereitet.

Kapitel 16: Benchmarking

Hier erwartet Sie das im Buch beschriebene Beispiel für die Durchführung des Benchmarkings.

Kapitel 17: Balanced Scorecard

Vorhang auf für einen kleinen Film über die Balanced Scorecard. Zugleich können Sie mit unserem kleinen Berechnungsbeispiel Ihre persönliche Scorecard erstellen.

Ohne Gewähr

Selbstverständlich übernehmen wir keine Gewähr für Schäden, die aus der Verwendung dieser CD entstehen könnten wie beispielsweise Sehnenscheidenentzündungen am Handgelenk durch das übermäßige Klicken mit der Maus.

Wir haben alle erdenkliche Sorgfalt bei der Erstellung und der Prüfung der Dateien walten lassen. Sollten Sie wider Erwarten trotzdem auf einen Fehler stoßen, lassen Sie es uns doch bitte wissen.

Glossar

B

Damit Sie ab morgen Ihre Kollegen kraftvoll mit dem richtigen Wording antriggern können. Oder Sie verschonen Ihre Umwelt damit. Entscheiden Sie selbst: Hier ein kleines Glossar:

A

ABC-Costing (Activity Based Costing): Hier werden die Kosten auf einzelne Prozesse (Prozesskostenrechnung) verteilt.

Abholen (jemanden): Jemandem einen Sachverhalt erläutern.

Aftermarket: Das ist der Markt, der durch den Produktverkauf erst entsteht. In der Automobilbranche wäre dies zum Beispiel der Markt für Zubehör und Ersatzteile.

À jour: Ihre Unterlagen sind auf dem aktuellen Stand, also à jour.

Antriggern: Jemanden auf ein Thema ansprechen.

Annualisiert: Das sind auf das Jahr hochgerechnete Werte.

Asap. As soon as possible: So bald wie möglich etwas erledigen.

Asset Management: Ist die Inventarverwaltung des Unternehmens.

Audit: Bedeutet schlicht und einfach Prüfung.

B

Basics: Steht für Grundwissen.

Benchmark: Das ist das beste Unternehmen oder das beste Produkt in einem Vergleich – also das Maß der Dinge.

Best Case: Der bestmögliche Fall. Das Gegenteil wäre der Worst Case.

Best Practice: Ein gutes Beispiel.

Break even: Wenn der erreicht ist, übersteigen die Erlöse die Kosten.

Briefen: Jemanden ins Boot holen.

Budget parken: Sie haben zu viel Budget und wissen nicht wohin damit. Dann parken Sie es erst einmal in einer Kostenart auf einer Kostenstelle Ihrer Wahl.

Blocken: Sie wollen etwas verhindern, also blocken Sie es ab.

Boards: Das sind Entscheidungsgremien.

Business Reengineering: Das Unternehmen und seine Prozesse werden umgekrempelt. Also eine Umorganisation.

C

Cash Cows: Das sind Produkte, mit denen hohe Gewinne erzielt werden.

CEO (Chief Executive Officer): Das ist sozusagen der Vorstandsvorsitzende oder der Geschäftsleiter.

Change Management: Hier werden Veränderungen aller Art gemanagt.

Company: Wenn Sie das Wort Firma oder Unternehmen unbedingt durch diesen Anglizismus ersetzen wollen: Wir können es leider nicht verhindern.

Compliance Management: Das Compliance Management schaut danach, dass das Unternehmen alle gesetzlichen Regelungen einhält.

Commiten: Das ist eine feste, verbindliche Verpflichtung.

Content: Hiermit sind meist die Inhalte eines Produktes gemeint. Das Content-Management beschäftigt sich also mit möglichen Produktinhalten.

Convenience: Die neue Bequemlichkeit. Zum Beispiel das Fertigessen: Convience-Food.

Corporate Governance: Hierunter ist der Ordnungsrahmen zu verstehen, der für eine optimale Verteilung der Aufgaben zwischen dem Unternehmensvorstand, dem Aufsichtsrat und den Eigentümern sorgen soll.

Cost Center: Das ist ein Bereich im Unternehmen, der lediglich Kosteneinhaltungsziele hat.

Customer Relationship Management (CRM): Darunter versteht man alle Prozesse rund um die Beziehungen des Unternehmens zu seinen Kunden.

D

Daily Business: Das ist ganz normales Tagesgeschäft.

Den Hut aufhaben: Wenn Sie den Hut aufhaben sollten, sind Sie derjenige, der schauen soll, das alles richtig läuft.

Due Diligence: Hierunter versteht man die umfassende Prüfung und Bewertung eines Unternehmens vor einem Kauf.

E

EBIT: Ist die Abkürzung von Earnings Before Interest and Taxes. Dies ist der Gewinn vor dem Zinsaufwand und den Steuern.

EBITDA: Dies ist die Abkürzung von Earnings Before Interests, Taxes, Depreciation and Amortisation. Übersetzt: Der Gewinn vor Zinsen, Steuern und Abschreibungen.

Einfangen (jemanden): Nicht alle Projektbeteiligten sind einer Meinung. Sie haben nun die ehrenwerte Aufgabe, die Abweichler wieder auf den aus Sicht des Controllings richtigen Weg zu bringen, also einzufangen.

Empowered: Wenn Sie dies sein sollten, haben Sie eine Aufgabe und die dazu gehörende Entscheidungsbefugnis erhalten.

Evaluieren: Bedeutet einfach nur Auswerten oder auch Bewerten.

Exit Option: Die Ausstiegsmöglichkeit. So sollten Sie sich zum Beispiel bei der Begleitung von Produktneueinführungen stets Ausstiegsmöglichkeiten vorbehalten. Dann können Sie rechtzeitig die Reißleine ziehen, sobald klar wird, dass das Produkt niemals Gewinne erzielt.

F

Fast Close: Unter Fast Close versteht man alle Methoden, die dazu führen, dass Sie Ihren Jahresabschluss zügiger erstellen können.

FYI: **For Your Information:** Gängige Abkürzung in E-Mails. Übersetzt: Zu Ihrer Information.

G

Gantt-Chart: Das ist ein Balkendiagramm, das zum Beispiel bei der Projektplanung verwendet wird. Jeder einzelne Arbeitsschritt wird dabei durch einen horizontalen Balken abgebildet.

Geschäftskritisch: Ist alles, was die Abläufe im Unternehmen gehörig durcheinander bringen kann, wenn es nicht funktionieren sollte.

Go geben: Sie geben Ihr Einverständnis für was auch immer.

Goodie: Falls Ihnen das Wort »gut« nicht mehr genügen sollte.

Glaskugel: Hochkomplexes Instrument zur Forecasterstellung.

H

High Performer vs. Low Performer: Personen, die sich stark für ihre Karriere engagieren, vs. Personen, die dies nicht tun.

High Potentials: Personen, die ziemlich schnell Karriere machen werden.

Hoher Planverharrungsgrad: Personen, die dies haben, wünschen keine Veränderung des Status quo.

Human Resource Management: Dabei handelt es sich um Aufgaben, wie etwa die Mitarbeiterentwicklung.

I

Incentive: Das bekommen Mitarbeiter als Belohnung geschenkt. Zum Beispiel einen Regenschirm mit Firmenlogo drauf.

In time: Sie haben etwas zeitgerecht erledigt.

IuK: Diese mittlerweile eher seltener verwendete Abkürzung steht für Informations- und Kommunikationstechnik.

J

Jour Fixe: Dies ist ein regelmäßig wiederkehrender Termin.

K

Kaizen: Das steht für kontinuierliche Verbesserung.

Kernkompetenzen: Die Kernkompetenz des Controllers ist das Controlling.

Kick-Off-Veranstaltung oder -Meeting: Das erste Treffen zu einem Thema.

Kneten: Jemanden so lange in einer Diskussion bearbeiten, bis er die gewünschte Meinung übernimmt.

KPI: Diese Abkürzung steht für Key Performance Indicators. Auf Deutsch: Kennzahlen.

Kümmerer: Der Kümmerer hat den Hut auf. Das bedeutet, dass er für das Thema verantwortlich ist.

L

Lean Management: Darunter versteht man eine schlanke Verwaltung mit möglichst wenigen Hierarchieebenen.

Leitplanken: Damit sind wichtige Eckpunkte gemeint.

M

Management by Objectives: Hierunter wird das Arbeiten mit Zielvereinbarungen verstanden.

Meilenstein: Wichtiger Zwischenschritt in einem Projekt.

Milchmädchenrechnung: Abschätzige Äußerung über Kalkulationen, die nicht aus der eigenen Abteilung stammen.

N

Nebenbaustelle aufmachen: Wenn jemand vom Hauptthema abweicht und lieber Nebenaspekte besprechen möchte.

Nice to have: Eine Produkteigenschaft, die nicht so wichtig ist und deshalb zumindest offensichtlich keinen Aufpreis kosten darf.

No Frills: Ohne Schnickschnack.

O

Ohr auf die Schiene legen: Sie sollen Informationen, Stimmungen und Meinungen einholen.

Opportunity Management: Hier werden Verkaufsmöglichkeiten aufgezeigt und verfolgt.

Outsourcing: Fremdvergabe von kompletten Betriebsteilen an Dritte, zum Beispiel das Outsourcing des gesamten Fuhrparks.

Outtasking: Sie vergeben im Gegensatz zum Outsourcing nur bestimmte Aufgaben nach außen, nicht komplette Betriebsteile.

Overhead: Begriff für allgemeine Geschäftskosten wie etwa die Vorstandsvergütungen. Und unter Overhead costs versteht man die Gemeinkosten.

P

Plausicheck: Sie prüfen eine Kalkulation nicht nur auf Rechenfehler, sondern auch auf deren inhaltliche Richtigkeit. Ein Beispiel: In den nächsten fünf Jahren sollen eine Milliarde PKW per anno verkauft werden; in Summe also fünf Milliarden. Das ist rechnerisch zwar richtig, aber wenig plausibel.

Prio haben: Wenn das so sein sollte, muss dies zuerst erledigt werden. Alles andere bleibt dann liegen.

Proaktiv handeln: Sie warten nicht, bis das Kind in den Brunnen gefallen ist, sondern beteiligen sich schon früh am Entscheidungsprozess, um solches zu vermeiden.

Profit Center: Das ist ein Unternehmensbereich, der Gewinne erzielen soll.

Q

Quick-and-Dirty-Lösung: Behelfsmäßige Problemlösung, wenn's mal wieder schnell gehen muss.

R

Reengineering: Dies ist die komplette Umgestaltung von Organisationen oder Prozessen.

S

Scope: Der Umfang oder Betrachtungsbereich. To have free Scope: Freie Hand haben.

Shareholder Value: Ein Konzept mit dem Ziel, den Unternehmenswert zu steigern.

Show Stopper: Das ist ein Problem oder Hindernis, das ein Produkt verhindern oder ein Projekt stoppen kann.

Slot (haben): Sie geben kund, ein freies Zeitfenster zu haben.

Smart-Sourcing: Damit ist die Verlagerung von Arbeitsplätzen in Niedriglohnländer gemeint.

Soft Skills: Die so genannten weichen Faktoren, zum Beispiel Teamfähigkeit.

Stakeholder: Das sind all jene Personen, die ein Interesse am Unternehmen haben, wie etwa die Mitarbeiter, Kunden oder Aktionäre.

Stemmen: Sie müssen eine Aufgabe bewältigen.

Supply Chain Management: Dieses Management soll die gesamte Produktionskette vom Vorlieferanten bis zum Endkunden optimieren.

Synergieeffekte: Werden gerne erzielt, um Kosten einzusparen. Das ist dann der Fall, wenn zum Beispiel bei zwei Produkten dieselbe technische Plattform genutzt werden kann.

T

Think Tank: Die kreative Denkschmiede des Unternehmens.

Time to market: Das ist die Zeit von der Produktentwicklung bis zur Marktreife.

Total Quality Management: Dadurch soll im gesamten Unternehmen in allen Arbeitsabläufen strikt auf Qualität geachtet werden. Ziel ist eine höhere Produktqualität.

Turnover: Das ist der Umsatz.

U

UGB: Das österreichische Handelsrecht heißt UGB: Unternehmensgesetzbuch.

Usability: Drückt die Nutzerfreundlichkeit eines Produkts aus.

W

Waste in – waste out: Ausspruch für Auswertungen, die auf einer schlechten Datenbasis beruhen und deshalb auch schlechte Ergebnisse hervorbringen.

Wir buchen – Sie fluchen: Humor aus der Buchhaltung.

Workaround: Neudeutsch für Pfusch.

Worst Case: Der schlechtmöglichste Fall. Das Gegenteil wäre der Best Case. Und dazwischen liegt der Real Case.

Z

Zusammenfahren: Inhalte aus verschiedenen Quellen zusammenfassen.

Stichwortverzeichnis

F

G

H

I

J

K

L

M

N

O

P

Q

R

S